21世纪计算机系列规划教材

Photoshop CC 案例应用教程

方红琴　主　编

罗徽娜　雷　波　何　敏　副主编

電子工業出版社
Publishing House of Electronics Industry
北京・BEIJING

内容简介

本书是一本全方位展示如何使用Photoshop CC进行设计与创意的理论和案例型图书。

本书从与商业设计关系十分紧密的特效、创意及视觉表现入手，让读者充分了解Photoshop技术及一些常见的表现，然后针对广告、封面、包装、照片写真、宣传页、效果图后期处理及LOGO设计等常见应用领域，列举了多个典型的实例，通过详细的讲解与深入的剖析，帮助读者了解其设计思路及制作技术。

本书既有较为丰富的设计理论相关知识讲解，又有精美的设计案例解析。本书不仅可作为高等院校开设设计课程的教材，也可以供从事Photoshop广告设计、平面创意、插画设计、数码照片处理和网页设计的人员自学和参考。

本书配有一张DVD光盘和电子教学课件，详见前言。

图书在版编目（CIP）数据

Photoshop CC案例应用教程 / 方红琴主编. 一北京：电子工业出版社，2014.6
21世纪计算机系列规划教材

ISBN 978-7-121-23139-1

Ⅰ. ①P… Ⅱ. ①方… Ⅲ. ①图象处理软件—高等学校—教材 Ⅳ. ①TP391.41

中国版本图书馆CIP数据核字（2014）第090455号

策划编辑：徐建军（xujj@phei.com.cn）
责任编辑：郝黎明
印　　刷：北京京师印务有限公司
装　　订：北京京师印务有限公司
出版发行：电子工业出版社
　　　　　北京市海淀区万寿路173信箱　邮编：100036
开　　本：787×1 092　1/16　印张：19.25　字数：550.4千字
印　　次：2014 年 6 月第 1 次印刷
印　　数：4 000 册　　定价：39.00 元（含DVD光盘1张）

凡所购买电子工业出版社图书有缺损问题，请向购买书店调换。若书店售缺，请与本社发行部联系，联系及邮购电话：（010）88254888。

质量投诉请发邮件至zlts@phei.com.cn，盗版侵权举报请发邮件至dbqq@phei.com.cn。

服务热线：（010）88258888。

本书简介

Photoshop的应用领域十分广泛，仅从商业设计领域来说，最具有代表性的有广告、封面、包装、照片写真、宣传页及LOGO设计等，本书正是以上述领域作为讲解对象。

首先，为了让读者对Photoshop技术及一些常见的特效、创意及视觉表现有一定的了解，为后面设计各类商业作品打下一个良好的基础，笔者专门安排了3章23个实例，帮助读者进行学习。

第4～8章是本书的商业设计实例章节，笔者在各章中精选了一定数量的典型实例，并详细讲解了其设计理念、核心技能及操作方法，以帮助读者能够在设计和技术方面，双管齐下，达到更好的学习效果。

除了实例上的讲解外，为帮助读者了解各行业的设计知识，笔者专门讲解了一些其中最常用、最精华的内容，希望读者能够充分理解并掌握这些知识，并在日后的实际工作过程中灵活运用。

本书定位

如前所述，Photoshop的应用领域十分广泛，因此想要在一本图书中进行完整的讲解，无异于天方夜谭，即使本书挑取了最为精华的部分进行讲解，也难以一一尽述，因此本书的目的在于，通过理论+实例相结合的方式，再配合书中对于设计理念及软件技术的讲解，起到一个抛砖引玉的作用，让读者既能够掌握一定的设计方法，又能够锻炼软件应用技术。

本书资源

本书附赠一张DVD光盘，其内容主要包含案例素材及设计素材两部分。其中案例素材包含了完整的案例及素材源文件，读者除了使用它们配合图书中的讲解进行学习外，也可以直接将其应用于商业作品中，以提高作品的质量；另外，光盘还附送了大量的纹理、画笔及设计PSD等素材，可以帮助读者在设计过程中，更好、更快地完成设计工作。

为了方便教学，本书还配有电子课件，相关教学资源请登录华信教育资源网www.hxedu.com.cn免费下载。

学习环境

本书在编写过程中，笔者所使用的软件是Photoshop CC中文版，操作系统为Windows XP SP2，因此希望各位读者能够与笔者统一起来，以避免在学习中可能遇到的障碍。由于Photoshop软件具有向下兼容的特性，因此如果各位读者使用的是Photoshop CS4或CS5、CS6版本，也能够使用本书学习，只是在局部操作方面可能略有差异，这一点希望引起各位读者的注意。

本书作者

本书在编写过程中得到了北京工业大学耿丹学院领导的指导和支持。本书由方红琴、雷波组织编写，方红琴担任主编，辽宁建筑职业学院的罗微娜、雷波和江西理工大学的何敏担任副主编，其中第1章由雷波编写，第2～4章由方红琴编写，第5章由罗微娜编写，第6章由余秋明编写，剩余章节由李美、姜玉双、王锐敏、范玉婵、吴腾飞、徐波涛、刘小松、刘志伟、雷剑等参加编写。本书在编写过程中得到了各方面的大力支持，同时也参阅了许多参考资料，在此一并表示感谢。

由于作者水平有限，加上时间仓促，书中难免有不妥之处，敬请各位同仁批评指正，以便我们在今后的修订中不断改进。笔者的邮箱是Lbuser@126.com。

版权声明

编　者

目录
CONTENTS

第1章

特效模拟

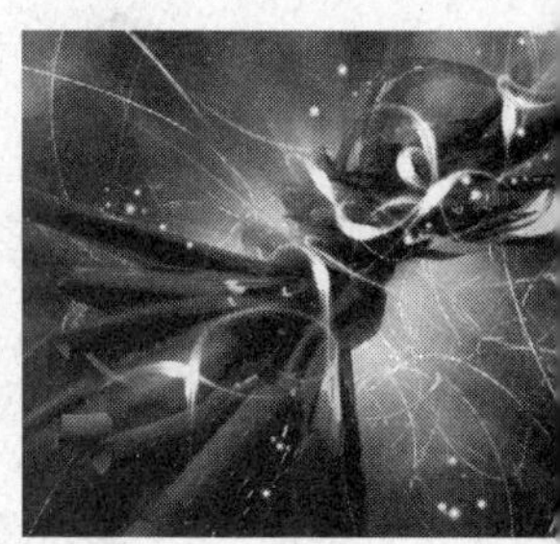

1.1 特效模拟概述

顾名思义，特效就是指图像的特殊效果。特效大致分为三类，即图像特效、图形特效及文字特效。在本小节中讲解的，是以图形和图像特效为主，而文字特效由于其在很多领域中的特殊地位以及在使用功能上的不同之处，因此将其放在下一节中讲解。

较为常见的特效表现手法包括碎边、立体化、喷溅、焦点突出、质感模拟、形态重叠、散点化处理等。如图1.1所示就是一些特效设计作品。

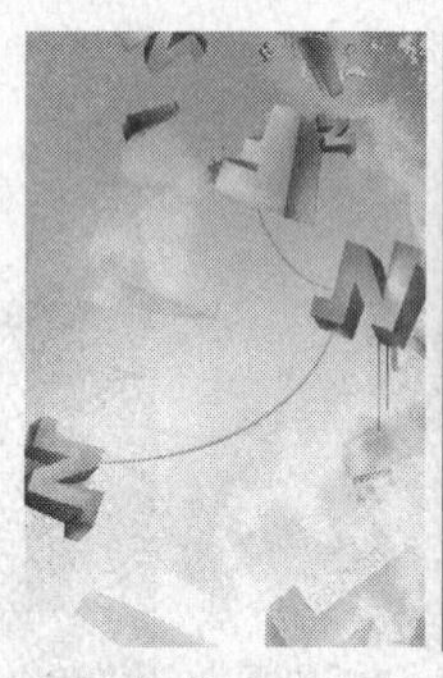

(a) 维度特效

(b) 质感模拟特效

(c) 散点特效

(d) 异边特效

THE WORLD'S FIRST 200Hz LCD TV IS HERE

(e) 发光特效

(f) 剪影特效

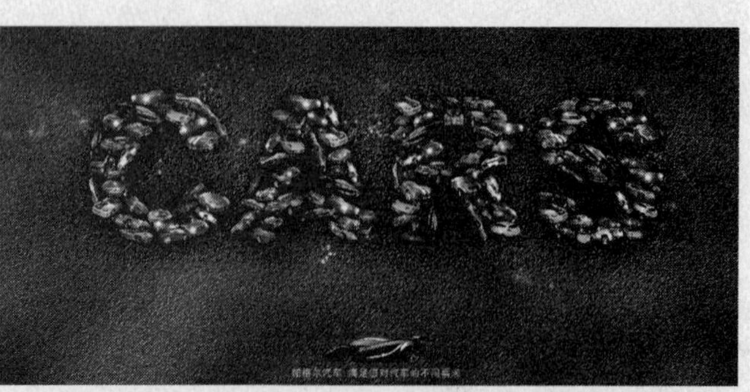

(g) 拼贴文字特效

图1.1 特效设计作品

下面分别列举一些常用的图像特效处理技术。

1.1.1 混合模式与蒙版技术

在特效设计领域中，混合模式与蒙版的作用仍然是融合图像及隐藏图像。不同的是，该功能被更多地应用于对自然事物（如烟、雾、闪电等）、各种质感（如冰、金属、火等）及特殊纹理进行模拟制作。

1.1.2 图层样式技术

Photoshop中的每个图层样式都可以根据其特点制作出不同的特殊效果，如模拟图像的立体效果、模拟金属表面的光泽效果、模拟物体的发光效果，以及模拟图像凹陷的效果等，如果将这些图层样式组合起来使用，就可以得到更多、更为丰富的图像效果。

如图1.2所示的浮雕、投影、雕刻及发光等效果都可以利用图层样式制作得到。

(a) (b)

图1.2 图层样式技术作品

1.1.3 滤镜技术

Photoshop附带了十几个分类共上百种各具特色的滤镜，其中每个滤镜都可以制作出不同的图像效果，再配合图层样式、混合模式及图层蒙版等技术，就可以制作出无数的特效出来。

如图1.3所示的原图像（a）及处理后的效果（（b），（c）为局部放大效果），主要是利用“玻璃”滤镜对图像进行扭曲处理，并结合混合模式及蒙版功能进行融合处理制作得到的。

(a) (b) (c)

图1.3 滤镜技术作品

需要特别指出的是，“滤镜” | “液化”命令也是一个大型的“特效处理器”，其功能特点在于可以对图像进行各种变形处理，因此也是在处理特效时经常会用到的功能。

1.1.4 通道技术

通道是选区的载体，可以将选区（即所转换的黑白图像）处理成为各种特殊的形态。有了特殊的选区就等同于有了特殊的图像，再配合其他功能一同处理，很容易就可以制作得到多种特效。

另外，结合上一小节中提到的滤镜功能，有助于模拟很多种特殊的纹理，或者得到类似的特殊选区。如图1.4所示为原图像；如图1.5所示是结合通道与“光照效果”滤镜模拟得到的岩石纹理效果，如果能够再结合蒙版、混合模式等技术进行深入的处理，那么还可以得到更逼真的效果。

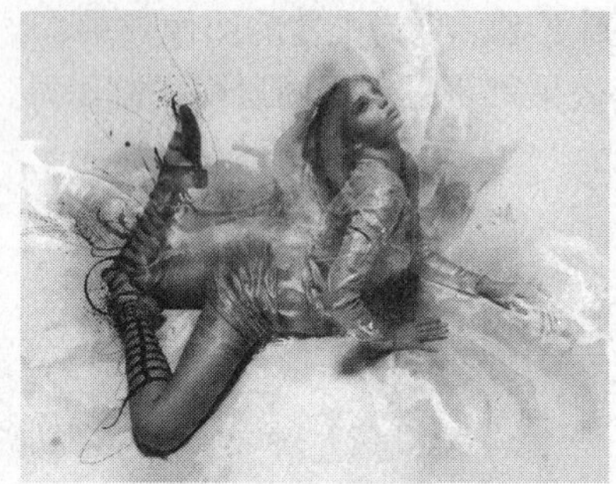

图1.4 原图像

图1.5 通道技术作品

1.1.5 位图/矢量绘画技术

虽然位图/矢量绘画都是用于创建图像的功能，但通过设置适当的参数、配合其他功能一并使用，也可以制作出很多种特殊效果。如图1.6所示是一些相关的设计示例。

(a) (b) (c)

图1.6 位图/矢量绘画技术作品

1.1.6 3D技术

3D功能允许Photoshop导入3DS格式的3D模型文件，甚至在最新的Photoshop CC中，可以轻松建立更优质的光晕效果、场景照明，以及凹凸和纹理的光源等，以便进行更多的模型处理及相关操作。

当然，Photoshop是一个在使用方法方面非常灵活的软件，除了使用上面所讲述的各个主要技术可以制作出特效图像外，使用变换并复制操作、变形操作，甚至通过将灰度模式的图像转换成为位图模式的图像等都可以创作出不同效果的特效图像，因此读者应该在学习中不断摸索、总结。

1.2 葡萄变形字

例前导读

葡萄是一种深受大家喜爱的水果，本例将展示如何通过路径功能改变“葡萄”两字的外形，形神兼备地传达“葡萄”的美味。

核心技能

- 应用文字工具输入文字。
- 应用钢笔工具绘制形状。
- 结合直接选择工具及转换点工具调整图形。

操作步骤

1 打开随书所附光盘中的文件“第1章\1.2-素材.tif”，作为“背景”图层，如图1.7所示。选择横排文字工具[T]，并在其工具选项条上设置适当的字体和字号，在画布左下角输入“葡萄”两个字，如图1.8所示。为了方便操作，让“葡萄”两字各处于一个单独的图层。

图1.7　素材文件

图1.8　输入“葡萄”两个字

2 在“图层”面板中右击图层“葡”的名称，在弹出的菜单中选择“转换为形状”命令，此时效果如图1.9所示。用相同的方法将图层“萄”转换为形状。

小提示

下面结合钢笔工具、直接选择工具和转换点工具来改变“葡萄”两字的形状。

3. 选择直接选择工具，选中“葡”字外面的横折勾的末端的两个锚点，如图1.10所示，按Delete键删除。原本闭合的路径形成了一个开放的端口，如图1.11所示。选择钢笔工具，单击其中一个锚点，绘制螺旋型路径，最后单击开放的端口的另一个锚点，以形成闭合的曲线，如图1.12所示。

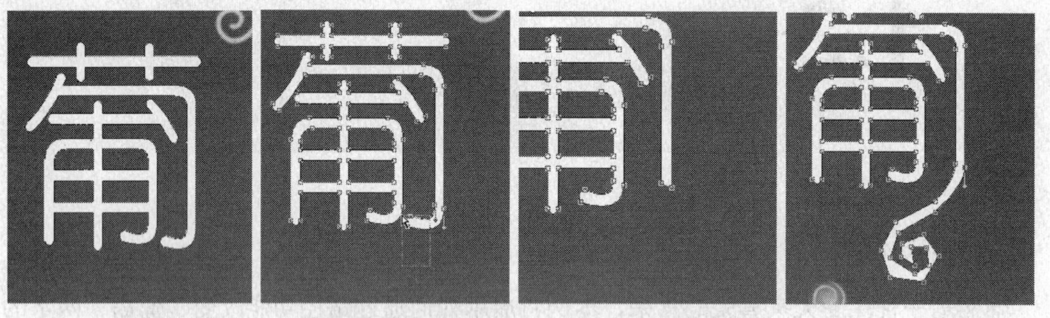

图1.9 转换为形状　图1.10 选中锚点　图1.11 删除锚点　图1.12 绘制路径

4. 选择转换点工具，单击并拖动刚绘制的第一个锚点得到控制句柄，放大后如图1.13所示，从而将直线型锚点转化为光滑型锚点。用相同的方法将刚绘制的所有的直线型锚点转换成光滑型锚点，并通过控制句柄调整至适当的曲线路径，最终效果放大后如图1.14所示。

图1.13 转换锚点

图1.14 转换绘制的所有锚点

5. 按照第3～4步骤的方法，修改“葡萄”两个字的形状至如图1.15所示的结果。最终效果如图1.16所示，此时“图层”面板如图1.17所示。

图1.15 修改“葡萄”两字的形状

图1.16 最终效果

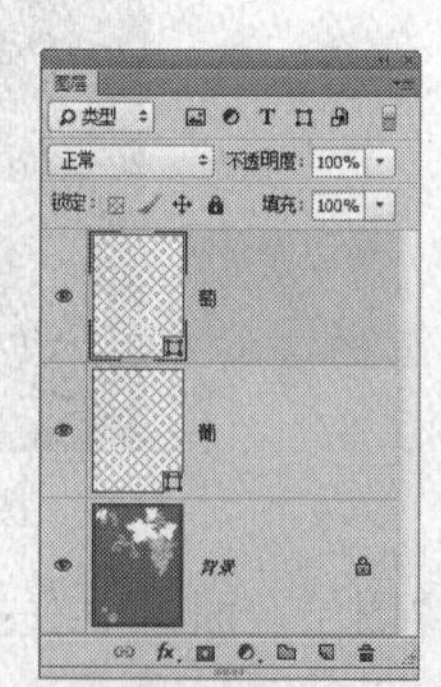

图1.17 “图层”面板

1.3 巧克力质感文字

例前导读

巧克力质感文字，由于具有巧克力的特征，容易引起关于巧克力的联想，因此适用于体现各类与巧克力有关或在味觉上有些甜的概念，如巧克力的名称、巧克力的招牌等。要制作具有巧克力质感的文字，可以按本例的方法操作。

核心技能

- 利用图层蒙版功能隐藏不需要的图像。
- 应用“色阶”命令调整图层调整图像的对比度。
- 应用“定义图案”命令定义图案。
- 使用添加图层样式的功能，制作图像的立体、发光等效果。
- 使用移动工具调整图像的位置。

操作步骤

1 按Ctrl+N组合键新建一个文件，设置弹出的对话框如图1.18所示，单击“确定”按钮退出对话框，以创建一个新的空白文件。打开随书所附光盘中的文件“第1章\1.3-素材1.tif”，使用移动工具将其拖至新建文件内得到“图层 1”，如图1.19所示。

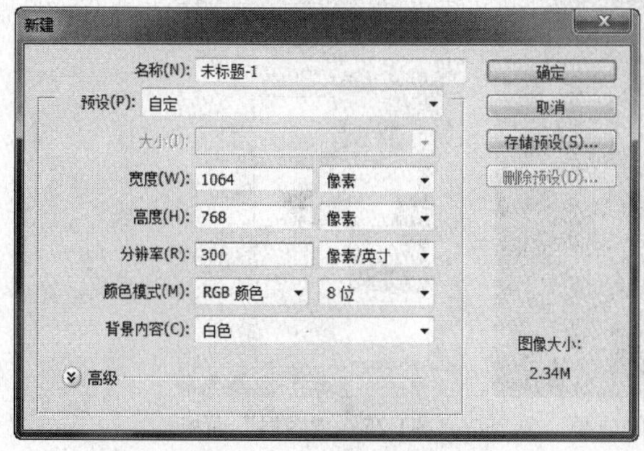

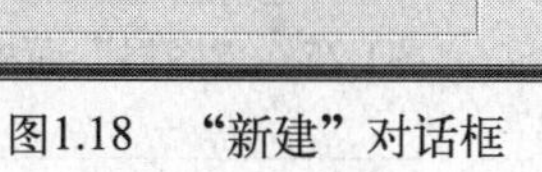
图1.18 “新建”对话框

图1.19 素材文件

2 打开随书所附光盘中的文件“第1章\1.3-素材2.psd”，使用移动工具将其拖至当前操作文件内并移动到画布的左边缘，如图1.20所示，同时得到“图层 2”。

3 单击“添加图层蒙版”按钮为“图层 2”添加蒙版，设置前景色为黑色，选择画笔工具，在其工具选项条中设置适当的画笔大小及不透明度，在图层蒙版中进行涂抹，将人物衣服与背景融为一体，直至得到如图1.21所示的效果，图层蒙版的状态如图1.22所示。

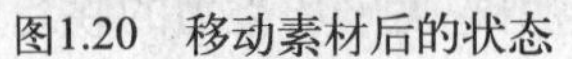

图1.20　移动素材后的状态　　　　图1.21　添加图层蒙版后效果

4 单击“创建新的填充或调整图层”按钮，在弹出的菜单中选择“色阶”命令，设置其参数如图1.23所示，得到效果如图1.24所示，此时“图层”面板状态如图1.25所示。

图1.22　图层蒙版状态

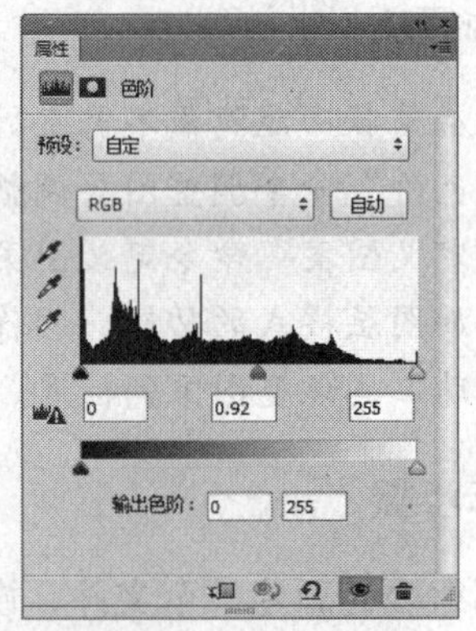

图1.23　“色阶”面板

图1.24　应用“色阶”命令后的效果

图1.25　“图层”面板

小提示

现在背景画面已经制作完毕，下面制作文字效果。

5 按Ctrl+N组合键新建一个文件，设置弹出的对话框如图1.26所示，使用缩放工具将文件的显示比例放大至1600%。

6 设置前景色为黑色，选择铅笔工具，并在其工具选项条中设置画笔为“硬边方形2像

素”，在图像的左侧和上方进行绘制，得到如图1.27所示的效果。选择“编辑”|“定义图案”命令，在弹出的对话框中输入新图案的名称，单击“确定”按钮，关闭不保存当前文件。

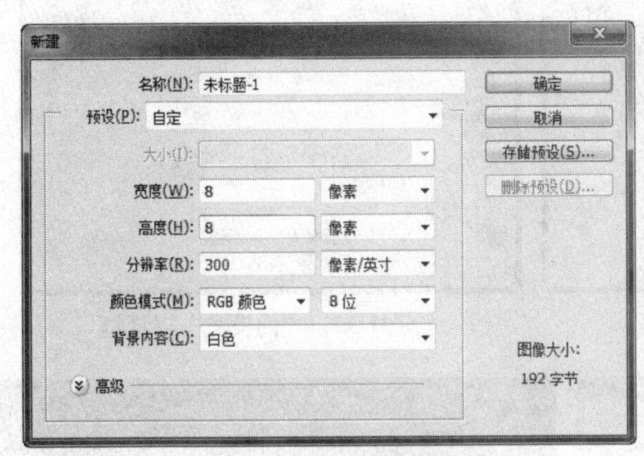

图1.26 “新建”对话框

图1.27 绘制图案

7 回到第1步新建的文件中，设置前景色的颜色值为754927，选择横排文字工具T，并在其工具选项条中设置适当的字体和字号，在画布的中心偏上位置输入如图1.28所示文字，得到一个以该文字命名的文字图层。

图1.28 输入文字

8 单击“添加图层样式”按钮fx，在弹出的菜单中选择“斜面和浮雕”命令，设置弹出的对话框如图1.29所示。并在该对话框中选择“等高线”、“纹理”、“内发光”、“投影”选项，分别设置其对话框如图1.30～图1.33所示，得到如图1.34所示的效果。

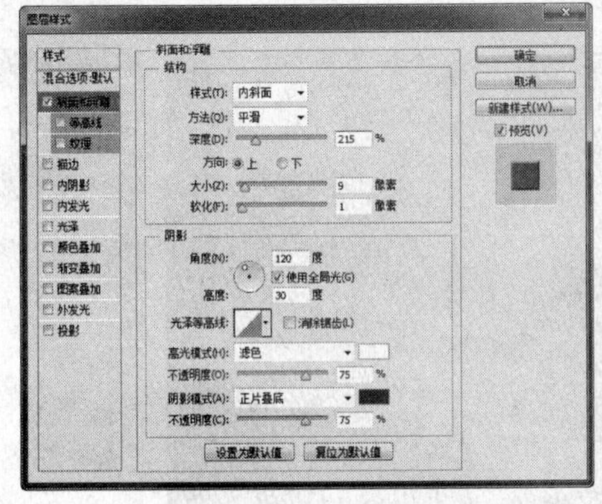

图1.29 “斜面和浮雕”对话框

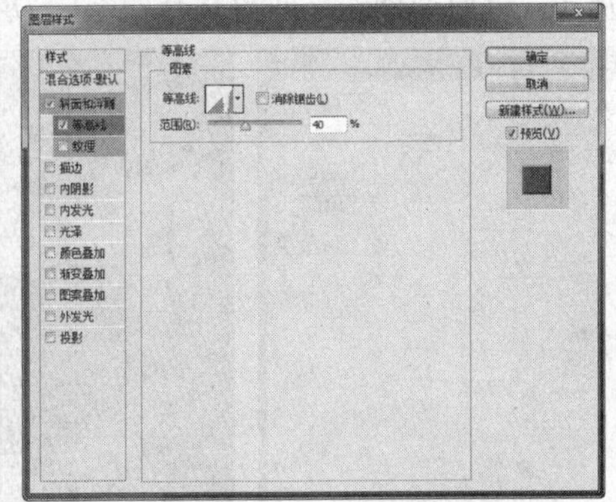

图1.30 “等高线”对话框

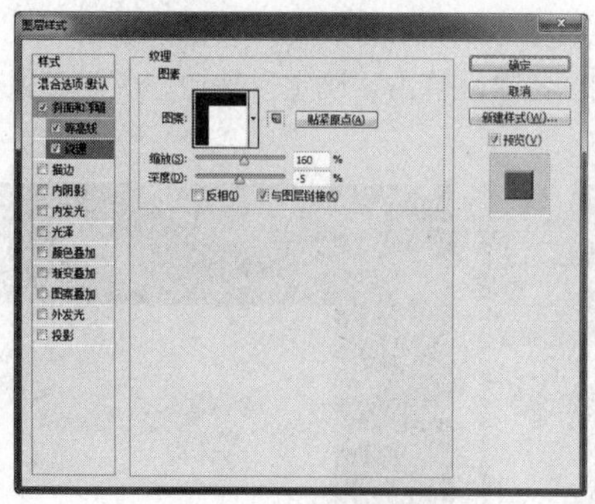

图1.31 “纹理”对话框

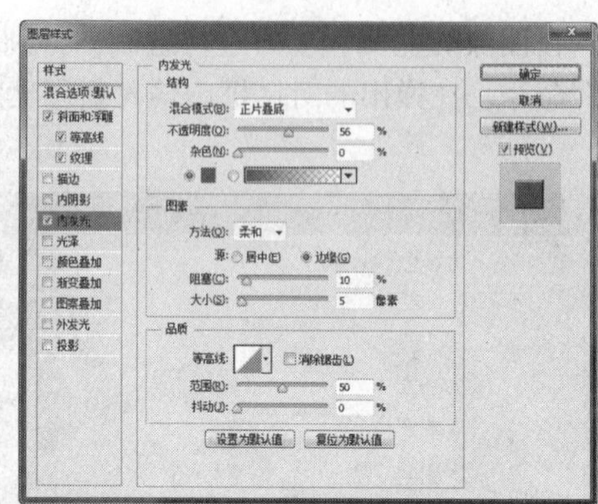

图1.32 “内发光”对话框

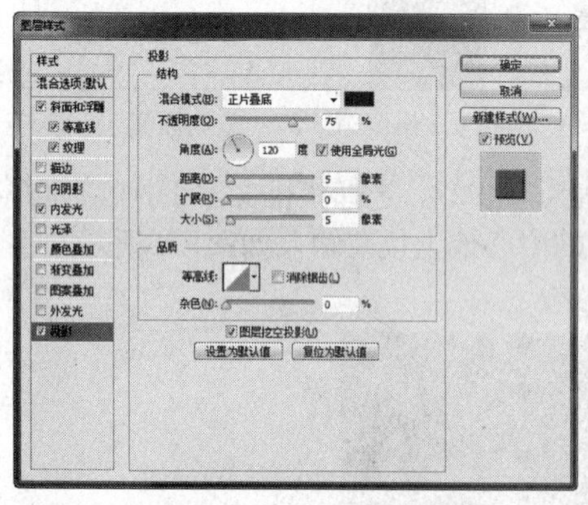

图1.33 “投影”对话框

图1.34 添加图层样式后的效果

小提示

在“斜面和浮雕”对话框中，“阴影模式”后颜色块的颜色值为56240e；在“等高线”对话框中的等高线状态如图1.35所示；在“纹理”对话框中的图案为本例第6步所定义的；在“内发光”对话框中颜色块的颜色值为734709；在“投影”对话框中颜色块的颜色值为3c1906。

9 选择横排文字工具T，为设计添加文字信息，添加装饰元素，得到设计的最终效果如图1.36所示，此时“图层”面板状态如图1.37所示。

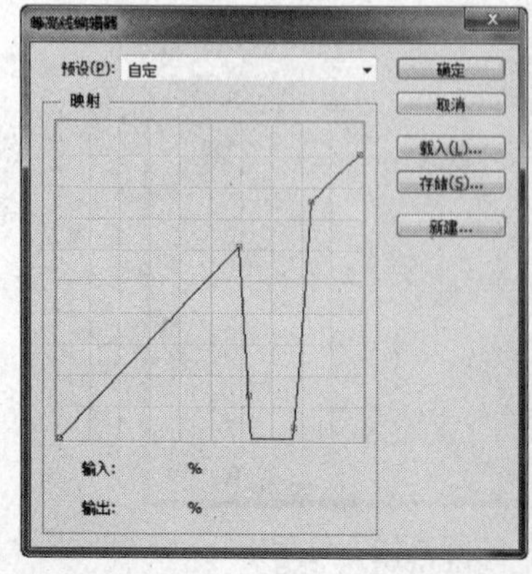

图1.35 “等高线编辑器”对话框

图1.36 最终效果

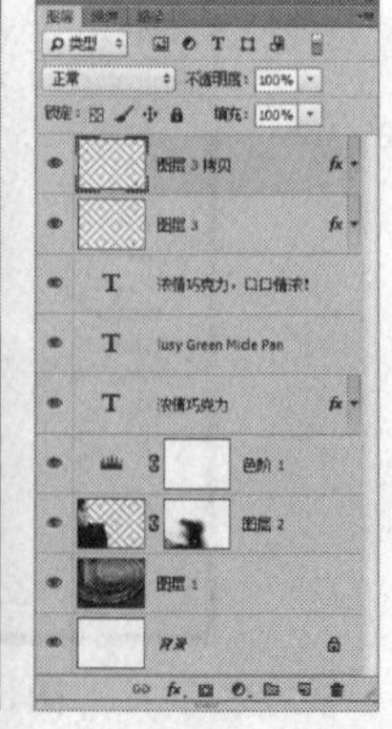

图1.37 “图层”面板

1.4 平行透视文字模拟

例前导读

在所有透视类型中，平行透视是一类比较简单的透视类型，本例讲解的是如何使用Photoshop制作一款具有平行透视立体效果的立体文字。

核心技能

- 应用变换功能调整图像的形态。
- 应用直线工具绘制直线。
- 利用图层蒙版功能隐藏不需要的图像。
- 应用“描边”命令，制作图像的描边效果。
- 应用魔棒工具创建选区。

操作步骤

1 按Ctrl+N组合键新建一个文件，设置弹出的对话框如图1.38所示，单击“确定”按钮退出对话框，以创建一个新的空白文件。

2 设置前景色的颜色值为FF0000，选择横排文字工具T并设置适当的字体和字号，在画布左上侧输入英文“BACK”，如图1.39所示。

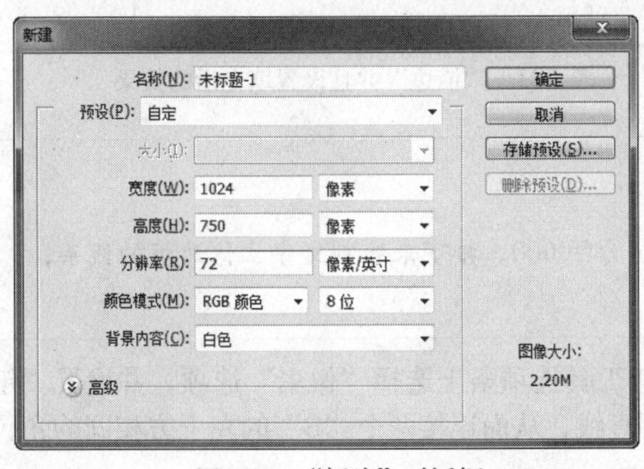

图1.38 “新建”对话框

图1.39 输入文字

3 右键单击图层“BACK”，在弹出的菜单中选择“转换为形状”命令。按Ctrl+T组合键调出自由变换控制框，按住Ctrl键用鼠标调整控制框变换图像，按Enter键后的效果如图1.40所示，复制“BACK”，并将得到的图像往左下角移动至如图1.41所示的位置。

图1.40 变换文字

图1.41 复制摆放文字位置

小提示

调整控制框的时候只需拖动左侧和上侧中间的控制柄即可变换至需要的状态。

4 单击“添加图层样式”按钮fx，在弹出的菜单中选择“描边”命令，设置弹出的对话框如图1.42所示，将该图层的“填充”设置为0后效果如图1.43所示。

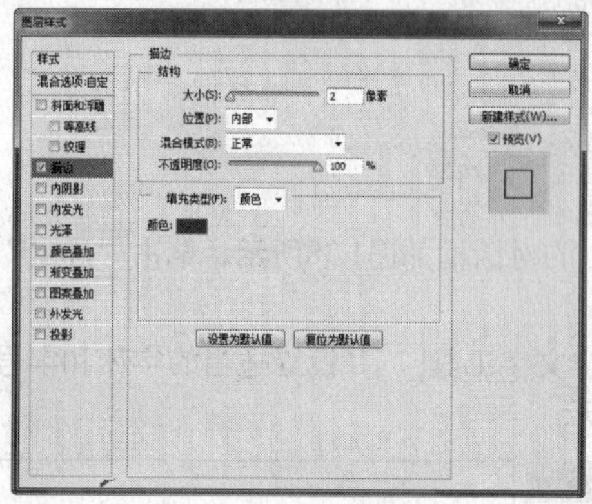

图1.42 “描边”对话框

图1.43 “描边”并且设置填充后的效果

小提示

在“描边”对话框中，颜色块的颜色值为ff0000。接下来绘制文字立体边框的线条，需要使用直线工具╱。

5 新建“图层 1”，选择直线工具╱，在其工具选项条上选择“像素”选项，并设置“粗细”为2像素，在两个“BACK”之间绘制直线，从而连接两个“B”的左上方相同的角，如图1.44所示。

6 复制“图层 1”17次，使用移动工具，分别调整复制得到的直线至如图1.45所示的位置，从而绘制出立体线框效果的“BACK”。选中“图层 1”和它的17个复制图层，按Ctrl+E组合键将它们合并，将新得到的图层重命名为“图层 1”。

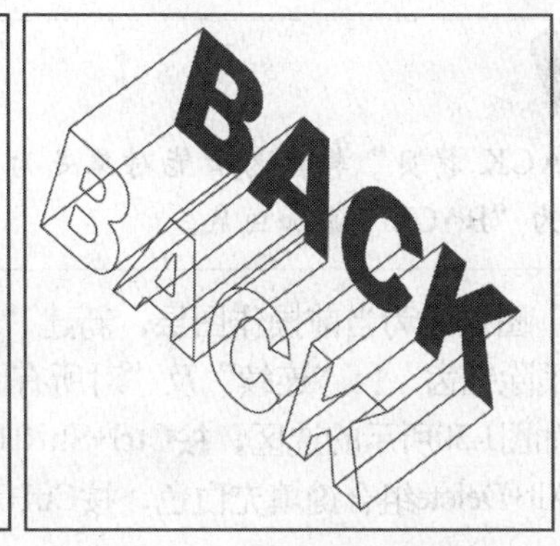

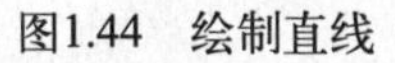

图1.44 绘制直线　　　　图1.45 复制并移动直线

小提示

此时立体的效果已经出来了，只是这是一个“透明”的图像，假设它是“不透明”的，接下来用图层蒙版来隐藏“看不见”的部分。

7 单击“添加图层蒙版”按钮，为“图层 1”添加蒙版，设置前景色为黑色，选择画笔工具，在其工具选项条中设置适当的画笔大小，在图层蒙版中进行涂抹，以将多余的线条隐藏，直至得到如图1.46所示的效果。图层蒙版的状态如图1.47所示。

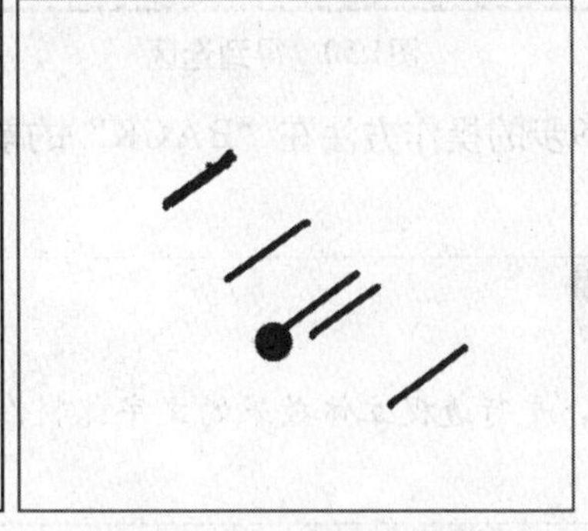

图1.46 添加图层蒙版后的效果1　　　　图1.47 图层蒙版的状态1

8 右键单击图层“BACK 拷贝”的图层名称，在弹出来的菜单中选择“转换为智能对象”命令，接着用上一步的方法为该图层添加图层蒙版，并隐藏多余的部分至如图1.48所示的效果。图层蒙版的状态如图1.49所示。

图1.48 添加图层蒙版后的效果2　　　　图1.49 图层蒙版的状态2

小提示

将“BACK 拷贝”转换为智能对象是为了避免在其对象被隐藏的边缘产生描边的效果。接下来为“BACK”添加白底。

9 选择“背景”图层作为当前操作图层，新建“图层 2”，选择魔棒工具，并在其工具选项条中选择“消除锯齿”、“连续”及“对所有图层取样”选项，在“BACK”和线条外面的部分单击获得如图1.50所示的选区，按Ctrl+Shift+I组合键反向选择当前的选区，然后设置前景色为白色，按Alt+Delete组合键填充白色，按Ctrl+D组合键取消选区并隐藏“背景”图层后效果如图1.51所示。

图1.50　得到选区

图1.51　反选后填充白色

10 按照第2～9步的操作方法在“BACK”的前面绘制一个立体的“SIDE”，至如图1.52所示的效果。

小提示

到这里，平行透视立体效果的文字就制作完毕了，下面简单地示范一下其在招贴中的应用。

11 选中“背景”为当前操作图层，打开随书所附光盘中的文件“第1章\1.4-素材.tif”，将其拖入操作的文件如图1.53所示，得到“图层 5”。为了使立体的文字与背景图像更融和，在所有图层的上方新建“图层 6”，选择自定形状工具，并设置相应的前景色，在合适的位置绘制各种图形至最终效果，如图1.54所示。“图层”面板如图1.55所示。

图1.52　绘制立体“SIDE”

图1.53　拖入素材

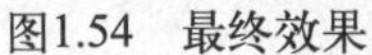
图1.54 最终效果

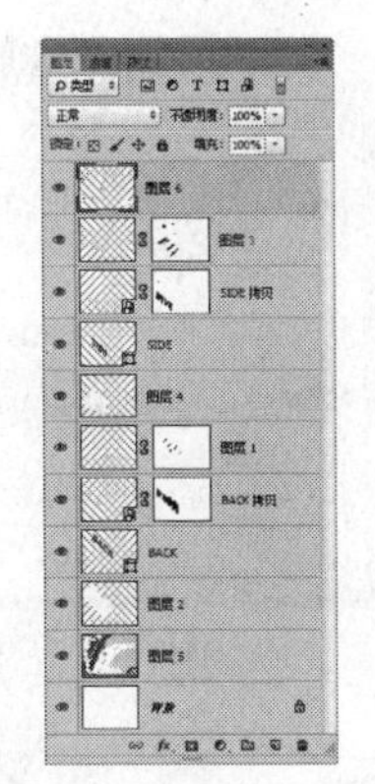
图1.55 “图层”面板

小提示

在“图层 6”绘制的形状和形状的颜色主要模仿背景的图像。

1.5 糖果文字

例前导读

本例是以糖果文字为主题的特效作品。在制作的过程中，主要以处理画面中的立体文字为核心内容。重点把握的就是文字的质感、厚度，加上文字周围的装饰，使整个文字具有较强的艺术感。

核心技能

- 结合路径以及渐变填充图层的功能制作图像的渐变效果。
- 通过添加图层样式，制作图像的阴影、描边等效果。
- 利用图层蒙版功能隐藏不需要的图像。
- 使用形状工具绘制形状。
- 结合画笔工具及特殊画笔素材绘制图像。
- 应用调整图层的功能，调整图像的饱和度、对比度等属性。

操作步骤

1 按Ctrl+N组合键新建一个文件，设置弹出的对话框如图1.56所示，单击“确定”按钮退出对话框，以创建一个新的空白文件。

2 单击“创建新的填充或调整图层”按钮，在弹出的菜单中选择“渐变”命令，设置弹出的对话框如图1.57所示，得到如图1.58所示的效果，同时得到图层“渐变填充1”。

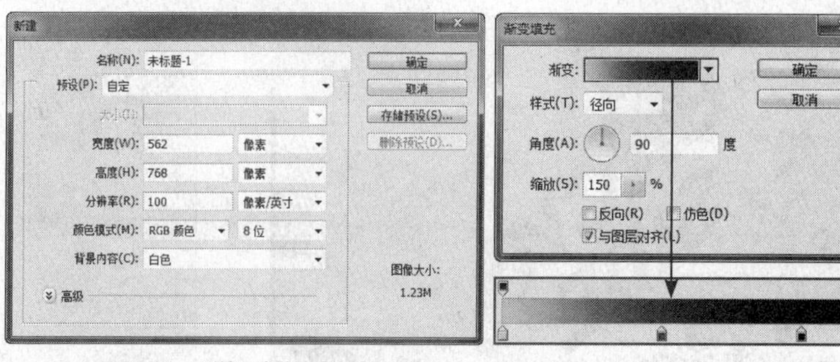

图1.56 “新建”对话框　　图1.57 “渐变填充”对话框

小提示

在“渐变填充”对话框中，渐变类型的各色标颜色值从左至右分别为9ce4ff、00547f和0a1122。至此，画面中的基本元素已制作完成。下面制作主体文字图像。

3 选择钢笔工具，在其工具选项条上选择“路径”选项，在画布的左侧绘制如图1.59所示的路径。单击“创建新的填充或调整图层”按钮，在弹出的菜单中选择“渐变”命令，设置弹出的对话框如图1.60所示，单击“确定”按钮退出对话框，隐藏路径后的效果如图1.61所示，同时得到图层“渐变填充2”。

图1.58 应用“渐变填充”后的效果

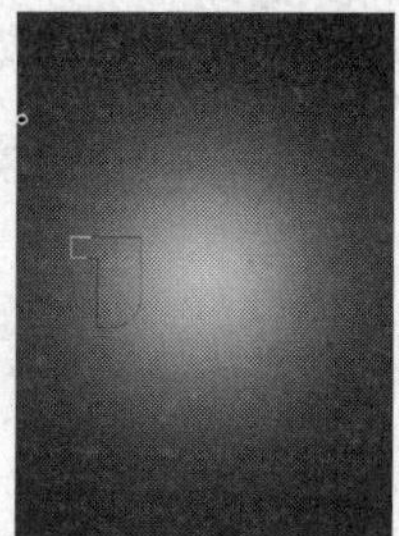

图1.59 绘制路径

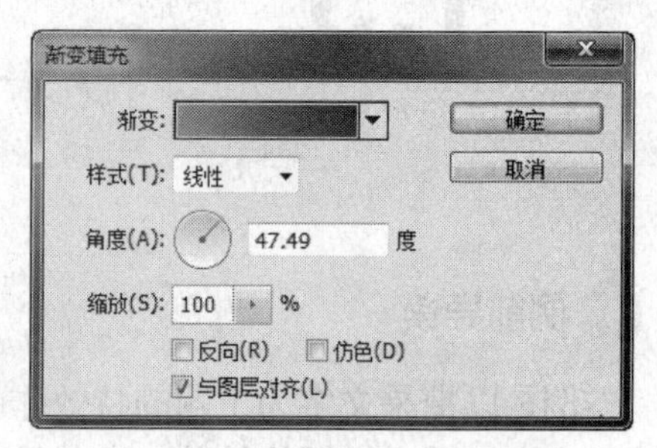

图1.60 “渐变填充”对话框

小提示

在“渐变填充”对话框中，渐变类型为“从59abff到0b4cb6”。

4 复制“渐变填充2”得到“渐变填充2拷贝”，使用直接选择工具调整节点的位置，如图1.62所示。

图1.61 应用“渐变填充”后的效果

图1.62 调整路径

5 双击“渐变填充2拷贝”图层缩览图，设置弹出的对话框如图1.63所示，单击“确定”按钮退出对话框，隐藏路径后的效果如图1.64所示。

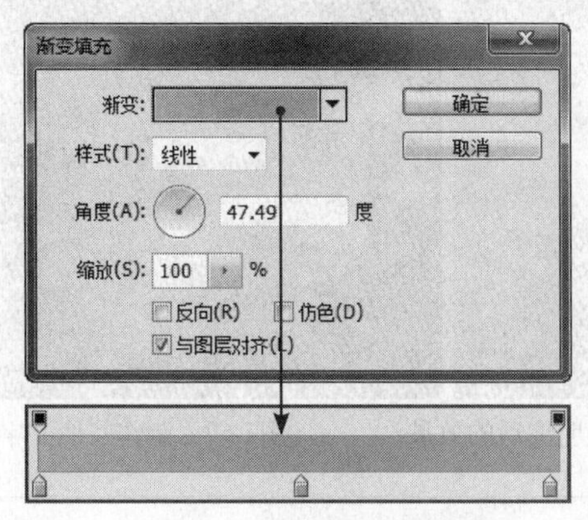

图1.63 “渐变填充”对话框

图1.64 应用“渐变填充”后的效果

小提示

在“渐变填充”对话框中，渐变类型的各色标颜色值从左至右分别为79deff、5cccfb和56d5ff。

6 单击“添加图层样式”按钮 fx，在弹出的菜单中选择“内阴影”命令，设置弹出的对话框如图1.65所示，得到的效果如图1.66所示。

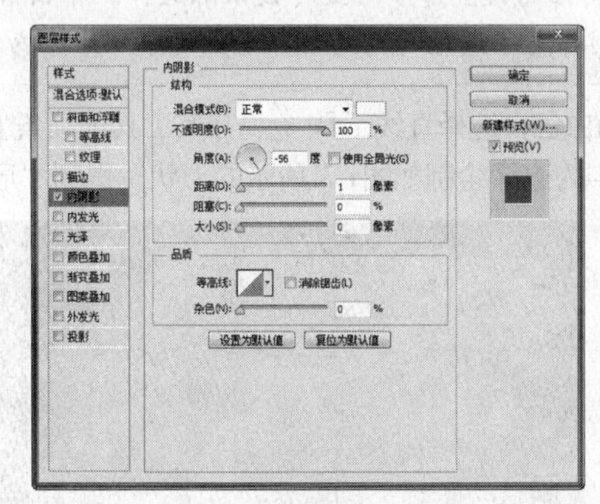

图1.65 “内阴影”对话框

图1.66 添加图层样式后的效果

7 单击“添加图层蒙版”按钮，为“渐变填充2拷贝”添加蒙版，设置前景色为黑色，选择画笔工具，在其工具选项条中设置适当的画笔大小及不透明度，在图层蒙版中进行涂抹，以将上方的图像隐藏起来，直至得到如图1.67所示的效果。设置“渐变填充2”的不透明度为40%，以降低图像的透明度，得到的效果如图1.68所示。

8 选择“渐变填充 2 拷贝”作为当前的工作层，根据前面所讲解的操作方法，结合路径、渐变填充、图层样式、图层蒙版以及图层属性等功能，制作其他文字图像，如图1.69所示。“图层”面板如图1.70所示。

图1.67　添加图层蒙版后的效果 图1.68　设置不透明度后的效果　　　　图1.69　制作其他文字

小提示

本步中为了方便图层的管理，在此将制作文字的图层选中，按Ctrl+G组合键执行“图层编组”操作得到“组1”，并将其重命名为“文字”。在下面的操作中，笔者也对各部分进行了编组的操作，在步骤中不再叙述。

小提示

关于渐变填充、图层样式以及图层属性的设置请参考最终效果源文件。下面若有类似的操作，笔者不再做相关的提示。下面制作文字边缘的高光，以增强文字的立体感。

9 收拢组“文字”，设置前景色的颜色值为白色，选择直线工具，在其工具选项条上选择“形状”选项，设置“粗细”为1像素，在文字的边缘绘制如图1.71所示的形状，得到“形状1”。

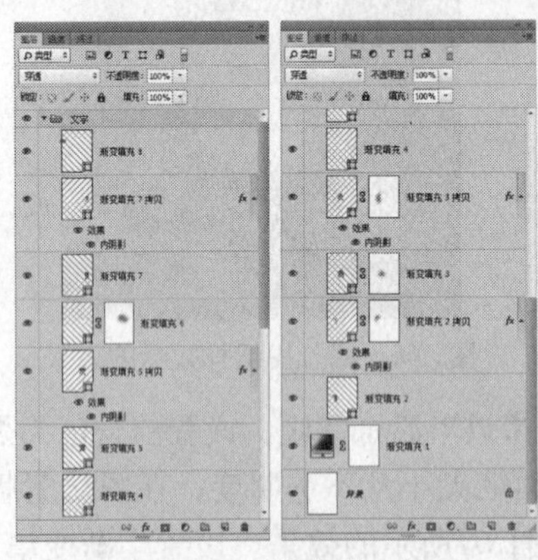

图1.70　“图层”面板

图1.71　绘制形状

小提示

在绘制第1个图形后，将会得到一个对应的形状图层，为了保证后面所绘制的图形都是在该形状图层中进行，因此在绘制其他图形时，需要在工具选项条上选择适当的运算模式，如选择“合并形状”选项等。

10 按照第7步的操作方法为“形状1”添加蒙版，应用画笔工具在蒙版中进行涂抹，以将部分图像隐藏起来，使直线有种过渡感，如图1.72所示。

11 新建“图层1”，设置前景色为白色，打开随书所附光盘中的文件“第1章\1.5-素材1.abr”，选择画笔工具，在画布中单击鼠标右键在弹出的画笔显示框中选择刚刚打开的画笔，在文字的棱角上单击，得到的效果如图1.73所示。

图1.72　添加图层蒙版后的效果

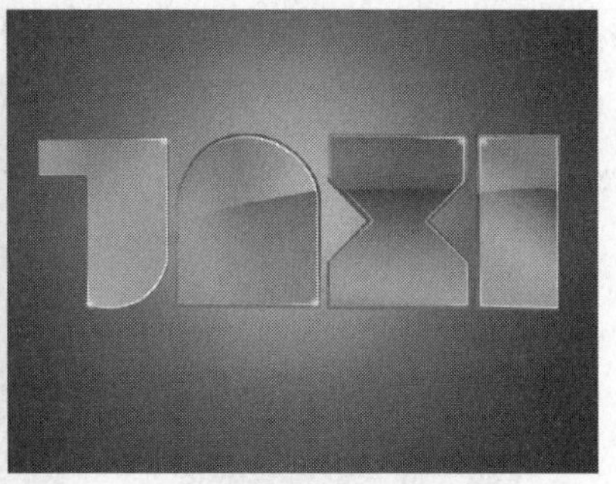

图1.73　涂抹后的效果

小提示

至此，文字图像已制作完成。下面制作文字上、下方的圈圈及装饰条图像。

12 选择“渐变填充1”，根据前面所讲解的操作方法，结合画笔素材、路径、渐变填充、图层样式、图层属性、形状工具及图层蒙版等功能，制作文字周围的圈圈及装饰条图像，如图1.74所示。“图层”面板如图1.75所示。

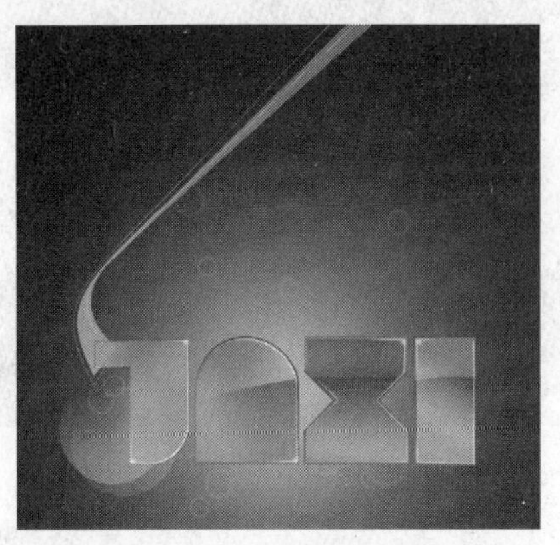

图1.74　制作圈圈及装饰条

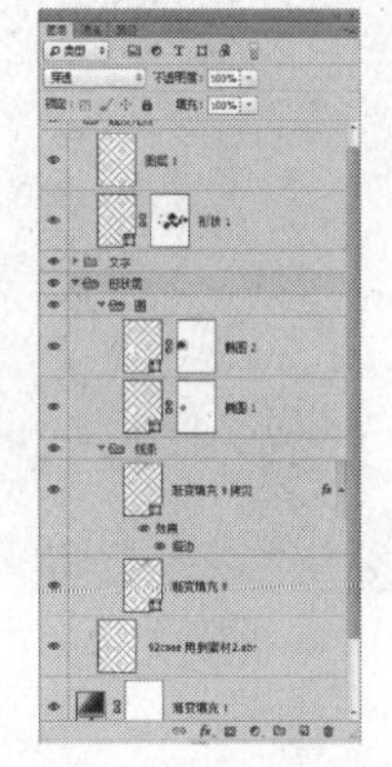

图1.75　“图层”面板

小提示

本步中所应用到的画笔素材为随书所附光盘中的文件“第1章\1.5-素材2.abr”。

13 选择组“线条”，按Ctrl+Alt+E组合键执行“盖印”操作，从而将选中图层中的图像合并至一个新图层中，并将其重命名为“图层2”。按Ctrl+T组合键调出自由变换控制框，在控制框内单击鼠标右键，在弹出的菜单中选择“旋转180度”命令，并调整图像的位置，按Enter键确认操作，得到的效果如图1.76所示。

小提示

至此，圈圈及装饰条图像已制作完成。下面制作装饰花纹图像以及文字与背景间的接触感。

14 收拢组“形状层”、“线及光点”，选择组“线及光点”，打开随书所附光盘中的文件“第1章\1.5-素材3.psd”，使用移动工具将其拖至上一步制作的文件中，并置于文字的下方，如图1.77所示。同时得到“图层3”。

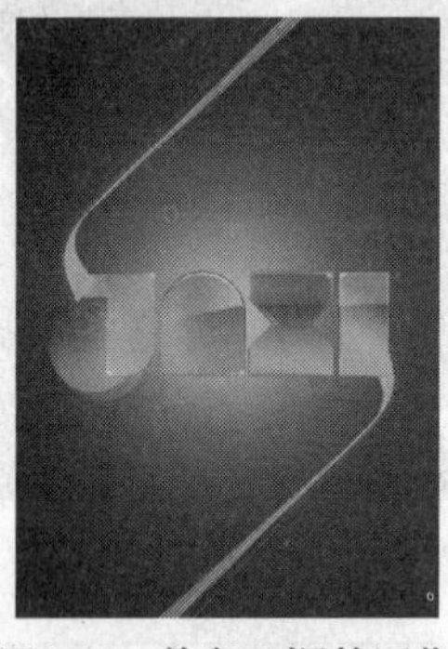

图1.76　盖印及调整图像

图1.77　摆放图像

15 设置“图层3”的不透明度为56%，以降低图像的透明度，结合复制图层及变换功能，制作最左侧文字上的花纹图像，如图1.78所示。同时得到“图层3拷贝”。

16 新建“图层4”，将其拖至“渐变填充1”的上方，设置前景色为92caee，选择画笔工具，并在其工具选项条中设置适当的画笔大小及不透明度，在文字及其周围进行涂抹，得到的效果如图1.79所示。图1.80所示为单独显示涂抹的状态。“图层”面板如图1.81所示。

图1.78　制作左侧的花纹图像

图1.79　涂抹后的效果

图1.80　单独显示图像状态

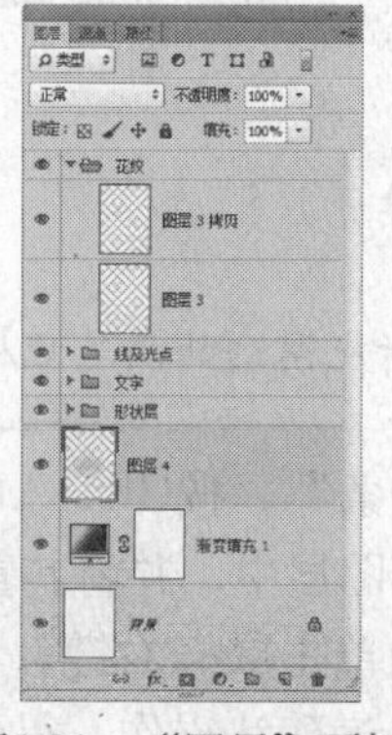

图1.81　“图层”面板

小提示

至此，装饰花纹及接触效果已制作完成。下面制作装饰文字。

17 选择并收拢组“花纹”，打开随书所附光盘中的文件“第1章\1.5-素材4.psd”，按住Shift键使用移动工具将其拖至上一步制作的文件中，得到的效果如图1.82所示。同时得到组“happy”和组“every”。

小提示

本步笔者是以组的形式给的素材，由于并非本例讲解的重点，读者可以参考最终效果源文件进行参数设置，展开组即可观看到操作的过程。下面利用调整图层功能调整图像的饱和度及对比度。

18 单击“创建新的填充或调整图层”按钮，在弹出的菜单中选择“自然饱和度”命令，得到图层“自然饱和度1”，设置弹出的面板如图1.83所示，得到如图1.84所示的效果。

图1.82　拖入素材

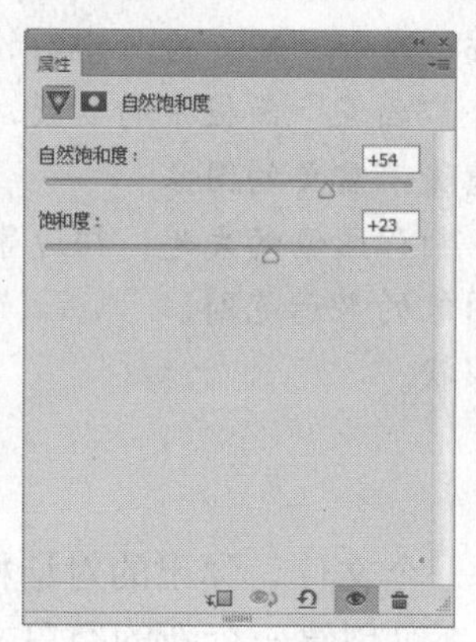

图1.83　“自然饱和度”面板

图1.84　应用“自然饱和度”命令后的效果

19 单击“创建新的填充或调整图层”按钮，在弹出的菜单中选择“亮度/对比度”命令，得到图层“亮度/对比度1”，设置弹出的面板如图1.85所示，得到如图1.86所示的最终效果。“图层”面板如图1.87所示。

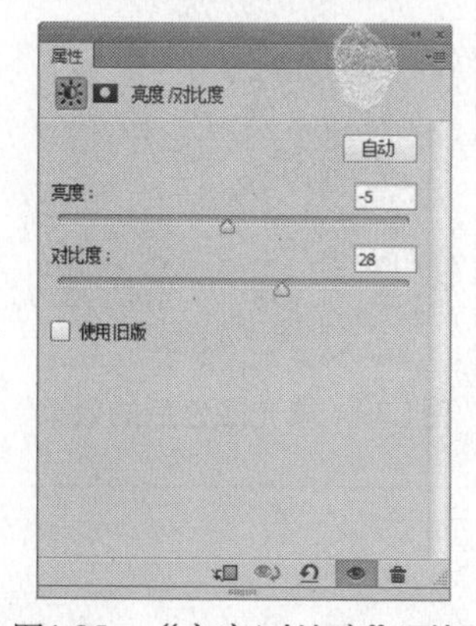

图1.85　“亮度/对比度”面板

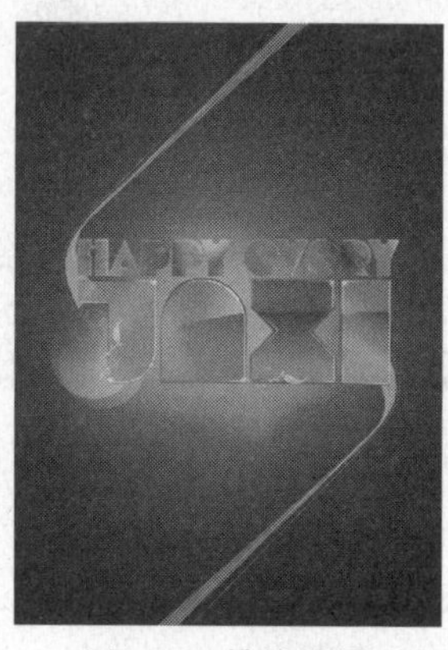

图1.86　最终效果

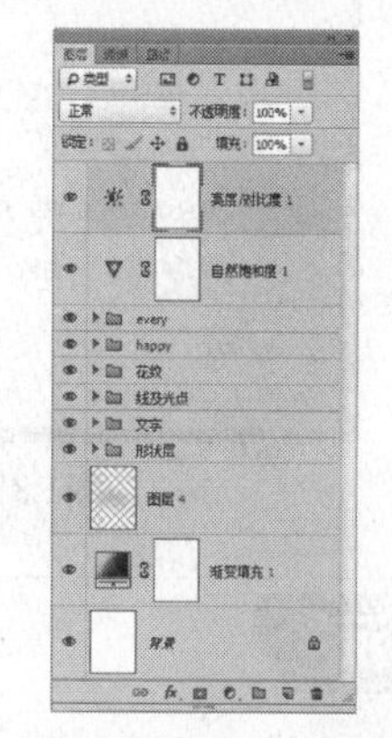

图1.87　“图层”面板

1.6 春季思恋特效表现

例前导读

本例展示了如何在Photoshop的设计中运用AI矢量图设计出具有独特感觉的作品。案例中的文字与S形的分割线条都具有明显的矢量风格，既清新明快，又不失流畅自然感。

核心技能

- 应用“置入”命令置入矢量文件。
- 结合路径及用画笔描边路径功能，为所绘制的路径进行描边。
- 应用画笔工具，配合“画笔”面板中的参数，制作特殊的图像效果。
- 利用图层蒙版功能隐藏不需要的图像。
- 通过添加图层样式，制作图像的发光、描边等效果。
- 利用剪贴蒙版限制图像的显示范围。
- 使用形状工具绘制形状。

操作步骤

1 按Ctrl+N组合键新建一个文件，弹出的对话框中的参数设置如图1.88所示，单击“确定”按钮退出对话框，以创建一个新的空白文件。设置前景色的颜色值为f2f6e8，按Alt+Delete组合键填充前景色，得到如图1.89所示的效果。

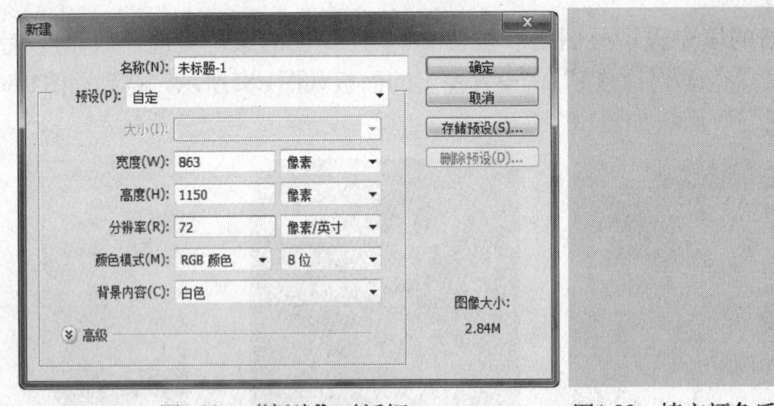

图1.88 “新建”对话框　　图1.89 填充颜色后的效果

小提示

下面制作背景中的花纹图像。

2 选择“文件” | “置入”命令，在弹出的对话框中选择随书所附光盘中的文件“第1章\1.6-素材1.ai ”，单击“置入”按钮后，设置弹出的对话框如图1.90所示，单击“确定”按钮后置入图像，然后调整图像的大小，如图1.91所示，按Enter键确认变换操作，将生成智能对象图层“1.6-素材1”，将文件名改为“图层 1”。

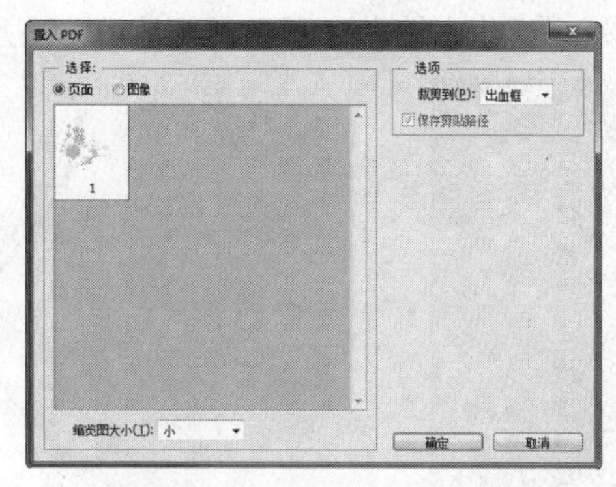

图1.90 “置入 PDF”对话框

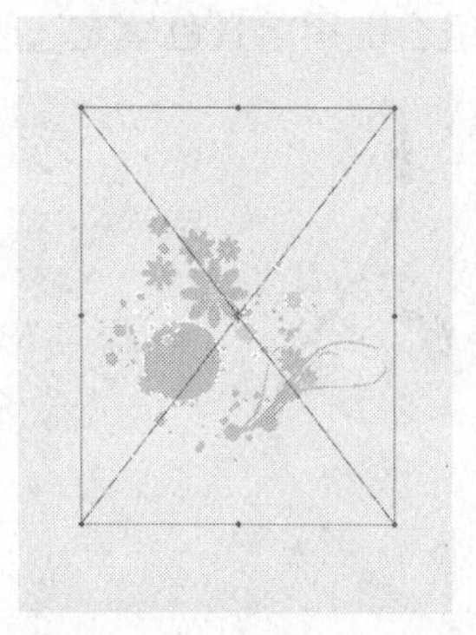

图1.91 置入图像

3 复制三次“图层 1”，然后选择移动工具，分别移动新生成的三个复制图层与“图层1”至如图1.92所示的位置。

4 在所有图层上方新建“图层 2”，选择钢笔工具，并在其工具选项条上选择“路径”选项，在图像中部绘制如图1.93所示的路径。

图1.92 复制及移动图像

图1.93 绘制路径

5 设置前景色的颜色值为678023，选择画笔工具，按F5键调出“画笔”面板，设置其如图1.94所示，切换至“路径”面板，保持上一步绘制的路径处于被选中状态，单击“用画笔描边路径”按钮，单击“路径”面板空白区域隐藏路径，得到如图1.95所示的效果。

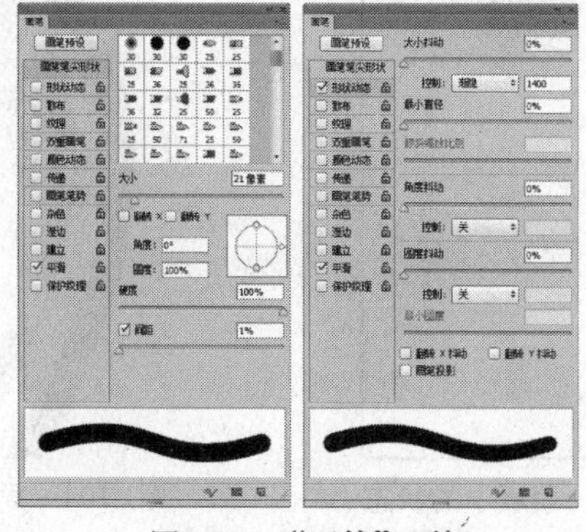

图1.94 “画笔”面板

图1.95 描边后的效果

6 按照前面所讲解的操作方法，设置适当的颜色和画笔大小，并修改“画笔”面板“形状动态”选项中的控制“渐隐”数值，继续制作，得到如图1.96所示的效果。“图层”面板如图1.97所示。

7 新建“图层 6”，选择钢笔工具，并在其工具选项条上选择“路径”选项，在文件中央绘制如图1.98所示的路径，按Ctrl+Enter组合键将其转换为选区，设置前景色的颜色值为e1e6a9，按Alt+Delete组合键用前景色填充选区，按Ctrl+D组合键取消选区，得到如图1.99所示的效果。

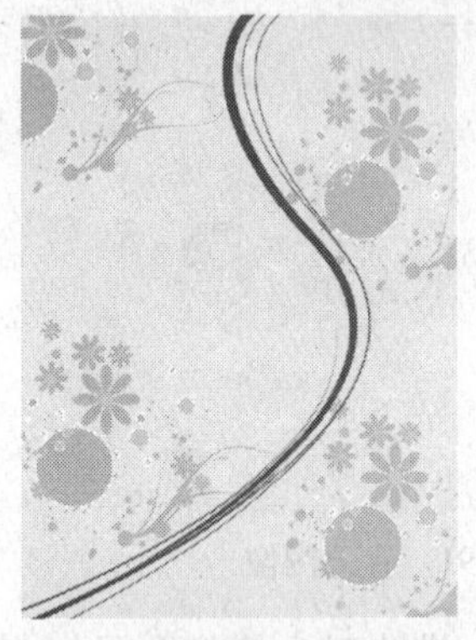

图1.96 继续制作线条图像

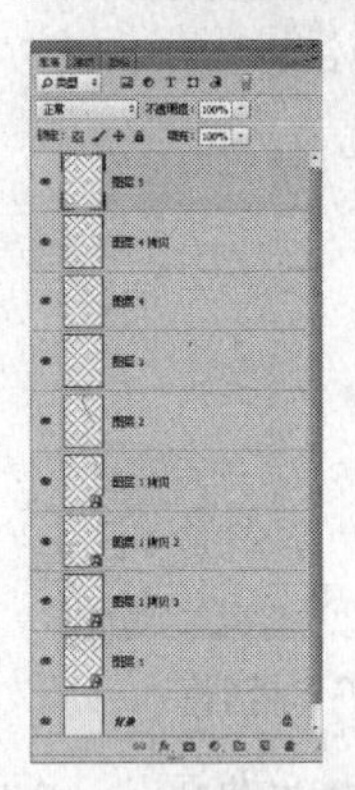

图1.97 “图层”面板

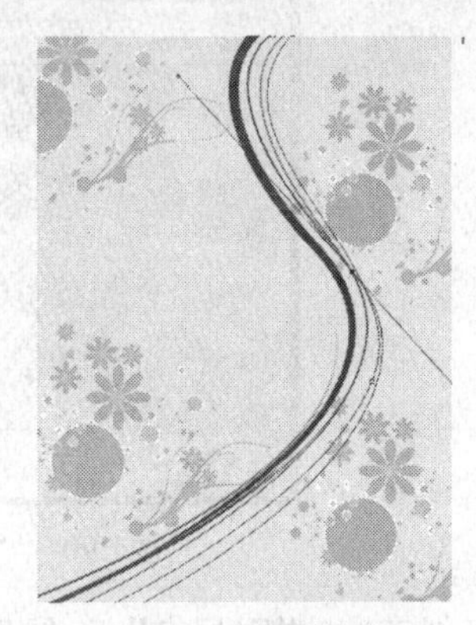

图1.98 绘制路径

8 按照上一步的方法，继续绘制路径，并填充相应的颜色，得到“图层 7”和“图层 8”，如图1.100所示。局部效果如图1.101所示。

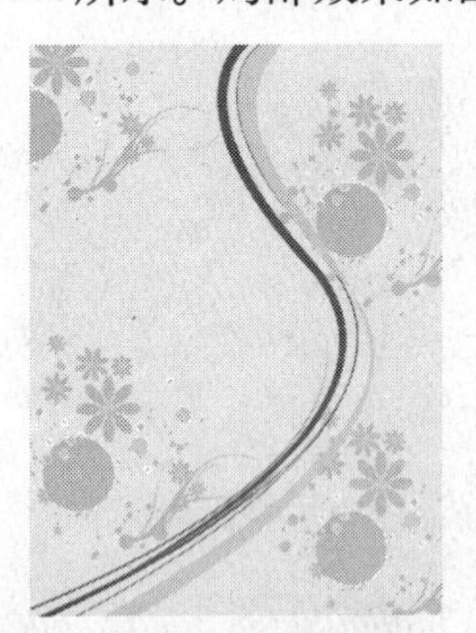

图1.99 填充颜色后的效果

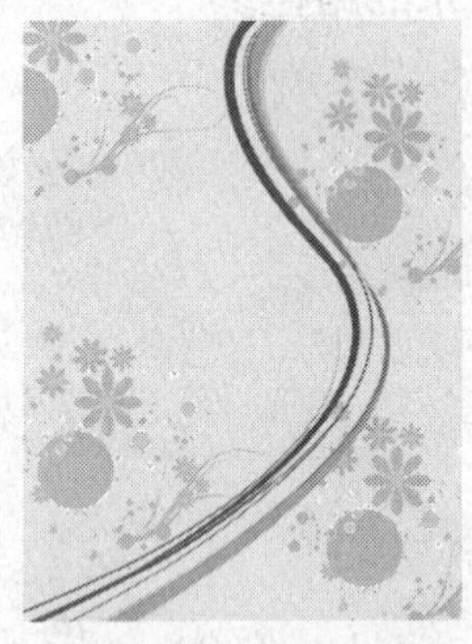

图1.100 制作其他色条

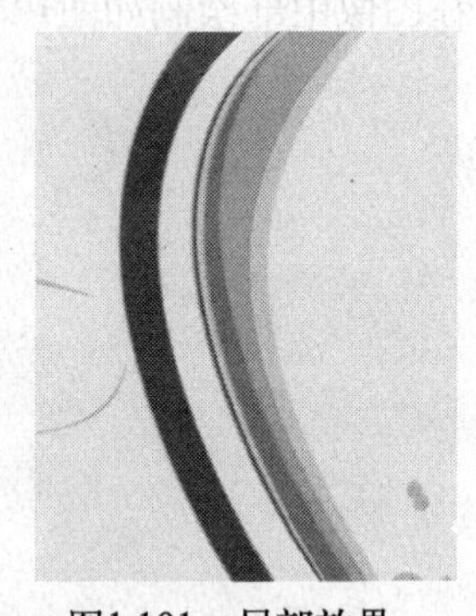

图1.101 局部效果

9 单击“添加图层蒙版”按钮，为“图层 7”添加蒙版，设置前景色为黑色，选择画笔工具，在其工具选项条中设置适当的画笔大小及不透明度，在图层蒙版中进行涂抹，以将图像的上下两端隐藏起来，直至得到如图1.102所示的效果，图层蒙版如图1.103所示。用相同的方法为“图层 8”添加相同的图层蒙版，局部效果如图1.104所示。

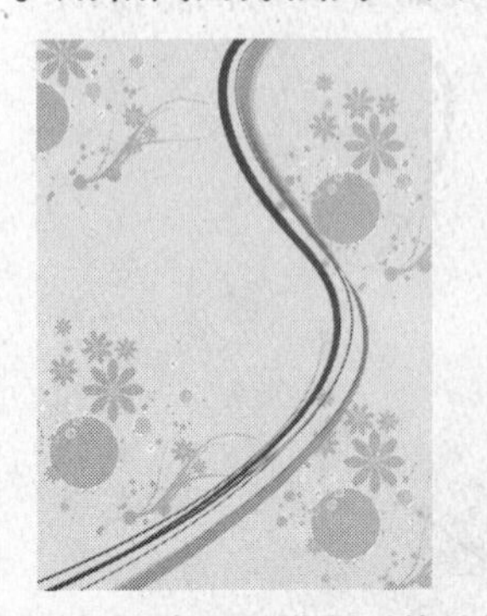

图1.102 添加图层蒙版后的效果

图1.103 蒙版中的状态

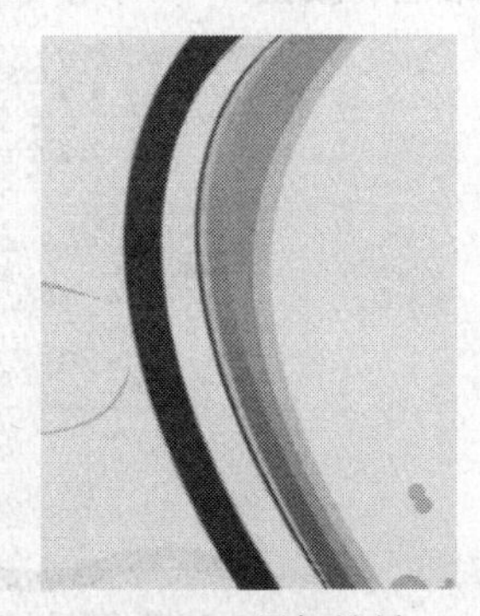

图1.104 局部效果

10 按照绘制“图层 6”的方式绘制“图层 9”中的图像，如图1.105所示，选择“滤镜” | “模糊” | “高斯模糊”命令，在弹出的对话框中设置“半径”数值为20，得到如图1.106所示的效果。按Ctrl+Alt+A组合键选中除“背景”图层以外的所有图层，按Ctrl+G组合键将选中的图层编组，得到“组 1”。此时“图层”面板如图1.107所示。

图1.105　制作彩条图像

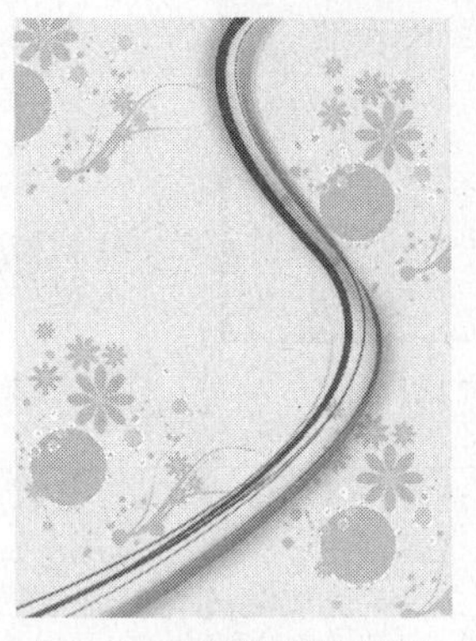

图1.106　模糊后的效果

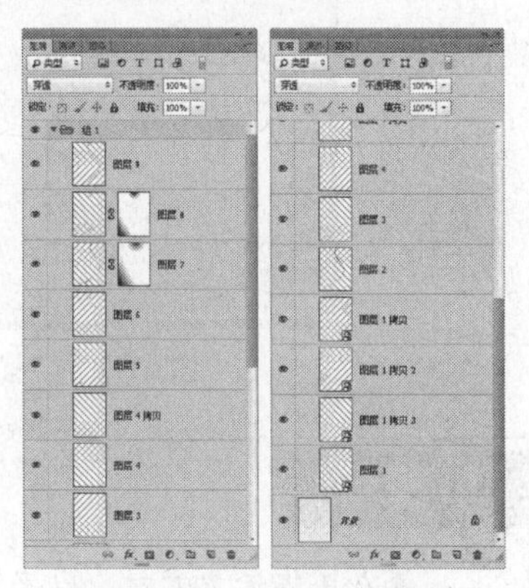

图1.107　“图层”面板

小提示

至此，曲线效果已制作完成。下面制作主体图像。

11 设置前景色的颜色值为e4faa9，选择矩形工具，并在其工具选项条上选择“形状”选项，在文件中央绘制如图1.108所示的绿色矩形，得到“矩形 1”。

小提示

下面将曲线及其右侧的方块图像隐藏。

12 隐藏“矩形 1”，选择钢笔工具，并在其工具选项条上选择“路径”选项，沿着文件中央的绿色曲线绘制如图1.109所示的路径。

13 按Ctrl+Enter组合键将路径转化为选区，显示“矩形 1”，单击“添加图层蒙版”按钮为其添加图层蒙版，按Esc键隐藏路径，得到如图1.110所示的效果。

图1.108　绘制矩形

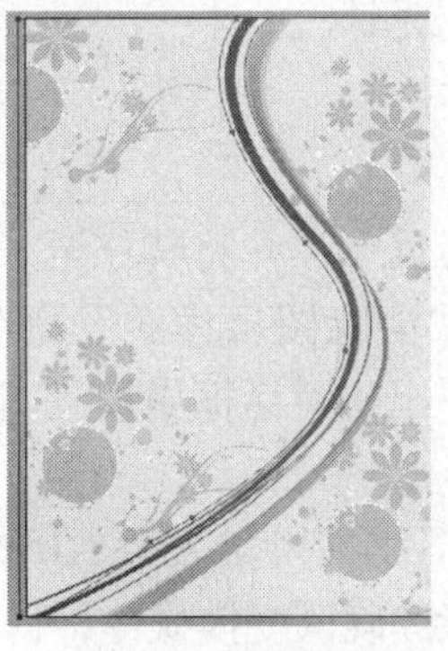

图1.109　绘制路径

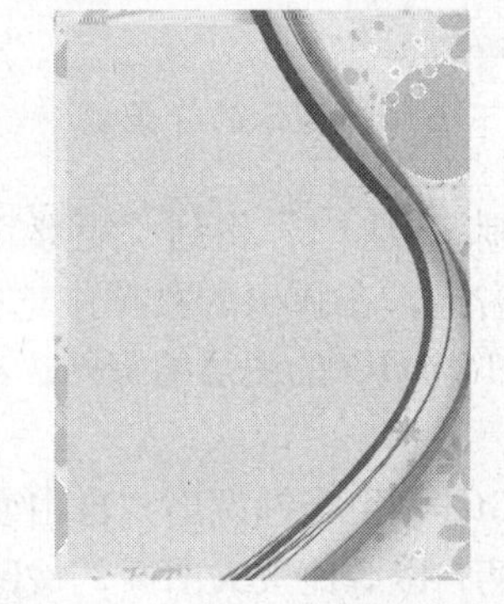

图1.110　添加图层蒙版后的效果

14 单击“添加图层样式”按钮，在弹出菜单中选择“描边”命令，弹出对话框中的参数设置如图1.111所示，单击“确定”按钮以退出对话框，得到如图1.112所示的效果。

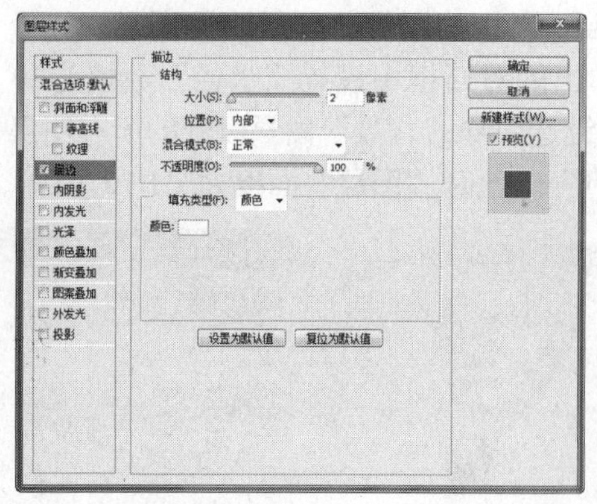

图1.111 “描边”对话框

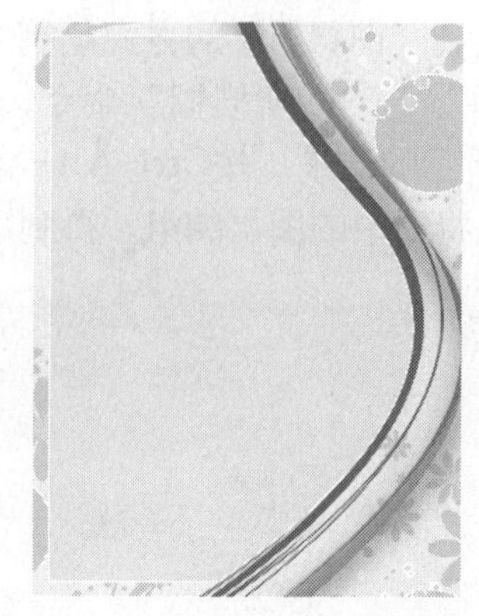

图1.112 添加图层样式后的效果

小提示

置入主体矢量素材，以丰富画面。

15 用步骤2的方法置入随书所附光盘中的文件“第1章\1.6-素材2.ai”，调整大小并移动至如图1.113所示的位置，按Enter键确认变换操作。然后将得到的智能图层更名为“图层 10”。

16 按Ctrl+Alt+G组合键执行“创建剪贴蒙版”操作，得到如图1.114所示的效果。

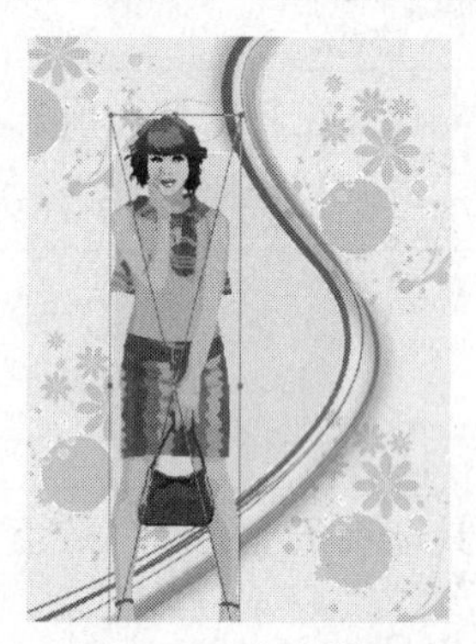

图1.113 变换状态

图1.114 创建剪贴蒙版后的效果

小提示

下面修饰主体的背景。

17 复制“矩形 1”得到“矩形 1 拷贝”，并将其移至“矩形 1”的下方，在副本图层名称上右击，在弹出的菜单中选择“清除图层样式”命令，将其图层样式删除。双击“矩形 1 拷贝”的图层缩览图，在弹出的对话框中设置其颜色值为696d26，单击“确定”按钮。

18 按Ctrl+T组合键调出“自由变换”控制框，按住Alt+Shift组合键向控制框外部拖动控制句柄，以等比放大图像，按Enter键确认变换操作，得到如图1.115所示的图像。

19 复制“矩形 1 拷贝”得到“矩形 1 拷贝 2”，将其移至“矩形 1 拷贝”的下方，并按上一步的方法变换其大小后设置其“填充”数值为20%，按Esc键隐藏路径，得到如图1.116所示的效果。

20 在所有图层上方新建“图层 11”，选择钢笔工具并在其工具选项条上选择“路径”选项，沿着上一步得到的图像的边缘绘制如图1.117所示的路径。

图1.115 放大图像

图1.116 复制及设置填充后的效果

图1.117 绘制路径

21 设置前景色的颜色值为438e52，选择画笔工具，按F5键调出“画笔”面板，设置其参数如图1.118所示，切换至“路径”面板，单击“用画笔描边路径”按钮，单击“路径”面板空白区域以隐藏路径，得到如图1.119所示的效果，局部放大的效果如图1.120所示。

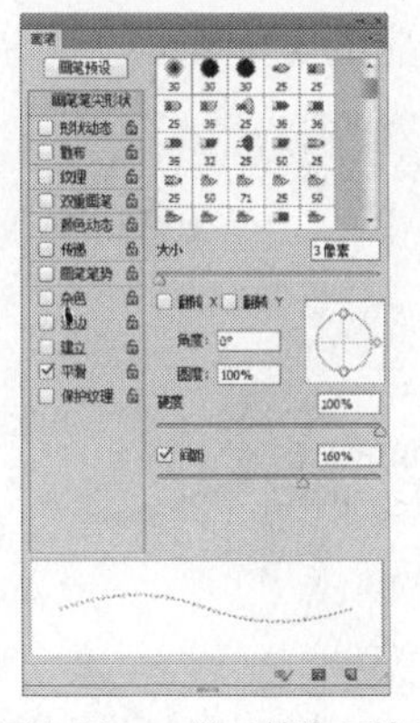
图1.118 “画笔”面板

图1.119 描边后的效果

图1.120 局部效果

> **小提示**
>
> 下面增添圆形装饰图形。

22 用步骤2的方法置入随书所附光盘中的文件“第1章\1.6-素材3.ai”，将得到的智能图层更名为“图层 12”，并用移动工具将图像移至人物右侧，如图1.121所示。右击“图层 12”的图层名，在弹出的菜单中选择“栅格化图层”命令，将图层栅格化。

> **小提示**
>
> 之所以要栅格化该图层，是为了让下一步复制的图像都在一个图层内。

23 使用矩形选框工具在上一步得到的图像外侧绘制一个矩形选区以将其框选，如图1.122所示，将移动工具放到选区内，按住Alt键拖动图像，以将其复制，并结合自由变换控制框将其缩小，重复几次直至得到类似如图1.123所示的效果。

图1.121　置入及移动图像

图1.122　绘制选区

图1.123　复制及变换图像

24 按Ctrl+Alt+A组合键将除“背景”图层以外的图层全部选中，并按住Ctrl键单击“组1”的名称，以选中除“组1”和“背景”图层以外的全部图层，按Ctrl+G组合键将其编组，得到“组 2”。此时“图层”面板如图1.124所示。

25 用步骤2的方法置入随书所附光盘中的文件“第1章\1.6-素材4.ai”，得到智能矢量图层“1.6-素材4”，用移动工具将图像内容移至人物腰部的位置，如图1.125所示。

26 选择横排文字工具，设置适当的字体和字号，设置前景色的颜色值分别为ff754e和7c6400，在“春季”右侧输入如图1.126所示的文字，得到相应的文本图层。

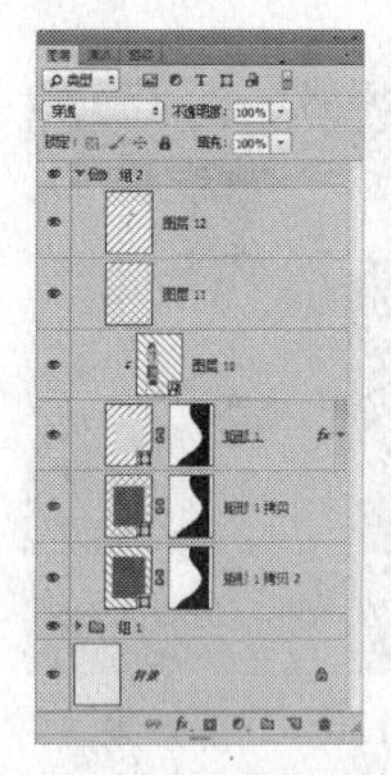

图1.124　“图层”面板

图1.125　置入图像并移动位置

图1.126　输入文字

27 用步骤2的方法置入随书所附光盘中的文件“第1章\1.6-素材5.ai”，得到智能图层 “1.6-素材5”，用移动工具将图像内容移至“春季”左上方的位置，如图1.127所示。复制“1.6-素材5”两次，结合自由变换控制框和移动工具分别将两个复制图层的图像移至“春季”的两侧，得到如图1.128所示的效果。

图1.127　置入及移动图像

图1.128　复制及调整图像

28 选中图层“1.6-素材4”、“1.6-素材5”及其复制图层和之前得到的文本图层，按Ctrl+E组合键将其合并，并将得到的图层重命名为“图层 13”。单击“添加图层样式”按钮 fx，在弹出的菜单中选择“描边”命令，弹出对话框中的参数设置如图1.129所示，单击“确定”按钮以退出对话框，得到如图1.130所示的效果。

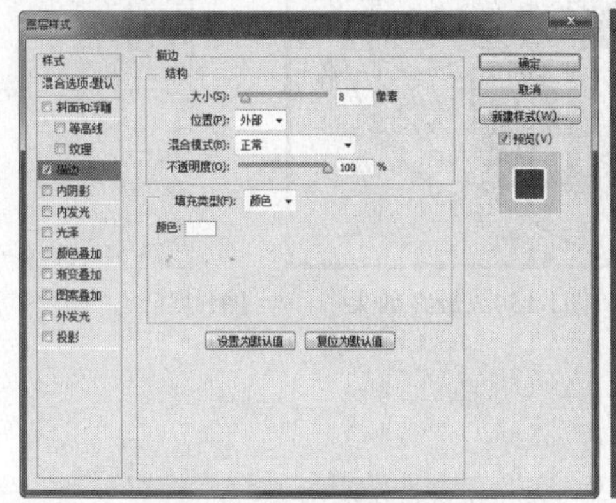

图1.129 “描边”对话框

图1.130 添加图层样式后的效果

小提示

下面增添辅助人物图像和文字信息，完成制作。

29 用步骤2的方法置入随书所附光盘中的文件“第1章\1.6-素材6.ai”，将得到的图层重命名为“图层 14”。使用移动工具将其移动到文件的右下角，效果如图1.131所示。

30 选择横排文字工具T，设置适当的字体和字号，在文件中央的图像上部和右上部输入说明文字，得到相应的文本图层，其效果如图1.132所示。

图1.131 置入及移动图像

图1.132 输入文字

小提示

当前画布右上方的文字，是沿路径绕排文字得到的。

31 新建“图层15”，设置前景色的颜色值为696d26，按Ctrl+A组合键执行“全选”操作，选择“编辑”|“描边”命令，设置弹出的对话框如图1.133所示，单击“确定”按钮以退出对话框，得到的最终效果如图1.134所示，“图层”面板如图1.135所示。

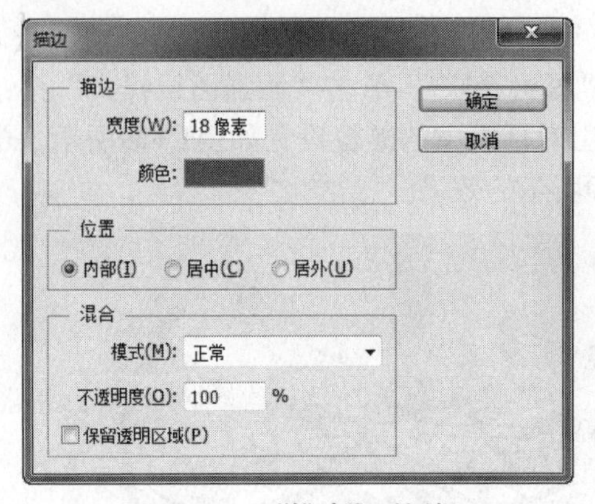

图1.133　“描边”对话框

图1.134　最终效果

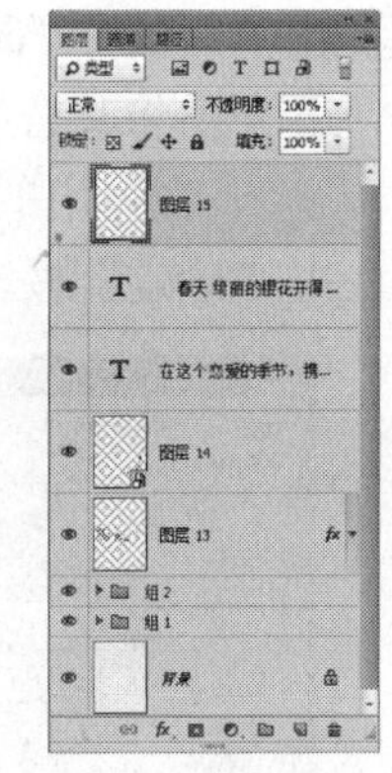

图1.135　“图层”面板

1.7　3D奇幻

例前导读

本例是一则以3D效果为主的案例，案例中涉及蒙版、滤镜和调整图层等相当多的技术，希望通过学习本例对Photoshop有进一步的了解。

核心技能

- 应用渐变工具绘制渐变。
- 利用图层蒙版功能隐藏不需要的图像。
- 应用滤镜功能制作图像的光晕、模糊等效果。
- 应用调整图层的功能，调整图像的饱和度、色彩等属性。
- 应用“盖印”命令合并可见图层中的图像。
- 通过设置图层属性以混合图像。
- 利用混合颜色带融合图像。
- 应用“外发光”命令，制作图像的发光效果。
- 应用画笔工具，配合“画笔”面板中的参数，制作特殊的图像效果。

操作步骤

1 打开随书所附光盘中的素材文件“第1章\1.7-素材.psd”，“图层”面板如图1.136所示。设置前景色的颜色值为042335，背景色的颜色值为7abadf，选择线性渐变工具，设置渐变的类型为“前景色到背景色渐变”，从画布的下方向上绘制，得到如图1.137所示的效果。

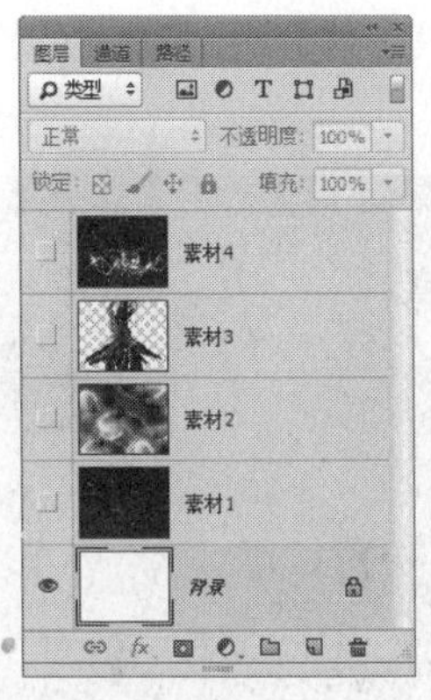

图1.136 “图层”面板

图1.137 绘制渐变

小提示

下面结合线性渐变工具和图层蒙版功能制作红色的烟雾效果。

2 新建一个图层得到“图层 1”，设置前景色的颜色值为540e0e，背景色的颜色值为bf3600，重复上一步的操作方法，使用线性渐变工具绘制如图1.138所示的渐变。

小提示

下面将在图层蒙版中使用“云彩”命令来得到红色的烟雾。

3 单击“添加图层蒙版”按钮为“图层 1”添加图层蒙版，按D键将前景色和背景色恢复为默认的黑白色，选择“滤镜”|“渲染”|“云彩”命令，得到的效果如图1.139所示。

图1.138 绘制渐变

图1.139 添加图层蒙版后的效果

小提示

下面将把图层蒙版中的图像模糊，从而得到更加奇幻的效果。

4 在选择“图层 1”的图层蒙版的状态下，选择“滤镜”|“模糊”|“高斯模糊”命令，在弹出的对话框中设置“半径”数值为30，得到如图1.140所示的效果。

小提示

下面将为图像添加一些细节的图像，来使画面更加丰富，同时也使图像具有3D奇幻效果。

5 显示“素材1”并将其重命名为“图层 2”，使用移动工具调整图像的位置，得到的效果如图1.141所示。

图1.140 应用“高斯模糊”命令后的效果

图1.141 调整图像位置

小提示

下面将通过设置图像的混合模式，从而将奇幻底图融合到图像当中。

6 设置“图层 2”的混合模式为“柔光”，得到如图1.142所示的效果。复制“图层 2”得到“图层 2 拷贝”，设置“图层 2 拷贝”的混合模式为“线性减淡（添加）”，得到如图1.143所示的效果。

图1.142 设置混合模式后的效果1

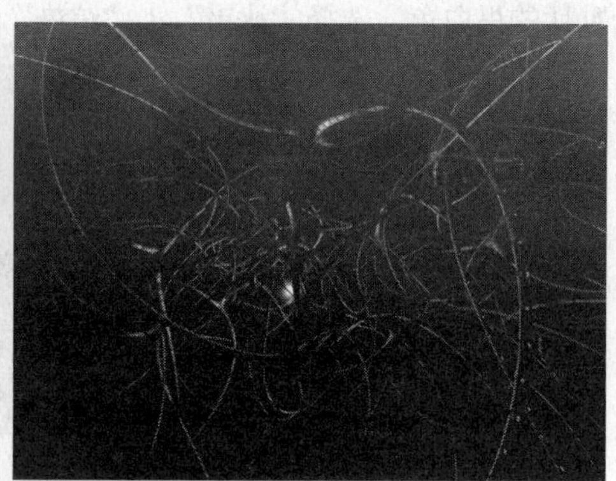

图1.143 设置混合模式后的效果2

小提示

下面将利用滤镜中的“镜头光晕”命令来制作光晕效果，同时也起到提亮画面的作用。

7 新建一个图层得到“图层 3”，设置前景色的颜色为黑色，按Alt+Delete组合键用前景色填充图层，选择“滤镜”|“渲染”|“镜头光晕”命令，设置弹出的对话框如图1.144所示，得到如图1.145所示的效果。

图1.144 “镜头光晕”对话框

图1.145 应用“镜头光晕”命令后的效果

8 设置“图层 3”的混合模式为“线性减淡（添加）”，“填充”为80%，得到如图1.146所示的效果。

9 单击“创建新的填充或调整图层”按钮，在弹出的菜单中选择“色相/饱和度”命令，得到图层“色相/饱和度 1”，按Ctrl+Alt+G组合键执行“创建剪贴蒙版”操作，然后在面板中设置“饱和度”为−100，得到如图1.147所示的效果。

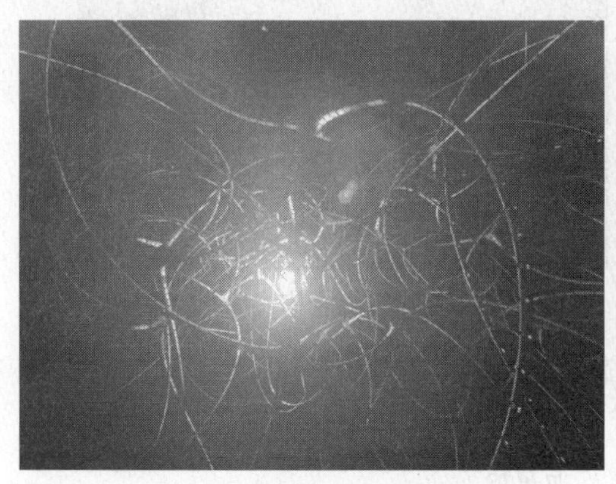
图1.146 设置图层属性后的效果

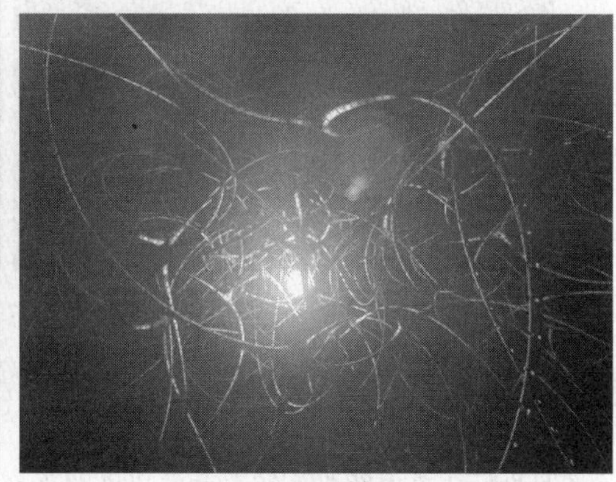
图1.147 应用“色相/饱和度”命令后的效果

小提示

下面将使用“盖印”以及添加图层蒙版等手法，来加强画面的云雾缭绕的感觉，从而更加渲染3D奇幻气氛。

10 在“图层 1”的图层蒙版缩览图上单击鼠标右键，在弹出的菜单中选择“停用图层蒙版”命令以将图层蒙版隐藏，得到如图1.148所示的效果，按Ctrl+Alt+Shift+E组合键执行“盖印”操作，得到“图层 4”，将其拖至所有图层上方。

11 按Ctrl+T组合键调出自由变换控制框，在变换控制框中单击鼠标右键，在弹出的快捷菜单中选择“垂直翻转”命令，用同样的方法再选择“水平翻转”命令，按Enter键确认变换操作，得到如图1.149所示的效果。

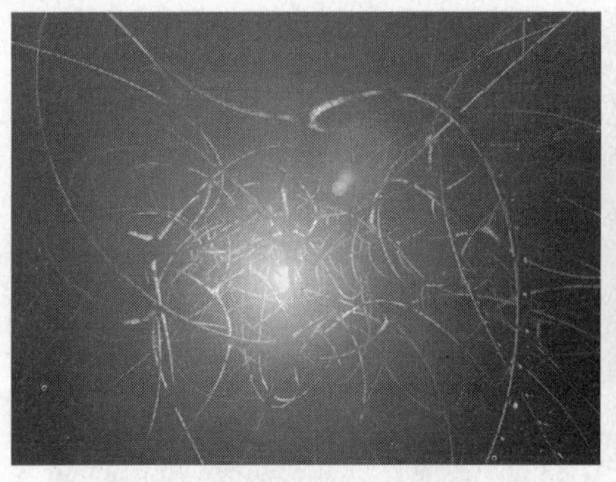

图1.148　隐藏图层蒙版后的效果

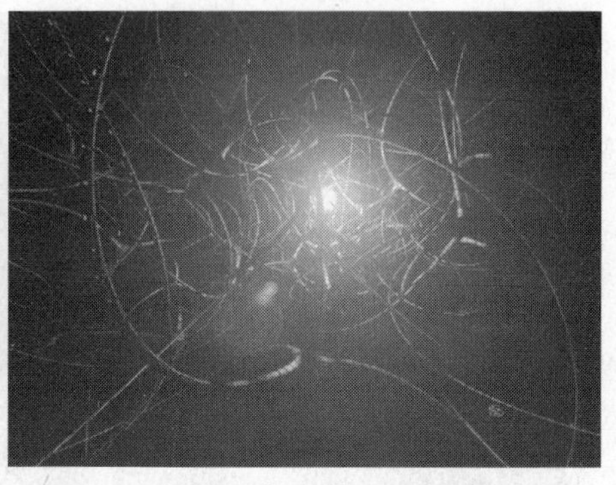

图1.149　变换图像后的效果

12 单击“图层 1”的图层蒙版缩览图以显示其图层蒙版，单击“添加图层蒙版”按钮 为“图层4”添加蒙版，选择画笔工具，并在其工具选项条中设置适当的画笔大小与不透明度，在蒙版中进行涂抹，以将边缘及中间的部分图像隐藏，得到的效果如图1.150所示，设置“图层 4”混合模式为“柔光”，得到如图1.151所示的效果。

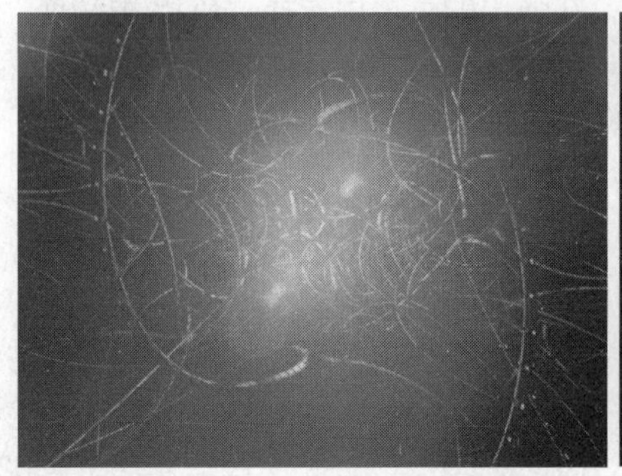

图1.150　添加图层蒙版后的效果

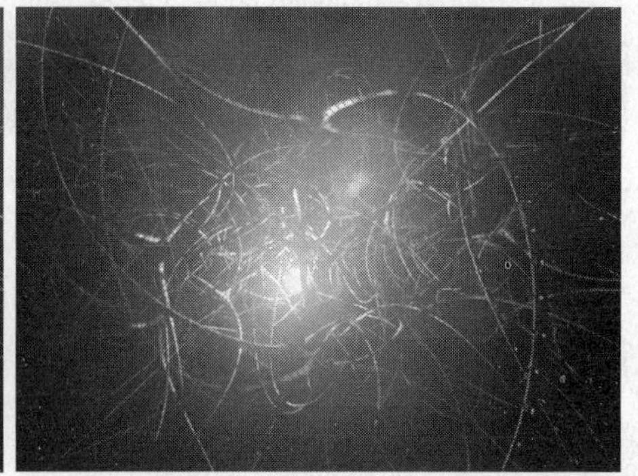

图1.151　设置混合模式后的效果

小提示

下面将利用调整图层功能来使图像的色彩更加艳丽。

13 单击“创建新的填充或调整图层”按钮，在弹出的菜单中选择“色彩平衡”命令，设置弹出的面板如图1.152～图1.154所示，得到如图1.155所示的效果。

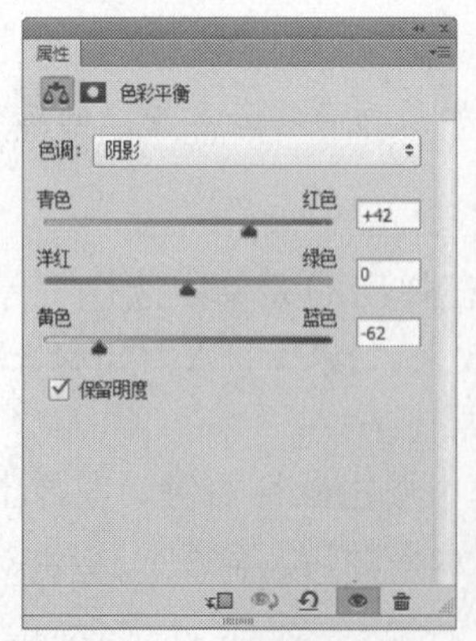

图1.152　“阴影”选项

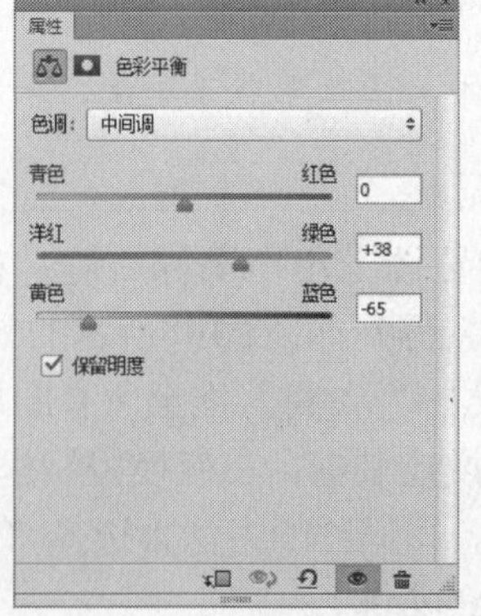

图1.153　“中间调”选项

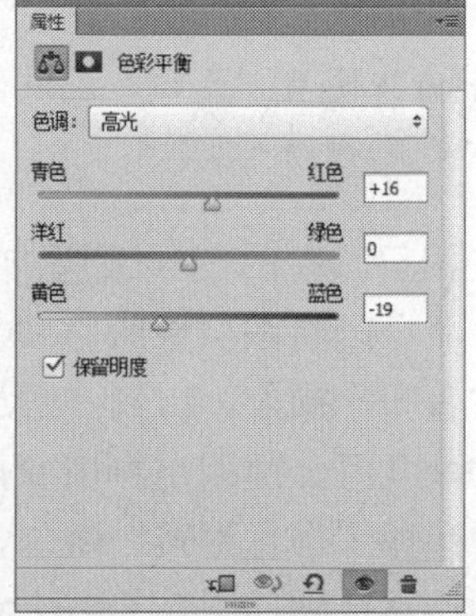

图1.154　“高光”选项

小提示

下面将为图像置入花纹图像，从而使图像的色彩更加丰富。

14 显示“素材2”并将其重命名为“图层 5”，使用移动工具移动该图像，使其填满整个画面，设置混合模式为“柔光”，得到如图1.156所示的效果。

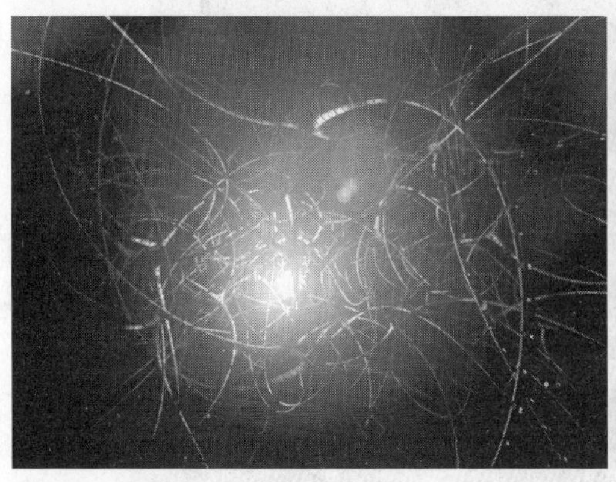

图1.155 应用“色彩平衡”命令后的效果

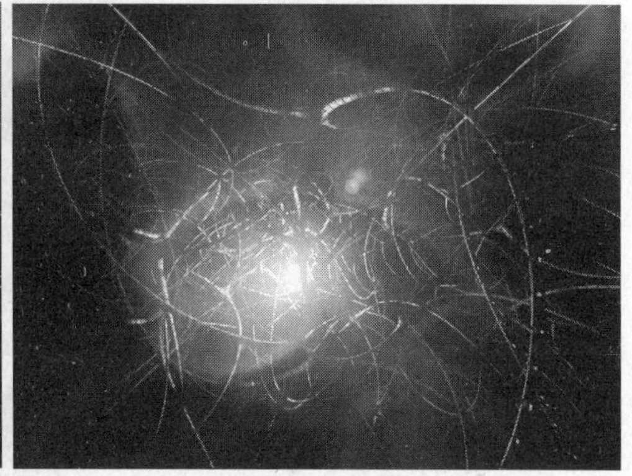

图1.156 设置混合模式后的效果

小提示

下面结合变换以及调整图层等功能，制作主体图像。

15 显示并选择“素材3”并将其重命名为“图层 6”，按Ctrl+T组合键调出自由变换控制框，顺时针旋转图像50°左右，并将图像移至如图1.157所示的位置，按Enter键确认变换操作，“图层”面板的状态如图1.158所示。

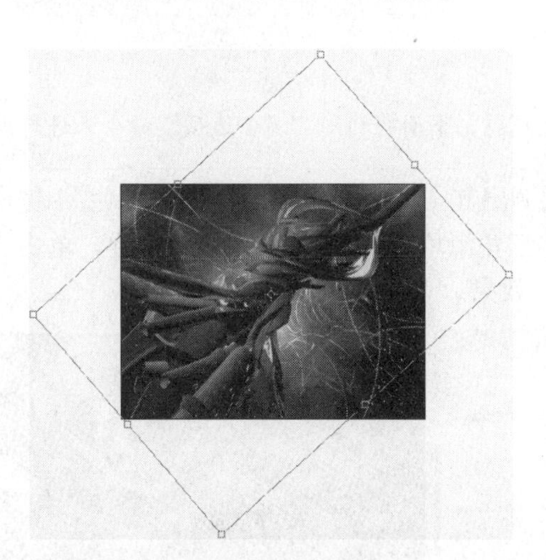

图1.157 变换图像

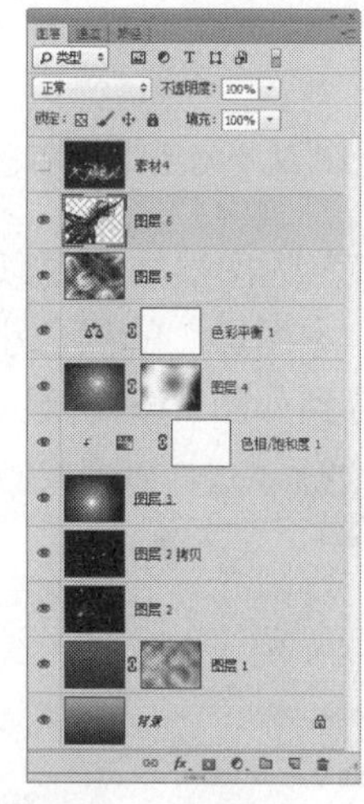

图1.158 “图层”面板

16 单击“创建新的填充或调整图层”按钮，在弹出的菜单中选择“曲线”命令，得到图层“曲线 1”，按Ctrl+Alt+G组合键执行“创建剪贴蒙版”操作，设置面板如图1.159所示，得到如图1.160所示的效果。

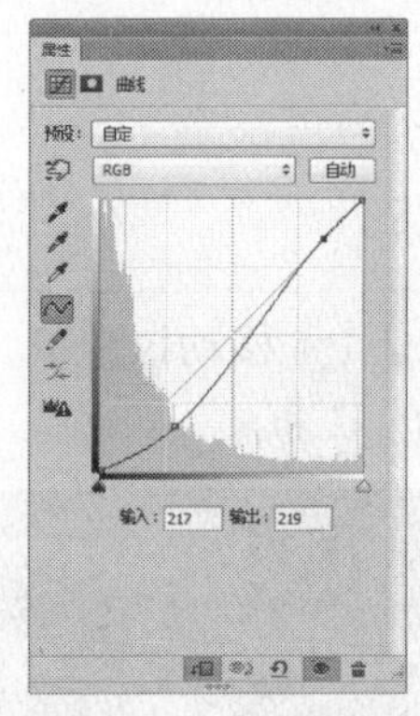

图1.159 “曲线”面板

图1.160 应用“曲线”命令后的效果

17 显示并选择“素材4”并将其重命名为“图层 7”，按Ctrl+T组合键调出自由变换控制框，逆时针旋转45°左右并将其移至3D图像的上方，如图1.161所示，按Enter键确认变换操作。设置“图层 7”的混合模式为“滤色”，得到如图1.162所示的效果。

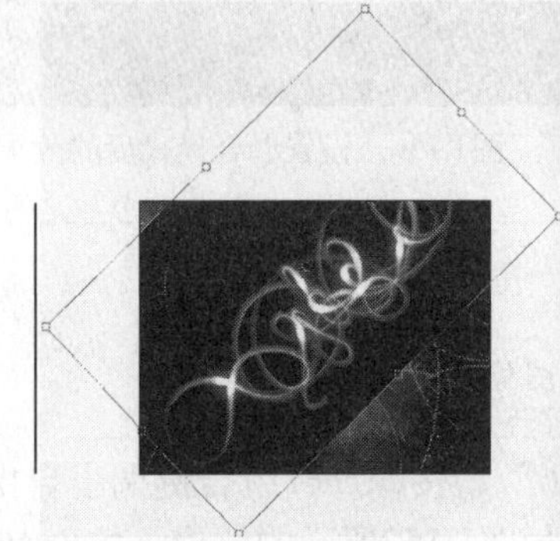

图1.161 变换图像

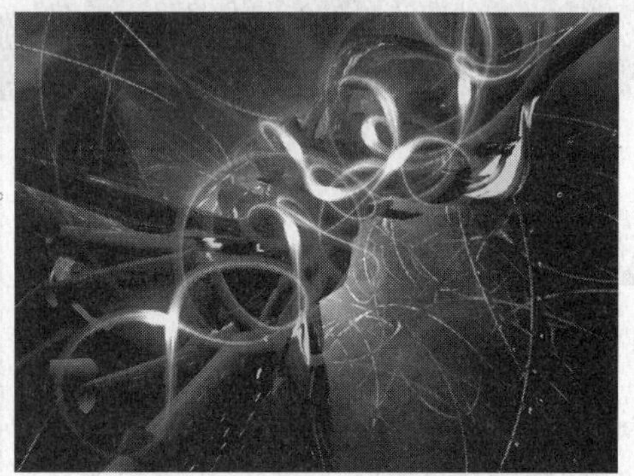

图1.162 设置混合模式后的效果

小提示

为了将除光源以外的图像的颜色减弱，下面将利用“混合选项”命令来进行调整。

18 双击“图层 7”的图层缩览图以调出其“混合选项”对话框，按住Alt键向右拖动“混合颜色带”中“本图层”的黑色小三角滑块至如图1.163所示的位置，单击“确定”按钮退出对话框后得到如图1.164所示的效果。

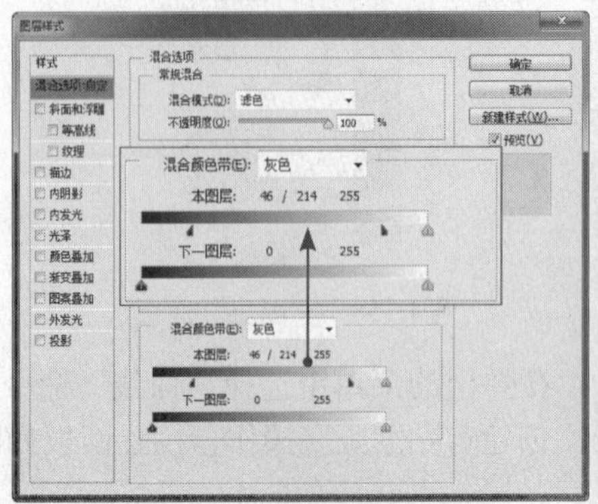

图1.163 “混合选项”对话框

图1.164 应用“混合选项”命令后的效果

19 新建一个图层得到“图层 8”，按D键将前景色和背景色恢复为默认的黑白色，选择“滤镜”|“渲染”|“云彩”命令，得到类似如图1.165所示的效果。设置“图层 8”的混合模式为“柔光”，得到如图1.166所示的效果。

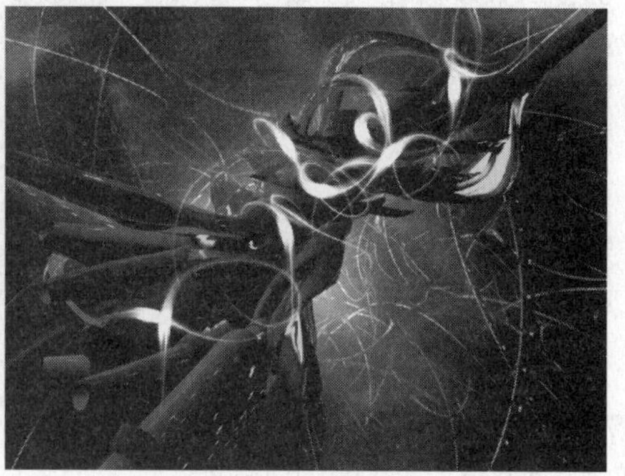

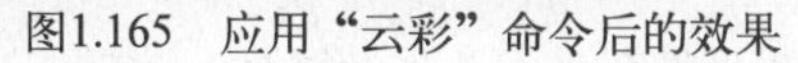

图1.165　应用“云彩”命令后的效果　　图1.166　设置混合模式后的效果

小提示

下面将通过“盖印”以及“径向模糊”等技术手法来制作放射光芒的特殊效果。

20 按Ctrl+Shift+Alt+E组合键执行“盖印”操作，得到“图层 9”，选择“滤镜”|“模糊”|“径向模糊”命令，设置弹出的对话框如图1.167所示，单击“确定”按钮退出对话框，按Ctrl+F组合键重复应用此命令1次，直至得到如图1.168所示的效果。设置“图层 9”的混合模式为“滤色”，得到如图1.169所示的效果。

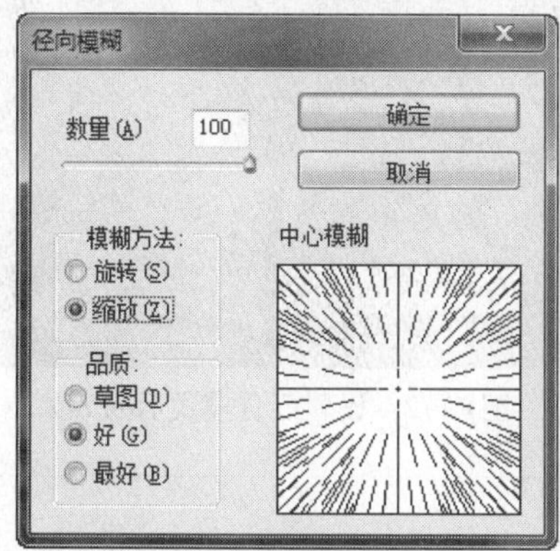

图1.167　“径向模糊”对话框　　图1.168　应用“径向模糊”命令后的效果

小提示

此时观察放射效果有些过于明亮，以至于使主体图像没有突出，下面将利用图层蒙版功能来进行调整，从而解决这一问题。

21 单击“添加图层蒙版”按钮为“图层 9”添加图层蒙版，设置前景色的颜色为黑色，选择画笔工具，并在其工具选项条中设置适当的画笔大小与不透明度，在3D图像上过亮的位置涂抹以将其减淡，得到如图1.170所示的效果。

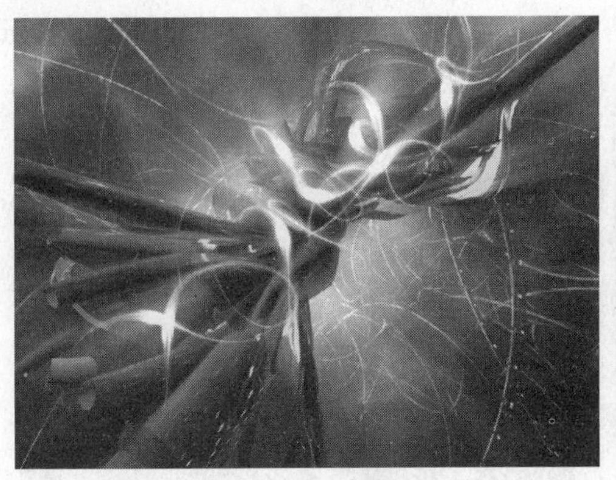

图1.169　设置混合模式后的效果

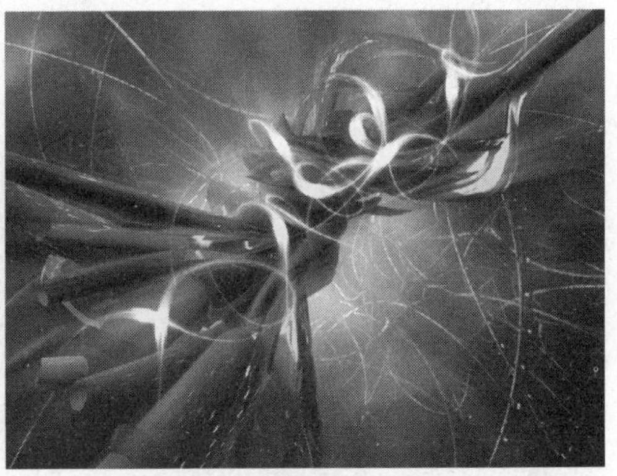

图1.170　添加图层蒙版后的效果

小提示

为了使整幅图像的色彩更加艳丽，接下来将利用混合模式来进行混合。

22 复制“图层 9”得到“图层 9 拷贝”，按Ctrl+Alt+G组合键执行“创建剪贴蒙版”操作，得到如图1.171所示的效果。再复制“图层 9 拷贝”得到“图层 9 拷贝 2”，按Ctrl+Alt+G组合键执行“创建剪贴蒙版”操作，设置“图层 9 拷贝 2”的混合模式为“柔光”，得到如图1.172所示的效果。

图1.171　复制图层后的效果

图1.172　设置混合模式后的效果

小提示

之前过于强调整体颜色的渲染，主体图像有些不够突出，下面就将利用设置混合模式来进行叠加混合的手法，使主体图像更加突出。

23 复制“图层 2 拷贝”得到“图层 2 拷贝 2”，将其拖至所有图层的上方，得到如图1.173所示的效果。

小提示

此时观察图像，有很多铁管的图像影响了视觉中心处的主体图像，下面将使用图层蒙版功能将其去掉。

24 单击“添加图层蒙版”按钮为“图层 2拷贝 2”添加蒙版，设置前景色为黑色，选择画笔工具，在其工具选项条中设置适当的画笔大小及不透明度，在图层蒙版中进行涂抹，以将印象视觉中心的图像隐藏起来，直至得到如图1.174所示的效果，图层蒙版的状态如图1.175所示。

图1.173 复制图层后的效果

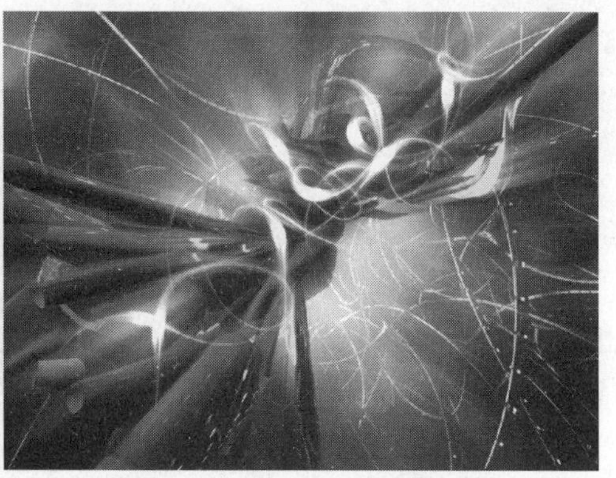

图1.174 添加图层蒙版后的效果

25 按住Alt键拖动“图层 6”的名称至“图层 2拷贝 2”的上方，释放鼠标后得到“图层 6拷贝”，设置“图层 6 拷贝”的混合模式为“柔光”，“填充”值为70%，得到如图1.176所示的效果。

图1.175 图层蒙版的状态

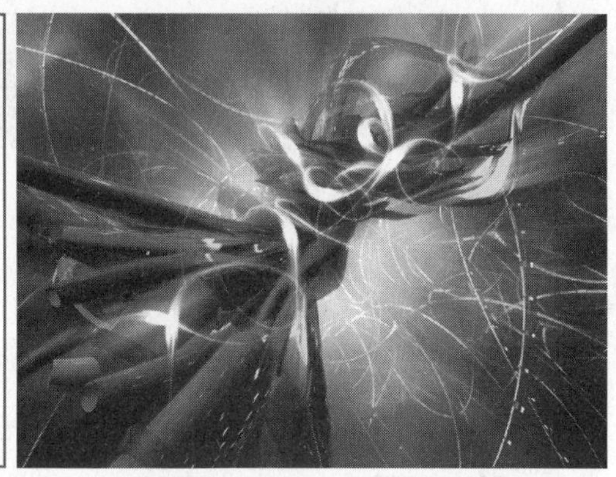

图1.176 设置混合模式后的效果

小提示

最后，给图像添加一些细节，使画面更加丰富。

26 新建一个图层得到“图层 10”，设置前景色的颜色为白色，选择画笔工具，按F5键调出“画笔”面板，按照图1.177所示进行设置，按照如图1.178所示的效果在画面中进行涂抹。

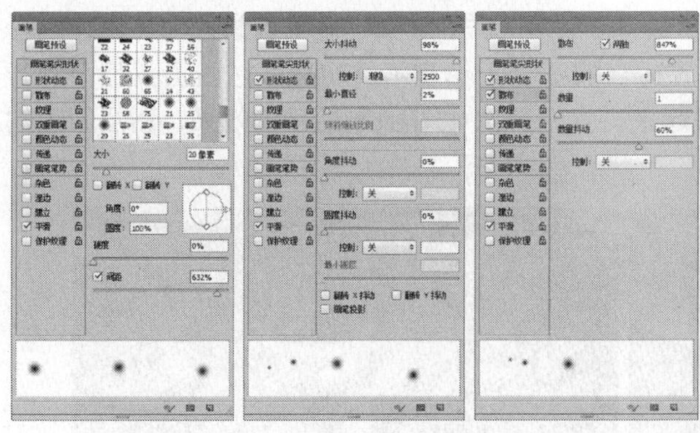

图1.177　“画笔”面板

图1.178　绘制墨点后的效果

27 单击“添加图层样式”按钮 fx，在弹出的菜单中选择“外发光”命令，设置弹出的对话框如图1.179所示，得到如图1.180所示的效果。

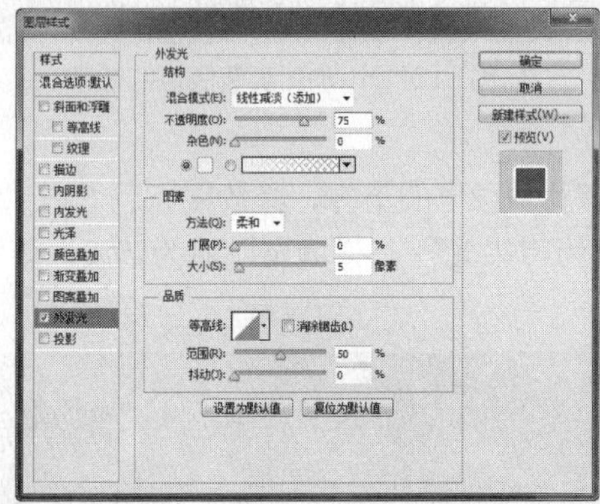

图1.179　“外发光”对话框

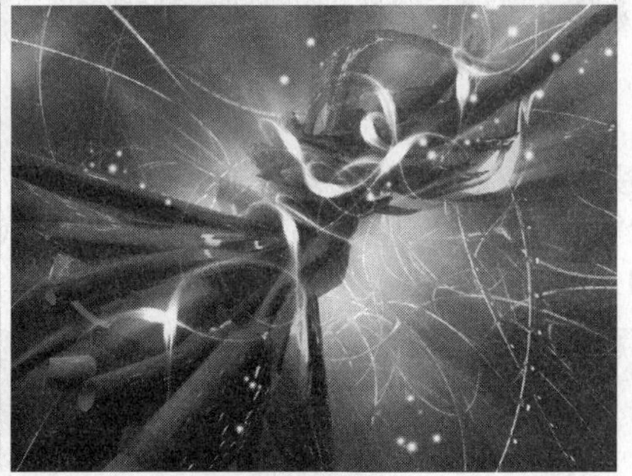

图1.180　应用“外发光”命令后的效果

小提示

在“外发光”对话框中，色块的颜色值为ffffbe。

28 最后，在加上一些文字，整幅作品就完成了，最终效果如图1.181所示。“图层”面板的状态如图1.182所示。

图1.181　最终效果

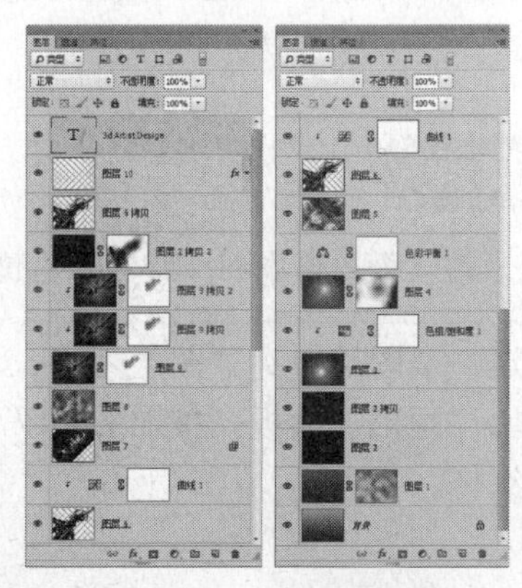

图1.182　“图层”面板

1.8 练习题

1 打开随书所附光盘中的文件“第1章\1.8-1-素材.psd”，如图1.183所示，尝试结合图层样式以及图层蒙版等功能，制作得到类似如图1.184所示的金属质感特效文字。

图1.183　素材图像

图1.184　金属质感特效文字

2 打开随书所附光盘中的文件“第1章\1.8-2-素材.tif”，如图1.185所示，尝试使用仿制图章工具制作得到类似如图1.186所示的特效文字图像。

图1.185　素材图像

图1.186　文字效果

3 打开随书所附光盘中的文件“第1章\1.8-3-素材.psd”，如图1.187所示，尝试结合图层蒙版以及图层属性等功能，制作得到类似如图1.188所示的水晶质感特效图像。

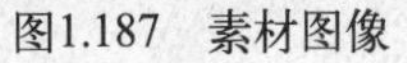

图1.187　素材图像

图1.188　水晶质感特效图像

4 打开随书所附光盘中的文件“第1章\1.8-4-素材.psd”，如图1.189所示，结合多个图层样式，尝试制作得到如图1.190所示的玉质手镯效果。

图1.189　素材图像

图1.190　最终效果

5 打开随书所附光盘中的文件“第1章\1.8-5-素材.psd”，如图1.191所示，结合图层样式以及图层蒙版等功能，尝试制作得到如图1.192所示的特效图像。

图1.191　素材图像

图1.192　最终效果

第2章

创意合成

2.1 创意合成概述

创意合成是指将原本风马牛不相及的内容，运用Photoshop强大的功能合成在一起，给人以趣味、震撼、惊奇等不同的感受。

创意合成作品多建立在一个相对真实的环境中，而且该环境越真实，再配合令人拍案叫绝的想法，就越能凸显出该作品的过人之处。图2.1所示就是一些常见的创意合成作品类型。

(a) 梦幻创意手法

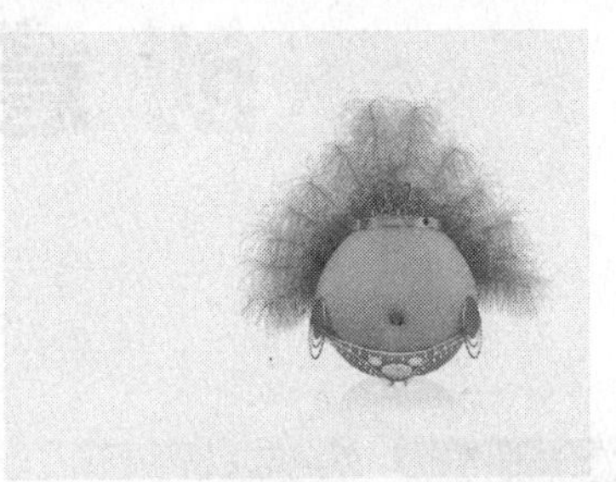

(b) 拟人创意手法

(c) 超现实创意手法

(d) 科幻创意手法

(e) 质感变化创意手法

(f) 变形创意手法

(g) 夸张创意手法

(h) 替换创意手法

图2.1 不同创意手法的作品

下面从技术角度分析与合成影像相关的技术，用以帮助各位读者在学习时找到自己学习的重点与中心。

2.1.1 蒙版技术

蒙版技术的主要作用是在图像合成过程中限制图像的显示范围，从而将不需要的图像内容隐藏起来，将要合成的图像内容保留下来。在图像合成领域中，这是一项十分常用的功能。如图2.2所示就是以图层蒙版为主的创意作品。

(a) (b)

图2.2 以图层蒙版为主的创意作品

小提示

将图像合成至场景中后，大多数情况下还要用颜色调整命令调整图像的色彩及亮度等属性，使之能够完全地融入到场景中来，同时也使整体作品看起来更加真实。

除了上面所提到的图层蒙版外，剪贴蒙版、矢量蒙版也非常重要。

2.1.2 混合模式技术

混合模式也是用于融合图像的主要功能技术之一，尤其在图像合成作品中。将两幅图像融合在一起，或为某个图像叠加纹理，最常用、有效、便捷的方法就是使用混合模式。

如果单纯使用混合模式无法得到完美的合成效果，就需要组合使用蒙版功能，两种功能搭配在一起使用，能够得到比较真实的合成图像效果。

很多时候，混合模式与蒙版功能都是搭配使用的（当然并不排除两者分开使用的情况），其中混合模式主要是将图像融合在一起，而蒙版则负责将多余的图像内容隐藏掉。如图2.3所示的一些大型创意作品中，就需要大量的混合模式及蒙版功能搭配进行合成处理。

(a) (b)

(c) (d)

图2.3 混合模式技术作品

2.1.3 通道技术

通道在合成影像的操作中并没有直接参与到合成工作中，而主要是帮助操作者抠选出各种复杂边缘的图像，以供合成时使用。

此时，最常用的当属Alpha通道。灵活运用Alpha通道可以选择出透明的玻璃瓶，边缘不规则的烟、雾、云、火等合成图像时常用到的图像元素。如图2.4所示为原图像；如图2.5所示为使用Alpha通道选择火焰后得到的合成效果。

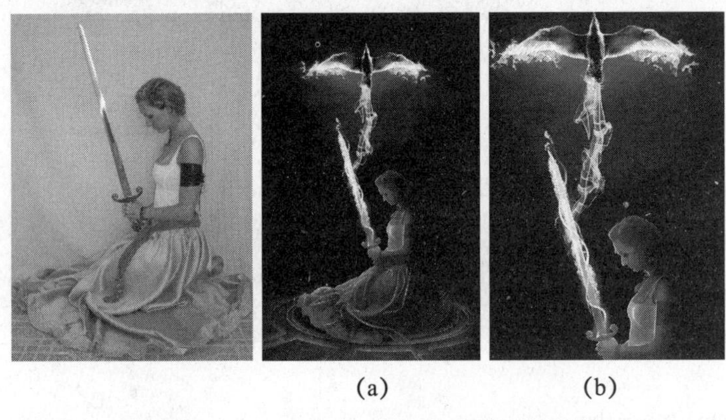

(a) (b)

图2.4 原图像 图2.5 通道技术作品

2.1.4 绘画技术

在合成影像的领域中，绘画工具及相关技术通常被用于模拟光与影，其中最常见的类型就是光线与阴影效果。

除了上述较小规模的应用外，在Mattepainting领域合成图像时也大量应用绘画的功能。如图2.6所示为蓝幕前的拍摄效果；如图2.7所示为合成时艺术家组合素材并通过绘画得到的最终效果。

图2.6 蓝幕前的拍摄效果

图2.7 合成后的效果

2.1.5 调色技术

在合成图像的过程中，由于素材的来源各不相同，因此在光照强度及色调等多方面都会有所差异，此时就可以使用调色技术，对它们进行协调统一的处理。如图2.8所示是未调整颜色前，利用蒙版等技术将各部分图像融合在一起时的状态。可以看出，人物与背景海面及天空的色调不太匹配，图2.9所示就是使用调色技术解决这一问题后的效果，此时整幅作品看起来因色彩协调，而显得更加逼真。

图2.8 素材图像

图2.9 调色后的效果

2.1.6 滤镜技术

在合成图像时，多数情况下滤镜都是用于辅助渲染整体气氛的。例如，使用“云彩”滤镜取得云雾效果，或对细节内容进行一些修饰等，如使用“浮雕效果”模拟小的刻痕。

2.2 失火的天空创意表现

例前导读

本例是以“失火的天空”为主题的创意表现作品。在制作过程中，将以星球及发射流星点作为处理的核心内容，主要用到的技术包括图层样式及混合模式。

核心技能

- 应用变换功能调整图像的大小及位置等。
- 应用“内发光”、“外发光”命令，制作图像的发光效果。
- 通过设置图层属性以混合图像。
- 利用图层蒙版功能隐藏不需要的图像。
- 结合路径及用画笔描边路径的功能，为所绘制的路径进行描边。
- 使用形状工具绘制形状。

操作步骤

1 打开随书所附光盘中的文件“第2章\2.2-素材1.psd”，如图2.10所示，将其作为本例的“背景”图层。

小提示

下面利用素材图像，添加图层样式、图层蒙版及图层属性等功能，制作星球图像效果。

2 打开随书所附光盘中的文件“第2章\2.2-素材2.psd”，使用移动工具将其移至当前图像右上方，按Ctrl+T组合键调出自由变换控制框，调整图像的大小及位置，按Enter键确认变换操作，得到“图层 1”，效果如图2.11所示。

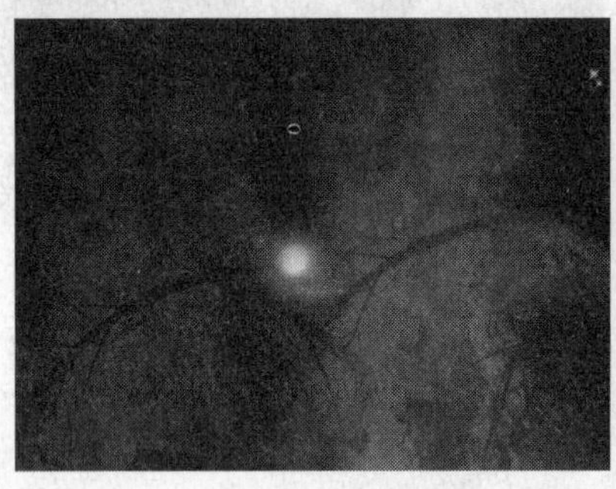

图2.10　素材图像

图2.11　调整图像

3 单击“添加图层样式”按钮 fx，在弹出的菜单中选择“内发光”命令，设置弹出的对话框如图2.12所示，设置发光颜色值为c9460e，得到如图2.13所示的效果。

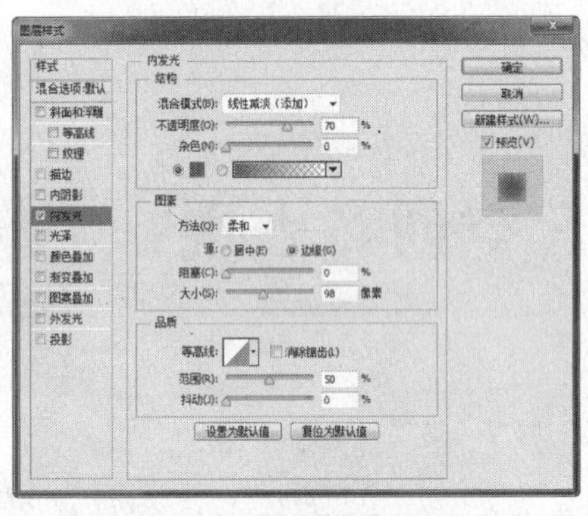

图2.12　“内发光”对话框

图2.13　应用“内发光”命令后的效果

4 下面利用素材图像为星球叠加火焰图像效果。打开随书所附光盘中的文件“第2章\2.2-素材3.psd”，将其调整到星球位置，如图2.14所示，得到“图层2”。按Ctrl+Alt+G组合键执行“创建剪贴蒙版”操作，设置其混合模式为“柔光”，得到如图2.15所示的效果。此时的“图层”面板状态如图2.16所示。

图2.14　调整到星球位置

图2.15　设置混合模式后的效果

小提示

为了方便读者管理图层，笔者在此对制作星球的图层进行编组操作，选中要进行编组的图层，按Ctrl+G组合键将其编组，得到“组1”，并重命名为“星球”。在下面的操作中，笔者也对各部分进行了编组操作，在步骤中不再赘述。

5 选择组“星球”，单击“添加图层蒙版”按钮 为其添加蒙版，设置前景色为黑色，选择画笔工具，在其工具选项条中设置适当的画笔大小及不透明度，在图层蒙版中进行涂抹，以将星球右侧图像的暗调隐藏起来，使其变亮，直至得到如图2.17所示的效果。此时蒙版中的状态如图2.18所示。

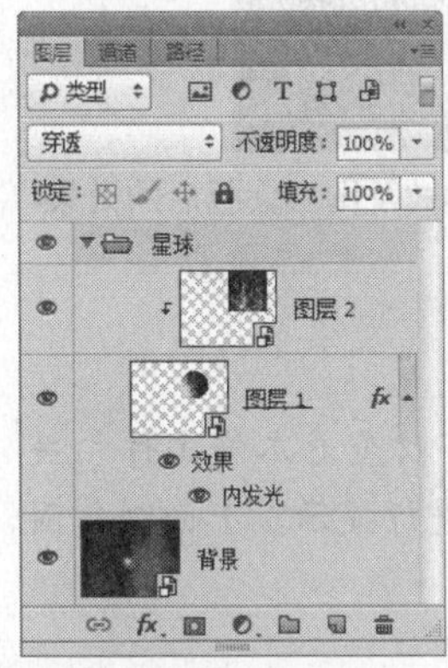

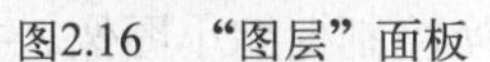

图2.16 “图层”面板

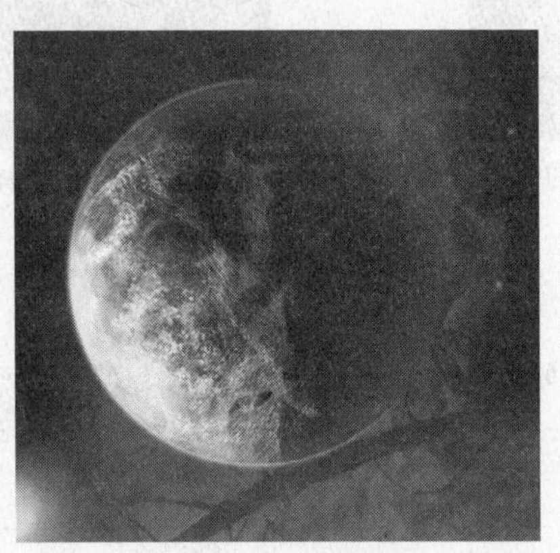

图2.17 添加图层蒙版

图2.18 蒙版中的状态

小提示

下面利用形状工具，图层样式及图层蒙版等功能，制作围绕星球的光环图像效果。

6 设置前景色的颜色值为fafbe9，选择椭圆工具，在其工具选项条上选择“形状”选项，在星球上绘制椭圆形状，得到“椭圆 1”，如图2.19所示。

7 选择路径选择工具，将刚刚绘制的形状选中，按Ctrl+Alt+T组合键调出自由变换并复制控制框，按住Alt+Shift组合键向控制框内部拖动控制句柄，以等比缩小形状，直至得到如图2.20所示的状态。

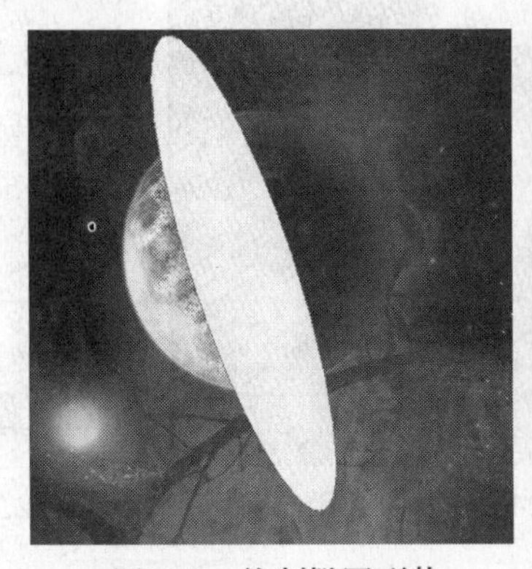

图2.19 绘制椭圆形状

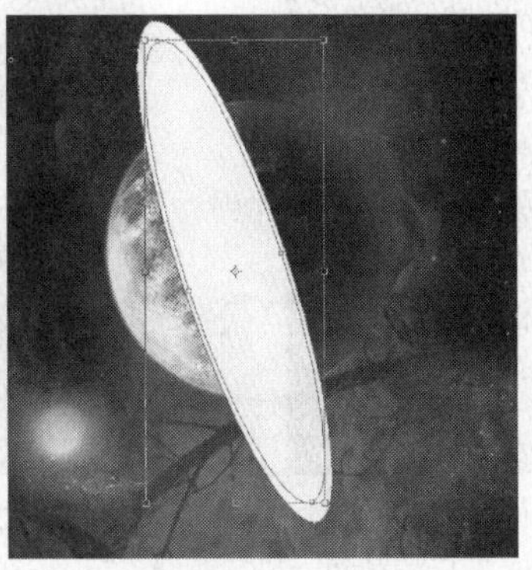

图2.20 缩小形状

8 向左下方移动少许，按Enter键确认变换操作，并在其工具选项条上选择“减去顶层形状”选项，得到如图2.21所示的椭圆环效果。

9 按照第3步和第5步的操作方法，为“椭圆 1”添加“外发光”图层样式及图层蒙版，制作星球的发光效果并隐藏左侧的半环，以制作环绕效果，直至得到如图2.22所示的效果。

图2.21　减去顶层形状后的效果

图2.22　添加“外发光”图层样式及图层蒙版后的效果

小提示

关于“图层样式”对话框中的具体参数设置及蒙版状态，读者可以查看本例文件相关图层进行参数设置，这里不再一一赘述。后面有类似的操作时，不再进行提示。下面制作围绕星球稍小的椭圆环效果。

10 按Ctrl+J组合键复制“椭圆 1”得到“椭圆 1 拷贝”，结合自由变换控制框缩小图像，并更改图层样式的参数和蒙版状态，直至得到如图2.23所示的效果。

小提示

还要设置“椭圆 1 拷贝”的混合模式为“叠加”。

11 按Ctrl+J组合键复制“椭圆 1 拷贝”得到“椭圆 1 拷贝2”，结合自由变换控制框缩小图像，并更改图层样式的参数及蒙版状态，设置其混合模式为“正常”，直至得到如图2.24所示的效果。此时的“图层”面板状态如图2.25所示。

图2.23　缩小图像并更改图层样式及蒙版后的效果

图2.24　接着制作稍小圆环

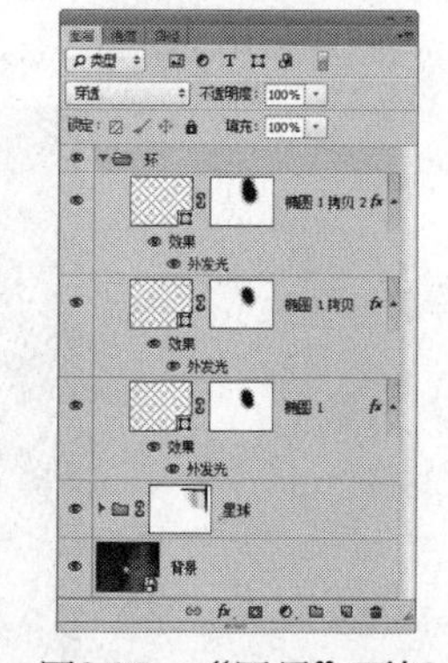

图2.25　“图层”面板

12 下面制作星球发射出的流星点效果。新建“图层3”，选择钢笔工具，在其工具选项条上选择“路径”选项，在星球左侧绘制斜路径，如图2.26所示。

13 设置前景色为白色，选择画笔工具，打开随书所附光盘中的文件“第2章\2.2-素材4.abr”，在画布中单击鼠标右键，在弹出的画笔显示框中选择刚刚打开的画笔（一般在最后一个）。

14 切换至“路径”面板，单击“用画笔描边路径”按钮，然后单击“路径”面板中的空白区域以隐藏路径，得到如图2.27所示的效果。

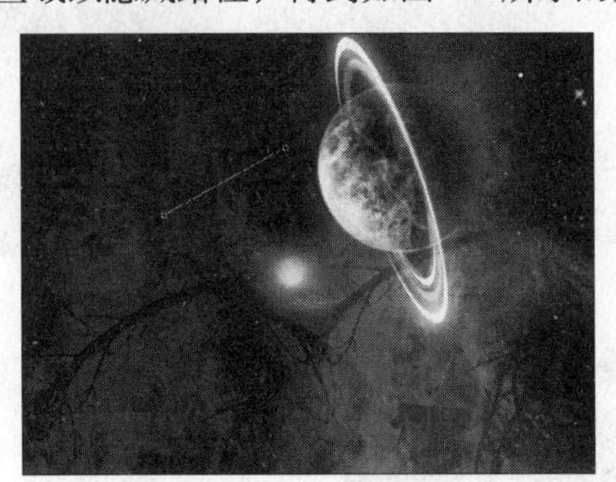

图2.26 绘制斜路径

图2.27 画笔描边路径后的效果

15 按照第3步的操作方法，为“图层3”添加“外发光”图层样式，直至得到如图2.28所示的效果。下面通过复制图层及利用随书所附光盘中的文件“第2章\2.2-素材5.abr”，制作稍大一些的流星点图像，分别得到“图层3拷贝”和“图层4”，直至得到如图2.29所示的效果。

图2.28 添加“外发光”图层样式后的效果

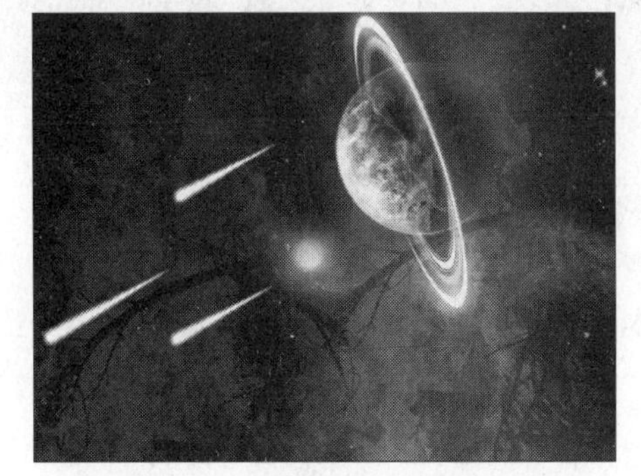

图2.29 制作稍大一些的流星点图像

小提示

为使“图层3”、“图层3拷贝”和“图层4”添加的图层样式相同，方法是在一个图层名称上单击鼠标右键，在弹出的快捷菜单中选择“拷贝图层样式”命令，在另一个图层的名称上单击鼠标右键，在弹出的快捷菜单中选择“粘贴图层样式”命令，使两者具有相同的图层样式即可。

16 新建“图层5”，设置前景色为白色，选择画笔工具，在其工具选项条中设置适当的柔角画笔大小及不透明度，在流星点的前端进行涂抹，并添加“外发光”图层样式，以制作最亮点，直至得到如图2.30所示的效果。此时“图层”面板如图2.31所示。

17 打开随书所附光盘中的文件“第2章\2.2-素材6.abr及2.2-素材7.psd”，制作散落的光点图像及整体效果处理，直至得到如图2.32所示的最终效果。图2.33所示为局部效果。此时的“图层”面板状态如图2.34所示。

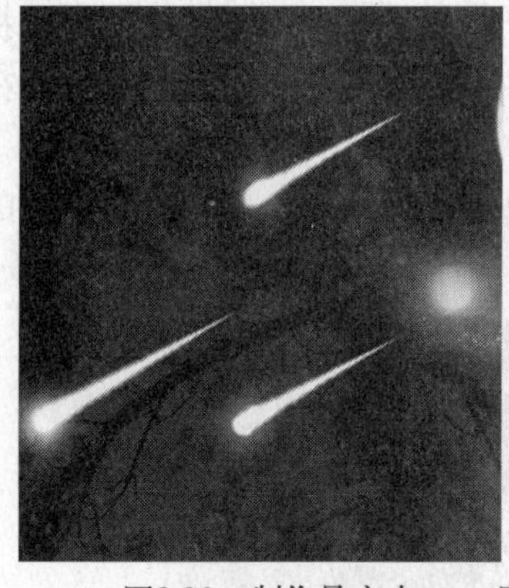

图2.30　制作最亮点　　图2.31　“图层”面板

图2.32　最终效果

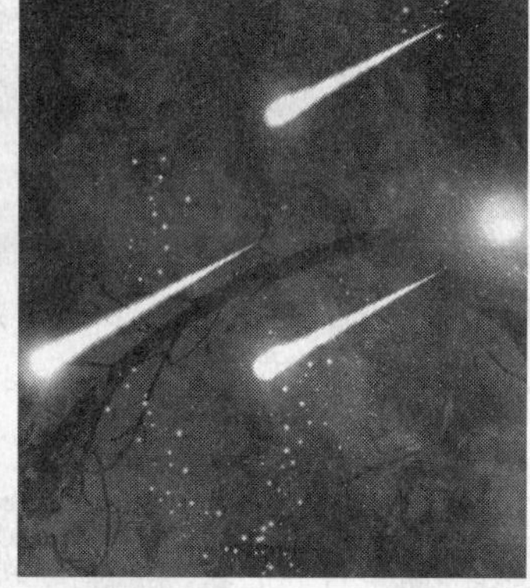

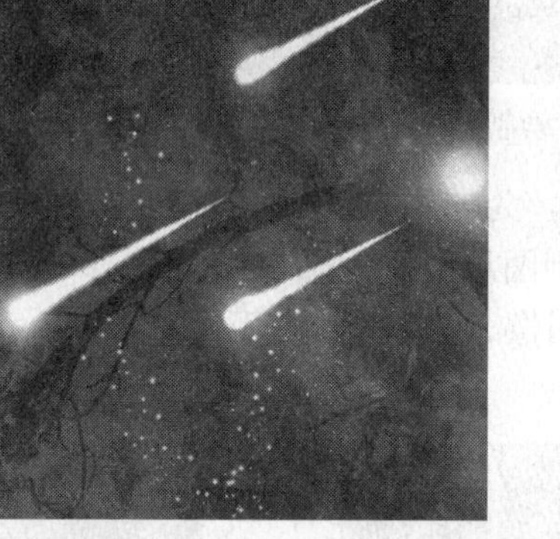

图2.33　局部效果

图2.34　“图层”面板

小提示

本步中为“图层7”添加了图层蒙版，设置了其混合模式为“线性减淡（添加）”。

2.3 生命的空间创意表现

例前导读

本例是以“生命的空间”为主题，设计的一幅创意表现作品，在制作过程中，以彩色形状的制作作为处理的主要内容，其中小孩、小熊及其投影图像，要制作坐落在地球上的感觉，同时飞机及气球图像也对画面起到装饰作用。

核心技能

■ 通过添加图层蒙版隐藏多余的图像内容。

- 利用“内发光”等图层样式，制作图像的发光等效果。
- 结合“色彩平衡”及“亮度/对比度”等调整图层，调整图像的色调及亮度、对比度等。
- 结合路径进行渐变及颜色填充，制作渐变及纯色图像效果。
- 结合画笔工具及画笔素材制作复杂的图像效果。
- 通过设置图层属性融合各部分图像内容。

操作步骤

1 按Ctrl+N组合键新建一个文件，设置弹出的对话框如图2.35所示，单击“确定”按钮退出对话框，以创建一个新的空白文件。

2 打开随书所附光盘中的文件“第2章\2.3-素材1.psd”，使用移动工具将其拖至当前画布中，得到“背景图像”。按Ctrl+T组合键调出自由变换控制框，调整图像大小及位置，按Enter键确认操作，得到的效果如图2.36所示。

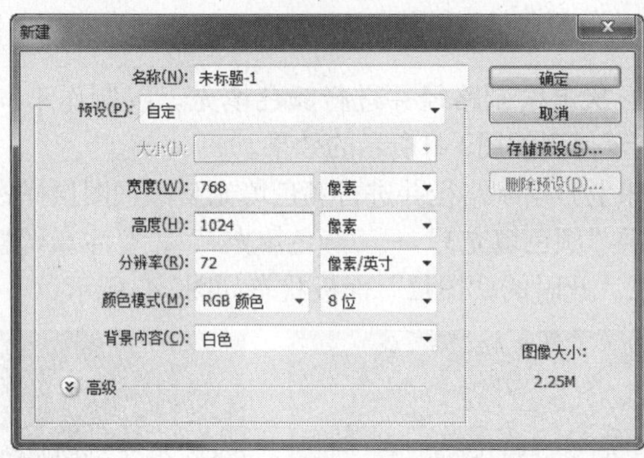

图2.35 “新建”对话框

图2.36 调整图像

小提示

本步背景图像，是以智能对象的形式给的素材，由于在本例中背景图像的制作，相对于其他效果的制作不是本例核心效果，所以读者可以双击智能对象缩览图，在弹出的对话框中单击“确定”按钮即可观看到操作的过程，这里不再赘述。下面将会详细讲解到与此步相关的技术。

小提示

下面来制作主体图形效果。

3 选择钢笔工具，在其工具选项条上选择“路径”选项，在地球上方绘制路径，如图2.37所示，单击“创建新的填充或调整图层”按钮，在弹出的菜单中选择“纯色”命令，然后在弹出的“拾色器”对话框中设置其颜色值为a3fb1b，得到如图2.38所示的效果，同时得到图层“颜色填充1”。

4 单击“添加图层样式”按钮，在弹出的菜单中选择“内发光”命令，在弹出的对话框中设置相关参数及颜色，如图2.39所示，直至得到如图2.40所示的效果。

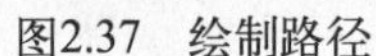

图2.37 绘制路径

图2.38 填充颜色

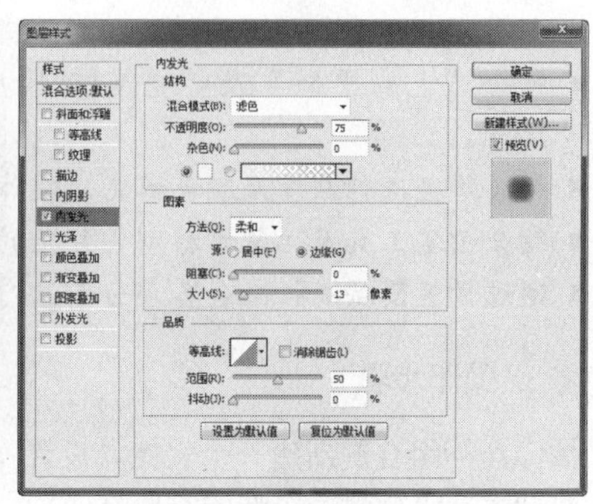

图2.39 “内发光”对话框

小提示

在“内发光”对话框中，颜色块的颜色值为ffffbe。

5 按照第3步的操作方法，在绿色形状上绘制路径并进行颜色填充，以制作不同颜色的形状，得到图层“颜色填充2”，直至得到如图2.41所示的效果。

6 按照第3～4步的操作方法，在地球上方绘制路径并进行颜色填充及添加图层样式，以制作不同颜色及大小的形状，得到图层“颜色填充3”～“颜色填充7”，要注意调整图层的顺序，直至得到如图2.42所示的效果，此时的“图层”面板状态如图2.43所示。

图2.40 应用“内发光”命令后的效果

图2.41 绘制形状

图2.42 制作不同颜色的形状

小提示

图层样式具体的参数设置及颜色，读者可以查看本例源文件相关图层，这里不再一一赘述。下面有类似的操作时，不再加以提示。

小提示

为了方便读者管理图层，笔者在此对制作形状的图层进行编组操作，选中要进行编组的图层，按Ctrl+G组合键将选中的图层编组，得到“组1”，并将其重命名为“彩色形状”。在下面的操作中，笔者也对各部分进行了编组的操作，在步骤中不再赘述。下面制作渐变图形效果。

7 选择“颜色填充 5”，下面按照第3步的操作方法，在红色形状上绘制路径，如图2.44所示，单击“创建新的填充或调整图层”按钮 ，在弹出的菜单中选择“渐变”命令，在弹出的对话框中设置相关参数及颜色，得到如图2.45所示的效果，同时得到图层“渐变填充1”。

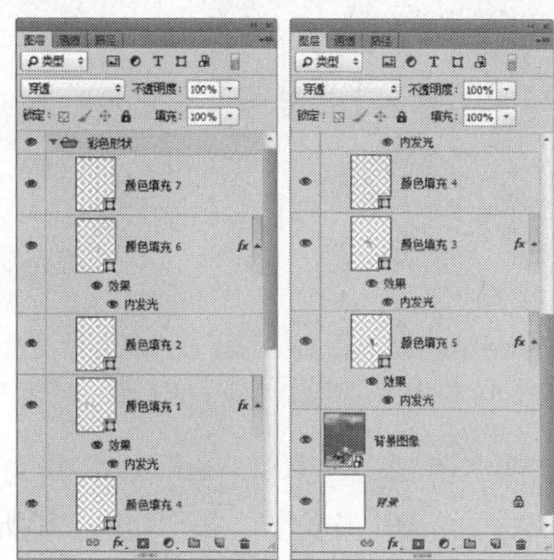

图2.43 “图层”面板

图2.44 绘制路径

小提示

填充图层具体的参数及颜色设置，读者可以查看本例源文件相关图层，这里不再一一赘述。下面有类似的操作时，不再加以提示。下面制作立体方块效果。

8 选择组“彩色形状”，打开随书所附光盘中的文件“第2章\2.3-素材2.psd”，将其调整到地球上方位置，得到图层“方块”，结合变换功能调整图像的大小及位置，得到如图2.46所示的效果。

图2.45 绘制渐变

图2.46 调整图像

小提示

下面制作方块在地球上的投影效果。

9 新建“图层1”，设置前景色为黑色，选择画笔工具 ，在其工具选项条中设置适当的画笔大小及不透明度，在地球上进行涂抹，直至得到如图2.47所示的效果，设置其混合模式为“柔光”，得到如图2.48所示的效果，此时的“图层”面板状态如图2.49所示。

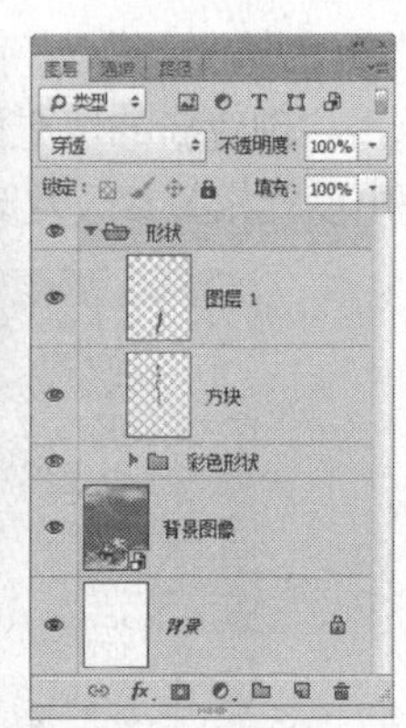

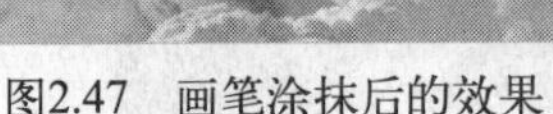
图2.47　画笔涂抹后的效果

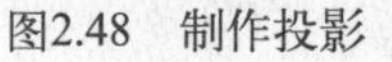
图2.48　制作投影

图2.49　“图层”面板

10 选择组“形状”，打开随书所附光盘中的文件“第2章\2.3-素材3.psd”，将其调整到地球上方位置，得到图层“小孩”，结合变换功能调整图像的大小及位置，得到如图2.50所示的效果。

11 单击“创建新的填充或调整图层”按钮，在弹出的菜单中选择“色彩平衡”命令，得到“色彩平衡1”，按Ctrl+Alt+G组合键执行“创建剪贴蒙版”操作，在面板中设置参数，同时得到如图2.51所示的效果。

小提示

调整图层具体的参数设置，读者可以查看本例源文件相关图层，这里不再一一赘述。下面有类似的操作时，不再加以提示。

12 按照第11步的操作方法，应用“亮度/对比度”命令，设置相关参数，得到“亮度/对比度 1”，以调整小孩的亮度及对比度，直至得到如图2.52所示的效果。

图2.50　调整图像　　图2.51　调整图像的色调　图2.52　调整小孩的亮度及对比度

13 按Ctrl键单击“小孩”图层缩览图，以调出选区，在“小孩”图层下方，新建“图层2”，填充黑色，按Ctrl+D组合键取消选区。

14 按Ctrl+T组合键调出自由变换控制框，在变换控制框中单击鼠标右键，在弹出的快捷菜单中选择“垂直翻转”命令，向下拖动最上方中间的控制句柄，以压扁图像，并向下调整位置，以制作投影，按Enter键确认变换操作，得到如图2.53所示的效果。

15 设置“图层2”的“不透明度”为80%，单击“添加图层蒙版”按钮为其添加蒙版，设置前景色为黑色，选择画笔工具，在其工具选项条中设置适当的画笔大小及不透明度，在图层蒙版中进行涂抹，以制作渐隐投影，如图2.54所示。

图2.53　变换后的效果　　图2.54　制作渐隐投影

小提示

图层蒙版的具体状态，读者可以查看本例源文件相关图层，这里不再一一赘述。下面有类似的操作时，不再加以提示。

16 下面按照第10、13、14、15步的操作方法，在小孩的右侧制作小熊及投影图像，要注意调整图层的顺序，直至得到如图2.55所示的效果，局部效果如图2.56所示，此时的“图层”面板状态如图2.57所示。

图2.55　制作小熊及投影图像

图2.56　局部效果

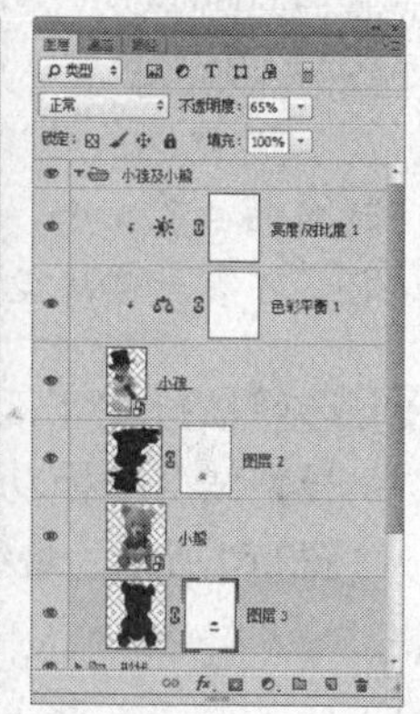

图2.57　“图层”面板

小提示

本步用到的素材为随书所附光盘中的文件“第2章\2.3-素材4.psd”。设置了“图层3”的“不透明度”为65%。下面制作泡泡图像。

17 选择“亮度/对比度 1”，新建“图层4”，设置前景色为白色，选择画笔工具，打开随书所附光盘中的文件“第2章\2.3-素材5.abr”，选择刚刚打开的画笔（一般在最后一个）。

18 在地球上方进行涂抹，以添加泡泡图像，得到的效果如图2.58所示，下面在所有组的上方，打开随书所附光盘中的文件“第2章\2.3-素材6.psd”，将其调整到当前画布上方位置，得到组“飞机及气球”，结合变换功能调整图像的大小及位置，直至得到如图2.59所示的效果。

图2.58 添加泡泡图像

图2.59 调整图像

小提示

本步制作的飞机及气球图像，是以素材的形式给出的，读者可以参考组“飞机及气球”中的相关图层进行参数设置，这里不再一一赘述。图层名称上带有对操作过程的相关备份，读者可以自行查看。

小提示

制作线条的操作方法是，先绘制路径，选择画笔工具，并在其工具选项条中设置适当的画笔大小，切换至“路径”面板，单击“用画笔描边路径”按钮即可。用到的路径，可参考“路径”面板中的相关的路径。

19 选择横排文字工具，设置前景色为白色，并在其工具选项条上设置适当的字体和字号，结合变换功能，在当前画布左上方制作文字信息，直至得到如图2.60所示的效果，图2.61所示为最终整体效果，此时的“图层”面板状态如图2.62所示。

图2.60 制作文字信息

图2.61 最终效果

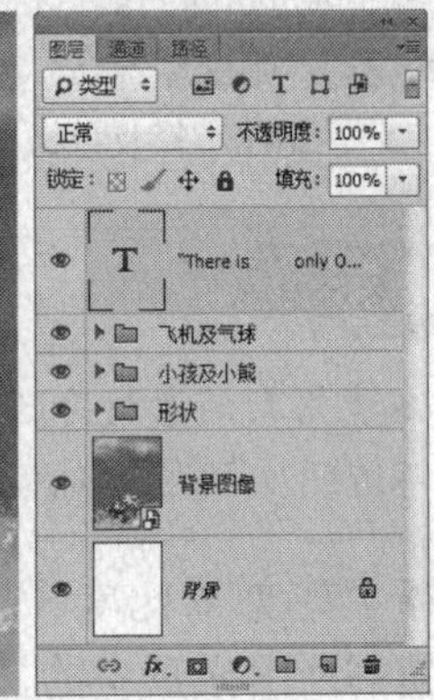

图2.62 “图层”面板

2.4 花蝶美女合成处理

例前导读

本例是以“花蝶美女”为主题的合成处理作品。在制作的过程中，以处理各个图像间的融合以及整体色彩的搭配为核心内容。美女周围的叶子、花及蝴蝶图像，给人以梦境般的感受，同时为整体画面增添了很多活力。

核心技能

- 通过设置图层属性以混合图像。
- 利用图层蒙版功能隐藏不需要的图像。
- 应用调整图层的功能，调整图像的亮度、色彩等属性。
- 应用画笔工具绘制图像。
- 应用“高斯模糊”命令模糊图像。
- 应用“USM锐化”命令锐化图像细节。
- 利用变换功能调整图像的大小、角度及位置。

操作步骤

1 按Ctrl+N组合键新建一个文件，在弹出的对话框中设置文件的大小为1000×1333像素，分辨率为72像素/in，背景色为白色，颜色模式为8位的RGB模式，单击“确定”按钮退出对话框。设置前景色为黑色，按Alt+Delete组合键以前景色填充“背景”图层。

小提示

下面利用素材图像，结合变换及图层属性等功能，制作画面中的人物图像。

2 打开随书所附光盘中的文件“第2章\2.4-素材1.psd”，使用移动工具将其拖至上一步新建的文件中，得到图层“人物”。按Ctrl+T组合键调出自由变换控制框，按Shift键向内拖动控制句柄以缩小图像及移动位置，按Enter键确认操作。得到的效果如图2.63所示。

3 打开随书所附光盘中的文件“第2章\2.4-素材2.psd”，使用移动工具将其拖至上一步制作的文件中，并置于画布的左下角，如图2.64所示。同时得到图层“花”。

4 设置图层“花”的混合模式为“线性加深”，不透明度为41%，填充为55%，以融合图像，得到的效果如图2.65所示。“图层”面板如图2.66所示。

图2.63　调整图像

图2.64　摆放图像

图2.65　设置混合模式后的效果

小提示

本步中为了方便图层的管理，在此将制作人物的图层选中，按Ctrl+G组合键执行“图层编组”操作得到“组1”，并将其重命名为“人物”。在下面的操作中，笔者也对各部分进行了编组的操作，在步骤中不再赘述。下面制作人物周围的叶子图像。

5 收拢组“人物”，按照第3～4步的操作方法，利用随书所附光盘中的文件“第2章\2.4-素材3.psd”，结合移动工具及图层属性的功能，制作顶部的叶子图像，如图2.67所示。同时得到“图层1”。

小提示

本步中设置了“图层1”的混合模式为“正片叠底”，不透明度为39%，填充为73%。

6 复制“图层1”得到“图层1拷贝”，利用自由变换控制框进行水平翻转、顺时针旋转角度及移动位置，得到的效果如图2.68所示。更改当前图层的混合模式为“明度”，不透明度为76%，填充为96%，以混合图像，得到的效果如图2.69所示。

图2.66　“图层”面板

图2.67　制作叶子图像

图2.68　复制及调整图像

7 按照上一步的操作方法，结合复制图层、变换以及更改图层属性的功能，制作画布右侧的绿叶图像，如图2.70所示。“图层”面板如图2.71所示。

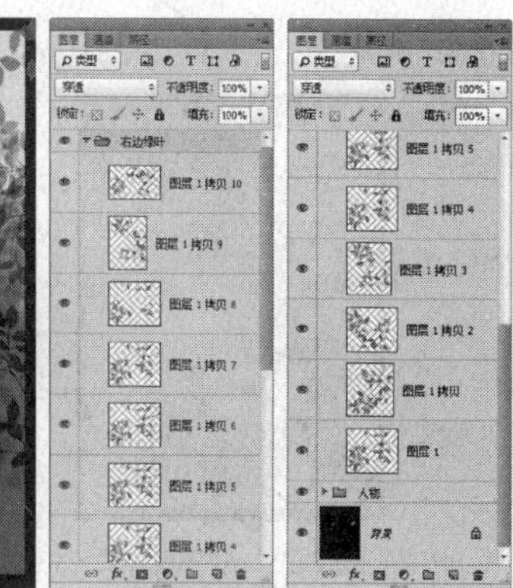

图2.69　更改图层属性后的效果　　图2.70　制作右侧的绿叶图像　　图2.71　“图层”面板

小提示

本步中关于每个图层属性的更改请参考最终效果源文件。在下面的操作中会多次应用到图层属性的功能，笔者不再做相关参数的提示。

8 组拢组“右边绿叶”，按照第5～7步的操作方法，利用素材图像，结合变换、复制图层以及图层属性等功能，制作画布左侧的绿叶以及右侧的红叶图像，如图2.72所示。图2.73所示为单独显示本步的图像状态，“图层”面板如图2.74所示。

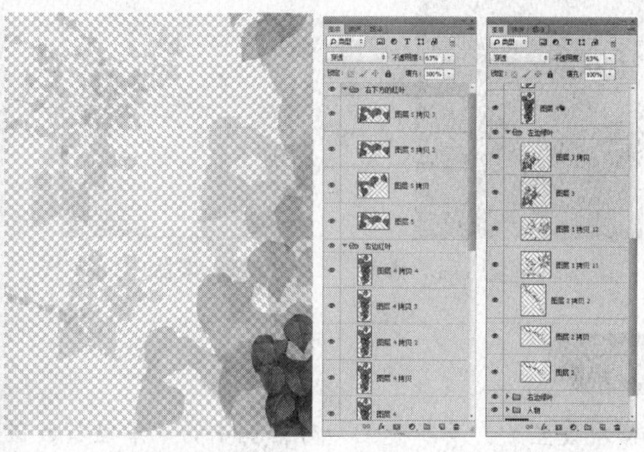

图2.72　制作其他叶子图像　图2.73　单独显示图像状态　　图2.74　“图层”面板

小提示

本步所应用到的素材图像为随书所附光盘中的文件“第2章\2.4-素材4.psd”～“第2章\2.4-素材7.psd”。下面制作背景颜色。

9 收拢组“左边绿叶”、“右边红叶”以及“右下方的红叶”。选择组“右下方的红叶”作为操作对象，打开随书所附光盘中的文件“第2章\2.4-素材8.psd”，使用移动工具将其拖至上一步制作的文件中，利用自由变换控制框进行水平翻转，然后调整图像的大小及位置，得到的效果如图2.75所示。同时得到“图层6”。

10 设置“图层6”的混合模式为“变暗”，不透明度为53%，填充为48%，以混合图像，得到的效果如图2.76所示。选择“滤镜”|“模糊”|“高斯模糊”命令，在弹出的对话

框中设置“半径”数值为36.4，使图像间融合更好，效果如图2.77所示。

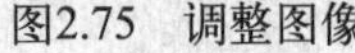

图2.75　调整图像

图2.76　设置图层属性后的效果

图2.77　模糊后的效果

11 单击“添加图层蒙版”按钮为“图层6”添加蒙版，设置前景色为黑色，选择画笔工具，在其工具选项条中设置适当的画笔大小及不透明度，在图层蒙版中进行涂抹，以将眉毛、眼睛、鼻孔、嘴以及下方两侧的图像渐隐，直至得到如图2.78所示的效果，此时蒙版中的状态如图2.79所示。

12 按照第9～11步的操作方法，利用随书所附光盘中的文件“第2章\2.4-素材9.psd”，结合变换、图层属性、滤镜以及图层蒙版等功能，制作画面中的暖色调效果，如图2.80所示。同时得到“图层7”。

图2.78　添加图层蒙版后的效果

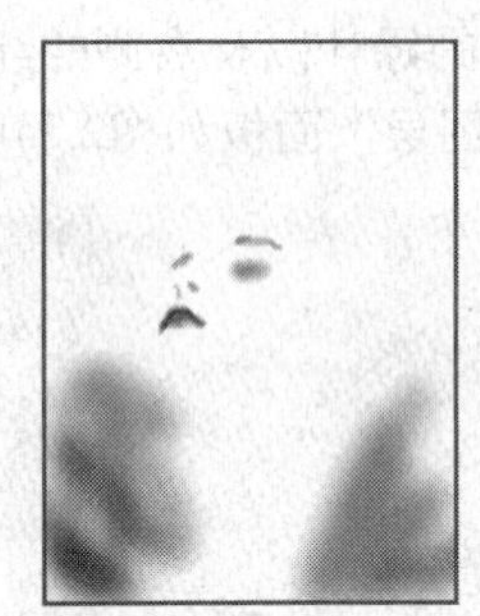

图2.79　蒙版中的状态

图2.80　制作暖色调效果

小提示

本步中设置了“高斯模糊”对话框中的“半径”数值为52.4。下面利用调整图层的功能调整图像的亮度、色彩属性。

13 单击“创建新的填充或调整图层”按钮，在弹出的菜单中选择“色阶”命令，得到图层“色阶1”，设置弹出的面板如图2.81所示，得到如图2.82所示的效果。

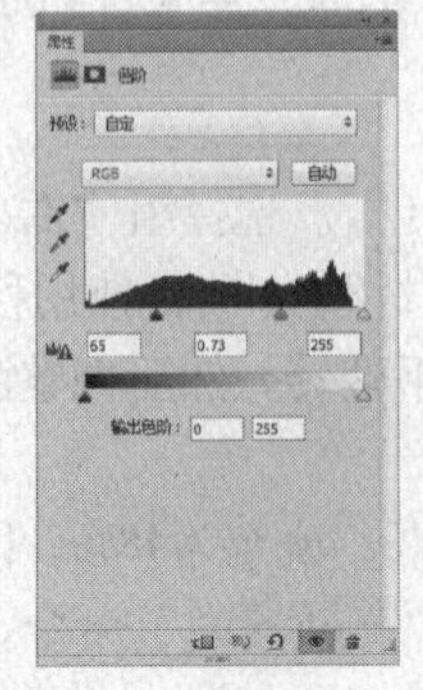

图2.81　“色阶”面板

图2.82　应用“色阶”命令后的效果

14 单击“创建新的填充或调整图层”按钮，在弹出的菜单中选择“色相/饱和度”命令，得到图层“色相/饱和度1”，设置弹出的面板如图2.83所示，得到如图2.84所示的效果。“图层”面板如图2.85所示。

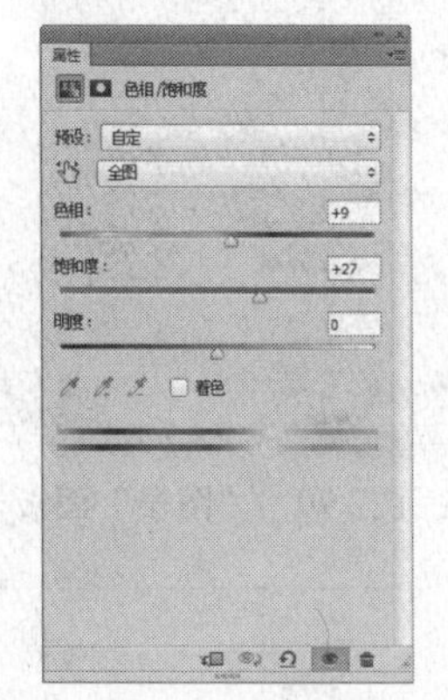

图2.83 “色相/饱和度”面板

图2.84 调色后的效果

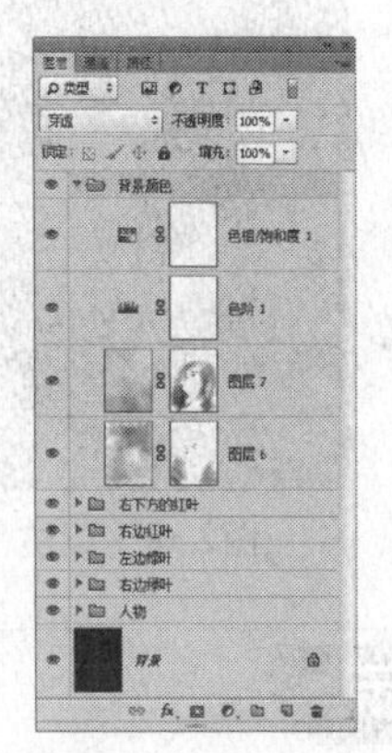

图2.85 “图层”面板

小提示

至此，背景颜色已调整完成。下面制作人物左侧及眼睛处的蝴蝶图像。

15 打开随书所附光盘中的文件“第2章\2.4-素材10.psd”，按Shift键使用移动工具将其拖至上一步制作的文件中，得到的效果如图2.86所示。同时得到组“蝴蝶”。

小提示

本步笔者是以组的形式给的素材，由于其操作非常简单，在叙述上略显繁琐，读者可以参考最终效果源文件进行参数设置，展开组即可观看到操作的过程。

16 在所有图层上方新建“图层8”，设置前景色为772f1a，设置此图层的混合模式为“滤色”，选择画笔工具，并在其工具选项条中设置画笔为“柔角25像素”，不透明度为30%，在人物头发区域进行涂抹，得到的效果如图2.87所示。

图2.86 拖入图像

图2.87 涂抹后的效果

17 按照上一步的操作方法，结合画笔工具及图层属性的功能，调整左上角的图像色彩，如图2.88所示。图2.89所示为单独显示上一步至本步的图像状态。“图层”面板如图2.90所示。

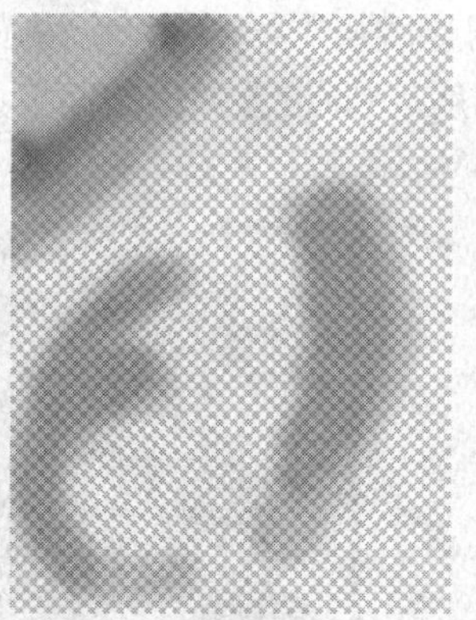
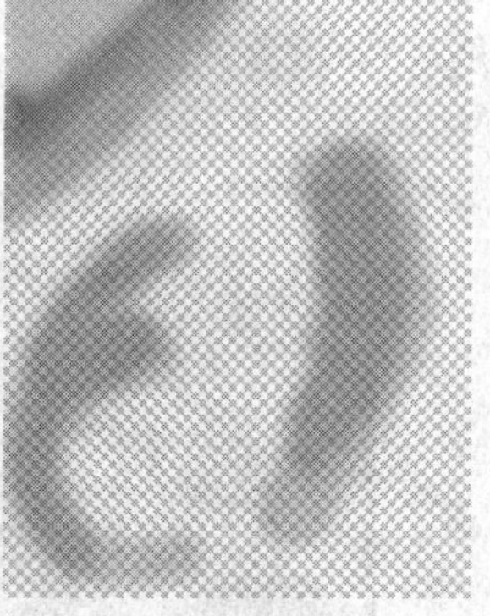
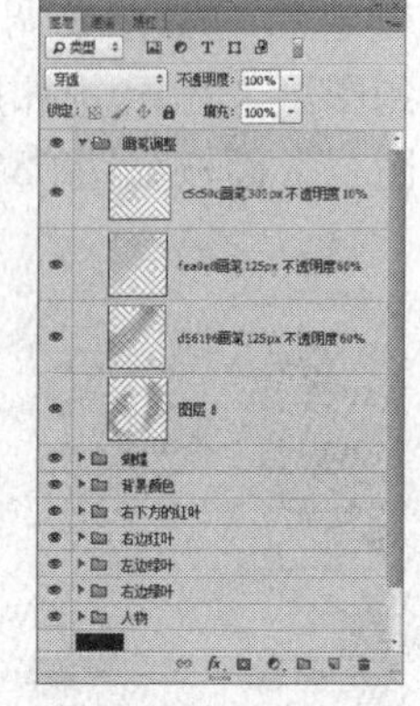

图2.88　调整色彩　　图2.89　单独显示图像状态　图2.90　“图层”面板

小提示

本步中关于图像的颜色值、画笔大小及不透明度的设置在对应的图层名称都标有相应的文字信息。下面制作人物上方的发光点。

18 收拢组“画笔调整”，在所有图层上方新建“图层9”，设置前景色为ffffd7，打开随书所附光盘中的文件“第2章\2.4-素材11.abr”，选择画笔工具，在画布中单击鼠标右键，在弹出的画笔显示框中选择刚刚打开的画笔，在人物的上方进行涂抹，得到的效果如图2.91所示。

19 设置“图层9”的不透明度为35%，以降低图像的透明度，单击“添加图层样式”按钮 fx，在弹出的菜单中选择“外发光”命令，设置弹出的对话框如图2.92所示，得到的效果如图2.93所示。

图2.91　涂抹后的效果

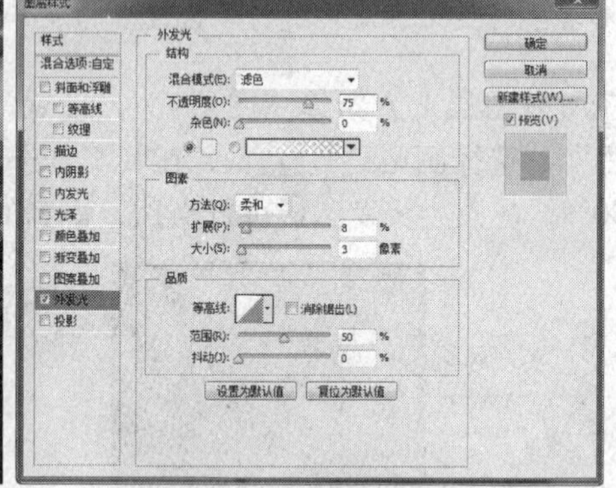

图2.92　“外发光”对话框

小提示

在“外发光”对话框中，颜色块的颜色值为ffffbe。下面对整体图像效果做调整，完成制作。

20 按Ctrl+Alt+Shift+E组合键执行“盖印”操作，从而将当前所有可见的图像合并至一个新图层中，得到“图层10”。选择“滤镜”|“模糊”|“高斯模糊”命令，在弹出的对

话框中设置“半径”数值为1.8，单击“确定”按钮退出对话框。然后设置当前图层的混合模式为“滤色”，以混合图像，得到的效果如图2.94所示。

21 复制“图层10”得到“图层10拷贝”，更改此图层的混合模式为“柔光”，不透明度45%，得到的效果如图2.95所示。

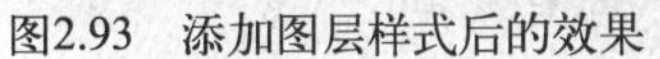
图2.93 添加图层样式后的效果

图2.94 设置混合模式后的效果

图2.95 复制及更改图层属性后的效果

22 再次按Ctrl+Alt+Shift+E组合键执行“盖印”操作，得到“图层11”，选择“滤镜”|“锐化”|“USM锐化”命令，设置弹出的对话框如图2.96所示，图2.97所示为应用“USM锐化”前后对比效果。

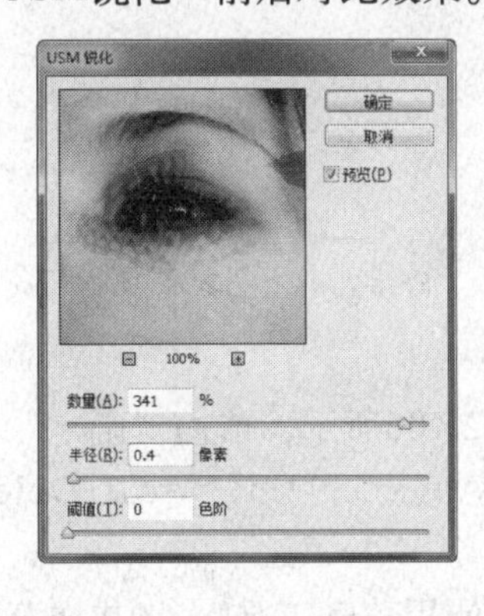

图2.96 “USM锐化”对话框

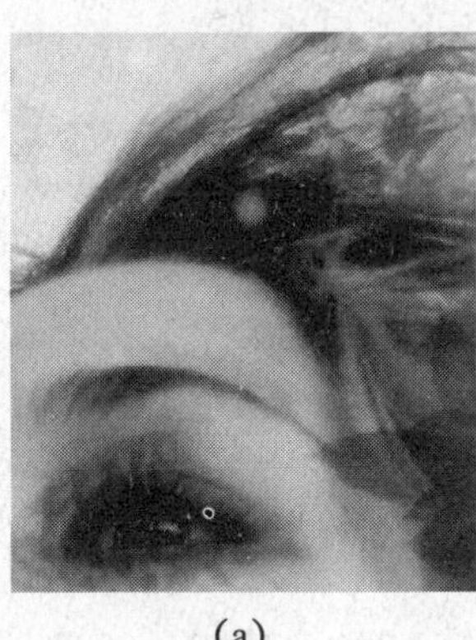
(a) (b)

图2.97 对比效果

23 至此，完成本例的操作，最终整体效果如图2.98所示。“图层”面板如图2.99所示。

图2.98 最终效果

图2.99 “图层”面板

2.5 酒创意表现

例前导读

本例是以“酒”为主题，设计的一幅创意表现作品，在制作过程中，以背景的云彩图像、人物及花纹形状的制作作为处理的主要内容，其周围分布着不同颜色的小修饰元素，加强整幅图像的完整性。

核心技能

- 通过添加图层蒙版隐藏多余的图像内容。
- 结合“斜面和浮雕”和“颜色叠加”等图层样式，制作图像的立体及纯色等效果。
- 结合“色彩平衡”及“色相/饱和度”等调整图层，调整图像的色调及色相、纯度等。
- 结合路径进行渐变填充，制作渐变图像效果。
- 结合形状工具制作规则的形状。
- 结合画笔工具及画笔素材制作复杂的图像效果。
- 通过设置图层属性融合各部分图像内容。

操作步骤

1 按Ctrl+N组合键新建一个文件，设置弹出的对话框如图2.100所示，单击“确定”按钮退出对话框，以创建一个新的空白文件，设置前景色的颜色值为5399cd，按Alt+Delete组合键以前景色填充“背景”图层。

2 打开随书所附光盘中的文件“第2章\2.5-素材1.psd”，使用移动工具将其拖至当前画布下方，得到“瓶子”。按Ctrl+T组合键调出自由变换控制框，调整图像大小及位置，按Enter键确认操作，得到的效果如图2.101所示。

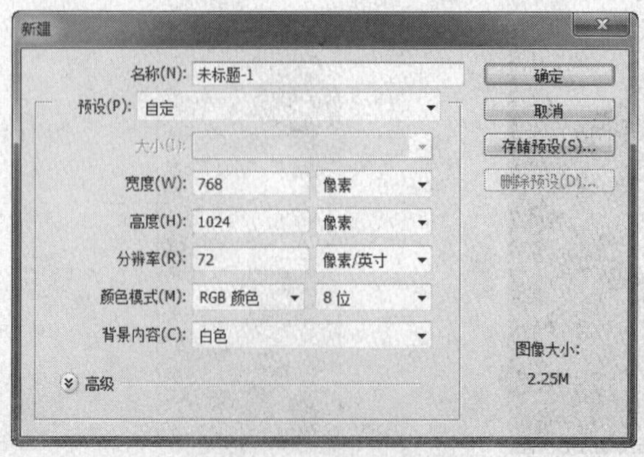

图2.100 “新建”对话框

图2.101 调整图像

小提示

下面来制作云彩背景图像效果。

3 选择“背景”，新建“图层1”，设置前景色为白色，选择画笔工具，打开随书所附光盘中的文件“第2章\2.5-素材2.abr”，在画布中单击鼠标右键，在弹出的画笔显示框中选择刚刚打开的画笔（一般在最后一个）。

4 在当前画布中进行涂抹，以添加初步云彩图像，得到的效果如图2.102所示，下面按照第3步的操作方法，打开画笔素材，分别在当前画布中进行涂抹，以完善云彩图像，使其具有层次感，直至得到如图2.103所示的效果，此时的“图层”面板状态如图2.104所示。

图2.102 添加初步云彩图像

图2.103 完善云彩图像

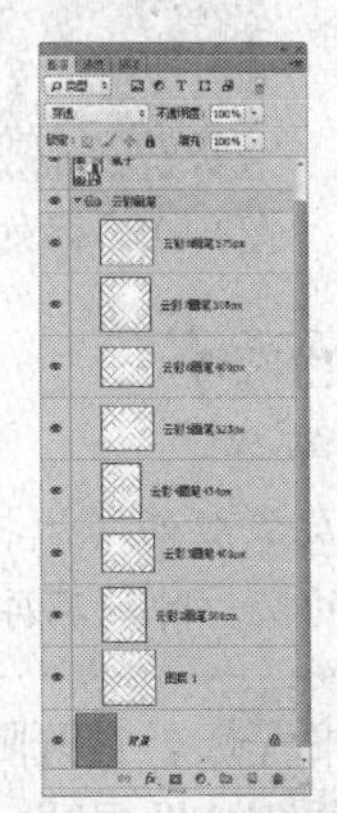

图2.104 “图层”面板

小提示

本步制作的云彩图像，图层名称是以制作云彩用到的画笔素材以及大小等选项的设置命名的，读者可以自行查看。本步应用到的画笔为随书所附光盘“第2章\2.5-素材3”中的画笔素材。

小提示

为了方便读者管理图层，笔者在此对制作云彩的图层进行编组操作，选中要进行编组的图层，按Ctrl+G组合键将选中的图层编组，得到“组1”，并将其重命名为“云彩画笔”。在下面的操作中，笔者也对各部分进行了编组的操作，在步骤中不再赘述。下面制作真实的云彩效果。

5 选择组“云彩画笔”，单击“添加图层蒙版”按钮为其添加蒙版，设置前景色为黑色，选择画笔工具，在其工具选项条中设置适当的画笔大小及不透明度，在图层蒙版中进行涂抹，以将云彩边缘隐藏起来，直至得到如图2.105所示的效果，此时蒙版中的状态如图2.106所示。

小提示

在涂抹蒙版的过程中，需不断的改变画笔的大小及不透明度，随时更改前景的颜色为黑或白，以得到需要的效果。

6 下面按照第3步的操作方法，新建“图层2”，应用随书所附光盘中的文件“第2章\2.5-素材4.abr”，在当前画布周围进行涂抹，以完善云彩图像，使其具有真实感，直至得到如图2.107所示的效果，按照第5步的操作方法，为其添加图层蒙版，结合画笔工具，在当前画布边缘上进行涂抹，以制作渐隐云彩，直至得到如图2.108所示的效果。此时的“图层”面板状态如图2.109所示。

图2.105　添加图层蒙版

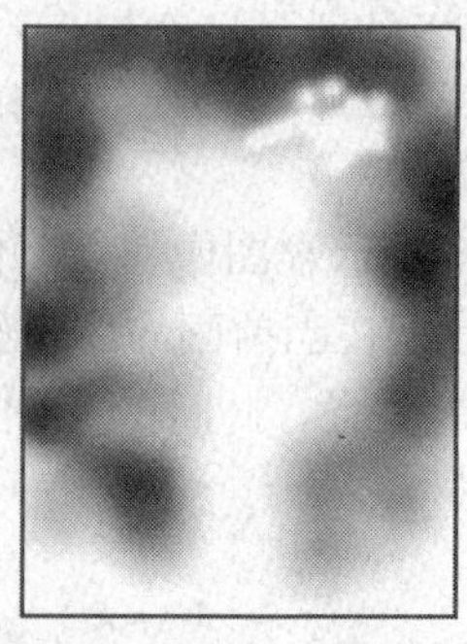

图2.106　蒙版中的状态

图2.107　添加散去的云彩图像

小提示

图层蒙版的具体状态，读者可以查看本例源文件相关图层，这里不再一一赘述。下面有类似的操作时，不再加以提示。下面制作人物图像效果。

7 选择“瓶子”，打开随书所附光盘中的文件“第2章\2.5-素材5.psd”，将其调整到瓶子上方位置，得到“图层3”，结合变换功能调整图像的大小及位置，得到如图2.110所示的效果。

图2.108　制作渐隐云彩

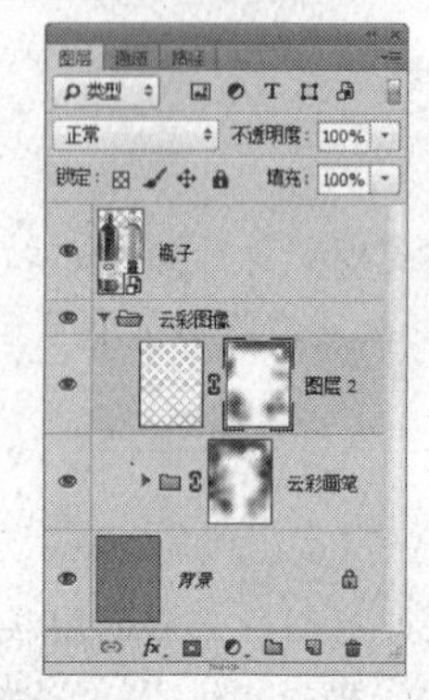

图2.109　“图层”面板

图2.110　调整图像

小提示

下面利用调整图层，调整图像的色调。

8 单击“创建新的填充或调整图层”按钮，在弹出的菜单中选择“色彩平衡”命令，得到“色彩平衡1”，按Ctrl+Alt+G组合键执行“创建剪贴蒙版”操作，然后设置面板中的参数，得到如图2.111所示的效果。

小提示

调整图层具体的参数设置，读者可以查看本例源文件相关图层，这里不再一一赘述。下面有类似的操作时，不再加以提示。

小提示

应用调整图层功能后，从图像效果来看，整幅图像都发生了颜色变化，想要裙摆暗调图像不发生变化，下面就通过编辑图层蒙版来解决此问题。

9 单击“色彩平衡1”的蒙版缩览图，以确认下面是在蒙版中进行操作。设置前景色为黑色，选择画笔工具，在其工具选项条中设置适当的画笔大小及不透明度，在裙摆暗调位置进行涂抹，以恢复原有色彩，直至得到如图2.112所示的效果，局部效果如图2.113所示。

图2.111 调整图像的色调

图2.112 编辑蒙版后的效果

图2.113 局部效果

10 下面按照第8～9步的操作方法，应用“色相/饱和度”命令，设置相关参数，得到“色相/饱和度 1”，以调整裙子的色相，直至得到如图2.114所示的效果。

小提示

人物已经调整的差不多了，但是与整体效果缺乏统一，下面来解决此问题。

11 新建“图层4”，按Ctrl+Alt+G组合键执行“创建剪贴蒙版”操作，选择画笔工具，在其工具选项条中设置适当的画笔大小及不透明度，在人物身上进行涂抹，直至得到如图2.115所示的效果，设置其混合模式为“强光”。

12 下面按照第5步的操作方法，为“图层4”添加图层蒙版，结合画笔工具，在五官位置及身上进行涂抹，以清晰图像，直至得到如图2.116所示的效果。

图2.114 调整裙子的色相

图2.115 画笔涂抹后的效果

图2.116 添加图层蒙版

13 打开随书所附光盘中的文件“第2章\2.5-素材6.psd”，将其调整到人物右侧位置，得到“图层5”，结合变换功能调整图像的大小及位置，得到如图2.117所示的效果。

14 选择钢笔工具，在其工具选项条上选择“路径”选项，沿着人物边缘绘制路径，如图2.118所示，按Ctrl键单击“添加图层蒙版”按钮为“图层5”添加矢量蒙版，按Esc键隐藏路径，得到如图2.119所示的效果。

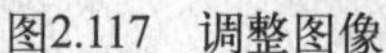

图2.117　调整图像　　　　图2.118　绘制路径

15 选择“色彩平衡1”和“色相/饱和度 1”，按住Alt键拖动其图层名称至“图层5”的上方，释放鼠标后得到其复制图层，按Ctrl+Alt+G组合键执行“创建剪贴蒙版”操作，并分别更改其蒙版的状态，以调整人物及裙子的色调，直至得到如图2.120所示的效果。

图2.119　将路径以外的图像隐藏　图2.120　调整人物及裙子的色调

16 新建“图层6”，按Ctrl+Alt+G组合键执行“创建剪贴蒙版”操作，选择画笔工具，在其工具选项条中设置适当的画笔大小及不透明度，在右侧人物身上进行涂抹，以统一图像效果，直至得到如图2.121所示的效果，此时的“图层”面板状态如图2.122所示。

小提示

从整体图像效果来看，人物与背景不是很协调，下面就通过图层蒙版来解决此问题。

17 选择组“人物”，按照第5步的操作方法，为其添加图层蒙版，结合画笔工具，在人物腿部边缘进行涂抹，以将其融合到云彩图像中，直至得到如图2.123所示的效果。

图2.121　统一图像效果

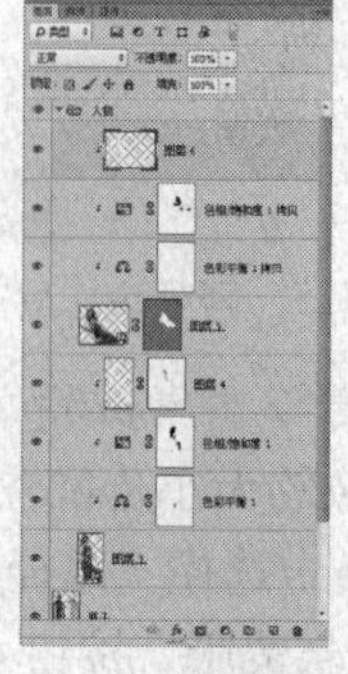

图2.122　“图层”面板

图2.123　添加图层蒙版

小提示

下面制作人物周围及瓶子中散发的花纹形状。

18 设置前景色的颜色值为a52294，选择钢笔工具，在其工具选项条上选择“形状”选项，在瓶子口位置绘制形状，得到“形状1”，如图2.124所示。

19 单击“添加图层样式”按钮，在弹出的菜单中选择“斜面和浮雕”命令，在弹出的对话框中设置相关参数及颜色，直至得到如图2.125所示的花纹效果。

小提示

图层样式具体的参数设置及颜色，读者可以查看本例源文件相关图层，这里不再一一赘述。下面有类似的操作时，不再加以提示。

20 下面按照第18步的操作方法，在紫色形状上绘制白色形状，得到“形状2”，如图2.126所示，设置其“填充”数值为77%，并添加图层蒙版，制作高光图像，直至得到如图2.127所示的效果。

图2.124 绘制形状

图2.125 添加图层样式后的效果

图2.126 绘制白色形状

21 选择组“人物”，按照第14步的操作方法，在紫色形状上方绘制路径，如图2.128所示，单击“创建新的填充或调整图层”按钮，在弹出的菜单中选择“渐变”命令，在弹出的对话框中设置相关参数及颜色，得到如图2.129所示的效果，同时得到图层“渐变填充1”，设置其“不透明度”为90%。

图2.127 制作高光图像

图2.128 绘制路径

图2.129 绘制渐变

小提示

填充图层具体的参数及颜色设置，读者可以查看本例源文件相关图层，这里不再一一赘述。下面有类似的操作时，不再加以提示。

22 下面按照第18～21步的操作方法，制作人物左侧的形状，得到相应图层，要注意图层的顺序，直至得到如图2.130所示的效果，此时的“图层”面板状态如图2.131所示。

图2.130 制作人物左侧的形状

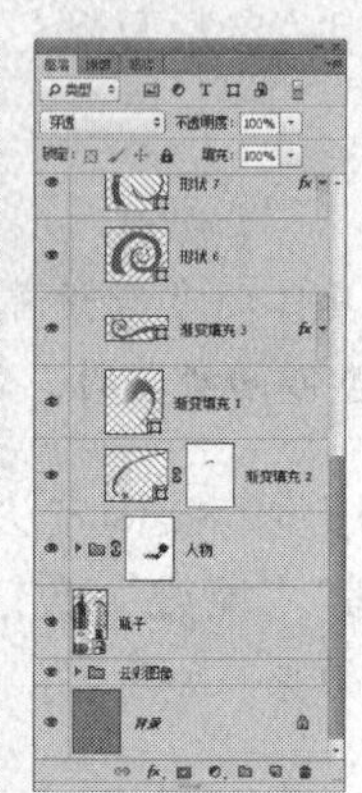

图2.131 “图层”面板

小提示

为了方便读者管理图层，本例制作的左侧的形状效果，读者可以参看组“左侧”中的相关图层，具体的操作方法这里不再赘述。

小提示

图层属性具体的设置，读者可以查看本例源文件相关图层，这里不再一一赘述。下面有类似的操作时，不再加以提示。

23 下面按照第18～21步的操作方法，继续制作人物右侧从瓶子喷出来的形状，得到相应图层，要注意图层的顺序，直至得到如图2.132所示的效果，此时的“图层”面板状态如图2.133所示，图2.134所示为单独显示形状的效果。

图2.132 制作人物右侧从瓶子喷出来的形状

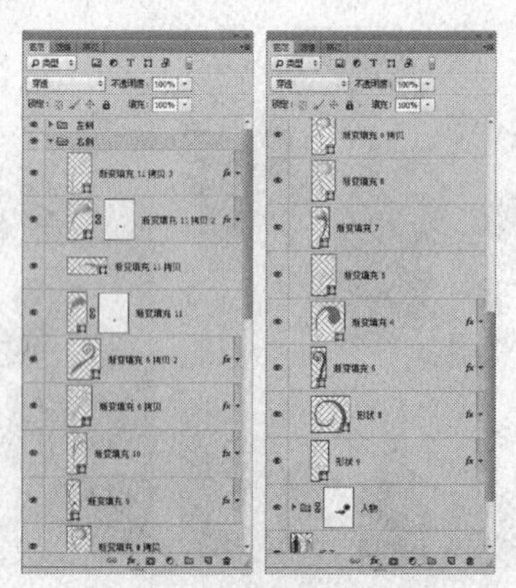

图2.133 “图层”面板

小提示

为了方便读者管理图层，本例制作的人物右侧从瓶子喷出来的形状效果，读者可以参看组“右侧”中的相关图层，具体的操作方法这里不再赘述。在制作时用到了复制图层的操作。

24 打开随书所附光盘中的文件“第2章\2.5-素材7.psd～2.5-素材9.psd”，来制作人物周围的花朵及花纹形状，要注意图层的顺序，直至得到如图2.135所示的效果，图2.136所示为单独显示此步花朵及花纹形状的效果，此时的“图层”面板状态如图2.137所示。

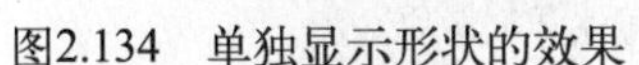

图2.134 单独显示形状的效果

图2.135 制作花朵及花纹形状

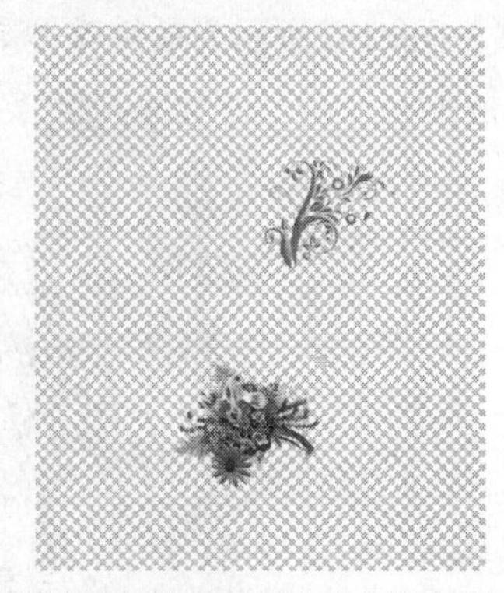

图2.136 单独显示此步图像的效果

25 打开随书所附光盘中的文件“第2章\2.5-素材10.psd和2.5-素材11.psd”，将其分别调整到当前画布中，得到“人物后边”和“装饰”，结合变换功能调整图像的大小及位置，要注意图层的顺序，分别得到如图2.138和图2.139所示的效果，图2.140和图2.141所示为单独显示此步图像的效果。

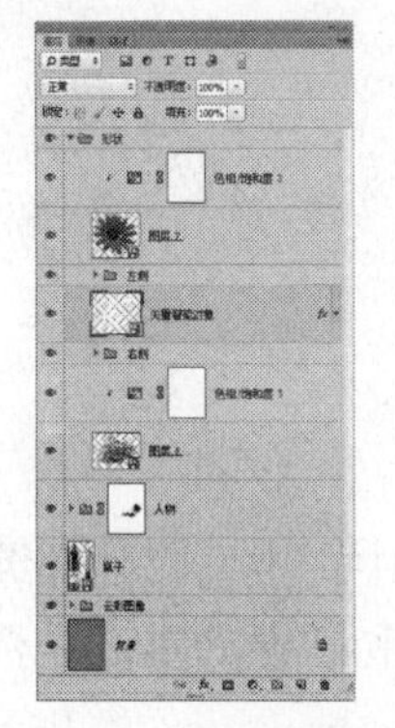

图2.137 “图层”面板

图2.138 制作装饰图像1

图2.139 制作装饰图像2

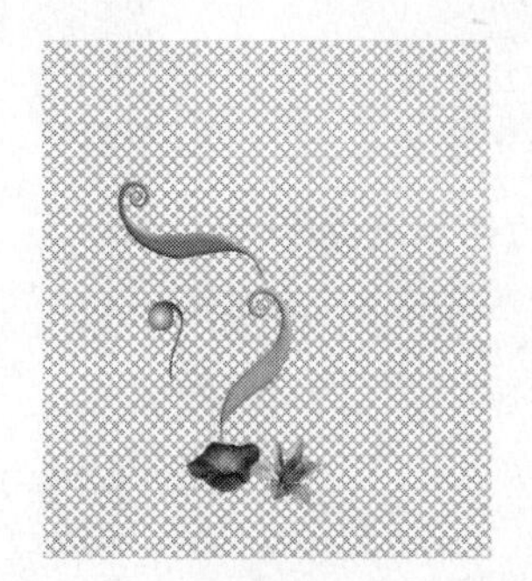

图2.140 单独显示图像的效果1

图2.141 单独显示图像的效果2

小提示

本步笔者是以智能对象的形式给的素材，由于其操作前面有过讲解，在叙述上略显繁琐，若要查看具体的参数设置，读者可以双击智能对象缩览图，在弹出的对话框中单击“确定”按钮即可观看到操作的过程，这里不再一一赘述，具体的相关参数设置，可以观看图层名称中相关的备份。制作过程中用到的画笔为随书所附光盘中的文件“第2章\2.5-素材12.abr”，来制作散点图像。

26 图2.142所示为最终整体效果，此时的“图层”面板状态如图2.143所示。

图2.142　最终效果

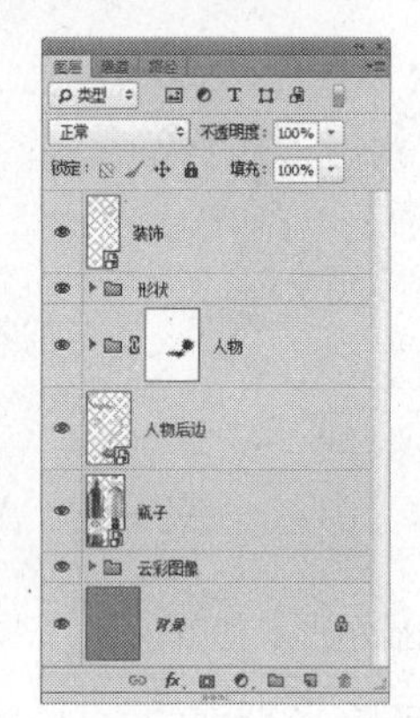

图2.143　“图层”面板

2.6 水的女人创意表现

例前导读

本例是以“水的女人”为主题的创意表现作品。在制作的过程中，主要以处理缠绕人物的水柱图像为核心内容。图像间的融合与水的质感，是本例要学习和掌握的重点。希望读者在尝试制作本例时一定要仔细、认真，以便制作更好的创意作品。

核心技能

- 应用“曲线”命令调整图层调整图像的对比度。
- 应用“色相/饱和度”命令调整图层调整图像的色相及饱和度。
- 利用图层蒙版功能隐藏不需要的图像。
- 利用剪贴蒙版限制图像的显示范围。
- 应用“变形”命令使图像变形。
- 应用“盖印”命令合并可见图层中的图像。
- 应用仿制图章工具复制图像。

操作步骤

1 打开随书所附光盘中的文件“第2章\2.6-素材1.psd”，如图2.144所示。此时的“图层”面板如图2.145所示。

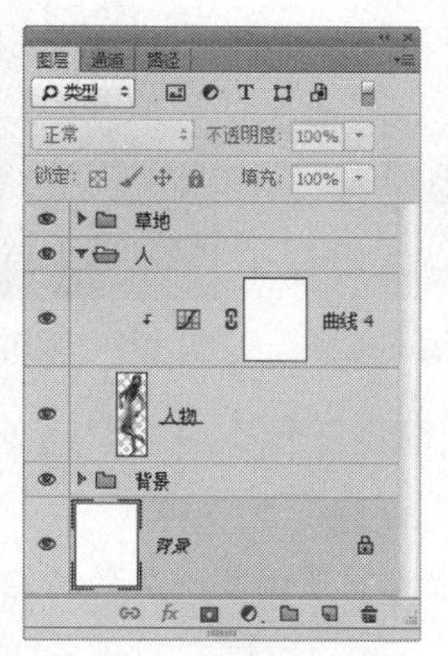

图2.144 素材图像 图2.145 “图层”面板

小提示

本步笔者是以组的形式给的素材，由于其操作非常简单，在叙述上略显繁琐，读者可以参考最终效果源文件进行参数设置，展开组即可观看到操作的过程。下面调整人物腿部的亮度。

2 选择“曲线4”作为当前的工作层，单击“创建新的填充或调整图层”按钮，在弹出的菜单中选择“曲线”命令，得到图层“曲线5”，设置弹出的面板如图2.146～图2.149所示，得到如图2.150所示的效果（局部）。

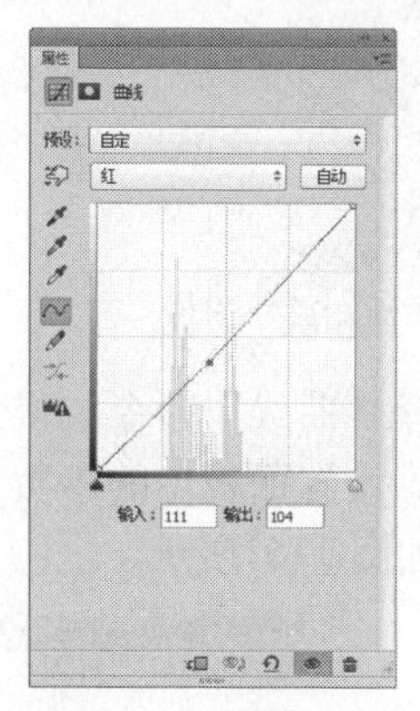

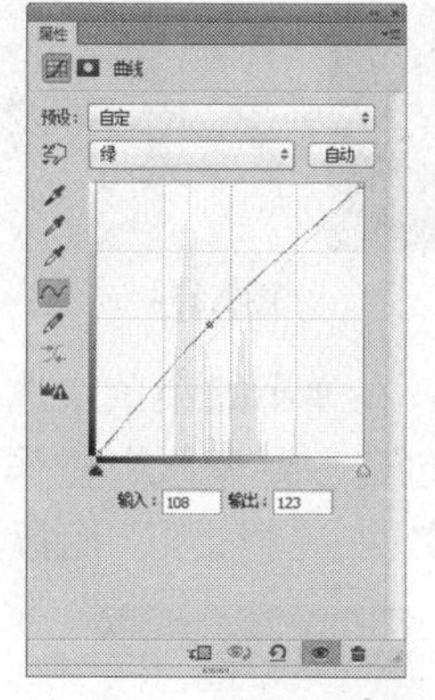

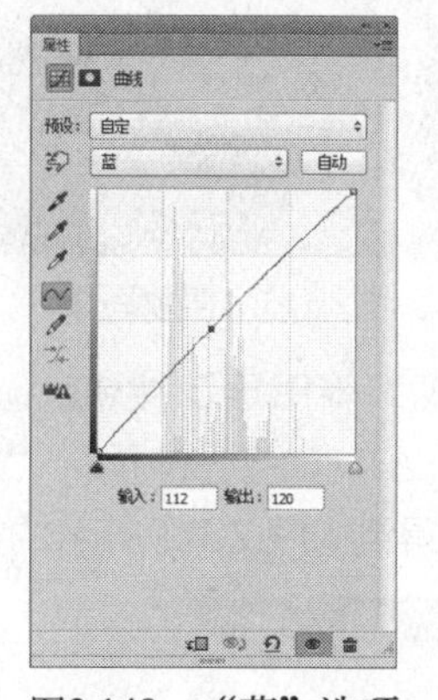

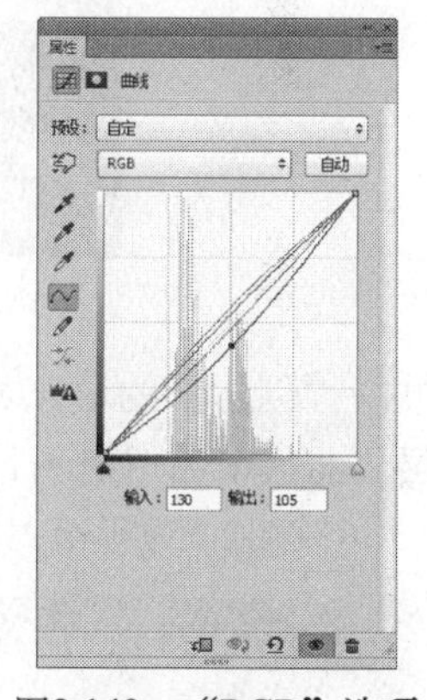

图2.146 “红”选项 图2.147 “绿”选项 图2.148 “蓝”选项 图2.149 “RGB”选项

3 选择“曲线5”图层蒙版缩览图，设置前景色为黑色，按Alt+Delete组合键以前景色填充当前蒙版，更改前景色为白色，选择画笔工具，并在其工具选项条中设置画笔为“柔角10像素”，不透明度为50%，在人物腿部边缘进行涂抹，以将部分色调显示出来，得到的效果如图2.151所示。此时蒙版中的状态如图2.152所示。

图2.150　应用“曲线”后的效果

图2.151　编辑蒙版后的效果

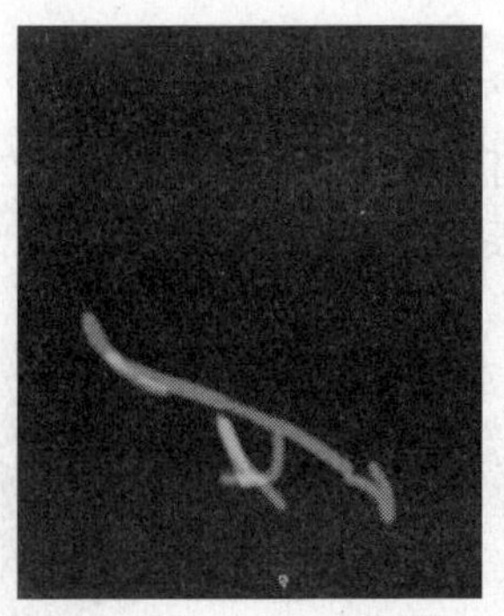
图2.152　蒙版中的状态

小提示

下面利用素材图像以及调整图层的功能，制作人物身后的草地图像。

4 选择组“背景”作为当前的操作对象，打开随书所附光盘中的文件“第2章\2.6-素材2.psd”，使用移动工具将其拖至上一步制作的文件中，并置于人物的腿部，得到的效果如图2.153所示。同时得到“图层1”。

5 单击“创建新的填充或调整图层”按钮，在弹出的菜单中选择“色相/饱和度”命令，得到图层“色相/饱和度3”，按Ctrl+Alt+G组合键执行“创建剪贴蒙版”操作，设置面板中的参数如图2.154所示，得到如图2.155所示的效果。

图2.153　摆放图像

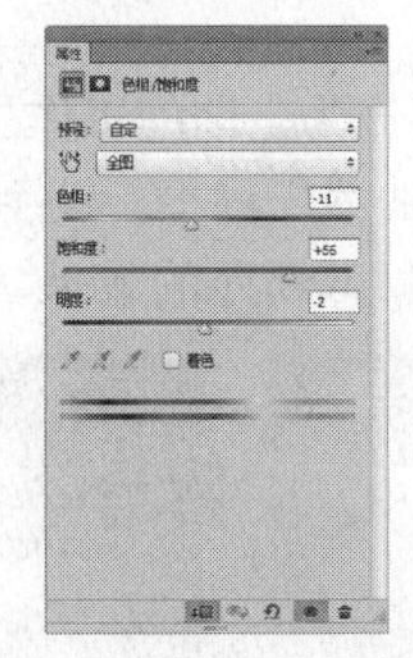
图2.154　“色相/饱和度”面板

6 单击“创建新的填充或调整图层”按钮，在弹出的菜单中选择“曲线”命令，得到图层“曲线6”，按Ctrl+Alt+G组合键执行“创建剪贴蒙版”操作，设置面板中的参数如图2.156～图2.159所示，得到如图2.160所示的效果。“图层”面板如图2.161所示。

图2.155　调色后的效果

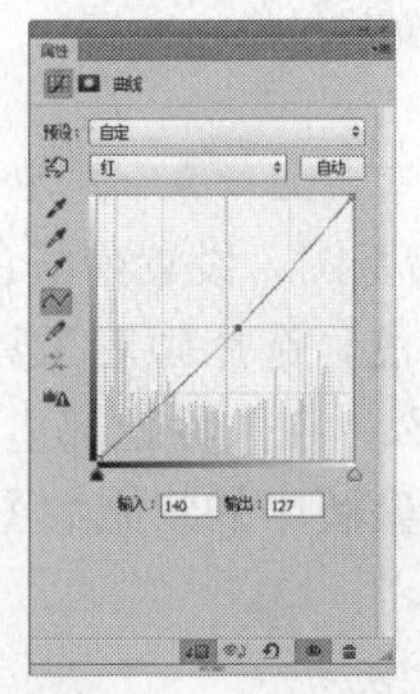
图2.156　“红”选项

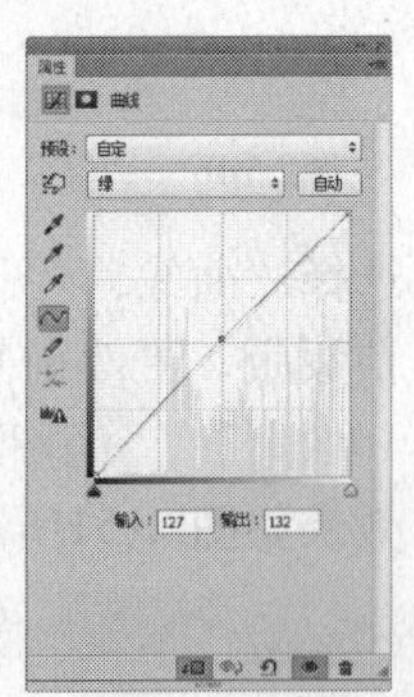
图2.157　“绿”选项

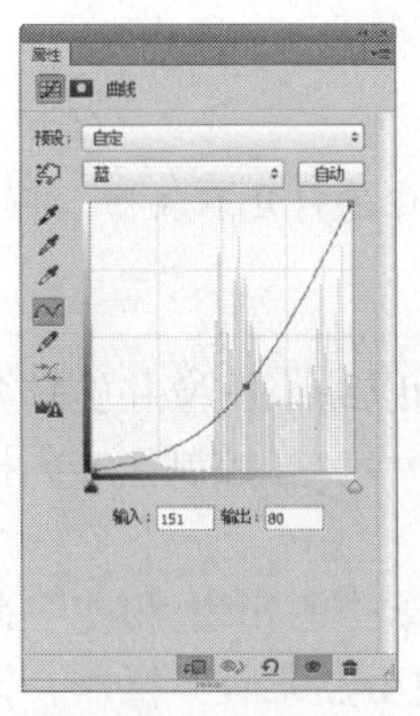

图2.158 “蓝”选项

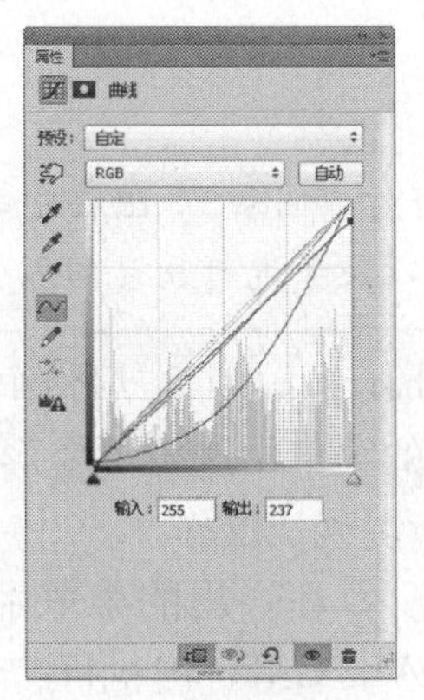

图2.159 “RGB”选项

图2.160 应用“曲线”后的效果

小提示

本步中为了方便图层的管理，在此将制作人物后方的草地的图层选中，按Ctrl+G组合键执行“图层编组”操作得到“组1”，并将其重命名为“后方草地”。在下面的操作中，笔者也对各部分进行了编组的操作，在步骤中不再赘述。下面制作人物的投影效果。

7 收拢组“后方草地”和组“人”，选择组“后方草地”作为当前的操作对象，按照第2～3步的操作方法，结合“曲线”调整图层以及编辑蒙版的功能，制作人物投影效果，如图2.162所示。“图层”面板如图2.163所示。

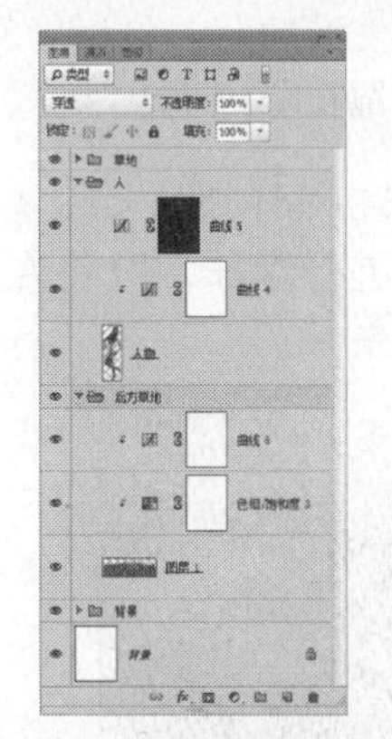

图2.161 “图层”面板1

图2.162 制作投影效果

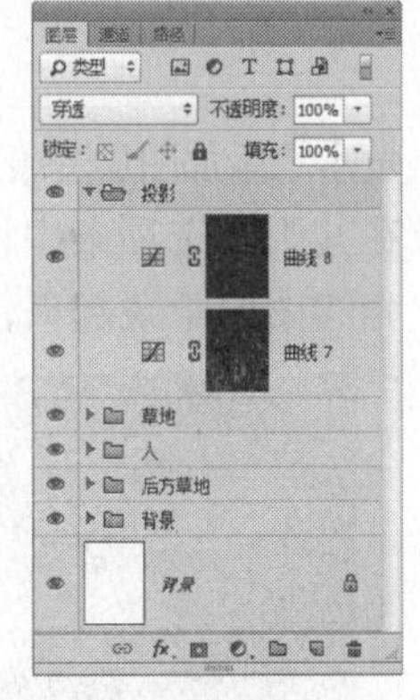

图2.163 “图层”面板2

小提示

本步中关于“曲线”面板中的参数设置请参考最终效果源文件。下面制作草地中的水图像。

8 收拢组“投影”，选择组“人”作为当前的操作对象，打开随书所附光盘中的文件“第2章\2.6-素材3.psd”，使用移动工具将其拖至上一步制作的文件中，并置于左侧草地图像的上方，同时得到“图层2”。在此图层的名称上单击鼠标右键，在弹出的菜单中选择“转换为智能对象”命令，从而将其转换成为智能对象图层。

小提示

转换成智能对象图层的目的是，在后面将对“图层2”图层中的图像进行变形操作，而智能对象图层则可以记录下所有的变形参数，以便于进行反复的调整。

9 按Ctrl+T组合键调出自由变换控制框，按Shift键向内拖动控制句柄以缩小图像并旋转角度，然后在控制框内单击鼠标右键，在弹出的菜单中选择“变形”命令，在控制区域内拖动使图像变形，状态如图2.164所示。按Enter键确认操作。

10 单击“创建新的填充或调整图层”按钮，在弹出的菜单中选择“色相/饱和度”命令，得到图层“色相/饱和度4”，按Ctrl+Alt+G组合键执行“创建剪贴蒙版”操作，设置面板中的参数如图2.165所示，得到如图2.166所示的效果。

图2.164　变形状态

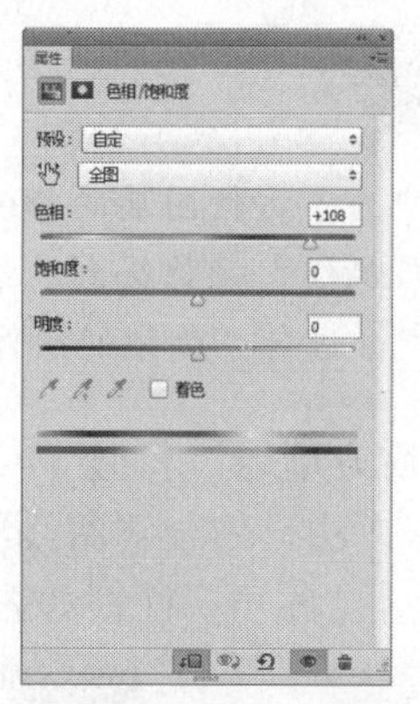

图2.165　“色相/饱和度”面板

11 单击“添加图层蒙版”按钮为“图层2”添加蒙版，设置前景色为黑色，选择画笔工具，在其工具选项条中设置适当的画笔大小及不透明度，在图层蒙版中进行涂抹，以将左上角的图像隐藏起来，使水与天空图像融合，得到的效果如图2.167所示。

图2.166　调色后的效果

图2.167　添加图层蒙版后的效果

12 选择“图层2”和“色相/饱和度4”，按Ctrl+G组合键执行“图层编组”的操作，并将得到的组重命名为“草里的水”，然后按Ctrl+Alt+E组合键执行“盖印”操作，从而将选中图层中的图像合并至一个新图层中，并将其重命名为“图层3”。

13 按照第8～9步的操作方法，将“图层3”转换成智能对象图层，结合移动工具及变形功能，制作右侧草地中的水图像，如图2.168所示。“图层”面板如图2.169所示。

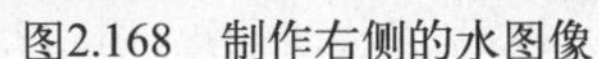

图2.168 制作右侧的水图像　　图2.169 “图层”面板

小提示

变形的状态，通过按Ctrl+T组合键调出自由变换控制框，在控制框内单击鼠标右键，在弹出的菜单中选择“变形”命令即可查看。下面制作水柱图像。

14 收拢组“草里的水”，选择组“投影”作为当前的操作对象，利用随书所附光盘中的文件“第2章\2.6-素材4.psd”，结合图层蒙版以及调整图层等功能，制作人物右下方的水柱图像，如图2.170所示。“图层”面板如图2.171所示。

15 收拢组“水”，按Ctrl+Alt+E组合键执行“盖印”操作，并将得到的图层重命名为“图层5”，此时图像的状态如图2.172所示。

图2.170 制作水柱图像

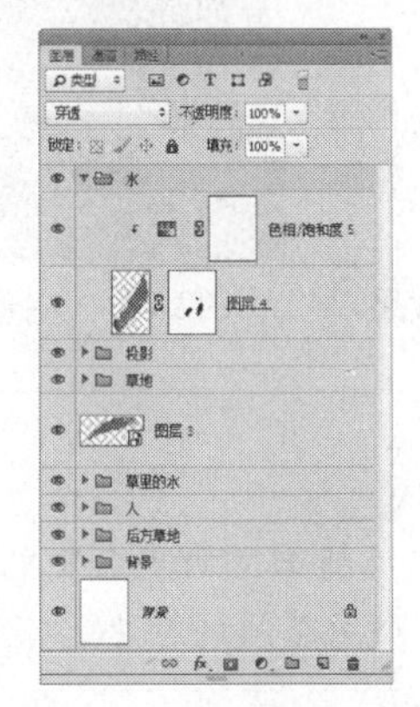

图2.171 “图层”面板

图2.172 盖印后的图像状态

16 打开随书所附光盘中的文件“第2章\2.6-素材5.psd”，使用移动工具将其拖至上一步制作的文件中，并置于上一步得到的图像的上方，如图2.173所示。同时得到“图层6”。

17 打开随书所附光盘中的文件“第2章\2.6-素材6.psd”，使用移动工具将其拖至上一步制作的文件中，并置于上一步得到的图像的上方，按Ctrl+Alt+G组合键执行“创建剪贴蒙版”操作，再次使用移动工具调整图像的位置，得到的效果如图2.174所示。同时得到“图层7”。

18 将“图层7”拖至“创建新图层”按钮上得到“图层7拷贝”，利用自由变换控制框顺时针旋转180°，并使用移动工具调整图像的位置，得到的效果如图2.175所示。

图2.173　摆放图像

图2.174　创建剪贴蒙版及移动图像

图2.175　复制及调整图像

19 按照第11步的操作方法为"图层6"添加蒙版，应用画笔工具在蒙版中进行涂抹，以将两端的图像隐藏起来，得到的效果如图2.176所示。

20 结合素材图像、复制图层以及变换等功能，完善整体水柱图像，如图2.177所示。"图层"面板如图2.178所示。

图2.176　添加图层蒙版后的效果

图2.177　完善水柱图像

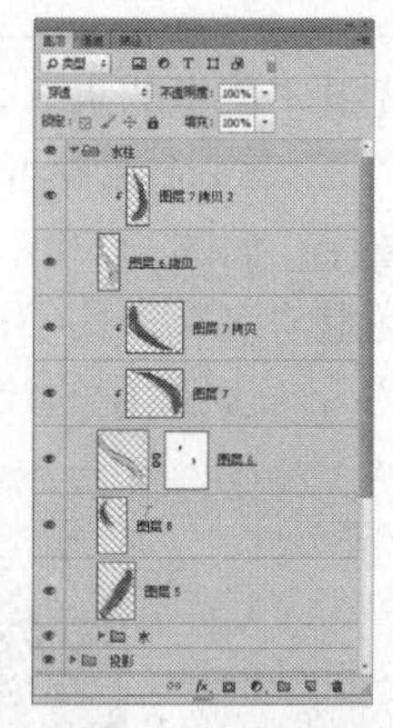

图2.178　"图层"面板

小提示

本步所应用到的素材图像为随书所附光盘中的文件"第2章\2.6-素材7.psd"；另外，在制作的过程中，还需要注意各个图层间的顺序。下面制作缠绕人物的水柱图像。

21 收拢组"水柱"，按Ctrl+Alt+E组合键执行"盖印"操作，并将得到的图层重命名为"图层9"，隐藏组"水柱"。根据前面所讲解的操作方法，结合变换、图层蒙版、调整图层以及剪贴蒙版等功能，调整水柱的质感，如图2.179所示。"图层"面板如图2.180所示。

小提示

本步中关于"调整图层"对话框中的参数设置请参考最终效果源文件。在下面的操作中会多次应用到调整图层的功能，笔者不再做相关参数的提示。另外，本步应用到的素材图像为随书所附光盘中的文件"第2章\2.6-素材8.psd"。

小提示

此时，可以看出下方的水柱图像有块缺陷，下面利用仿制图章工具进行修复。

22 选择“图层10”作为当前的工作层，新建“图层11”，选择仿制图章工具，设置其工具选项条如所示。按住Alt键在水柱的中部单击以定义源图像，如图2.181所示。释放Alt键，在需要修复的区域进行涂抹，得到类似如图2.182所示的效果。

图2.179 调整水柱的质感

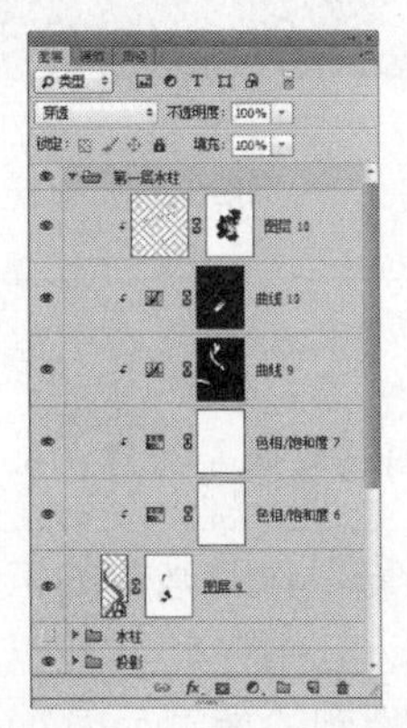

图2.180 “图层”面板

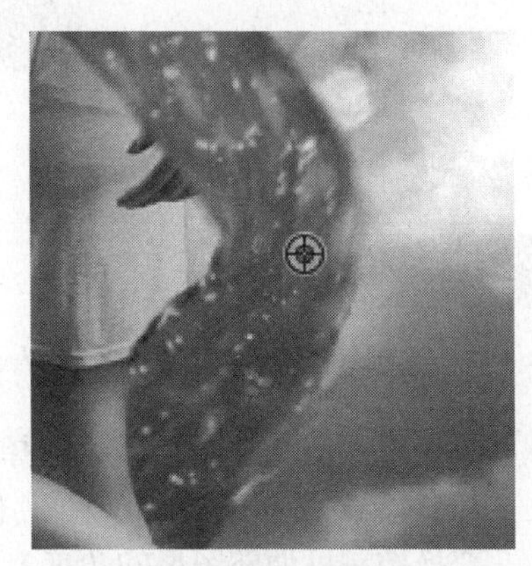

图2.181 定义源图像

23 按照第11步的操作方法为“图层11”添加蒙版，应用画笔工具在蒙版中进行涂抹，以将不需要的图像隐藏起来，如图2.183所示。

24 按Alt键将“图层9”拖至组“第一层水柱”的上方，收拢组“第一层水柱”，结合“曲线”调整图层以及编辑蒙版的功能，加强水柱的明暗度，如图2.184所示。“图层”面板如图2.185所示。

图2.182 修复后的效果

图2.183 添加图层蒙版后的效果

图2.184 加强明暗度

小提示

此时，观看水柱图像有些模糊，缺少一种透彻感，下面利用“锐化”命令来处理这个问题。

25 选择“图层9拷贝”，选择“滤镜”|“锐化”|“锐化”命令，如图2.186所示为应用“锐化”命令前后对比效果。

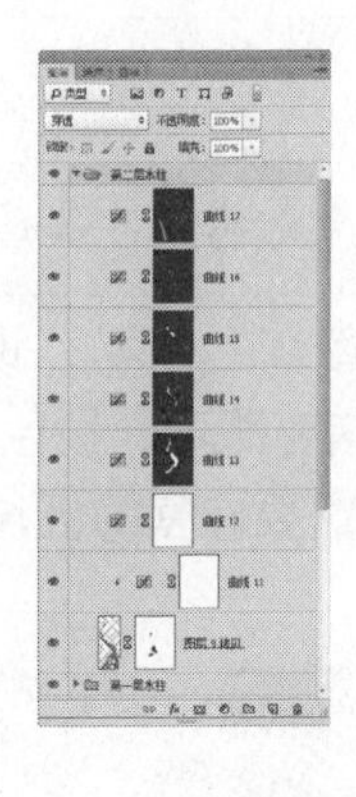

图2.185 “图层”面板

(a)

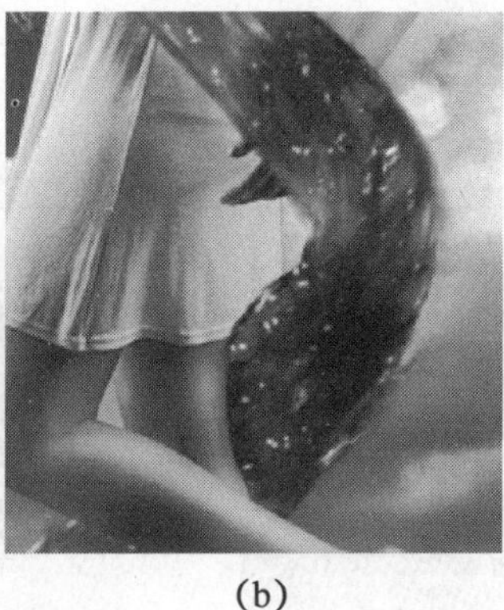

(b)

图2.186 对比效果

小提示

下面结合素材图像、图层属性以及图层蒙版等功能，制作小水珠图像。

26 收拢组“第二层水柱”，选择组“投影”作为当前的工作层，打开随书所附光盘中的文件“第2章\2.6-素材9.psd”，使用移动工具将其拖至上一步制作的文件中，利用自由变换控制框调整图像的角度及位置，得到的效果如图2.187所示。同时得到“图层12”。

27 设置“图层12”的混合模式为“滤色”，以混合图像，得到的效果如图2.188所示。按照第11步的操作方法为“图层12”添加蒙版，应用画笔工具在蒙版中进行涂抹，以将大块的水珠图像隐藏起来，得到的效果如图2.189所示。

图2.187 调整图层

图2.188 设置图层混合模式后的效果

图2.189 添加图层蒙版后的效果

28 结合复制图层、编辑蒙版以及变换等功能，制作人物下半身的水珠图像，如图2.190所示。同时得到“图层12拷贝”。

小提示

下面利用“亮度/对比度”命令调整图层调整整体图像的亮度及对比度。

29 选择组“第二层水柱”，单击“创建新的填充或调整图层”按钮，在弹出的菜单中选择“亮度/对比度”命令，得到图层“亮度/对比度2”，设置弹出的面板如图2.191所示，得到如图2.192所示的最终效果。“图层”面板如图2.193所示。

图2.190 制作下半身的水珠图像

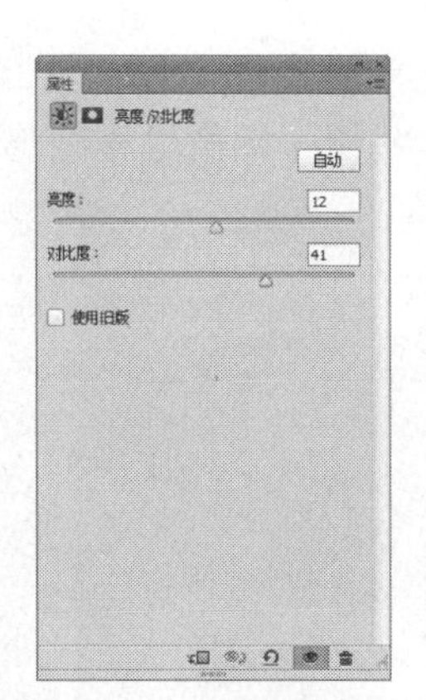

图2.191 “亮度/对比度”面板

图2.192 最终效果

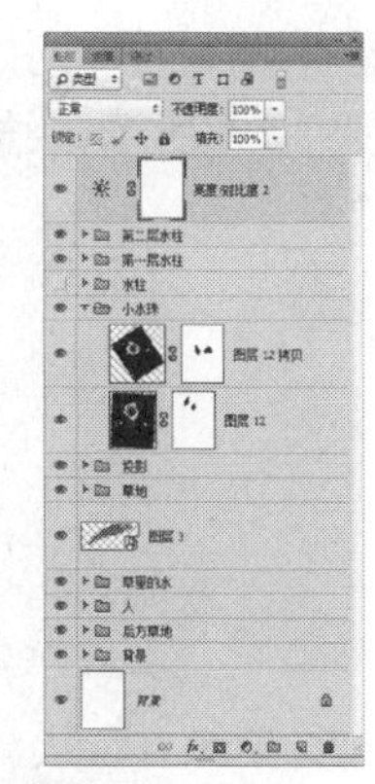

图2.193 “图层”面板

2.7 练习题

1 打开随书所附光盘中的文件“第2章\2.7-1-素材.psd”，如图2.194所示，结合通道、图层属性以及图层蒙版等功能，尝试加强光线效果，如图2.195所示。

图2.194 素材图像

图2.195 最终效果

2 打开随书所附光盘中的文件“第2章\2.7-2-素材.tif”，如图2.196所示，结合“液化”及图层蒙版等功能，尝试制作得到类似如图2.197所示的杯子环绕在一起的效果。

图2.196 素材图像

图2.197 最终效果

3 打开随书所附光盘中的文件“第2章\2.7-3-素材1.jpg”和“第2章\2.7-3-素材2.psd”，如图2.198所示，结合变换及图层蒙版等功能，将橙子图像融合到鸡蛋当中，如图2.199所示。

图2.198　素材图像

图2.199　最终效果

4 打开随书所附光盘中的文件“第2章\2.7-4-素材1.psd”～“第2章\2.7-4-素材3.psd”，如图2.200所示，结合混合模式及不透明度等功能，制作得到如图2.201所示的效果。

(a) 素材1

(b) 素材2

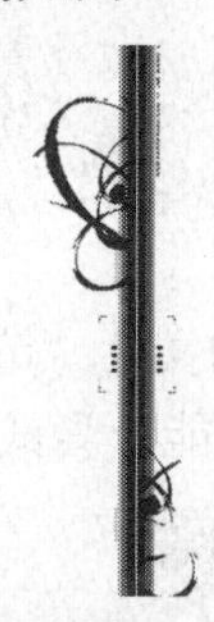

(c) 素材3

图2.200　素材图像

图2.201　最终效果

5 打开随书所附光盘中的文件“第2章\2.7-5-素材1.psd”～“第2章\2.7-5-素材5.psd”，如图2.202所示，结合图层蒙版及混合模式等功能，尝试融合得到如图2.203所示的创意图像效果。

（a）素材1　　（b）素材2　　（c）素材3

（d）素材4

（e）素材5

图2.202　素材图像

图2.203　最终效果

第3章

视觉表现

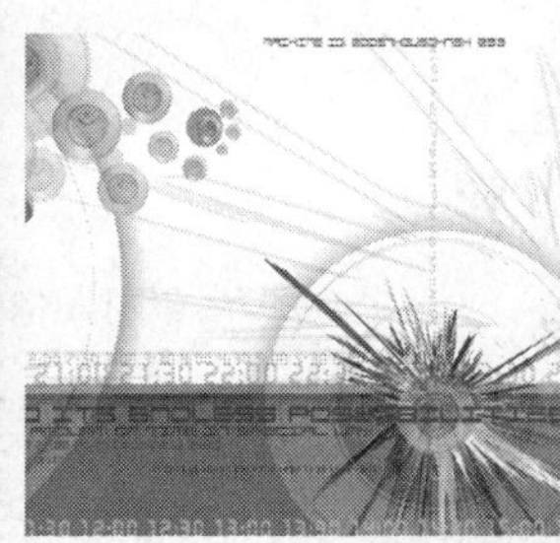

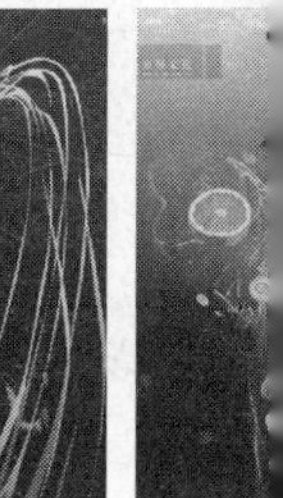

3.1 视觉表现概述

视觉表现类作品通常拥有自己的主题，但这个主题非常的宽泛，甚至有时只是个人一些随性的想法和感觉而已，此类作品本身较为完整，在创作的过程中，极为强调作品的视觉冲击力。

另外，视觉表现也是与前面讲解的基本特效之间“合作”最为紧密的类型，甚至有些视觉表现主题就是将一个或多个特效融合在一起组成的，读者可以在后面的讲解过程中，注意分析各示例图片的组成，以深入理解这一特点。

如图3.1～图3.6所示是一些比较优秀的视觉表现类作品。

图3.1　华丽视觉的作品

图3.2　藏酷视觉的作品

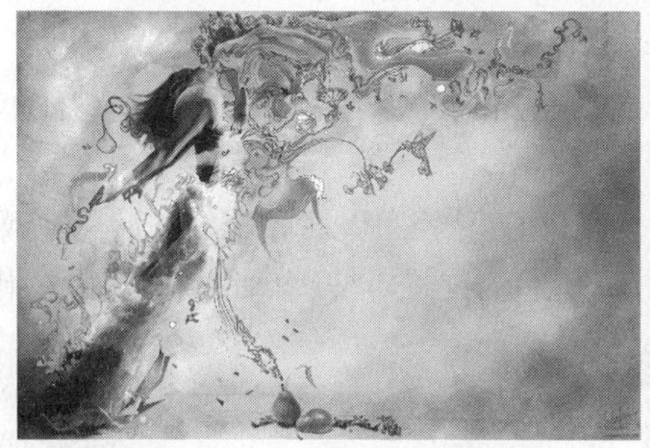

图3.3　混合矢量的作品

图3.4　怀旧视觉作品

图3.5　紊乱视觉的作品

图3.6　时尚视觉设计作品

观察上述视觉作品也不难看出，视觉类作品在处理的技术上，较为接近特效模拟与创意合成二者的技术合集，也正因为如此，它在内容的表现上才能够更加丰富。读者也可以在学习本章的实例时仔细体会这一点。

3.2 时尚色彩的音乐视觉表现

例前导读

本例制作的是一幅时尚气息比较浓厚的音乐视觉表现作品，在制作过程中大量运用了图层混合模式、渐变映射等技术，重点突出颜色的整体色调和图层透明度的细节把握。

核心技能

- 利用变换功能调整图像的大小、角度及位置。
- 应用“色相/饱和度”命令调整图像的色相及饱和度属性。
- 通过设置图层属性以混合图像。
- 利用图层蒙版功能隐藏不需要的图像。
- 应用“渐变叠加”命令，制作图像的渐变效果。
- 使用自定形状工具绘制特殊形状。

操作步骤

1. 打开随书所附光盘中的文件“第3章\3.2-素材1.psd”，如图3.7所示。此时“图层”面板如图3.8所示。
2. 隐藏组“装饰”，复制“图层1”，得到“图层1拷贝”，按Ctrl+T组合键调出自由变换控制框，缩小并旋转图像，移动至如图3.9所示的位置，按Enter键确认变换操作。

图3.7　素材图像

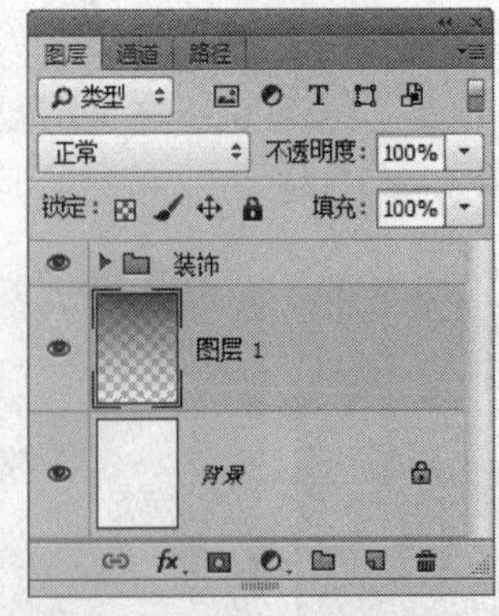

图3.8　“图层”面板

图3.9　应用自由变换后的图像

3. 按Ctrl+U组合键应用“色相/饱和度”命令，设置弹出的对话框如图3.10所示，设置“图层1拷贝”的“填充”值为53%。

4 复制“图层1 拷贝”得到“图层1 拷贝2”，按Ctrl+T组合键调出自由变换控制框，旋转图像并移动至如图3.11所示的位置，按Enter键确认变换操作。

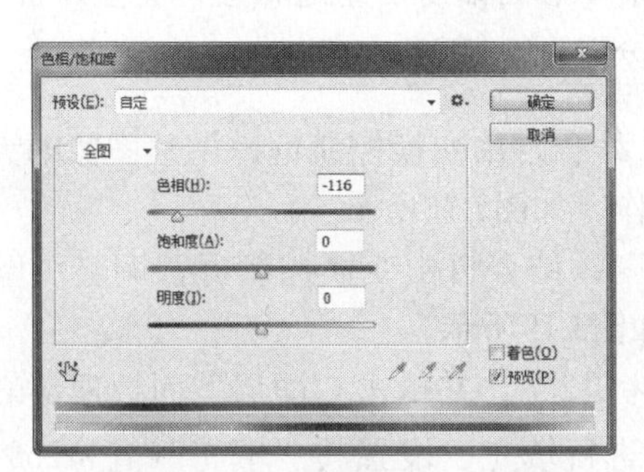

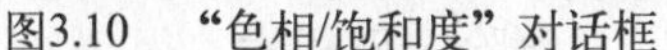

图3.10 “色相/饱和度”对话框

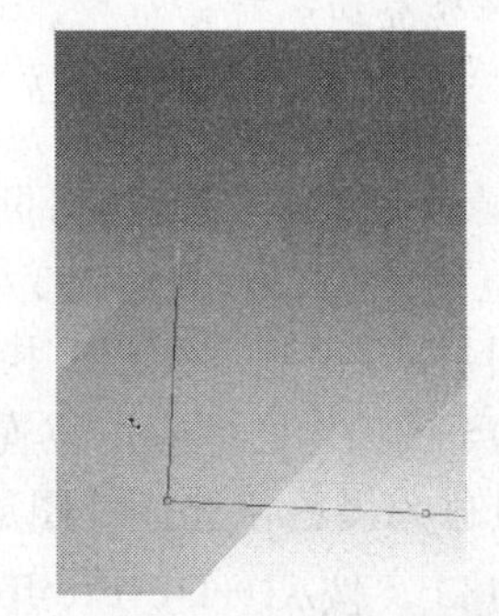

图3.11 应用自由变换后的图像

5 设置前景色为白色，选中“图层1拷贝2”，单击“图层”面板顶部的“锁定透明像素”按钮，按Alt+Delete组合键进行填充，设置其“填充”数值为30%，得到如图3.12所示的效果。

6 打开随书所附光盘中的文件“第3章\3.2-素材2.psd”，使用移动工具将其拖动到正在制作的文件中，得到“图层2”，按Ctrl+T组合键调出自由变换控制框，调整图像大小并旋转图像，按Enter键确认变换操作，如图3.13所示，设置其混合模式为“叠加”，得到如图3.14所示的效果。

图3.12 设置 “填充”后的效果

图3.13 应用自由变换后的图像

图3.14 “叠加”后的效果

7 打开随书所附光盘中的文件“第3章\3.2-素材3.psd”。使用移动工具将其拖动到正在制作的文件中，得到“图层3”，结合自由变换控制框调整图像的大小、角度，并移动至图像中心位置，按Enter键确认变换操作，如图3.15所示。

8 单击“添加图层样式”按钮 fx，在弹出的菜单中选择“渐变叠加”命令，设置弹出的对话框如图3.16所示，得到如图3.17所示的效果。

图3.15 应用自由变换后的图像

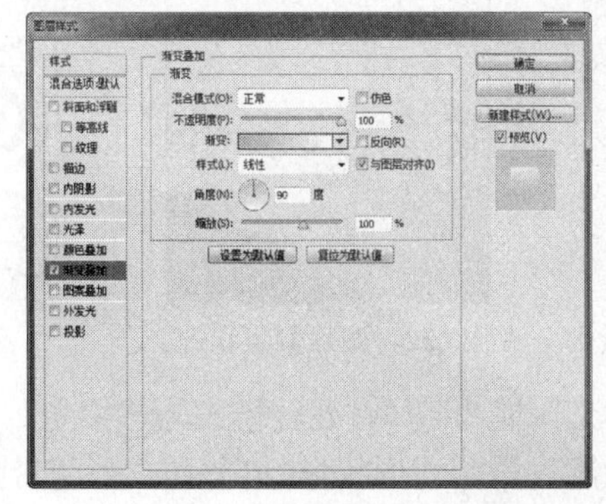

图3.16 “渐变叠加”对话框

图3.17 应用后的效果

小提示

在“渐变叠加”对话框中，单击渐变后的渐变类型选择框，设置弹出的“渐变编辑器”对话框中颜色块的颜色值从左至右分别为fecb00和白色。

9 复制“图层3” 得到“图层3拷贝”，结合自由变换控制框，调整图像的大小，并移动至图像中心位置，按Enter键确认变换操作，如图3.18所示。

10 复制“图层3”得到“图层3 拷贝2”，结合自由变换控制框，调整图像大小并旋转图像，移动至图像中心偏左的位置，如图3.19所示。

11 设置前景色为黑色，选择“图层3 拷贝2”，并单击“图层”面板顶部的“锁定透明像素”按钮，按Alt+Delete组合键进行填充，设置其“填充”值为25%，混合模式为“叠加”，再将其拖至“图层3”的下方，并删除图层样式，得到如图3.20所示的效果。

图3.18 调整图像

图3.19 复制并调整图像

图3.20 设置图层属性后的效果

12 选择“图层3拷贝2”，单击“添加图层蒙版”按钮为其添加蒙版，选择线性渐变工具，并设置渐变类型为“黑,白渐变”，从下至上绘制一条渐变，得到如图3.21所示的效果，其蒙版状态如图3.22所示。

13 选择“图层3拷贝”，设置前景色为白色，选择自定形状工具，在其工具选项条上选择“形状”选项，单击“形状”后面的下拉按钮，在弹出的如图3.23所示的选择框中选择“靶心”图案并绘制形状，如图3.24所示，得到一个新图层为“形状1”。

图3.21 添加蒙版后效果

图3.22 图层蒙版状态

图3.23 自由形状选择框

14 设置“形状1”的“填充”值为47%，混合模式为“柔光”，得到如图3.25所示的效果。

15 连续复制“形状1”两次，得到“形状1拷贝”和“形状1拷贝2”，分别结合自由变换控制框，按住Shift键拖动控制句柄以调整图像大小，并移至文件的左上方位置。

16 设置“形状1拷贝”的“填充”值为100%，设置“形状1拷贝2”的“填充”值为60%，混合模式为“正常”，双击“形状1拷贝2”的图层缩览图，设置弹出的“拾色器”对话框中的颜色值为6da1eb，单击“确定”按钮退出该对话框，得到如图3.26所示的效果。

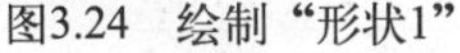

图3.24 绘制“形状1”

图3.25 设置“柔光”后效果

图3.26 填充颜色后的效果

17 显示组“装饰”，得到本例的最终效果，如图3.27所示。“图层”面板如图3.28所示。

图3.27 最终效果

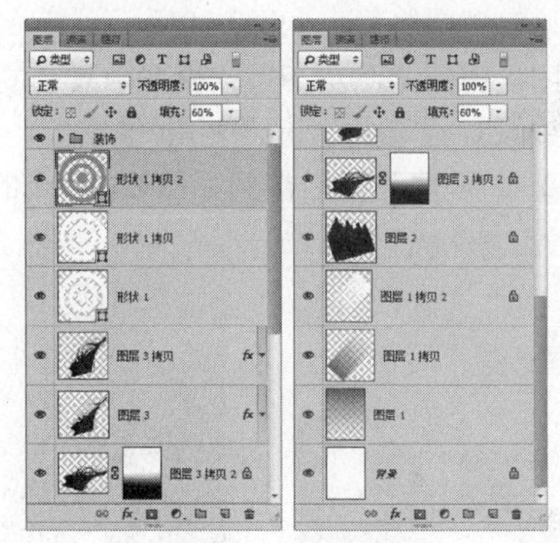

图3.28“图层”面板

3.3 释放空间视觉表现

例前导读

本例是以“释放空间”为主题的视觉作品。该例以图形的绘制为制作的核心内容，在制作过程中，主要用到“渐变填充”、“颜色填充”调整图层及画笔描边等操作。

核心技能

- 结合路径及用画笔描边路径的功能，为所绘制的路径进行描边。
- 应用“外发光”命令，制作图像的发光效果。

- 结合路径以及填充图层的功能制作图像的纯色、渐变等效果。
- 利用图层蒙版功能隐藏不需要的图像。
- 通过改变图层不透明度属性融合图像。

操作步骤

1 打开随书所附光盘中的文件“第3章\3.3-素材1.psd”，如图3.29所示，里面包含三个组，读者可以打开组查看相关图层。

> **小提示**
>
> 该文件是以素材的形式给出的，其操作非常简单，读者若对组中的图像制作感兴趣，可以查看组中的相关图层，这里不再赘述。下面通过绘制路径进行描边操作，制作圆形线框及直线效果。

2 选择“组2”，选择椭圆工具，在其工具选项条上选择“路径”选项，在当前画布中间靠近左侧绘制正圆路径，如图3.30所示。

3 新建一个图层得到“图层29”，设置前景色的颜色值为e1fff7，选择画笔工具，在其工具选项条中设置画笔大小为“尖角6像素”，切换至“路径”面板，单击“用画笔描边路径”按钮，隐藏路径后得到如图3.31所示的效果。切换至“图层”面板。

图3.29　素材图像

图3.30　绘制正圆路径

图3.31　画笔描边后的效果

4 下面利用图层样式功能为圆环添加发光效果。单击“添加图层样式”按钮，在弹出的菜单中选择“外发光”命令，设置弹出的对话框如图3.32所示，设置其发光颜色值为d3efe0，得到如图3.33所示的效果。

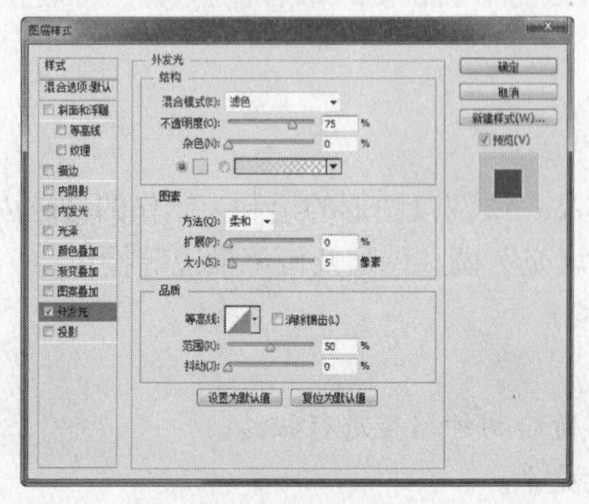

图3.32　“外发光”对话框

图3.33　应用“外发光”命令后的效果

5 按住Ctrl键单击“创建新图层”按钮，在“图层29”的下方新建“图层30”，选择钢笔工具，在其工具选项条上选择“路径”选项，结合“合并形状”选项，在圆环左右两侧绘制两条路径，如图3.34所示。

6 按照第3步的操作方法进行画笔描边操作，直至得到如图3.35所示的效果，选中“图层29”，选择钢笔工具，在其工具选项条上选择“路径”选项，在圆环右下方绘制不规则路径，如图3.36所示。

图3.34 绘制两条路径

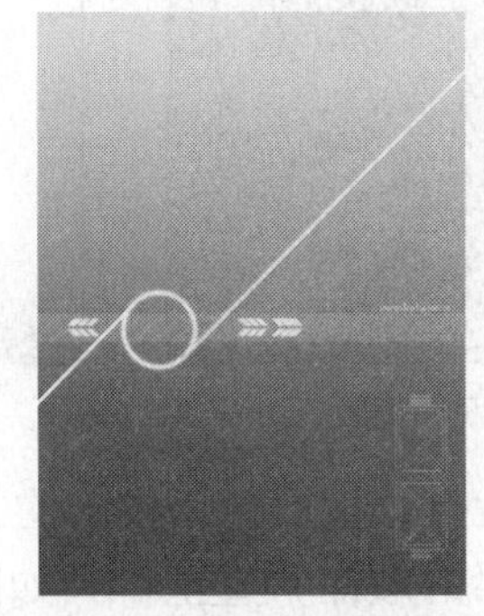

图3.35 画笔描边后的效果

图3.36 绘制不规则路径

小提示

下面通过绘制路径进行颜色填充，以制作叶子图像效果。

7 单击“创建新的填充或调整图层”按钮，在弹出的菜单中选择“纯色”命令，然后在弹出的“拾色器”对话框中设置其颜色值为1f2404，得到如图3.37所示的效果，同时得到图层“颜色填充20”。

8 按Ctrl+J组合键复制“颜色填充20”得到“颜色填充20拷贝”，结合自由变换控制框水平翻转图像，并顺时针旋转170° 左右，向上调整图像的大小及位置，设置其“不透明度”为44%，得到如图3.38所示的效果。

9 复制“颜色填充20拷贝”三次，得到三个复制图层，更改其“不透明度”分别为21%、37%和15%，调整好图层顺序，直至得到如图3.39所示的效果。此时的“图层”面板状态如图3.40所示。

图3.37 填充颜色后的效果

图3.38 复制图像并设置不透明度后的效果

图3.39 多次复制并调整后的效果

10 选择“颜色填充20拷贝4”，单击“添加图层蒙版”按钮为其添加蒙版，按D键将前景色和背景色恢复为默认的黑、白色。

11 在工具箱中选择渐变工具，在其工具选项条中单击渐变显示框，在弹出的“渐变编辑器”对话框中设置渐变类型为“前景色到背景色渐变”，并在工具选项条中单击“线性渐变”按钮，在当前画布右下方至左上方绘制渐变，以将靠近右下方的叶子隐藏，直至得到如图3.41所示的效果。此时蒙版中的状态如图3.42所示。

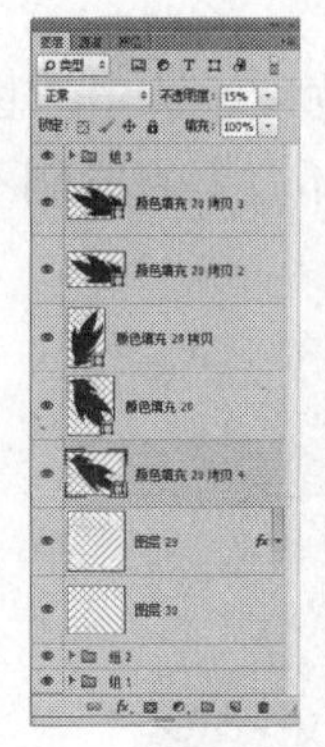
图3.40 “图层”面板

图3.41 添加蒙版

图3.42 蒙版中的状态

12 下面制作不同颜色的叶子图像效果。按照前面讲解的方法，通过绘制路径进行颜色填充，制作叶子图像，要注意图层的顺序，直至得到如图3.43所示的效果。此时的“图层”面板状态如图3.44所示。

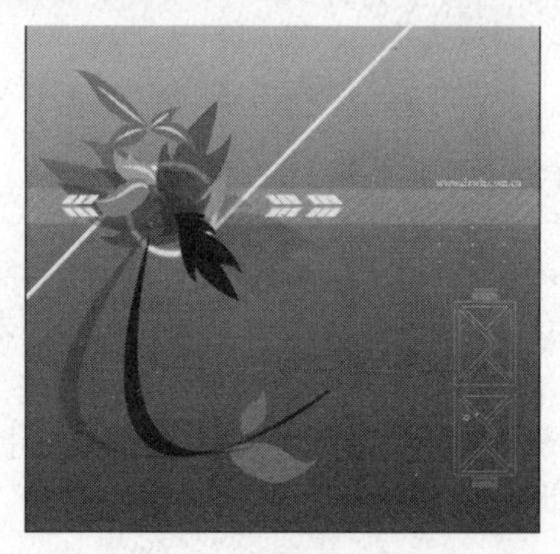
图3.43 制作叶子图像

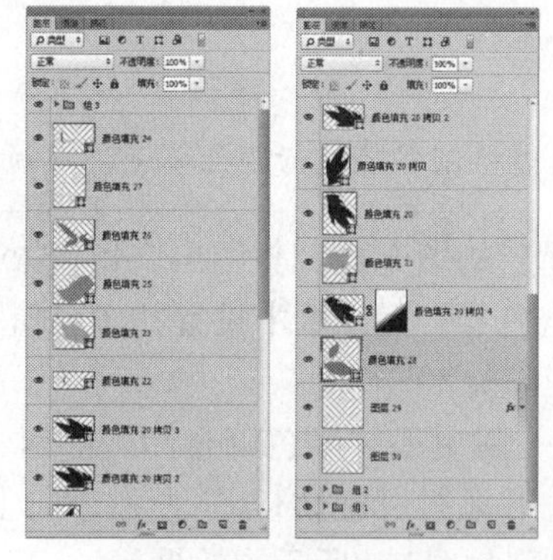
图3.44 “图层”面板

13 选择“组1”，按照前面绘制圆环的方法绘制路径并进行颜色填充，在叶子周围制作稍小圆环及不规则图像，直至得到如图3.45所示的效果。此时的“图层”面板状态如图3.46所示。

14 选择矩形工具，在其工具选项条上选择“路径”选项，在当前画布靠上位置绘制竖向矩形路径，如图3.47所示。

图3.45 制作稍小圆环及不规则图像

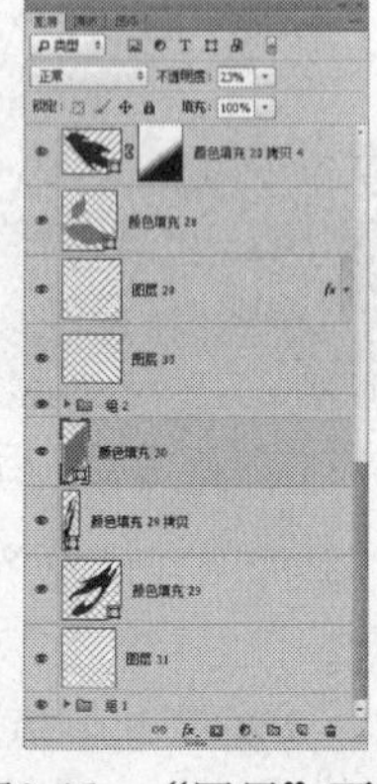
图3.46 “图层”面板

图3.47 绘制竖向矩形路径

15 单击“创建新的填充或调整图层”按钮，在弹出的菜单中选择“渐变”命令，设置弹出的对话框如图3.48所示，得到如图3.49所示的效果，同时得到图层“渐变填充4”。

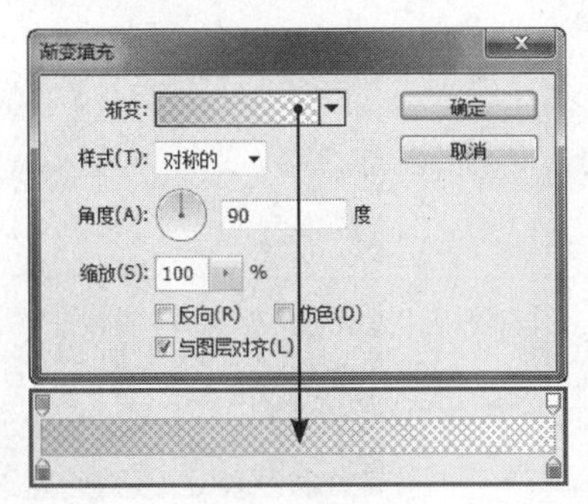

图3.48 “渐变填充”对话框

图3.49 应用“渐变填充”后的效果

小提示

在“渐变填充”对话框中，渐变的各色标颜色值从左至右均为f26700，不透明度分别为50%和0%。下面开始制作曲线条图像。

16 选择钢笔工具，在其工具选项条上选择“路径”选项，在当前画布中绘制如图3.50所示的路径。选择“颜色填充24”，新建“图层32”，设置前景色值为fffd00。

17 选择画笔工具，在其工具选项条中设置画笔为“尖角5像素”，切换至“路径”面板，按住Alt键单击“用画笔描边路径”按钮，在弹出的对话框中选中“模拟压力”复选框，单击“确定”按钮退出对话框，隐藏路径后得到如图3.51所示的效果。切换至“图层”面板。

图3.50 绘制路径

图3.51 画笔描边路径后的效果

小提示

选中“模拟压力”复选框的目的就在于，让描边路径后得到的线条图像具有两端细、中间粗的效果。但需要注意的是，此时必须在“画笔”面板的“形状动态”区域中选择“钢笔压力”选项，否则将无法得到这样的效果。

18 按照同样的方法，在当前画布下方制作曲线条，直至得到如图3.52所示的效果，得到“图层33”。此时的“图层”面板状态如图3.53所示。

19 打开随书所附光盘中的文件“第3章\3.3-素材2.psd”，使用移动工具将其拖至当前画布右上方斜线位置，得到“图层34”和“图层35”，注意调整图层的顺序，得到的效果如图3.54所示。

图3.52 制作曲线条

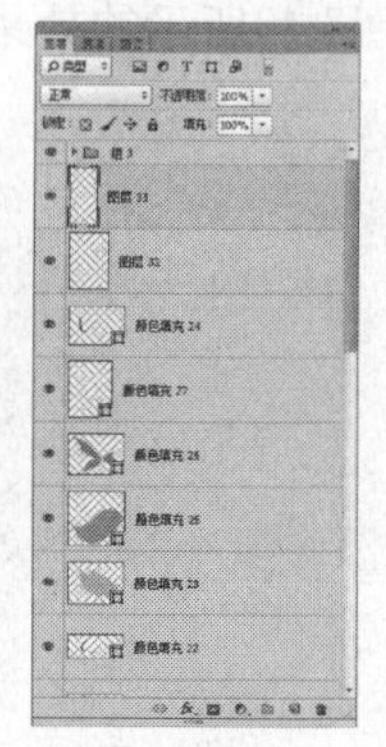

图3.53 “图层”面板

图3.54 制作右上方的装饰效果

20 图3.55所示为最终整体效果。此时的“图层”面板状态如图3.56所示。

图3.55 最终整体效果

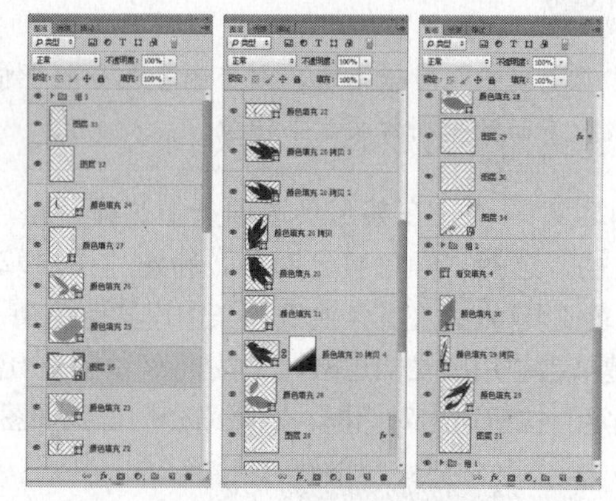

图3.56 “图层”面板

3.4 运动会视觉表现

例前导读

生活中运动对于每个人来说都是不可缺少的，此视觉作品以舞动的线条，配合人物的动作趋势，表现出体育的动感与技巧，同时使整个画面也充满动感。在制作中多次使用到“形状图层”与“渐变填充”命令。

核心技能

- 通过设置图层属性以混合图像。
- 应用调整图层的功能，调整图像的亮度、色彩等属性。
- 结合路径以及渐变填充图层的功能制作图像的渐变效果。

■ 利用图层蒙版功能隐藏不需要的图像。
■ 结合画笔工具及特殊画笔素材绘制图像。
■ 利用变换功能调整图像的大小、角度及位置。
■ 利用剪贴蒙版限制图像的显示范围。

操作步骤

1 打开随书所附光盘中的文件“第3章\3.4-素材1.psd”，确认文件中包含素材图像“图层1”、“图层 2”两幅素材图像，此时“图层”面板如图3.57所示，隐藏“图层 2”，效果如图3.58所示。

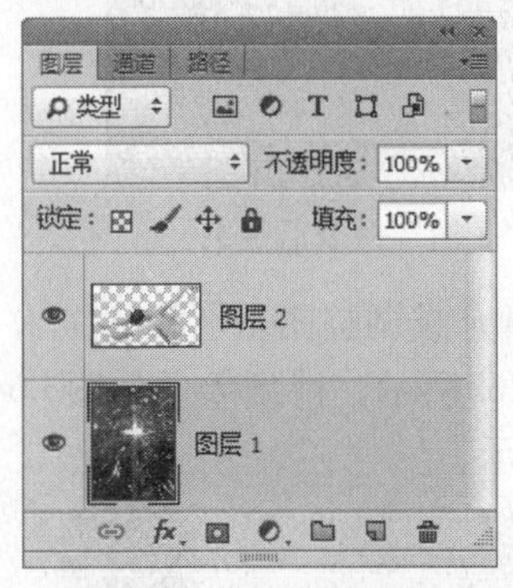

图3.57 “图层”面板

图3.58 隐藏“图层 2”后效果

小提示

下面结合图层属性、混合颜色带以及调整图层等功能，制作背景图像。

2 新建“图层 3”，将其移动至“图层 1”下面，设置前景色值为182d50，按Alt+Delete组合键填充前景色，右击“图层 1”图层名称，在弹出的菜单中选择“转换为智能对象”命令，按Ctrl+T组合键调出自由变换控制框，按住Shift键向外移动句柄，等比例扩大图像到画布大小，按Enter键确认操作，并设置其图层混合模式为“柔光”，不透明度为30%，得到效果如图3.59所示。

3 单击“添加图层样式”按钮 fx.，在弹出的菜单中选择“混合选项”命令，在弹出的对话框中按住Alt键向右拖动“本图层”下方右侧的黑色小三角，以融合图像，得到的效果如图3.60所示。

图3.59 设置图层属性后效果

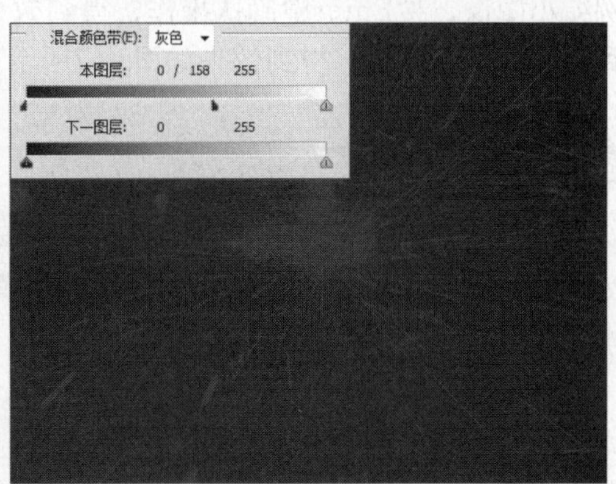

图3.60 设置混合颜色带后的效果

4 单击“创建新的填充或调整图层”按钮，在弹出的菜单中选择“阈值”命令，得到“阈值1”，按Ctrl+Alt+G组合键执行“创建剪贴蒙版”操作，设置面板中的参数如图3.61所示，得到效果如图3.62所示。

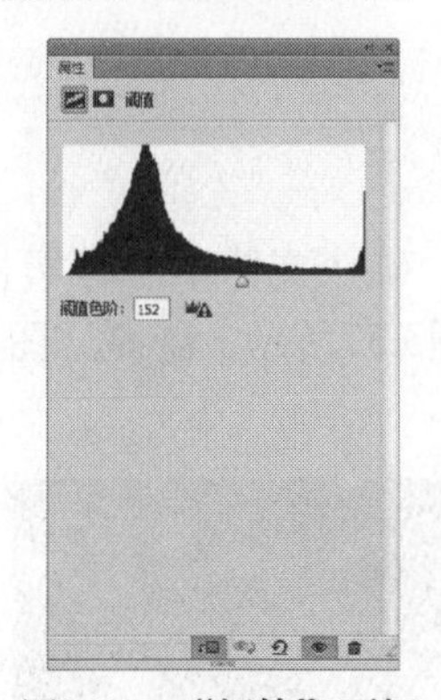

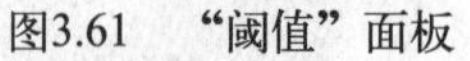

图3.61 “阈值”面板　　图3.62 应用“阈值”命令后效果

5 选择“图层 3”为当前操作图层，单击“创建新的填充或调整图层”按钮，在弹出的菜单中选择“渐变”命令，设置弹出的对话框如图3.63所示，得到效果如图3.64所示，设置其图层混合模式为“叠加”，得到效果如图3.65所示。

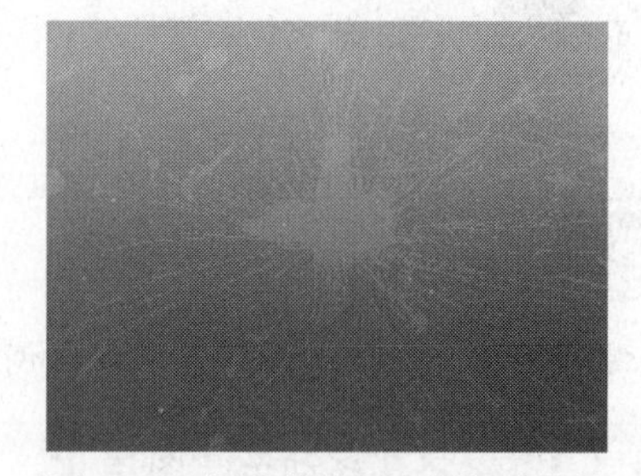

图3.63 “渐变填充”对话框　　图3.64 应用“渐变填充”后效果

小提示

在“渐变填充”对话框中，渐变类型为“从c0b4a3到5a534c”。下面添加人物图像。

6 显示“图层 2”，按Ctrl+T组合键调出自由变换控制框，按住Shift键向内移动句柄，等比例缩小图像，按Enter键确认操作，得到效果如图3.66所示。选择移动工具，将其移动到画面的中心位置，得到效果如图3.67所示。

图3.65 设置图层混合模式后效果　　图3.66 缩小后效果

7 单击“创建新的填充或调整图层”按钮，在弹出的菜单中选择“亮度/对比度”命令，得到“亮度/对比度1”，按Ctrl+Alt+G组合键执行“创建剪贴蒙版”操作，设置面板中的参数如图3.68所示，得到效果如图3.69所示。

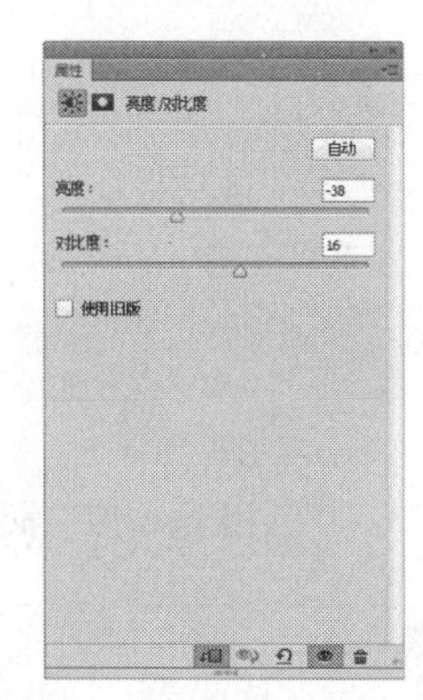

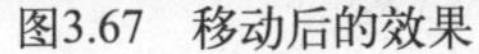

图3.67 移动后的效果　　图3.68 “亮度/对比度”面板

8 新建“图层 4”，按Ctrl+Alt+G组合键执行“创建剪贴蒙版”操作，设置前景色为白色，选择画笔工具，在其工具选项条上设置“流量”为40%，按F5键显示“画笔”面板，设置其参数如图3.70所示。

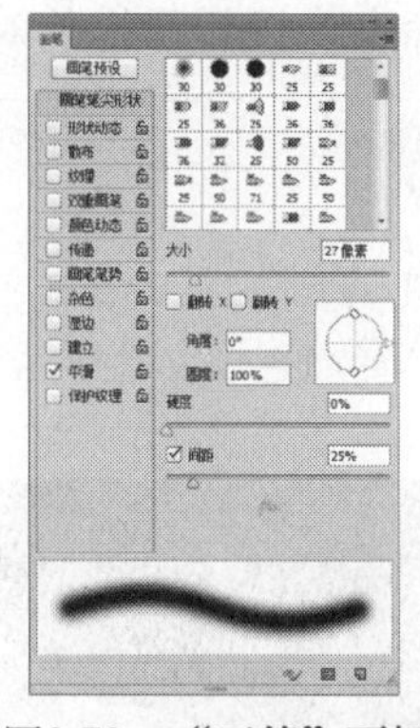

图3.69 应用“创建剪贴蒙版”命令后的效果　　图3.70 “画笔”面板

9 在画布中人物手、肩及其头顶部位进行涂抹，给人物添加高光，并设置“图层4”的混合模式为“亮光”，得到效果如图3.71所示，单独显示“图层 4”时效果如图3.72所示。

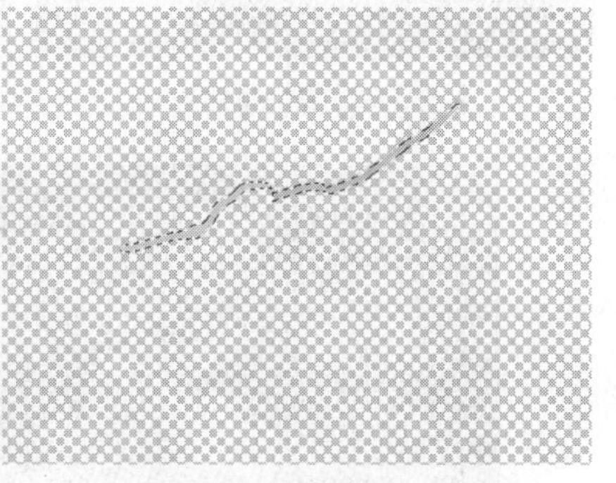

图3.71 设置混合模式后的效果　　图3.72 单独显示“图层 4”时效果

10 单击“创建新的填充或调整图层”按钮，在弹出的菜单中选择“色相/饱和度”命令，得到“色相/饱和度1”，按Ctrl+Alt+G组合键执行“创建剪贴蒙版”操作，设置面板中的参数如图3.73所示，得到效果如图3.74所示。

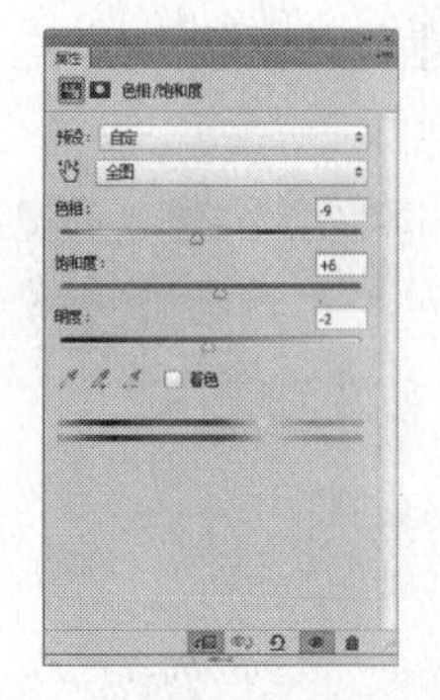

图3.73 “色相/饱和度”面板

图3.74 应用“创建剪贴蒙版”命令后效果

小提示

至此，人物图像已制作完成，下面添加动感线条图像。

11 选择钢笔工具，在其工具选项条上选择“路径”选项，在画布右边人物手部位绘制路径如图3.75所示，单击“创建新的填充或调整图层”按钮，在弹出的菜单中选择“渐变”命令，设置弹出的对话框如图3.76所示，得到效果如图3.77所示。

小提示

在“渐变填充”对话框中，所使用的渐变类型在“渐变编辑器”对话框中显示如图3.78所示，各色标的颜色值从左至右分别是a7b1e3和c91f01。

图3.75 绘制路径

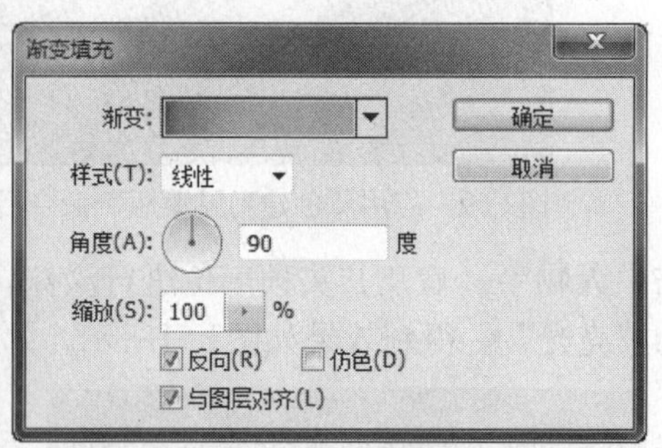

图3.76 “渐变填充”对话框

图3.77 应用“渐变填充”后效果

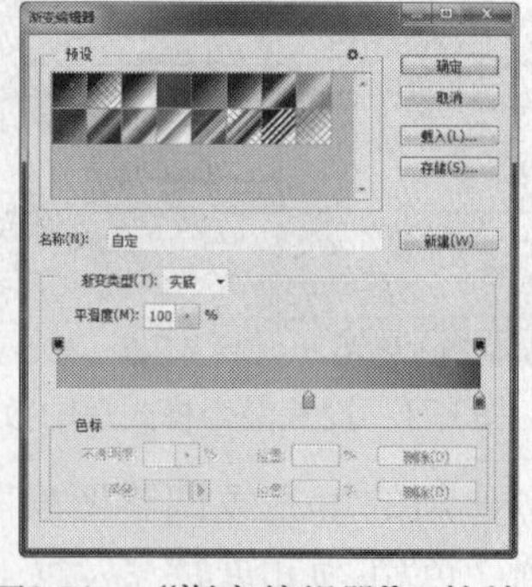

图3.78 “渐变编辑器”对话框

12 依照此方法，继续为画面添加剩余动感线条，得到效果如图3.79所示，此时“图层”面板状态如图3.80所示。

小提示

选中除“渐变填充 9”外所有添加线条的图层，按Ctrl+G组合键将选中的图层编组，得到“组1”。

图3.79 添加剩余动感线条后效果

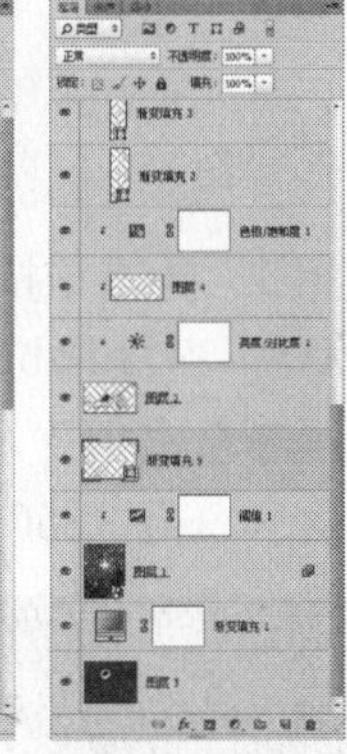

图3.80 “图层”面板

13 选择“图层 2”为当前操作图层，按住Ctrl键单击“图层 2”图层缩览图，以将“图层 2”中图像载入选区，选择多边形套索工具，按住Alt键在画布中人物四肢与动感线条相重叠处绘制选区，以减去相重叠部位选区，效果如图3.81所示，单击“添加图层蒙版”按钮为“图层 2”添加蒙版，得到效果如图3.82所示。

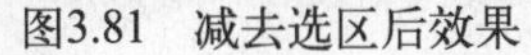

图3.81 减去选区后效果　　图3.82 添加图层蒙版后效果

小提示

下面利用“曲线”命令调整画面整体效果，并利用画笔工具为画面添加动感元素。

14 选择“组 1”为当前操作对象，单击“创建新的填充或调整图层”按钮，在弹出的菜单中选择“曲线”命令，得到“曲线1”，设置弹出的面板如图3.83所示，得到效果如图3.84所示。

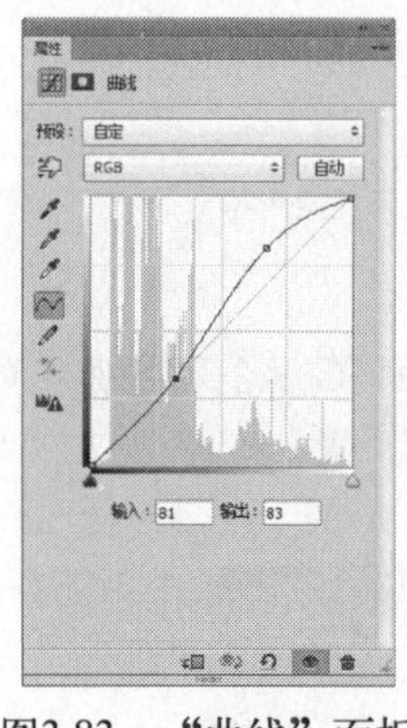

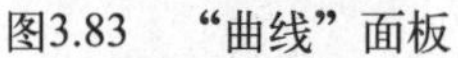

图3.83 “曲线”面板　　图3.84 应用“曲线”命令后效果

15 选择“组 1”为当前操作对象，新建图层，选择画笔工具，打开随书所附光盘中的文件“第3章\3.4-素材2.abr”，在画布中单击鼠标右键，分别选择画笔404、209、768、476等画笔，在画布左上角及人物下方位置进行涂抹，得到效果如图3.85所示。同时得到“图层 5”和“图层6”。图3.86所示为单独显示“背景”图层、“图层5”和“图层6”时的效果。

图3.85 使用画笔工具后效果　　图3.86 单独显示“背景”、“图层5”和“图层6”时的效果

小提示

使用画笔涂抹过程中前景色值分别设置为3872d4、a7b1e3、2243a7与白色，具体请参照源文件中内容。

16 选择“图层5”，打开随书所附光盘中的文件“第3章\3.4-素材3.psd”，选择移动工具，按住Shift键将其拖至上一步制作的文件中，得到最终效果如图3.87所示，此时的“图层”面板如图3.88所示。

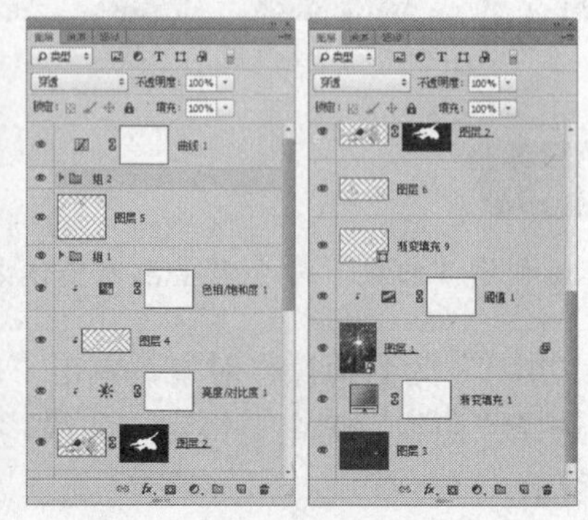

图3.87 最终效果　　图3.88 “图层”面板

3.5 Happy Angels创意视觉表现

例前导读

本例是一个较为复杂的创意视觉表现作品，使用了许多素材图像，并通过改变大小、混合模式、透明度、添加边框等方法将这些素材图像较好地组合在了一起，这样的案例本身并没有体现深刻的主题，完全是一种视觉上的创意设计，因此各位读者在学习后可以根据自己的技术进行自由发挥，设计出具有个人风格的创意视觉作品。

核心技能

- 通过设置图层属性以混合图像。
- 利用图层蒙版功能隐藏不需要的图像。
- 应用“曲线”命令调整图层调整图像的对比度。
- 通过添加图层样式，制作图像的投影、描边等效果。
- 应用绘图工具绘制图像。
- 利用变换功能调整图像的大小、角度及位置。

操作步骤

第一部分　添加并处理图像

1 按Ctrl+N组合键新建一个文件，设置弹出的对话框如图3.89所示。设置前景色的颜色值为caa190，按Alt+Delete组合键填充“背景”图层。

2 打开随书所附光盘中的文件“第3章\3.5-素材1.tif”，如图3.90所示。使用移动工具按住Shift键将其拖至新建的文件中，得到“图层 1”，并设置该图层的混合模式为“柔光”，得到如图3.91所示的效果。

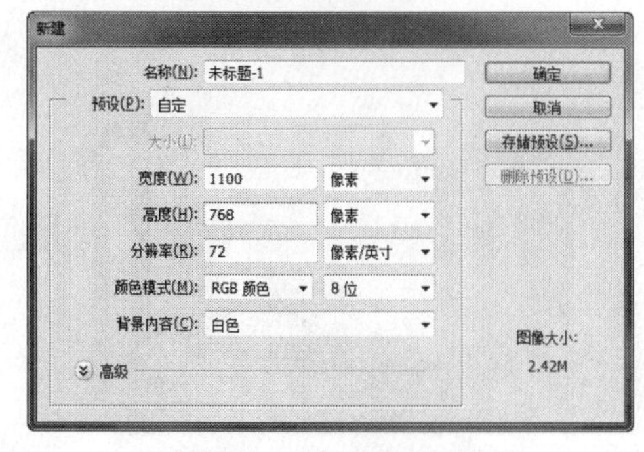

图3.89　“新建”对话框

图3.90　素材图像

3 打开随书所附光盘中的文件“第3章\3.5-素材2.tif”，使用移动工具将其拖至新建的文件中，得到“图层 2”，并将图像置于文件的右上角，设置该图层的混合模式为“强光”，不透明度为70%，得到如图3.92所示的效果。

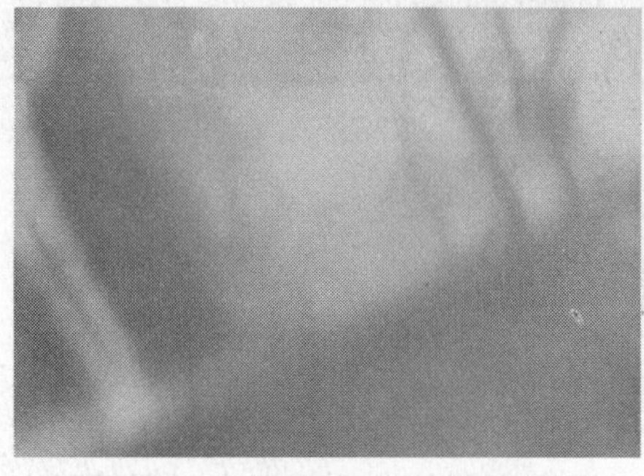

图3.91 设置混合模式后的效果

图3.92 设置图层属性后的效果

4 单击“添加图层蒙版”按钮为“图层 2”添加蒙版，设置前景色为黑色，选择画笔工具并设置适当的柔和画笔大小，在人物的边缘进行涂抹以将其隐藏，得到如图3.93所示的效果。

5 打开随书所附光盘中的文件“第3章\3.5-素材3.tif”，按照本例第3～4步的方法进行操作，得到类似如图3.94所示的效果，同时得到“图层 3”。

图3.93 隐藏图像1

图3.94 隐藏图像2

6 打开随书所附光盘中的文件“第3章\3.5-素材4.tif”，使用移动工具将其拖至新建的文件中，得到“图层 4”。按Ctrl+T组合键调出自由变换控制框，按住Shift键将图像缩小为适当大小，按Enter键确认变换操作，并置于文件的右下角，如图3.95所示。

7 使用矩形选框工具在上一步摆放的图像上绘制如图3.96所示的选区。单击“添加图层蒙版”按钮为“图层 4”添加蒙版，并设置该图层的混合模式为“强光”，不透明度为50%，得到如图3.97所示的效果。

图3.95 置于适合位置

图3.96 绘制选区

8 选择“图层 4”的蒙版缩览图，设置前景色为黑色，选择画笔工具并设置适当的柔和画笔大小，在图像的顶部进行涂抹以将其隐藏，得到如图3.98所示的效果。

图3.97　设置图层属性后的效果

图3.98　隐藏图像

9 单击“创建新的填充或调整图层”按钮，在弹出的菜单中选择“曲线”命令，设置弹出的面板如图3.99所示，得到如图3.100所示的效果。

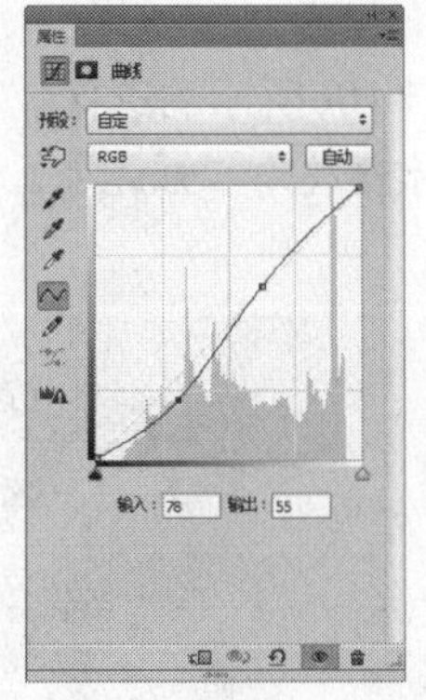

图3.99　“曲线”面板

图3.100　应用“曲线”命令后的效果

10 选择“图层 1”，单击“添加图层蒙版”按钮为其添加蒙版，设置前景色为黑色，选择画笔工具并设置适当的柔和画笔大小，在右侧两个人物身上进行涂抹，得到如图3.101所示的效果，此时蒙版中的状态如图3.102所示。

图3.101　隐藏图像

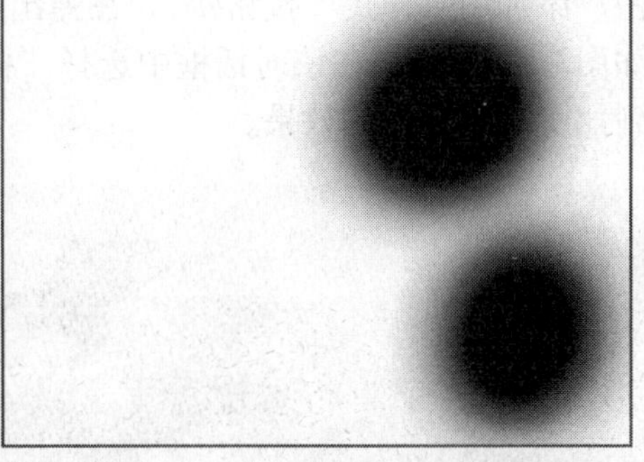
图3.102　蒙版中的状态

11 选择“曲线1”，打开随书所附光盘中的文件“第3章\3.5-素材5.tif”，使用移动工具将其拖至新建的文件中，得到“图层 5”，按Ctrl+T组合键调出自由变换控制框，按住Shift键缩小图像并置于如图3.103所示的位置。按Enter键确认变换操作。

12 设置“图层 5”的混合模式为“强光”，不透明度为70%。单击“添加图层蒙版”按钮为

“图层 5”添加蒙版，设置前景色为黑色，选择画笔工具在图像的顶部涂抹以将其隐藏，得到如图3.104所示的效果。

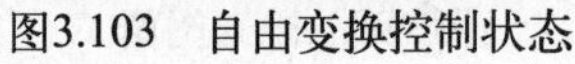

图3.103　自由变换控制状态

图3.104　隐藏图像

13 打开随书所附光盘中的文件“第3章\3.5-素材6.tif”，使用移动工具将其拖至新建的文件中，得到“图层 6”，按Ctrl+T组合键调出自由变换控制框，按住Shift键缩小图像，按Enter键确认变换操作，并置于如图3.105所示的位置。

14 使用矩形选框工具在上一步变换的图像上绘制如图3.106所示的选区，单击“添加图层蒙版”按钮为“图层 6”添加蒙版，并设置其混合模式为“强光”，“填充”数值为60%，得到如图3.107所示的效果。

图3.105　置于适合位置

图3.106　绘制选区

15 单击“添加图层样式”按钮，在弹出的菜单中选择“投影”命令，设置弹出的对话框如图3.108所示。在该对话框中选择“描边”选项并设置其对话框，如图3.109所示，得到如图3.110所示的效果。

图3.107　设置图层属性后的效果

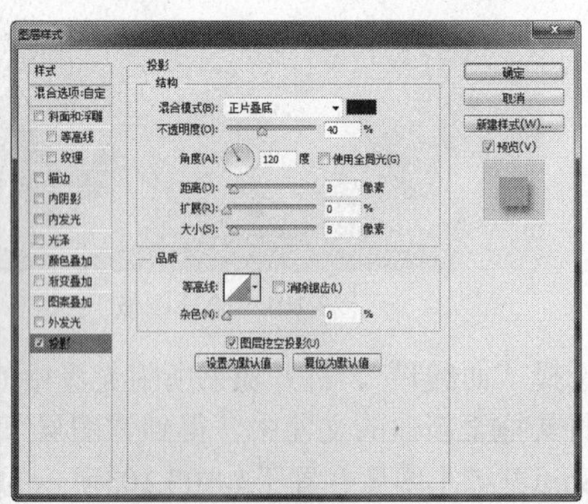

图3.108　“投影”对话框

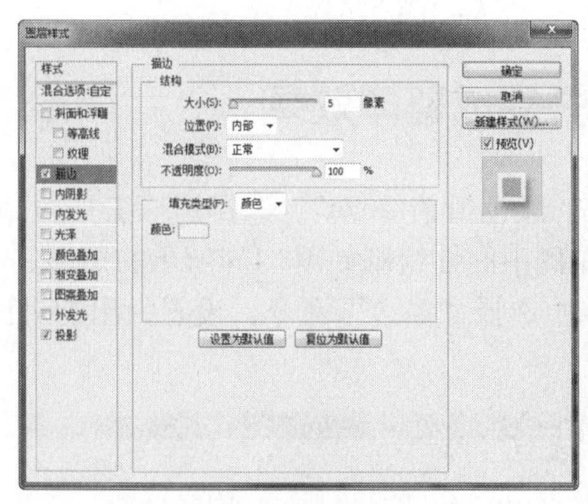

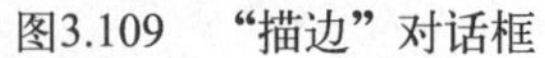
图3.109 “描边”对话框

图3.110 应用图层样式后的效果

小提示

在“描边”对话框中，颜色块的颜色值为ffebe6。

16 打开随书所附光盘中的文件“第3章\3.5-素材7.tif～3.5-素材9.tif”，如图3.111所示。按照第13～15步的方法制作得到如图3.112所示的效果，同时得到“图层 7”、“图层 8”和“图层 9（该图层不添加任何图层样式）”，此时的“图层”面板如图3.113所示。

(a) (b) (c)

图3.111 素材图像

图3.112 制作后的效果

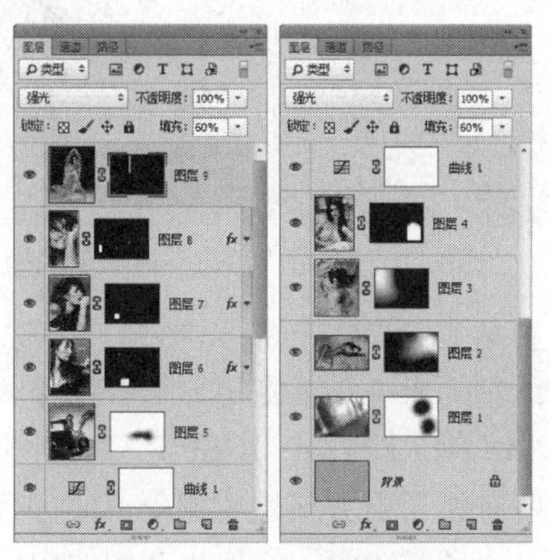

图3.113 “图层”面板

第二部分 绘制图形并完成整体效果

1 在所有图层上方新建“图层 10”，设置前景色的颜色值为fae7e7。选择矩形工具▭并在其工具选项条上选择“像素”选项，在图像的左侧中间处绘制如图3.114所示的矩形。

2 单击“添加图层样式”按钮fx，在弹出的菜单中选择“描边”命令，设置弹出的对话框如图3.115所示，得到如图3.116所示的效果。

图3.114 绘制矩形

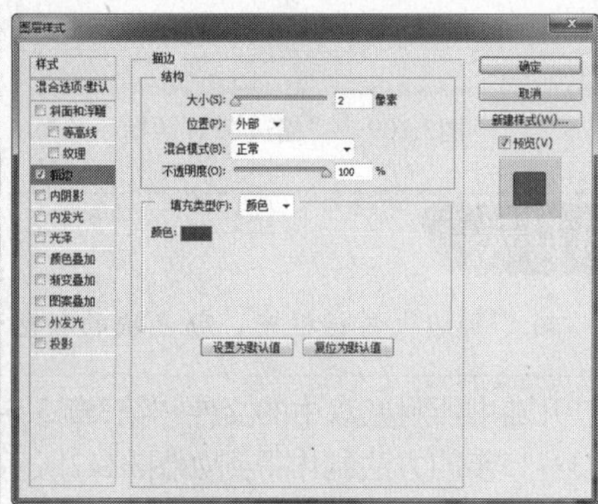

图3.115 “描边”对话框

小提示

在“描边”对话框中，颜色块的颜色值为863617。

3 复制“图层 10”得到“图层 10 拷贝”，选择“编辑”|“变换”|“旋转90度（顺时针）”命令，使用移动工具将复制得到的图像置于文件的左侧，如图3.117所示。

图3.116 应用“描边”命令后的效果

图3.117 复制图像

4 设置前景色的颜色值为863617，选择横排文字工具T并设置适当的字体和字号，在上面绘制的水平和垂直矩形上分别输入“TRY TO FOCUS MY ATTENTION”和“I NEED SOME HELP,SOME INSPIRATION”，如图3.118所示。

5 在所有图层上方新建“图层 11”，设置前景色为白色，选择矩形工具▭并在其工具选项条上选择“像素”选项，在图像中绘制如图3.119所示的两个白色矩形条。

图3.118　输入文字

图3.119　绘制矩形条

6 设置“图层 11”的混合模式为“柔光”，不透明度为50%，得到如图3.120所示的效果。

7 新建“图层 12”，设置前景色为黑色，使用矩形工具 分别在图像的顶部和底部绘制如图3.121所示的黑色矩形条，设置“图层 12”的混合模式为“柔光”，不透明度为30%，得到如图3.122所示的效果。

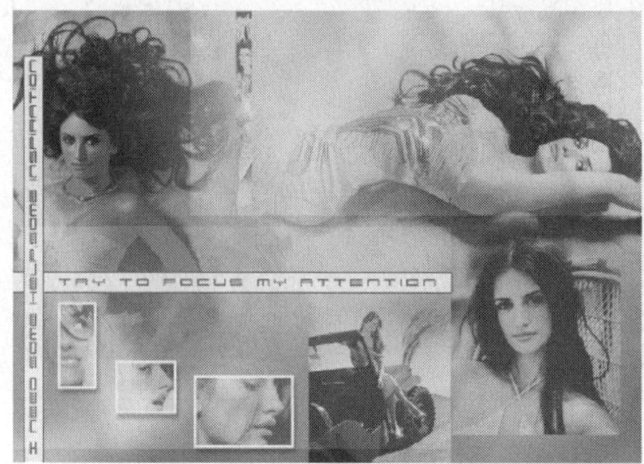

图3.120　设置混合模式及不透明度后的效果

图3.121　绘制矩形条

8 新建“图层 13”，按照上一步的方法在图像中绘制如图3.123所示的矩形图像，并设置当前图层的混合模式为“柔光”，不透明度为30%，得到如图3.124所示的效果。

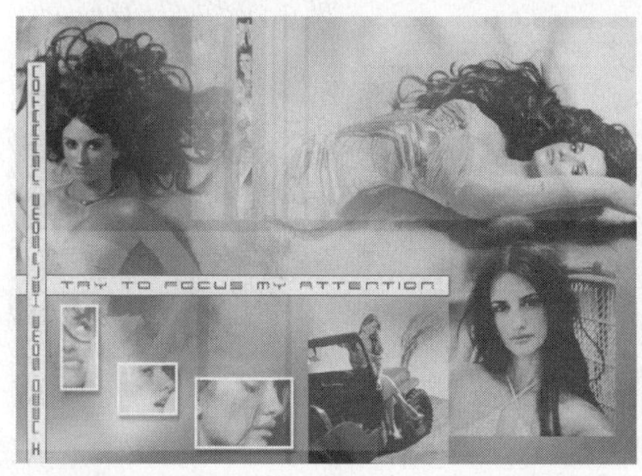

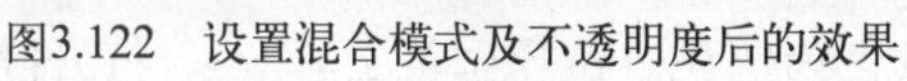

图3.122　设置混合模式及不透明度后的效果

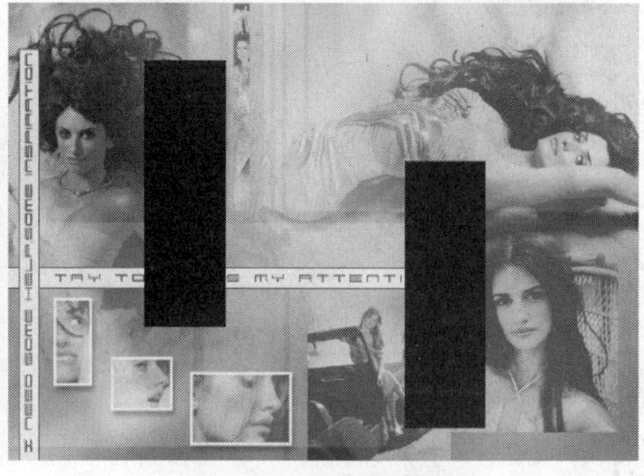

图3.123　绘制矩形条

9 新建“图层 14”，设置前景色为白色，使用矩形工具 在图像的左下方绘制如图3.125所示的白色矩形条，设置当前图层的混合模式为“柔光”，不透明度为50%，得到如图3.126所示的效果。

图3.124　设置混合模式及不透明度后的效果

图3.125　绘制矩形条

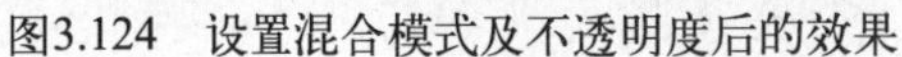

10 新建“图层 15”，按照上一步的方法在图像右下角绘制如图3.127所示的白色矩形条，并设置当前图层的混合模式为“柔光”，得到如图3.128所示的效果。

图3.126　设置混合模式及不透明度后的效果

图3.127　绘制矩形条

11 分别设置前景色的颜色值为白色和a0562f，选择横排文字工具T并设置适当的字体和字号，在图像的右下角输入如图3.129所示的文字，同时得到两个对应的文字图层。

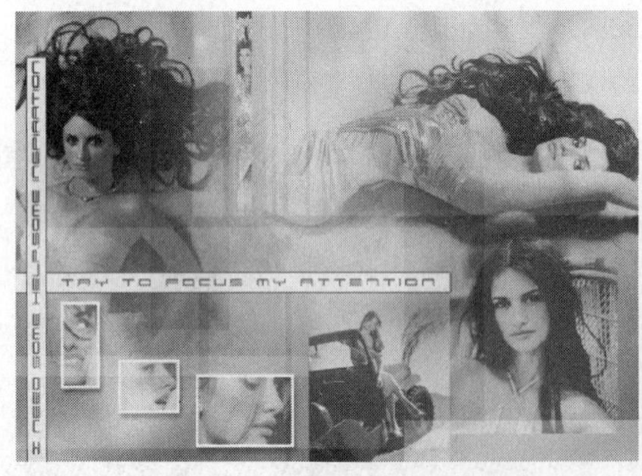

图3.128　设置混合模式后的效果

图3.129　输入文字

12 在所有图层上方新建“图层 16”，设置前景色为白色。选择画笔工具，打开随书所附光盘中的文件“第3章\3.5-素材10.abr”，在画布中单击鼠标右键，在弹出的画笔显示框中选择名为“590”的画笔，在图像的左下角处单击，即可得到如图3.130所示的最终效果。“图层”面板如图3.131所示。

图3.130　最终效果

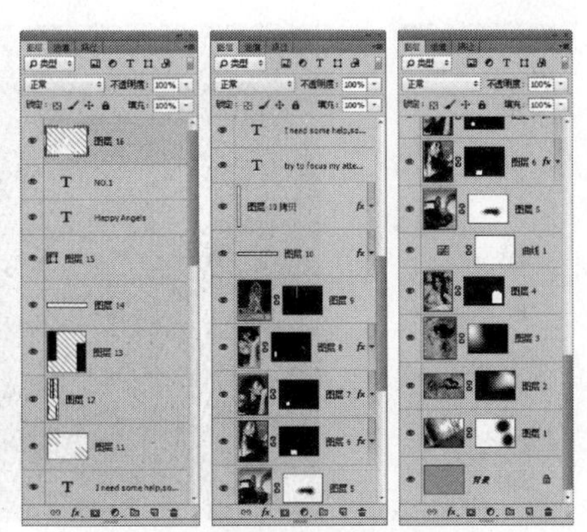
图3.131　“图层”面板

3.6 喷溅水果视觉表现

例前导读

水果是生活中常见的物体，其特点是颜色明显且造型圆滑，是表达清新的一种较好的元素，此例也正利用该特点来进行创建，在后面处理中将水果置于一个水底的效果中并添加其他的元素，来使水果具有强有力的动感，从而表达出清新且动感的画面效果。

核心技能

- 通过添加图层样式，制作图像的渐变等效果。
- 应用调整图层的功能，调整图像的色彩等属性。
- 结合路径及用画笔描边路径中的“模拟压力”选项，制作两端细中间粗的图像效果。
- 应用模糊滤镜制作图像的模糊效果。
- 选择“照亮边缘”滤镜制作图像的边缘效果。
- 应用形状工具绘制形状。
- 利用剪贴蒙版限制图像的显示范围。

操作步骤

1 打开随书所附光盘文件“第3章\3.6-素材.psd”其中包括此例的所有素材图像，图3.132所示为“图层”面板状态。隐藏除“素材 1”以外的所有图层，素材状态如图3.133所示。

2 单击“添加图层样式”按钮 fx，在弹出的菜单中选择“渐变叠加”命令，设置弹出的对话框如图3.134所示，在对话框中继续选择“图案叠加”选项，设置对话框如图3.135所示，得到效果如图3.136所示。

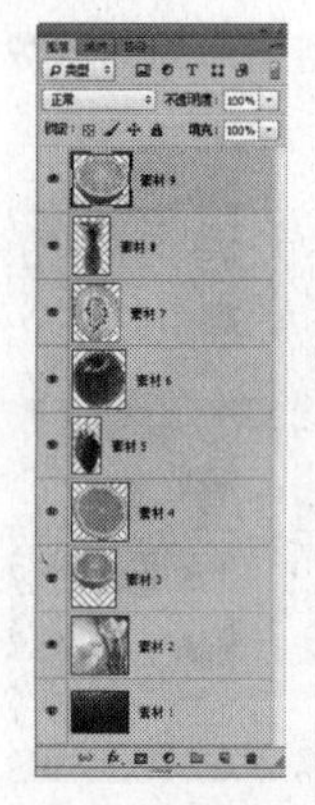
图3.132 “图层”面板

图3.133 素材状态

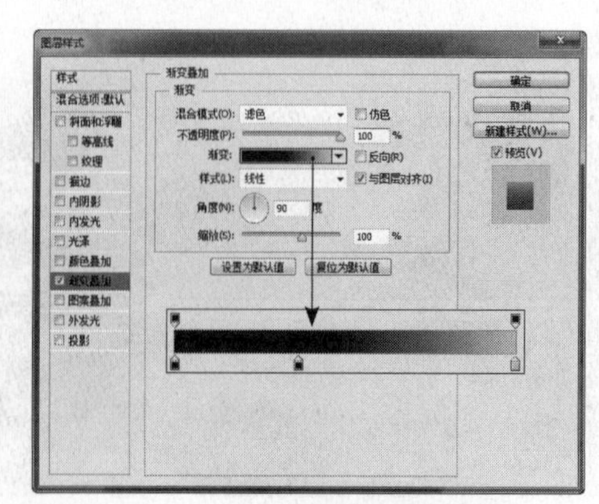
图3.134 “渐变叠加”对话框

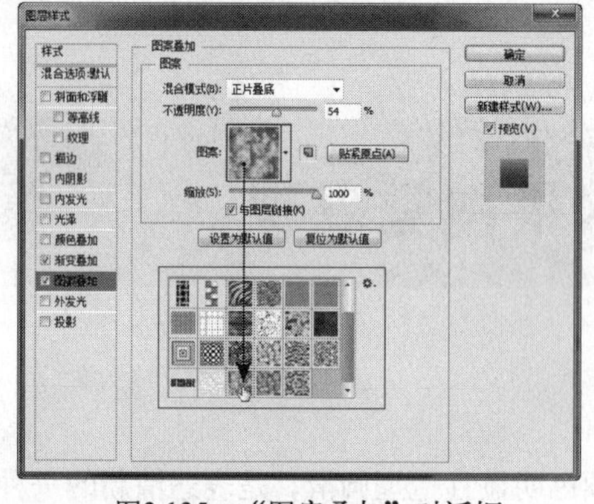
图3.135 “图案叠加”对话框

图3.136 添加图层样式的状态

小提示

在“渐变叠加”对话框中，渐变类型各色标值从左至右分别为000000、000000和c4cbeb。

3 单击“创建新的填充或调整图层”按钮，在弹出的菜单中选择“色相/饱和度”命令，得到图层“色相/饱和度 1”，按Ctrl+Alt+G组合键执行“创建剪切蒙版”操作，然后设置面板中的参数如图3.137～图3.140所示，得到如图3.141所示的效果。

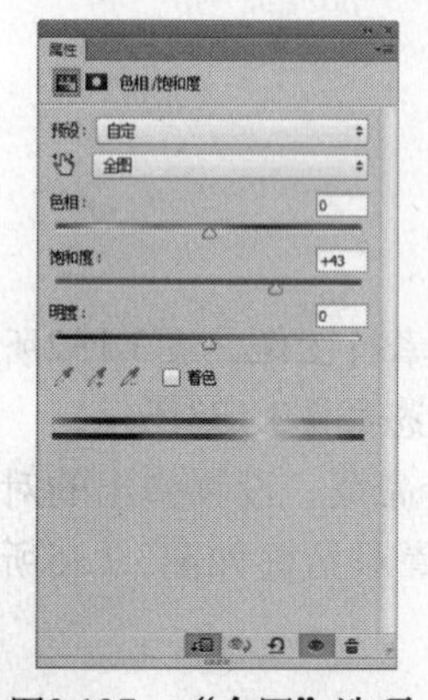
图3.137 “全图”选项

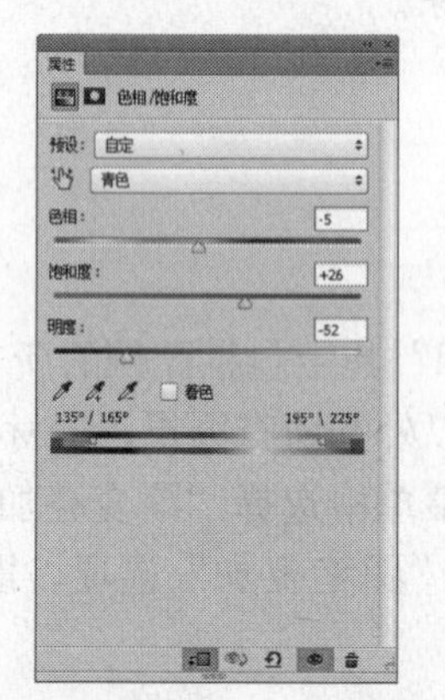
图3.138 “青色”选项

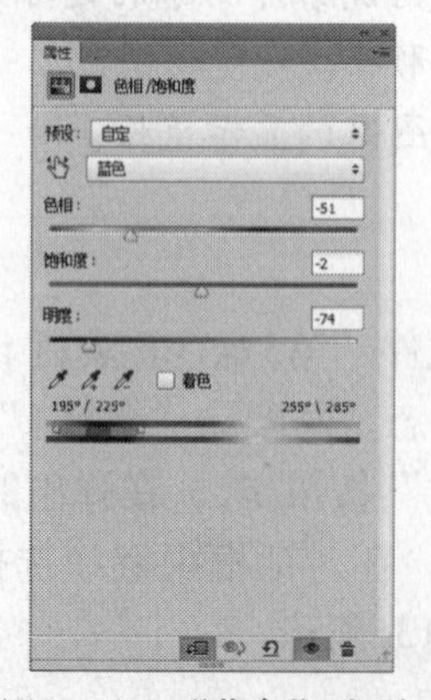
图3.139 “蓝色”选项

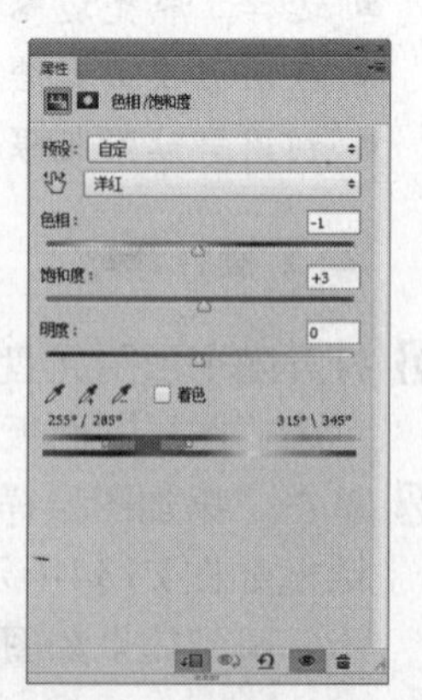
图3.140 “洋红”选项

4 单击“创建新的填充或调整图层”按钮，在弹出的菜单中选择“色彩平衡”命令，得到“色彩平衡1”，按Ctrl+Alt+G组合键执行“创建剪切蒙版”操作，然后设置面板中的参数如图3.142和图3.143所示，得到如图3.144所示的效果。

图3.141 设置颜色的状态

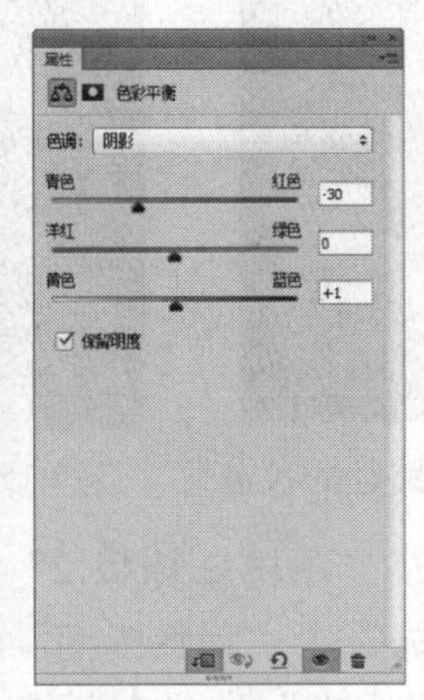

图3.142 “阴影”选项

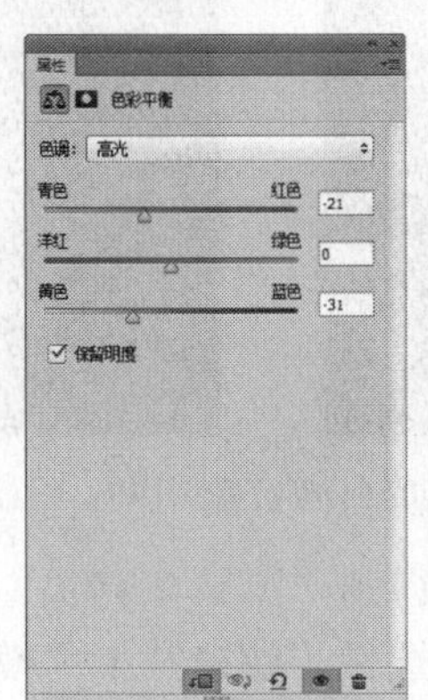

图3.143 “高光”选项

图3.144 设置颜色的状态

5 单击“创建新的填充或调整图层”按钮，在弹出的菜单中选择“图案”命令，设置弹出的对话框如图3.145所示，单击“确定”按钮退出对话框，得到图层“图案填充1”，设置图层混合模式为“叠加”，“填充”为38%，得到如图3.146所示的效果。

6 设置前景色的颜色值为白色，选择矩形工具，在其工具选项条上选择“形状”选项，在画布内绘制一个如图3.147所示的白色形状，得到图层“矩形 1”，选择路径选择工具，选择形状的路径，然后选择工具选项条上的“减去顶层形状”选项，得到如图3.148所示的效果。

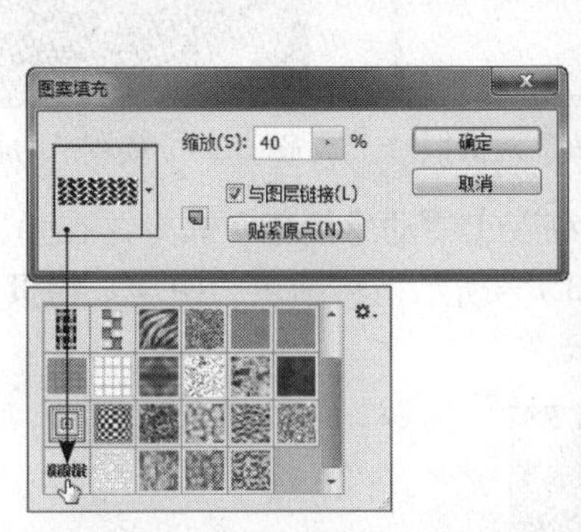

图3.145 “图案填充”对话框

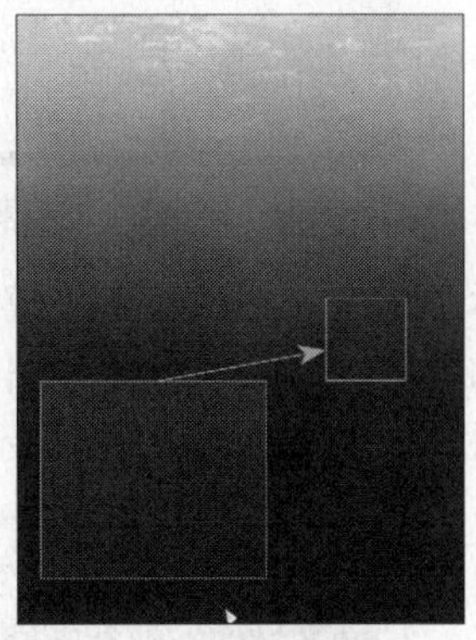
图3.146 添加图案的效果

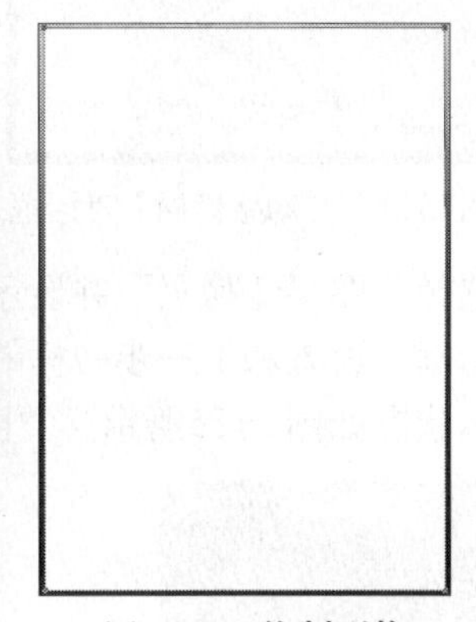
图3.147 绘制形状

7 新建“图层 2”，选择钢笔工具，在其工具选项条上选择“路径”选项，在图中绘制如图3.149所示的路径，将前景色设置为白色，选择画笔工具，并设置画笔为“尖角2像素”，切换至“路径”面板，按Alt键单击“用画笔描边路径”按钮，在弹出的对话框中选择画笔，并选中“模拟压力”复选框，确认后隐藏路径得到效果如图3.150所示。

小提示

选中“模拟压力”复选框的目的就在于，让描边路径后得到的线条图像具有两端细中间粗的效果。但需要注意的是，此时必须在“画笔”面板的“形状动态”区域中选择“钢笔压力”选项，否则将无法得到这样的效果。

图3.148　运算后制作的白边

图3.149　绘制路径的状态

图3.150　描边后的状态

8 将“图层 2”复制两次得到“图层 2 拷贝”及“图层 2 拷贝 2”，隐藏复制得到的两个图层，选择“图层 2”，选择“滤镜”｜“模糊”｜“动感模糊”命令，设置弹出的对话框如图3.151所示，确认后再选择“滤镜”｜“模糊”｜“高斯模糊”命令，设置弹出的对话框如图3.152所示，确认后效果如图3.153所示。

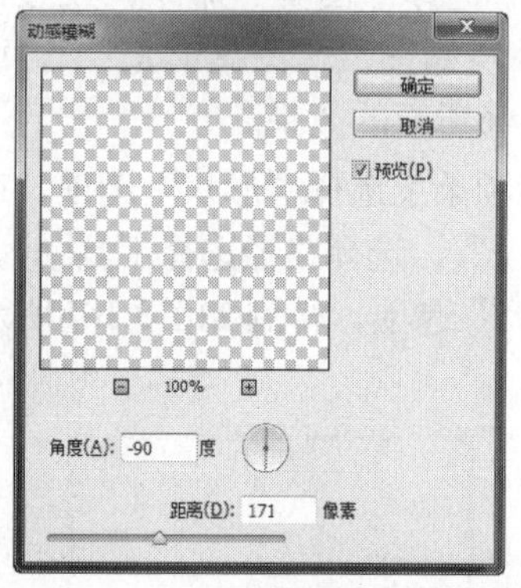

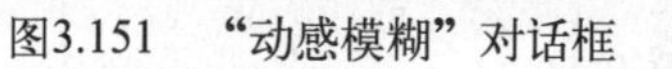

图3.151　“动感模糊”对话框

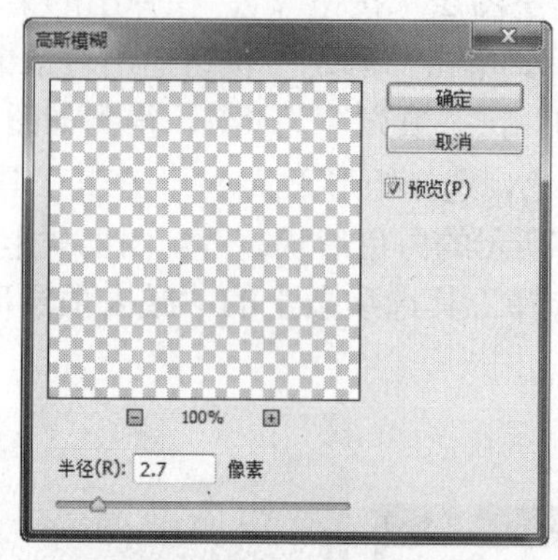

图3.152　“高斯模糊”对话框

图3.153　模糊后的状态

9 选择“图层 2 拷贝”并显示，选择“滤镜”｜“模糊”｜“动感模糊”命令，在弹出的对话框中设置和上一步一样的参数，确认后效果如图3.154所示，将图层“图层 2 拷贝 2”显示状态如图3.155所示。“图层”面板如图3.156所示。

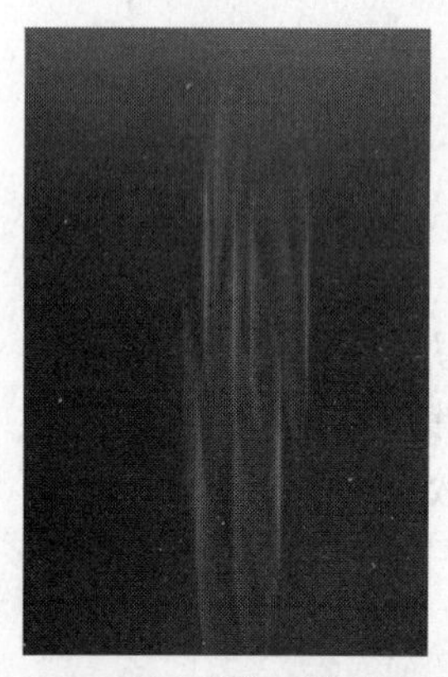

图3.154　模糊后的状态

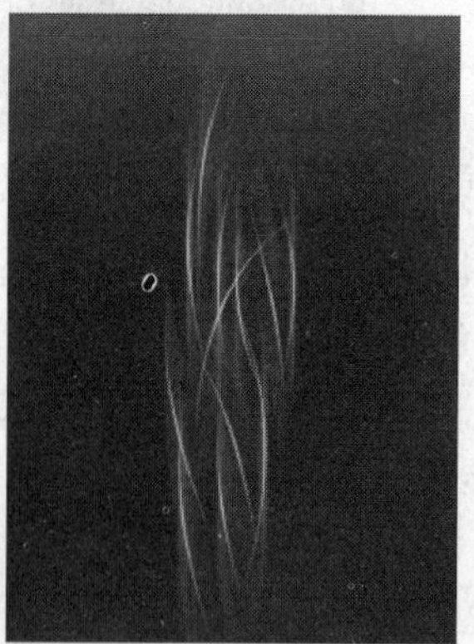

图3.155　显示图层“图层 2 拷贝 2”的状态

图3.156　“图层”面板

10 显示“素材 2”将图层名称修改为“图层 3”，配合自由变换控制框调整到如图3.157所示的状态，选择“滤镜”｜“风格化”｜“照亮边缘”命令，设置弹出的对话框如图

3.158所示，确认后设置图层混合模式为“滤色”，得到效果如图3.159所示。

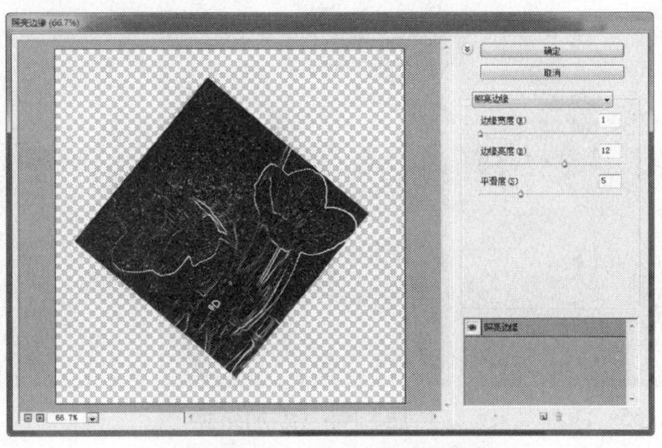

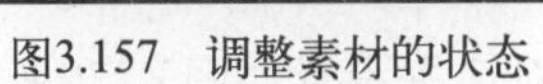

图3.157　调整素材的状态　　图3.158　“照亮边缘”对话框

11 显示“素材 3”将图层名称修改为“图层 4”，配合自由变换控制框调整到如图3.160所示的状态，再显示“素材 4”将图层名称修改为“图层 5”，配合自由变换控制框调整到如图3.161所示的状态。

图3.159　设置混合模式的状态

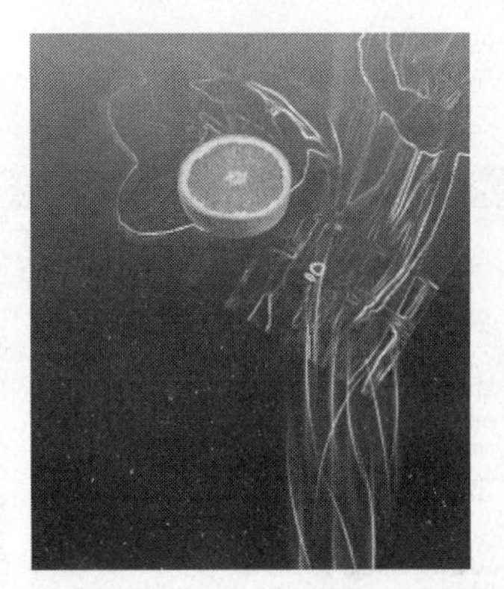

图3.160　添加黄橙素材的状态

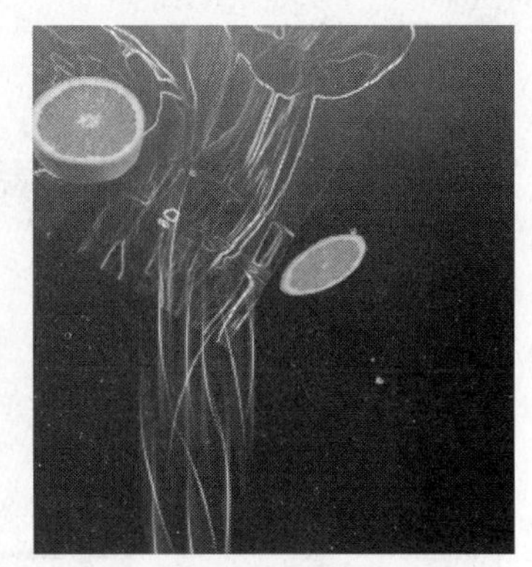

图3.161　添加黄橙片的状态

12 复制“图层 5”得到“图层 5 拷贝”，将其向上拖动并配合自由变换控制框调整到如图3.162所示的状态，同样的方法将其多次复制调整得到如图3.163所示的状态，选择“图层 4”和“图层 5”及所有“图层 5”的复制图层按Ctrl+G组合键创建组并修改组名为“橙子”。

13 按照第11～12步的操作方法使用“素材 5”～“素材 9”制作其他水果的喷溅效果步骤如图3.164～图3.168所示，此时“图层”面板如图3.169所示。

图3.162　复制调整的状态

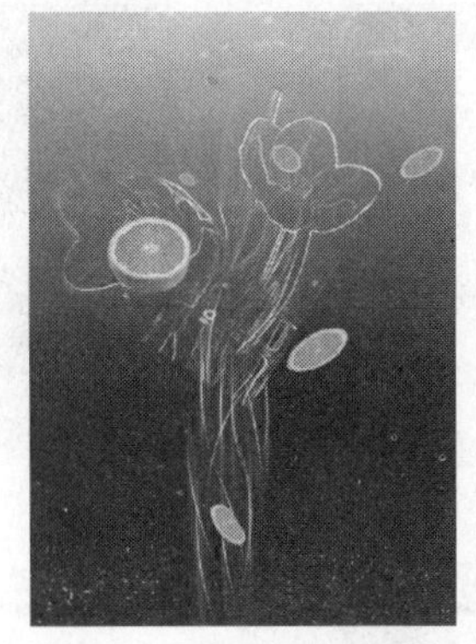

图3.163　多次复制调整的状态

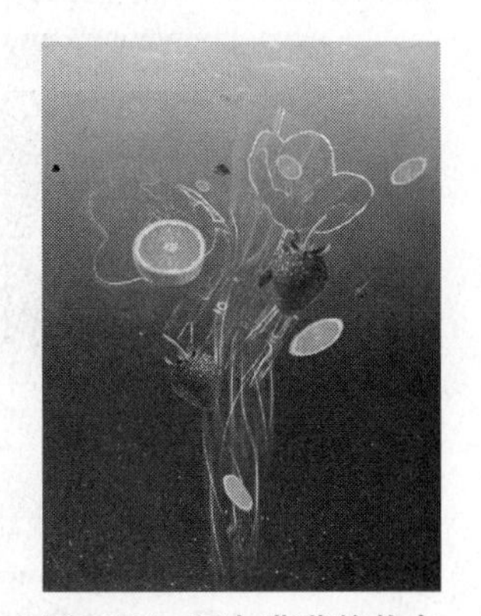

图3.164　添加草莓的状态

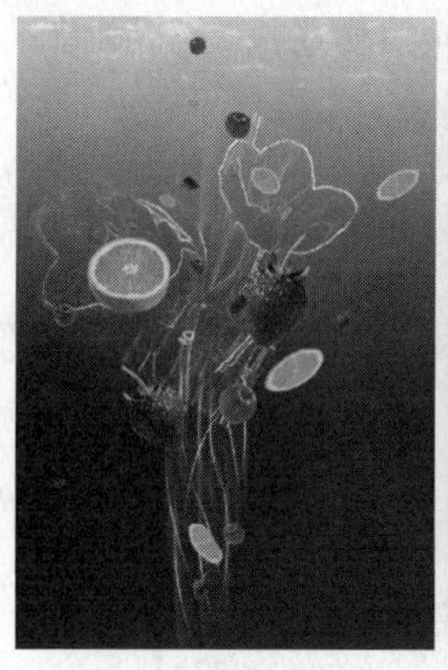

图3.165　添加苹果

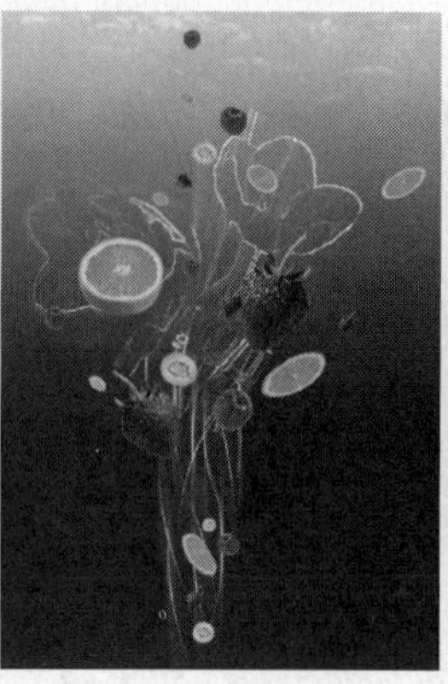

图3.166　添加绿桃

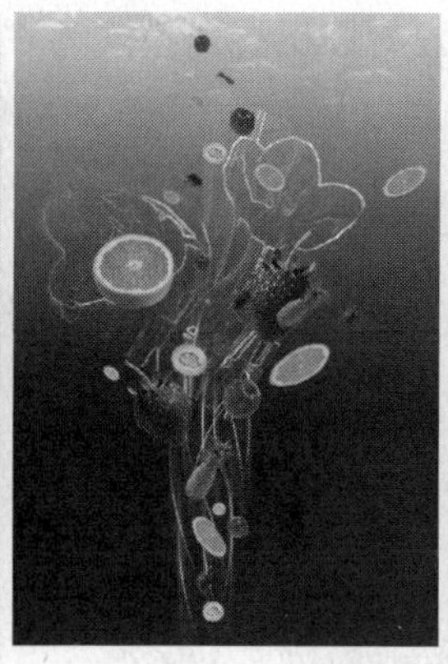

图3.167　添加菠萝

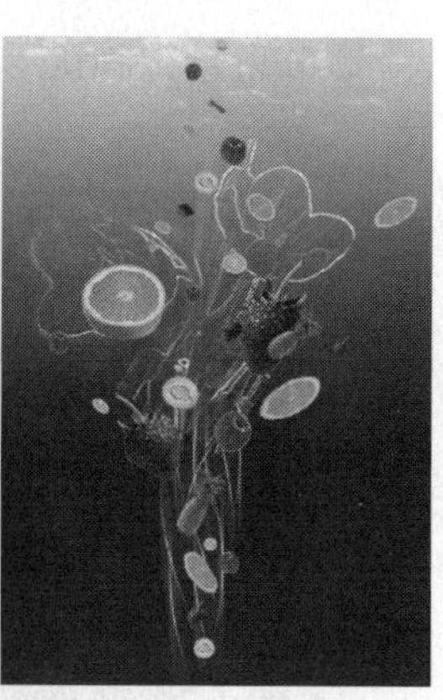

图3.168　添加绿橙

14 选择“图层 3”，按Ctrl+U组合键弹出“色相/饱和度”对话框设置如图3.170所示，确认后将图像中颜色去掉，如图3.171所示。

图3.169　“图层”面板

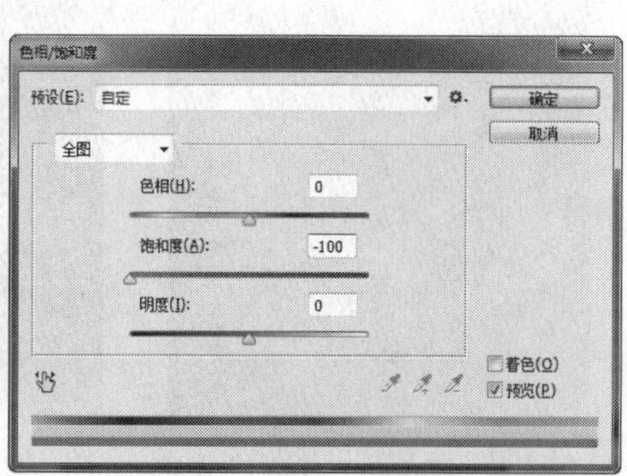

图3.170　“色相/饱和度”对话框

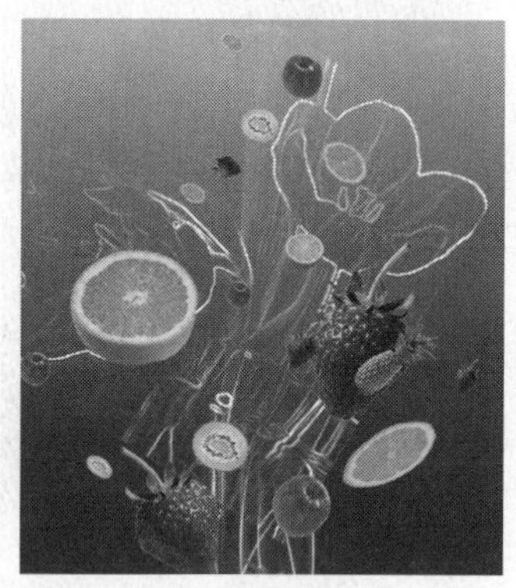

图3.171　设置颜色的状态

15 复制“图层 3”得到“图层 3 拷贝”，选择“图层 3”选择“滤镜”｜“模糊”｜“动感模糊”命令，弹出对话框设置如图3.172所示，确认后再选择“滤镜”｜“模糊”｜“高斯模糊”命令，弹出对话框设置如图3.173所示，确认后得到效果如图3.174所示，然后使用移动工具将其向下移动直到类似拖影从花形中拖出，效果如图3.175所示。

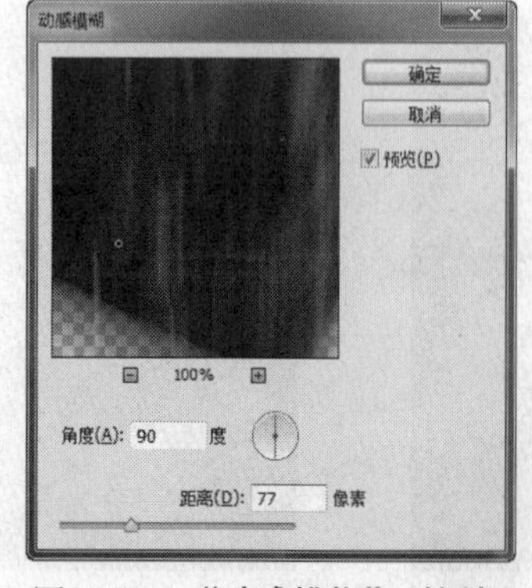

图3.172　“动感模糊”对话框

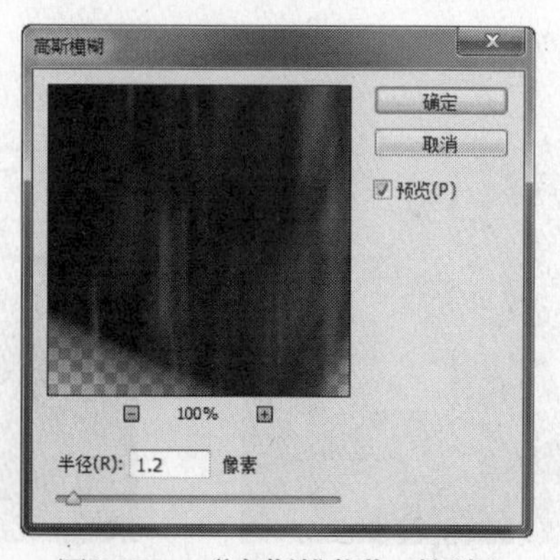

图3.173　“高斯模糊”对话框

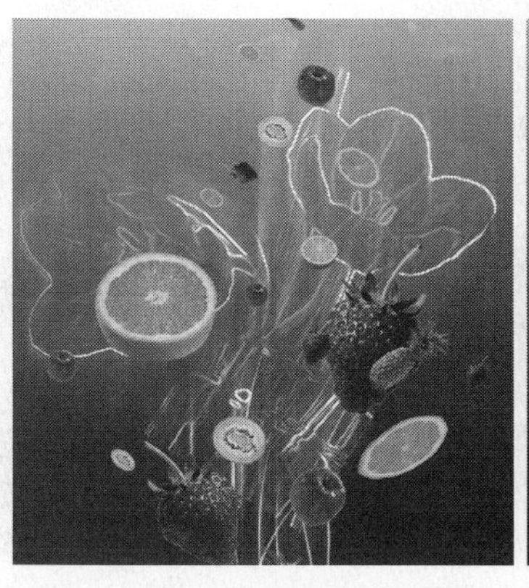

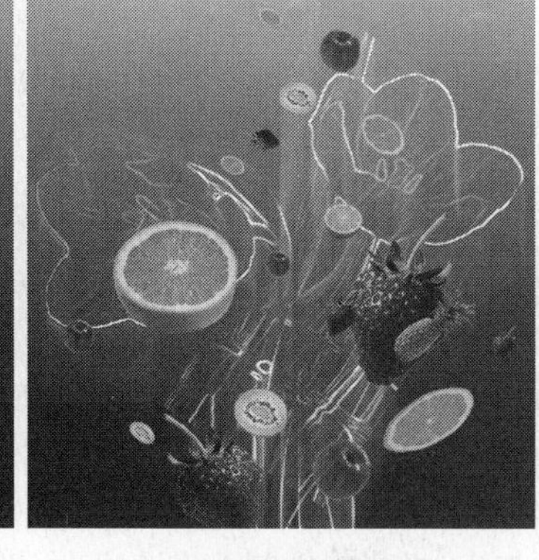

图3.174　模糊后的状态　　　图3.175　调整位置的状态

小提示

此处操作是将花形进行模糊，然后通过模糊后的花形制作花形的拖影。

16 选择“图层 4”即最大的黄色橙子，将其复制得到“图层 4 拷贝”并将其拖到“图层 3 拷贝”的上面，按照第15步的操作方法，分别应用“动感模糊”和“高斯模糊”命令，两次模糊得到效果如图3.176所示。

小提示

在此处拖动效果在拖动时较为明显，在图中表现出来较小，调整状态可多次尝试来确定一个最像拖影是从花形中生成的。

17 设置“图层 4 拷贝”的不透明度为50%，使用移动工具将其调整。直到如图3.177所示的状态（类似黄色橙子产生的拖影）。

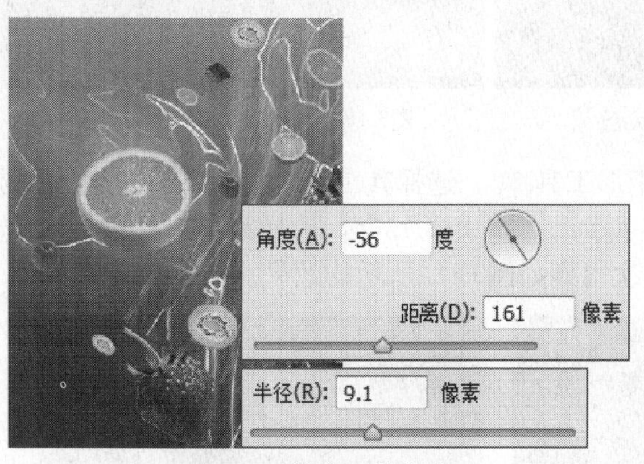

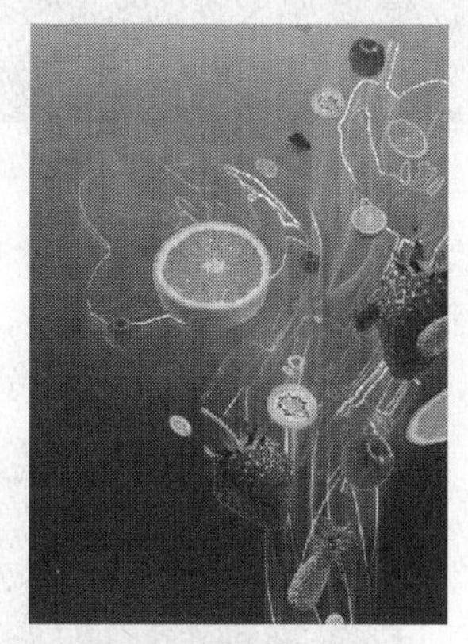

图3.176　模糊后的状态　　　图3.177　调整后的状态

18 按照第16～17步的操作方法再制作出其他部分水果的拖影，然后选择所有关于制作拖影的图层，按Ctrl+G组合键将选中的图层编组，并修改名称为“模糊拖影”，效果如图3.178所示。此时“图层”面板如图3.179所示。

19 在所有图层上方新建图层，按照第7步的操作方法，结合钢笔工具以及用画笔描边路径的功能，制作画面中的线条图像，如图3.180所示。同时得到“图层11”和“图层12”。

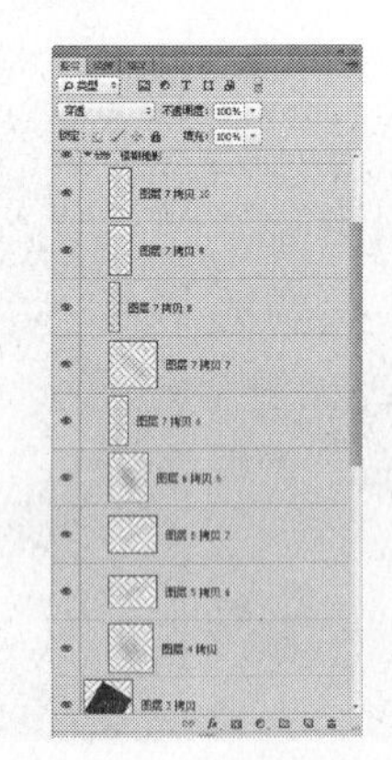

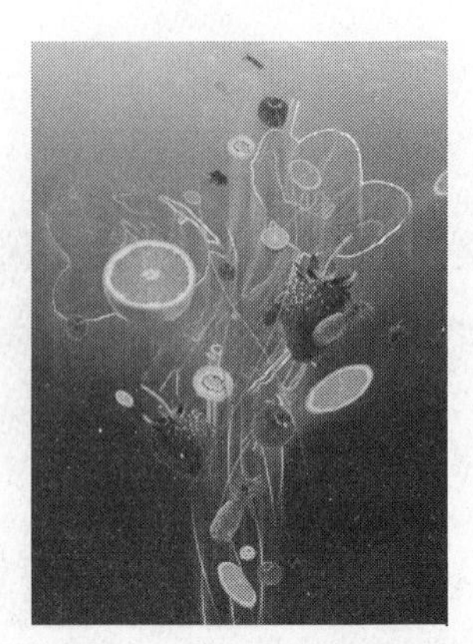

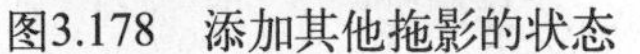

图3.178　添加其他拖影的状态　　图3.179　“图层”面板　　图3.180　制作的线条图像

小提示

本步中关于线条图像的颜色值可以参考最终效果源文件，也可以根据自己的喜好进行搭配。

20 配合椭圆工具、矩形工具、圆角矩形工具及直线工具绘制如图3.181所示的形状，得到图层“椭圆 1”，并设置图层“不透明度”为14%，得到如图3.182所示的效果。

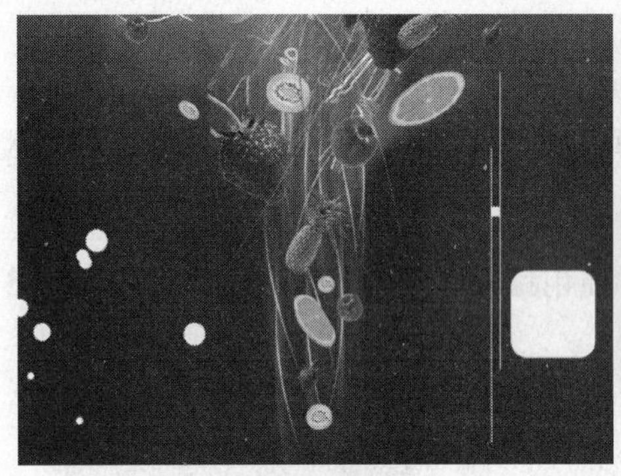

图3.181　绘制形状的状态

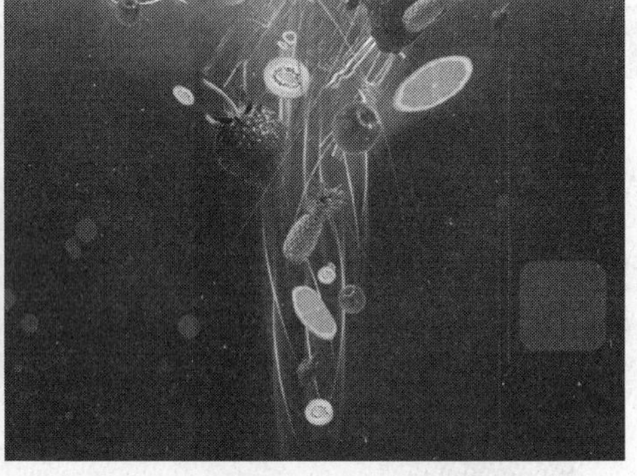

图3.182　设置“不透明度”的状态

21 将前景色设置为ffea00，选择矩形工具，选择其工具选项条上的“形状”选项，在图中绘制如图3.183所示的直线，得到图层“矩形 2”，选择路径选择工具选择形状的路径，按Alt键进行拖动复制多次得到如图3.184所示的效果。

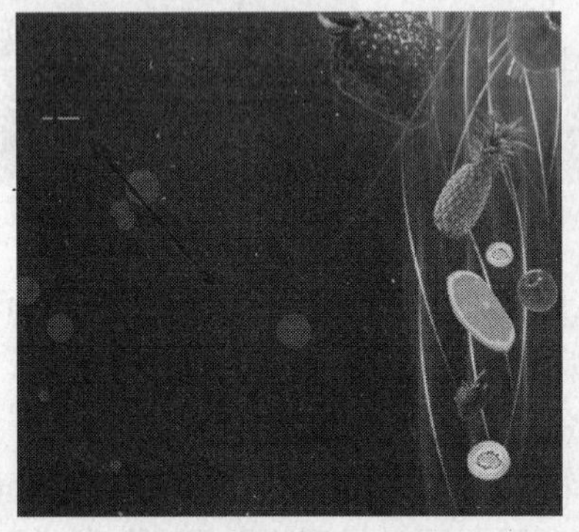

图3.183　绘制形状的状态

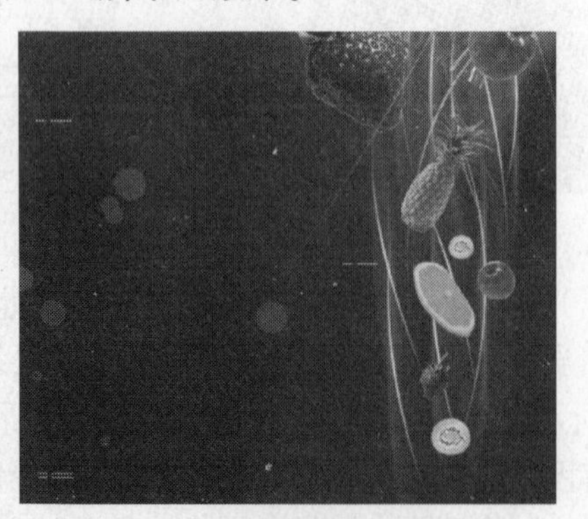

图3.184　复制调整的状态

22 选择矩形工具▭，选择其工具选项条上的“形状”选项，设置前景色为黑色，绘制如图3.185所示的形状，得到图层“矩形 3”，设置“填充”为15%，得到效果如图3.186所示。

23 选择横排文字工具T，输入文字“D”、“Z”、“W”、“H”，得到四个文字图层，并配合自由变换控制框调整到如图3.187所示的状态。选择四个文字图层按Ctrl+G组合键创建组得到“组 1”，按住Ctrl+Shift组合键分别单击各个文字缩览图以载入选区，按Ctrl+Shift+I组合键反选，选择图层“矩形 3”单击“添加图层蒙版”按钮◙，隐藏“组 1”得到如图3.188所示的效果。

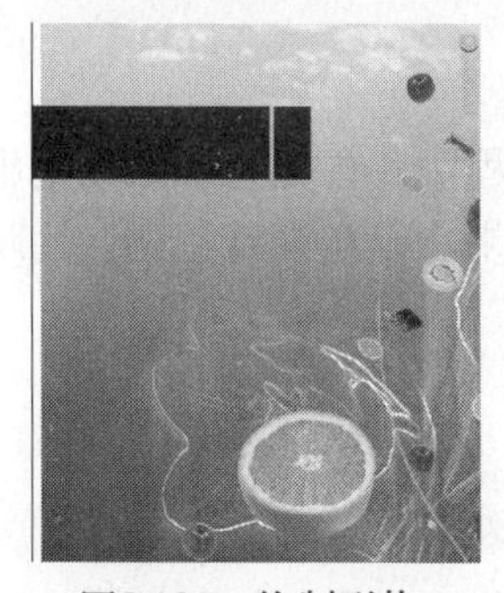

图3.185 绘制形状

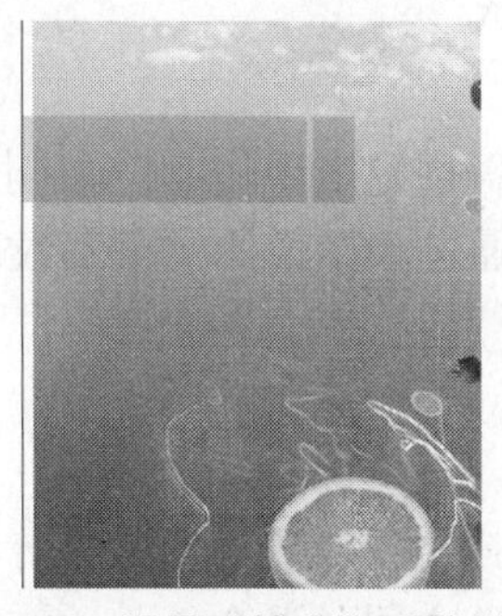

图3.186 设置“填充”后的效果

图3.187 调整文字的状态

24 单击“矩形 3”的图层蒙版以激活，选择矩形选框工具⬚，在“Z”字的左边绘制如图3.189所示的选区，使用白色填充，按Ctrl+D组合键取消选区后状态如图3.190所示。

图3.188 添加蒙版的状态

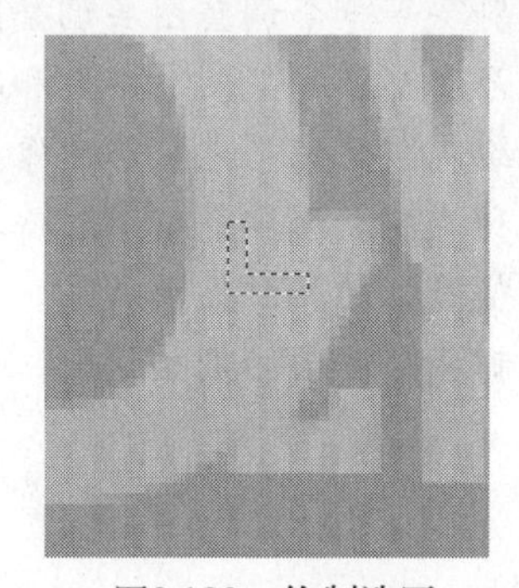

图3.189 绘制选区

图3.190 编辑蒙版的状态

25 使用矩形工具▭，绘制一条直线，得到图层“矩形 4”，然后使用横排文字工具T输入两组白色文字得到如图3.191所示的效果，图3.192为最终整体效果，图3.193为“图层”面板的状态。

图3.191 绘制直线并输入文字的状态

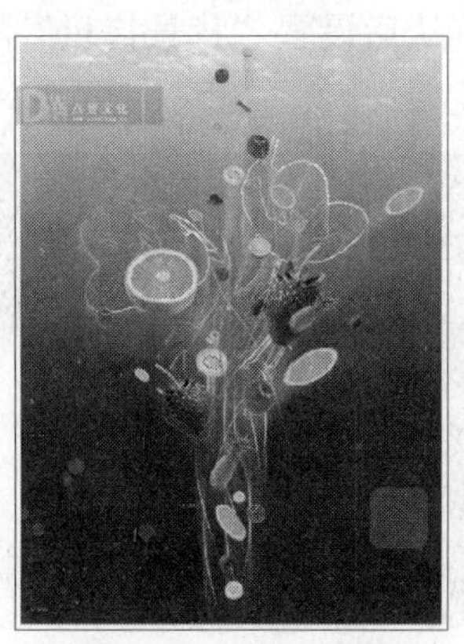

图3.192 最终效果

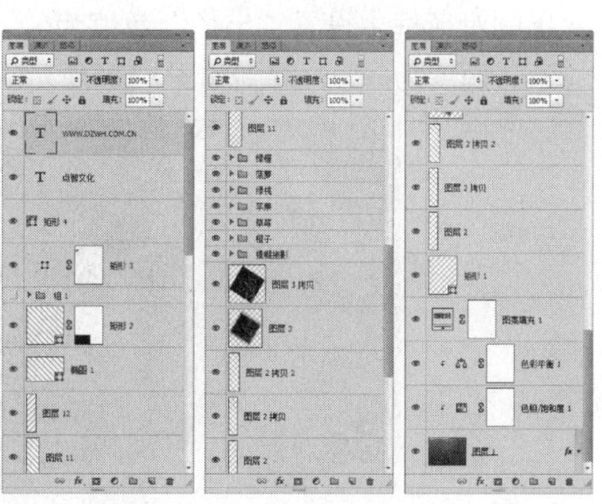

图3.193 “图层”面板

3.7 幻想色彩视觉表现

例前导读

本例是以“幻想”为主题的色彩视觉表现作品。在制作过程中，首先为图像设定出主色调，然后以“幻想”主题为主导，通过为图像添加细节纹理效果，以及调整色调、明暗等，烘托出独特的气氛。

核心技能

- 使用“高斯模糊”、“径向模糊”等滤镜对图像进行模糊处理。
- 通过设置图层混合模式调整图像之间的混合关系。
- 通过设置图层不透明度，调节图像的显示效果。
- 使用图层蒙版隐藏无需显示的图像，或者调节调整图层的调整范围。
- 使用“色彩平衡”、“渐变映射”等命令调整图层调整图像的色彩表现。
- 结合直线工具、钢笔工具、“再次变换并复制”命令和路径运算操作绘制特殊形状。
- 结合画笔素材，使用画笔工具绘制杂乱的星光装饰图像。
- 通过对智能对象执行“玻璃”和“高斯模糊”命令制作扭曲的散点效果。
- 使用“阈值”命令调整图层调整图像的黑白显示效果。
- 使用“创建剪贴蒙版”命令限制调整图层的调整范围。

操作步骤

第一部分　制作基础图像效果

1 打开随书所附光盘中的文件“第3章\3.7-素材1.psd”，如图3.194所示。按Ctrl+J组合键复制“背景”图层得到“背景拷贝”，选择“滤镜”｜“模糊”｜“高斯模糊”命令，在弹出的对话框中设置“半径”数值为6，确认后设置“背景拷贝”的混合模式为“滤色”，不透明度为60%，得到如图3.195所示的效果。

图3.194　人物素材

图3.195　设置图层属性后的效果

小提示

接下来通过添加“渐变映射”调整图层，来确定图像的整体色调。

2 单击“创建新的填充或调整图层”按钮，在弹出的菜单中选择“渐变映射”命令，得到图层“渐变映射1”，设置面板中的参数如图3.196所示，得到如图3.197所示的效果。

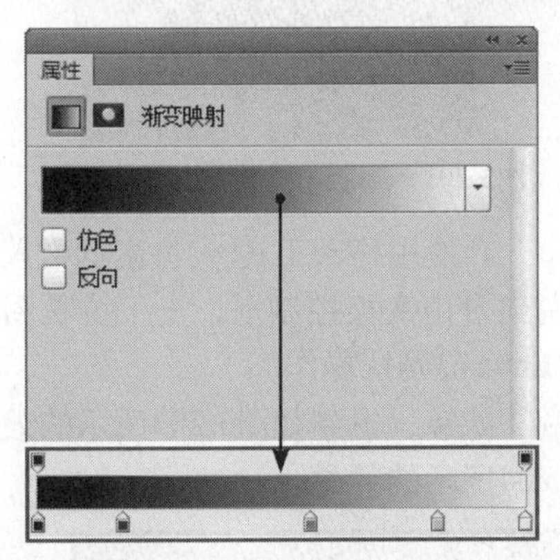

图3.196 “渐变映射”面板

图3.197 应用“渐变映射”命令后的效果

小提示

在“渐变编辑器”对话框中，渐变类型各色标值从左至右分别为000000、442000、b38700、e5d338和fffb8b。下面利用素材图像，调整背景的图像效果。

3 选择“背景拷贝”，打开随书所附光盘中的文件“第3章\3.7-素材2.psd”，选择移动工具将素材拖入正在制作的图像中，并移动图像，将图像的左上角与画布左上角对齐，如图3.198所示，同时得到“图层1”。选择“滤镜”|“模糊”|“高斯模糊”命令，在弹出的对话框中设置“半径”数值为6.8，得到如图3.199所示的效果。

图3.198 摆放图像

图3.199 应用“高斯模糊”命令后的效果

4 设置“图层1”的不透明度为80%。单击“添加图层蒙版”按钮为“图层1”添加蒙版，设置前景色为黑色，选择画笔工具，在其工具选项条中设置适当的画笔大小及不透明度，在图层蒙版中进行涂抹，以将多余的图像隐藏起来，显示出下层的人物图像，直至得到如图3.200所示的效果。此时蒙版中的状态如图3.201所示。

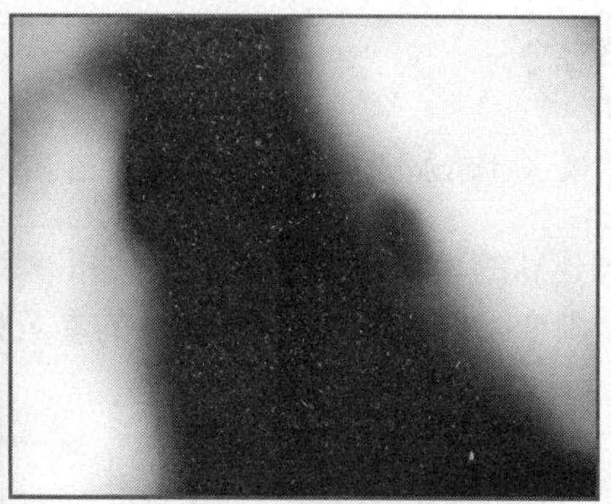

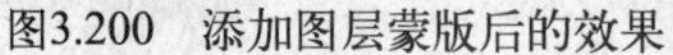

图3.200　添加图层蒙版后的效果　　　图3.201　蒙版中的状态

5 打开随书所附光盘中的文件“第3章\3.7-素材3.psd”，使用移动工具将素材拖入正在制作的图像中，得到“图层2”。按Ctrl+T组合键调出自由变换控制框，上下拉长图像并移动图像，将图像调整至如图3.202所示的状态，按Enter键确认操作。

6 按Ctrl+F组合键重复应用刚才所使用的“高斯模糊”滤镜，得到如图3.203所示的效果。设置“图层2”的混合模式为“柔光”，得到如图3.204所示的效果。

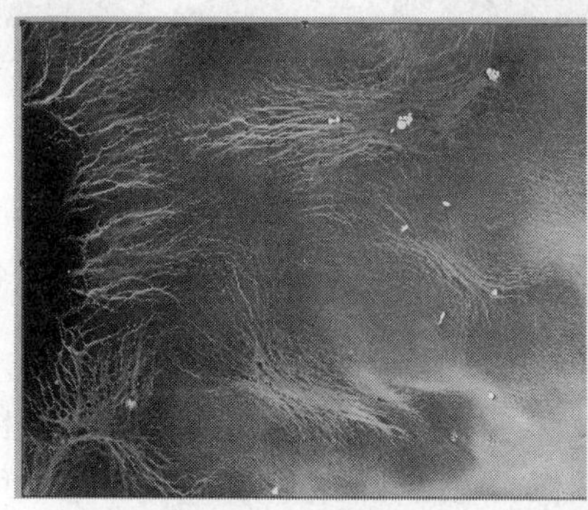

图3.202　变换图像　　　图3.203　应用“高斯模糊”命令后的效果

7 根据画面效果绘制放射感觉的线条。设置前景色为白色，选择直线工具，在其工具选项条上选择“形状”选项，并设置“粗细”为2像素，在图像的底边上绘制如图3.205所示的直线，得到“形状1”。

图3.204　设置混合模式后的效果　　　图3.205　绘制直线

8 按Ctrl+Alt+T组合键调出自由变换并复制控制框，按住Alt键将控制中心点移动到直线的左端，如图3.206所示，然后在其工具选项条上设置旋转角度为-5°，此时直线的状态如图3.207所示，按Enter键确认操作。按Ctrl+Alt+Shift+T组合键再次执行“变换并复制”命令多次，复制更多的直线，得到如图3.208所示的效果。

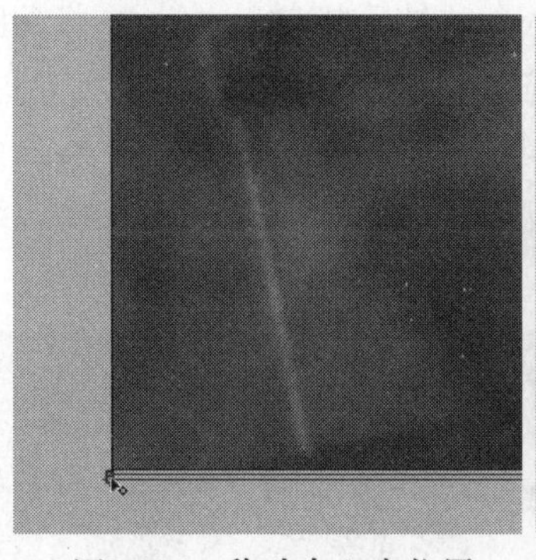

图3.206　移动中心点位置

图3.207　调整角度

9 选择钢笔工具，在其工具选项条上选择“减去顶层形状”选项，然后绘制如图3.209所示的形状。按Esc键隐藏路径的显示状态，并设置“形状1”的不透明度为30%，得到如图3.210所示的效果。

图3.208　再次变换并复制后的状态

图3.209　绘制形状

小提示

接下来通过添加装饰图像，来增加主体人物图像的视觉效果。

10 打开随书所附光盘中的文件“第3章\3.7-素材4.psd”，使用移动工具将其拖入正在制作的图像中，得到“图层3”。按Ctrl+T组合键调出自由变换控制框，将图像旋转、缩小并移动，直至调整到如图3.211所示的状态，按Enter键确认操作。

图3.210　设置不透明度后的效果

图3.211　调整花纹的状态

11 设置“图层3”的不透明度为70%，按Ctrl+Alt+T组合键调出自由变换并复制控制框，在图像中右击，在弹出的菜单中选择“水平翻转”命令，然后旋转、放大并移动图像，直至调整到如图3.212所示的状态，按Enter键确认操作，同时得到“图层3 拷贝”。

12 新建“图层4”，设置前景色为白色，选择画笔工具，并在其工具选项条上设置适当的画笔大小和不透明度，在图像中沿着人物的两边进行涂抹，以绘制出人物边缘发光的图像，直至得到如图3.213所示的效果。

图3.212 变换状态

图3.213 制作发光图像

13 选择“图层1”，按住Shift键单击“图层4”的图层名称，以将两者之间的图层选中，按Ctrl+G组合键将选中的图层编组，并将得到的组重命名为“背景调整”。按住Alt键拖动“图层1”的图层蒙版缩览图到“背景调整”图层组的名称上，并使用画笔工具稍微修改图层蒙版的状态，得到如图3.214所示的效果。此时“图层”面板的状态如图3.215所示。

图3.214 复制及编辑蒙版后的效果

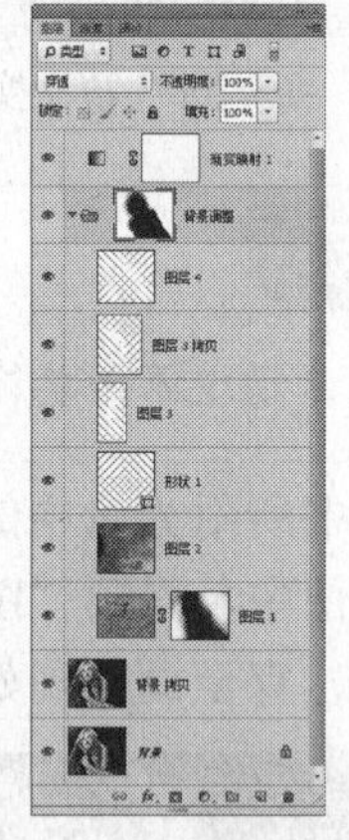

图3.215 “图层”面板

小提示

修改图层蒙版的方法是，先单击“背景调整”图层组的蒙版缩览图，将其置于选中状态，然后设置前景色为白色，选择画笔工具在蒙版中涂抹，以将人物边缘的图像朦胧地显示出来。

第二部分　增加图像纹理效果

1. 隐藏“渐变映射1”，按Ctrl+Alt+Shift+E组合键执行“盖印”操作，从而将当前所有可见的图像合并至一个新图层中，得到“图层5”。按Ctrl+J组合键复制“图层5”得到“图层5拷贝”，隐藏“图层5拷贝”，显示“渐变映射1”。
2. 选择“图层5”，在其图层名称上右击，在弹出的快捷菜单中选择“转换为智能对象”命令，将该图层中的图像转换为智能对象。选择“滤镜”｜“扭曲”｜“玻璃”命令，在弹出的对话框中单击“纹理”后面的三角按钮，载入预设的纹理，在弹出的对话框中选择随书所附光盘中的文件“第3章\3.7-素材5.psd”，然后按照图3.216所示进行参数设置，得到如图3.217所示的效果。

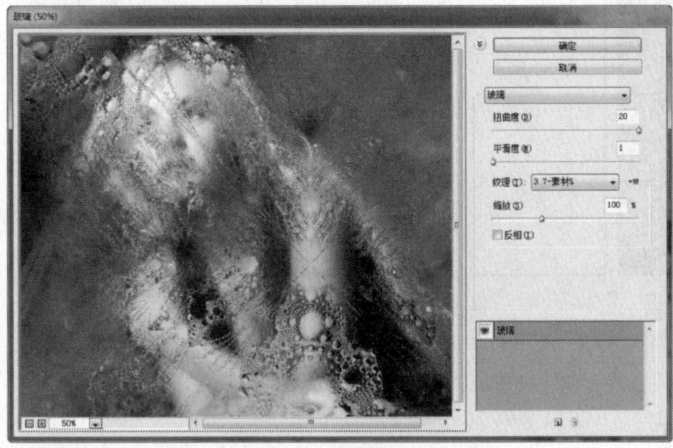

图3.216　“玻璃”对话框

图3.217　应用“玻璃”命令后的效果

小提示

读者如果要查看随书所附光盘中文件的参数设置和图像效果，则需要双击智能对象的“玻璃”滤镜效果名称，重新指定素材5的路径和文件名，否则由于找不到素材路径，效果可能会发生变化。

3. 选择“滤镜”｜“模糊”｜“高斯模糊”命令，在弹出的对话框中设置“半径”数值为0.3。图3.218所示为放大查看执行“高斯模糊”命令前后的对比效果图像。设置“图层5”的不透明度为50%，得到如图3.219所示的效果。

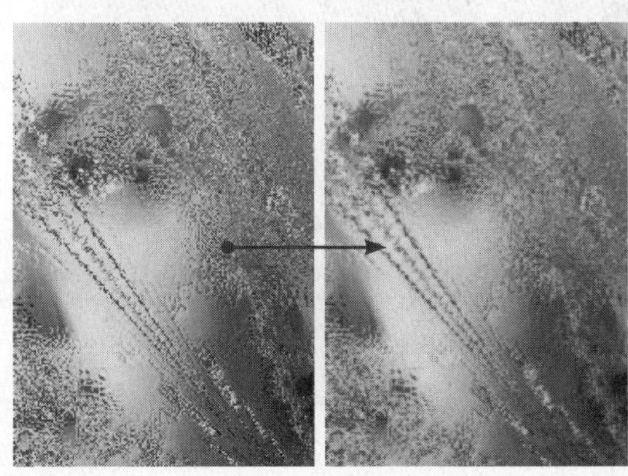

图3.218　模糊前后对比效果

图3.219　设置不透明度后的效果

小提示

此处执行“高斯模糊”命令的目的是为了消除图像的细节纹理过于尖锐的效果。

4 选择“图层5”的滤镜效果蒙版缩览图，设置前景色为黑色，选择画笔工具，在其工具选项条上设置适当的画笔大小和不透明度，在蒙版中进行涂抹，以隐藏人物的手臂、脸等部位过于明显的图像，直至得到如图3.220所示的效果。此时滤镜蒙版的状态如图3.221所示。

图3.220　编辑蒙版后的效果

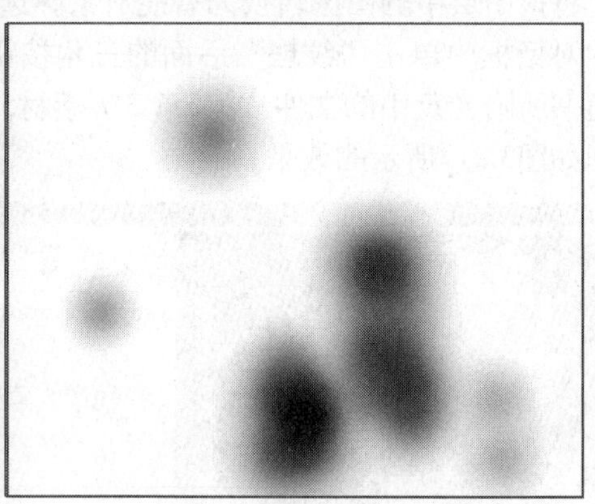
图3.221　蒙版中的状态

小提示

接下来通过对图层蒙版的编辑，调整智能对象的显示效果。

5 按Ctrl+A组合键全选图像，然后按Ctrl+Shift+C组合键执行“合并拷贝”操作，以复制选区中看到的图像。单击“添加图层蒙版”按钮为“图层5”添加蒙版，按住Alt键单击图层蒙版缩览图，以进入图层蒙版的编辑状态，按Ctrl+V组合键将图像粘贴到图层蒙版中，按Ctrl+D组合键取消选区后，得到如图3.222所示的效果。

6 按Ctrl+I组合键应用“反相”命令，得到如图3.223所示的效果。按Ctrl+L组合键调出“色阶”对话框，设置如图3.224所示，单击“确定”按钮退出对话框，得到如图3.225所示的效果。单击“图层5”的智能对象缩览图，得到如图3.226所示的效果。

图3.222　添加蒙版后的效果

图3.223　应用“反相”命令后的效果

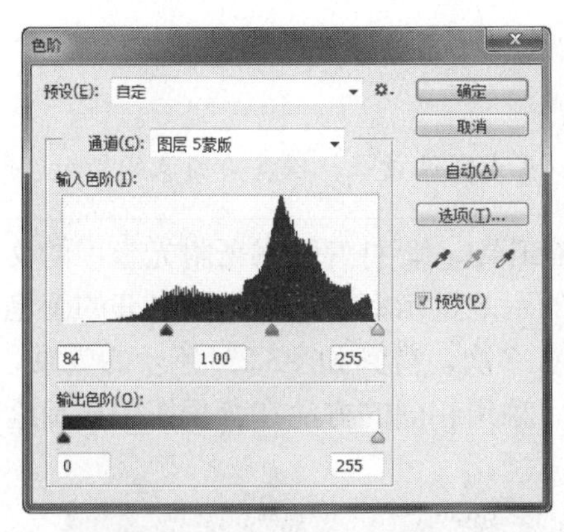

图3.224 “色阶”对话框

图3.225 应用“色阶”命令后的效果

小提示

下面对人物的唇色进行调整，以增强“幻想”主题的表现。

7 显示并选择“图层5拷贝”，选择多边形套索工具，沿着人物的唇部绘制如图3.227所示的选区，单击“添加图层蒙版”按钮为“图层5拷贝”添加蒙版，再设置“图层5拷贝”的混合模式为“颜色减淡”，得到如图3.228所示的效果。

图3.226 显示图像状态

图3.227 绘制选区

图3.228 设置混合模式后的效果

8 单击“创建新的填充或调整图层”按钮，在弹出的菜单中选择“阈值”命令，得到图层“阈值1”，按Ctrl+Alt+G组合键执行“创建剪贴蒙版”操作，设置面板中的参数，如图3.229所示，得到如图3.230所示的效果。

图3.229 “阈值”面板

图3.230 应用“阈值”命令后的效果

小提示

下面通过打开并使用素材画笔，在画面上绘制星光图像效果，以渲染图像的梦幻色彩。

9 新建“图层6”，设置前景色为白色，选择画笔工具，打开随书所附光盘中的文件“第3章\3.7-素材6.abr”，在画布中右击，在弹出的画笔显示框中选择刚刚打开的画笔（一般在最后一个），围绕人物轻微拖动或者单击鼠标多次，得到如图3.231所示的效果。

10 新建“图层7”，将画笔大小更改为129像素，采用相同的方法在背景图像周围绘制更多的星光图像，得到如图3.232所示的效果。

图3.231 涂抹后的效果

图3.232 制作更多的星光图像

小提示

接下来通过添加并处理素材图像，为人物增加纹理效果。

11 打开随书所附光盘中的文件“第3章\3.7-素材7.psd”，选择移动工具将其拖入正在制作的图像中，并移动到如图3.233所示的位置，得到“图层8”。

12 单击“添加图层蒙版”按钮为“图层8”添加蒙版，设置前景色为黑色，选择画笔工具，在其工具选项条中设置适当的画笔大小及不透明度，在图层蒙版中进行涂抹，将身体外的图像隐藏，直至得到如图3.234所示的效果。

图3.233 摆放素材图像

图3.234 添加图层蒙版后的效果

13 单击“创建新的填充或调整图层”按钮，在弹出的菜单中选择“色相/饱和度”命令，得到图层“色相/饱和度1”，按Ctrl+Alt+G组合键执行“创建剪贴蒙版”操作，设置面板中的参数如图3.235所示，得到如图3.236所示的效果。设置“图层8”的混合模式为“叠加”，不透明度为80%，得到如图3.237所示的效果。

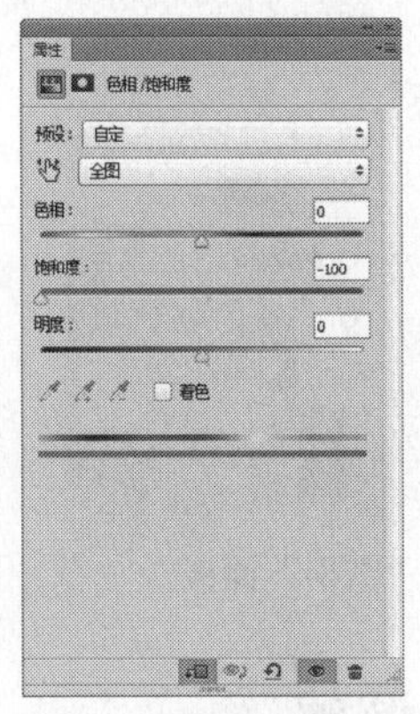

图3.235 “色相/饱和度”面板

图3.236 应用“色相/饱和度”命令后的效果

小提示

这里调整“色相/饱和度”的目的是将素材图像稍微调暗一点，以使其更好地融合到整体色调中去。

14 按住Ctrl键单击“色相/饱和度1”的图层名称，使其和“图层8”同时处于选中状态，拖动图层名称到“创建新图层”按钮上，得到“图层8拷贝”和“色相/饱和度1拷贝”，更改“图层8拷贝”的不透明度为60%，使用移动工具移动图像到人物脸和脖子的位置，并使用画笔工具更改图层蒙版的状态，得到如图3.238所示的效果。

图3.237 设置图层属性后的效果

图3.238 制作脸和脖子处的纹理

15 在图像的底部添加纹理效果。选择“色相/饱和度1拷贝”，按照本部分步骤11、12的方法，使用移动工具拖入随书所附光盘中的文件“第3章\3.7-素材8.psd”，得到“图层9”。添加图层蒙版后设置其混合模式为“叠加”，然后复制“色相/饱和度1”图层得到“色相/饱和度1拷贝2”，并将其拖至“图层9”的上方，执行“创建剪贴蒙版”命令后得到如图3.239所示的效果。

16 为“图层5”～“色相/饱和度1拷贝2”之间的图层编组，并重命名为“纹理调整”，“图层”面板的状态如图3.240所示。

图3.239　制作底部的纹理　　　　图3.240　“图层”面板

第三部分　整体图像效果的调整

1 首先通过画笔涂抹，对背景的色调进行加深处理。新建“图层10”，设置前景色为黑色，选择画笔工具，并在其工具选项条上设置适当的画笔大小和不透明度，在图像四周的背景部分进行涂抹，以降低背景的色调，直至得到如图3.241所示的效果。

小提示

接下来为人物的眼睛和嘴巴位置进行色彩调整，增加面部的红晕，使人物看起来更加动人。

2 选择“渐变映射1”，单击“创建新的填充或调整图层”按钮，在弹出的菜单中选择“色彩平衡”命令，得到“色彩平衡1”，设置面板中的参数如图3.242、图3.243所示，得到如图3.244所示的效果。

图3.241　降低背景的色调

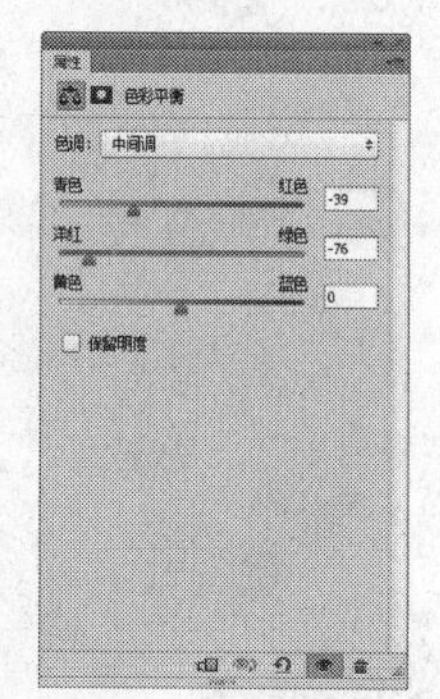

图3.242　“中间调”选项

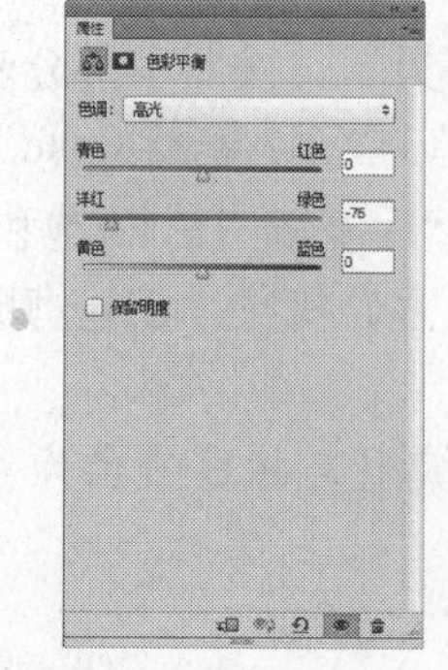

图3.243　“高光”选项

图3.244　应用“色彩平衡”命令后的效果

3 选择“色彩平衡1”的图层蒙版缩览图，设置前景色为黑色，按Alt+Delete组合键填充前景色，然后设置前景色为白色，选择画笔工具，并设置适当的画笔大小和不透明度，在图层蒙版中人物嘴巴和眼睛的位置进行涂抹，以显示出调整图层的色彩效果，得到如图3.245所示的效果，图层蒙版中的状态如图3.246所示。

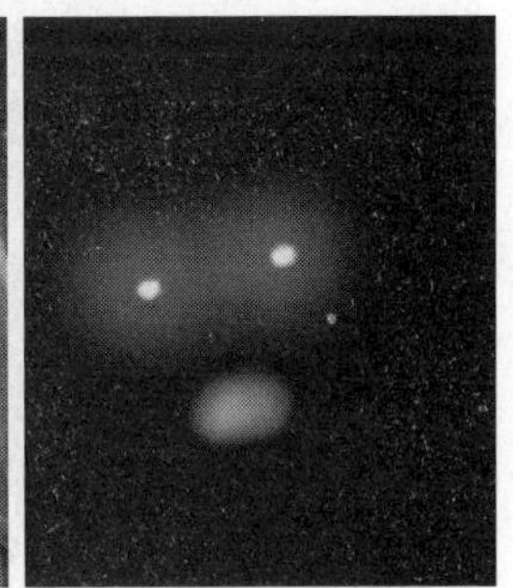

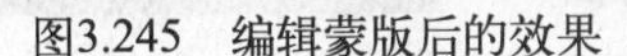

图3.245　编辑蒙版后的效果　　图3.246　蒙版中的状态

小提示

下面对整体图像的色彩表现进行处理，以增加图像朦胧梦幻的感觉。

4 按Ctrl+Alt+Shift+E组合键执行“盖印”操作，从而将当前所有可见的图像合并至一个新图层中，得到“图层11”。选择“滤镜”|“模糊”|“径向模糊”命令，设置弹出的对话框如图3.247所示，得到如图3.248所示的效果。设置其图层混合模式为“滤色”，不透明度为40%，得到如图3.249所示的效果。

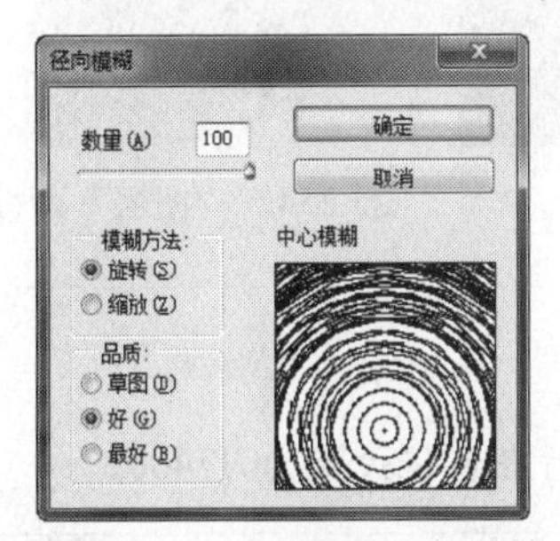

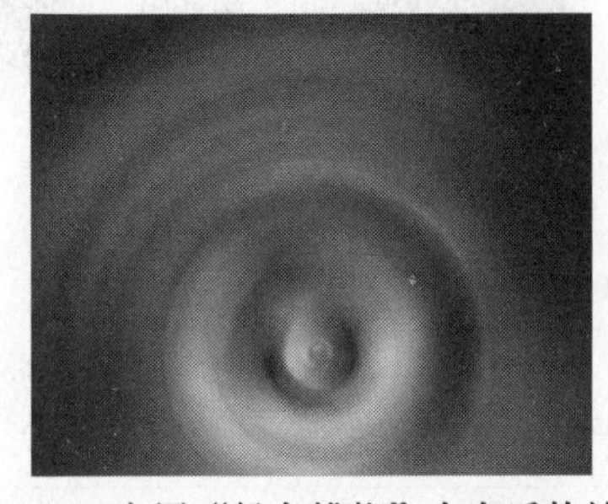

图3.247　“径向模糊”对话框　图3.248　应用“径向模糊”命令后的效果

5 单击“创建新的填充或调整图层”按钮，在弹出的菜单中选择“亮度/对比度”命令，得到图层“亮度/对比度1”，设置面板中的参数如图3.250所示，得到如图3.251所示的效果。

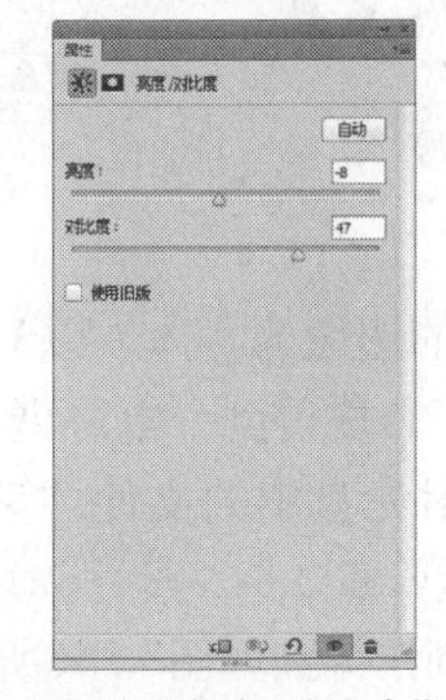

图3.249　设置图层属性后的效果　　图3.250　“亮度/对比度”面板

6 为图像添加文字和形状，完成制作的过程。结合矩形工具、横排文字工具和“自由变换”命令，在图像的右上角添加文字及形状，得到如图3.252所示的效果，同时得到相应的形状和文字图层。此时得到图像的最终效果，如图3.253所示。“图层”面板的状态如图3.254所示。

图3.251　应用“亮度/对比度”命令后的效果

图3.252　制作文字及形状

图3.253　最终效果

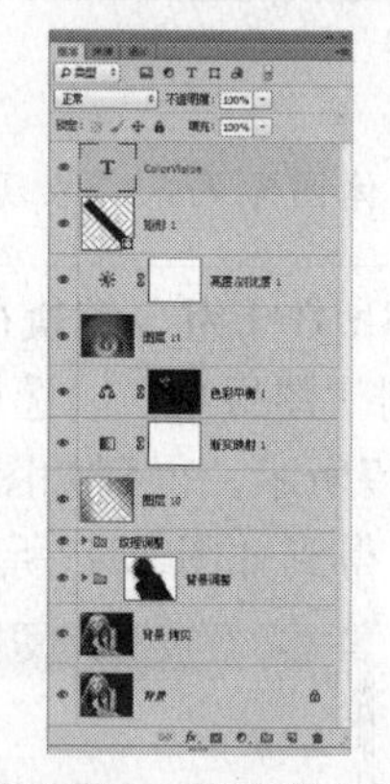

图3.254　“图层”面板

小提示

其中“矩形1”的颜色设置为黑色，输入文字时颜色值设置为7f7400。

3.8 练习题

1 以本章3.7节的图像为主体，以3.5节的图像为背景，运用适当的编辑方法，调整其形状、色彩等属性，合成得到一幅协调、完整的视觉作品。

2 打开随书所附光盘中的文件“第3章\3.8-2-素材1.tif～素材4.tif”、“第3章\3.8-2-素材5.adr”、“第3章\3.8-2-素材6.tif”，如图3.255所示，结合图层蒙版、混合模式及绘制图像等功能，制作得到如图3.256所示的效果。

(a) (b) (c)

(d) (e)

图3.255 素材图像

图3.256 最终效果

3 打开随书所附光盘中的文件“第3章\3.8-3-素材1.psd”和“第3章\3.8-3-素材2.psd”，如图3.257所示，结合图层样式、图层属性、复制图层以及变换等功能，尝试制作得到如图3.258所示的视觉作品。

图3.257 素材图像

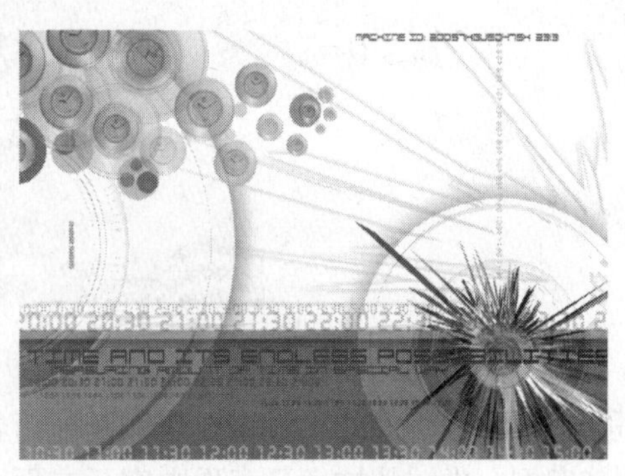

图3.258 最终效果

4 打开随书所附光盘中的文件“第3章\3.8-4-素材1.psd”～“第3章\3.8-4-素材9.psd”，如图3.259所示，使用变换功能将各个素材图像摆放在合适的位置，然后使用混合模式及图层样式等功能对其进行融合处理，直至得到类似如图3.260所示的效果。

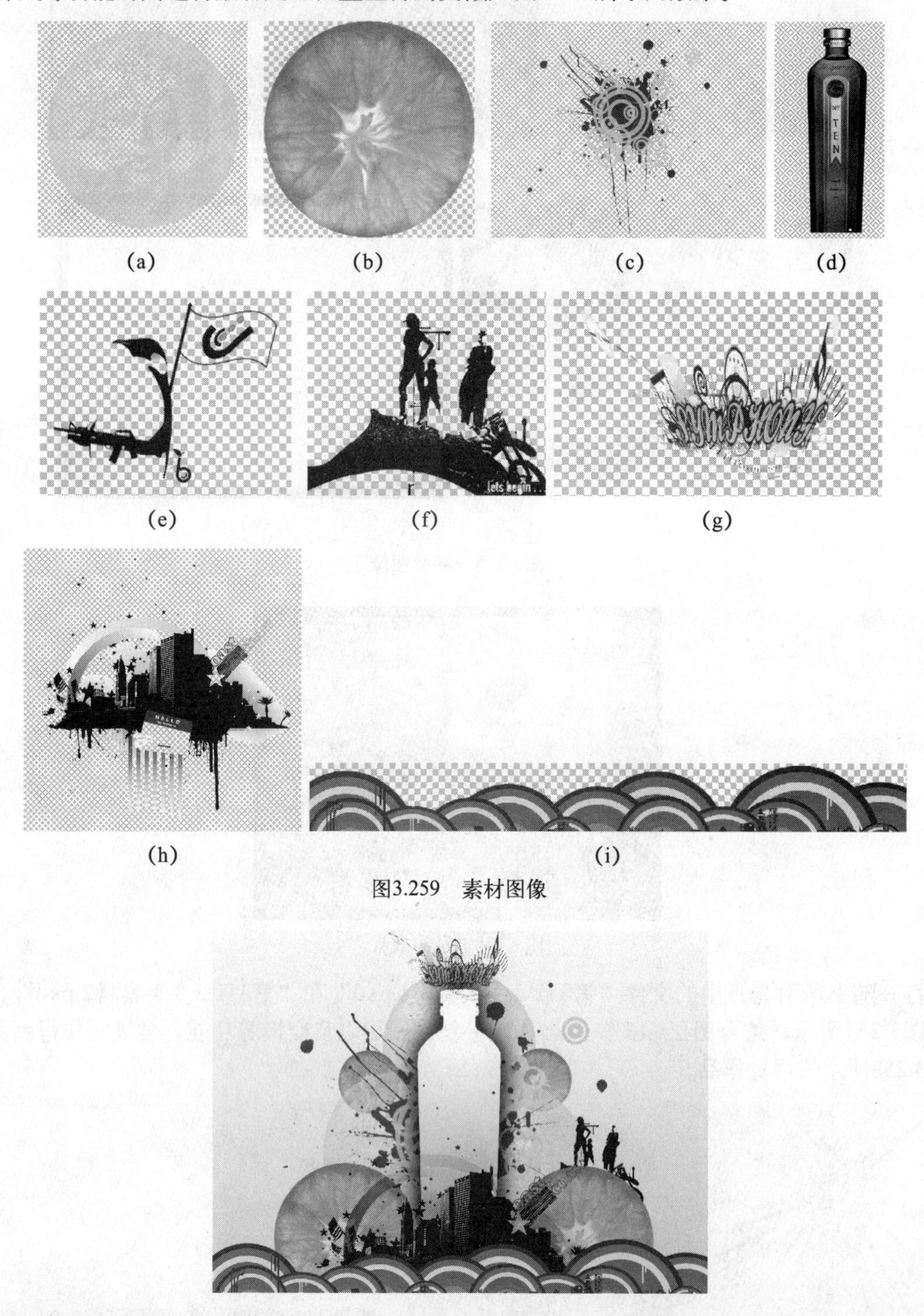

(a) (b) (c) (d)

(e) (f) (g)

(h) (i)

图3.259 素材图像

图3.260 最终效果

5 结合本章讲解的视觉表现案例及前面各题的操作，对比前面第1～2章中讲解的特效及合成案例，尝试从技术及表现内容两方面，各总结出至少1条的相同点。

第4章

广告设计

4.1 广告设计概述

4.1.1 广告的定义

广告，即“广而告之”，广告分为广义的广告和狭义的广告。前者包括商业广告和非商业广告，后者仅指商业广告。广告的信息可通过各种媒介（如报纸、杂志、电视、无线电广播、网络等），传递给观众或听众。

广告具有以下一些固定的特点：

- 广告的对象是消费者或者公众。
- 广告的目的是为了传达某种信息、观念。
- 广告的内容需要通过各种媒体进行传播。

一个完整的广告包括以下基本要素：

- 广告主，指需要进行广告宣传的广告公司或广告创作者的雇主，通常是政府机构、社会团体、厂商企业、科研单位、学校、其他经济组织或个人等；可以是本国的，也可以是外国的。
- 广告对象，又称目标对象或诉求对象。可根据商品的特点、企业营销的重点来确定目标对象，以实现广告诉求对象的明确性。
- 广告内容，即广告所需传播的信息，它包括商品信息、劳务信息、观念信息等。
- 广告媒介，广告信息的传播必须依靠媒介。媒介有报纸、杂志、广播、电视和户外广告等非人际传播的媒介。各种媒介有各自的特点，应按照广告整体策划来选择媒介。
- 广告目的，即广告活动的出发点，广告整体策划中的每一时段的广告活动都有明确的目的，以便顺利实现广告整体策划的目标。
- 广告费用，广告是一种付费的传播活动，广告主只有支付一定的费用，广告整体策划才能得以顺利实施。

图4.1展示了几款具有基本要素的平面商业广告。

(a)

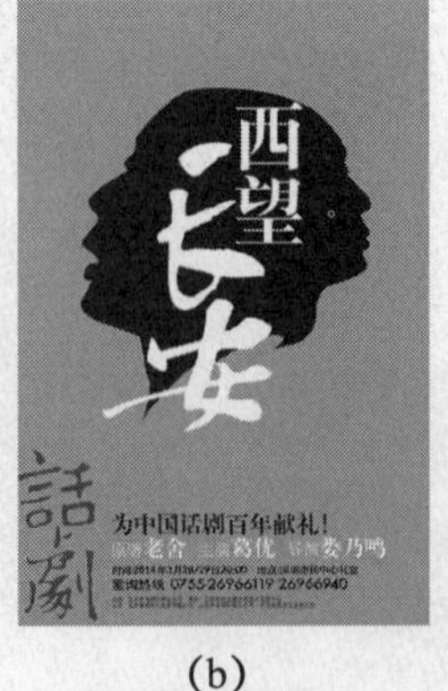

(b)

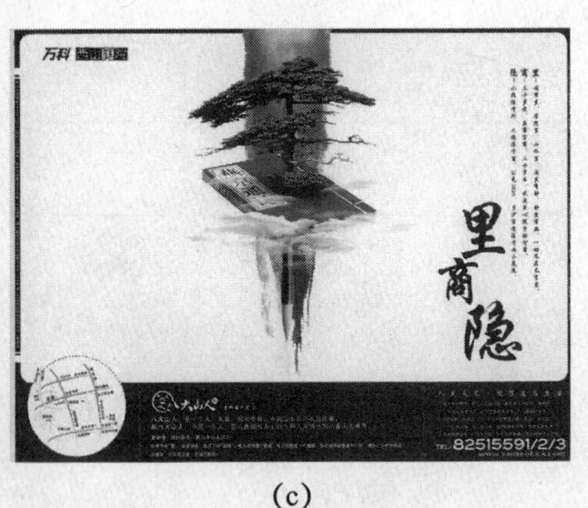

(c)

图4.1　具有基本要素的商业广告

(d) (e) (f)

图4.1 具有基本要素的商业广告（续）

综上所述，广告的定义可以概括为将各种高度精练的信息，采用艺术手法，有计划地通过一定的媒体向公众传递某种商品、劳务服务或文娱节目等的宣传活动。

4.1.2 广告的设计原则

广告的设计原则主要包括真实性、创新性、形象性及感情性原则。这些原则是针对广告设计所提出的基础性的、指导性的准则。

1. 真实性原则

真实性是所有广告进行创作的前提，作为一种有责任的信息传递方式，真实性原则始终是广告设计首要的和基本的原则，一个名不符实的商品或服务，如果采取广告的形式进行宣传，只会更快地消失。

如果要增加广告的真实性，方式之一是可以在广告中加入实拍的影像，例如，对于平面广告而言应该加入大量实际拍摄的照片，如图4.2所示。除此之外，可以大量运用权威的数据，对广告主题进行佐证。

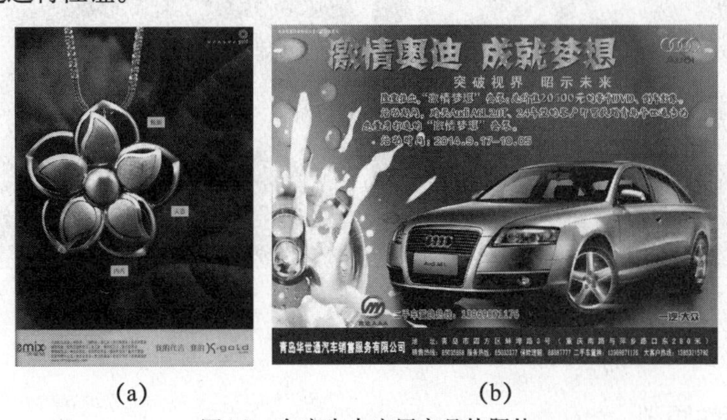

(a) (b)

图4.2 在广告中应用产品的照片

2. 创新性原则

没有创意的广告，很难在信息量巨大的社会中引起人们的注意，因此广告设计的创新性是一个非常重要的原则，没有创新的广告只会在社会中平庸地传播，不可能引起太大的广告效果。要保证广告的创新性，则需要广告设计人员具有独特的创意。

如图4.3所示的两则广告均极具创新性，左侧的广告将摩天轮替换成为一个新鲜的橙子，表现出冰箱的保鲜功能，可以为生活带来新鲜和快乐的感觉；右侧的广告整体看来非常夸张，是将一个摄影爱好者置于一个即将翻跟头的赛车旁边，以此来体现出相机的强大拍摄性能——想近距离拍摄精彩画面，只需要使用具有12倍光学变焦的Kodak相机就可以了。

(a)

(b)

图4.3　独具创意的广告

3. 形象性原则

产品形象和企业形象是品牌和企业以外的心理价值，是人们对商品品质和企业感情产生的联想，现代广告设计重视品牌和企业形象的打造。

因此，如何创造品牌和企业的良好形象，是现代广告设计的重要课题，如图4.4所示的可口可乐系列广告中都充满了一贯的红色，给人一种充满动感和激情的形象。

在这个方面，进行广告创作之前应该有足够的策划方案进行支持，从而使广告在创作时不会偏离当初所策划的形象。

(a)

(b)

图4.4　形象性广告

4. 感情性原则

人非圣贤，当然有七情六欲，而这正是广告创作的切入点之一，由于人们的购买行为受感情因素的影响非常大，因此在现代广告设计中必须灵活运用感情性原则。

在广告中采取各种手段极力渲染广告主题的感情色彩，从而引起消费者情感上的共鸣，进而影响其在现实中的行为，如图4.5所示是一些利用平面广告的感情性原则创作的优秀广告作品。

(a) (b)

(c) (d) (e)

图4.5 渲染感情色彩的广告

4.1.3 广告创意常见过程

广告创意的过程大致可以总结为4个阶段，下面分别讲解各个阶段的主要工作。

1. 第1阶段：研究广告的产品和市场情况

首先彻底了解广告产品，其中包括：

- 了解本产品设计制造的目的是什么？
- 了解本产品与同类产品相比有什么优异之处？
- 怎样设计才能取得与同类产品的竞争权？

然后了解竞争的产品，其中包括：

- 在市场上本品牌的竞争品牌是什么？
- 对方品牌是如何设计制造的？
- 对方品牌是否比本品牌更好？
- 对方品牌与本品牌差别程度如何？
- 为什么会有如此差别？
- 竞争品牌的销售主题是什么？
- 表现手法是否合乎实际？

最后是了解消费者，其中包括：

- 谁是现在及潜在的消费者？
- 消费者为什么要购买产品？
- 消费者在哪里购买？

你的产品能满足消费者什么样的需求和欲望？

- 消费者的职业分布、年龄、购买习惯是什么？
- 消费者的心理价位是多少？

2. 第2阶段：孕育构想意念

了解了足够多的信息后，可采取发散性思维的方式，先从不同的角度，尝试寻找到一个“说服”消费者的“理由”。

发散性思维越广泛越好，点子越多越好，层次越丰富越好，最后过滤与分类，形成一种凝聚多种构想的组合创意。

3. 第3阶段：把握灵感闪现

当发散性思维角度足够多时，通过理性的分析与整理，寻找到一些可行的广告方案，然后，以此为重点，继续进行定向思维。在此过程中，许多设计师会有豁然开朗的感觉。

重视某些闪现的灵感，并在此基础上进行选择、组合、修正、深化，基本上就能够将某些构想升华为一个初具雏型的广告创意。

4. 第4阶段：反复修改

成功的创意需要付出艰辛的思维劳动，反复思索、推理、苦心追求，遇到困难和挫折不能气馁，要坚持下去，调整自己的思路，采用新的途径和思维方式，在新的思索中获得灵感并迸发出闪亮的创意火花。

最终获得自己及客户都认可的广告方案。

4.1.4 平面广告设计元素

无论在哪类平面广告设计中，都少不了必要的构成要素，这些元素通常由商品名、商标、插图、文案等组合而成，下面分别进行讲解。

1. 插图

图形与音乐一样都是能够跨越文化、地域、民族的国际化语言，在当前越来越国际化的城市化浪潮中，广告图形成为越来越重要的创意语言。

广告中的图形，可以是具象的，也可以是抽象的、装饰性的或漫画性的，无论采用哪一种都要根据广告的内容和主题来选择适当的图形。为了取得更有震撼性的视觉效果，也有许多广告采用计算机合成图像作为广告的主体图形，如图4.6所示。

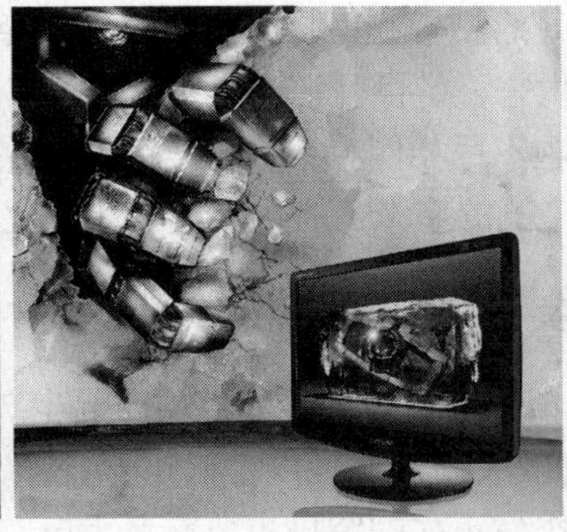

(a) (b) (c)

图4.6 使用计算机合成的广告作为广告主体图像

一幅好的广告插图应该实现下面几个功用中的一种。

①传达诉求点，效果简练、主题明确的图形，能够使读者快速领悟。

②吸引消费者的注意力，视觉效果突出的图形，能够在瞬间吸引消费者的注意力。

③向消费者传递产品的真实信息。

2. 商标

除非是一个太过于知名的企业或产品，在广告中都应该出现企业的标志或产品的商标，因为在广告中企业的标志与产品的商标，并不是一个单纯的装饰物，它具有在短时间内识别容易、轻松的作用。

3. 标题

如果广告创意是广告内在的“魂”，那么广告的标题就是广告外部的“神”，是广告中最重要的构成要素之一。广告标题，类似于乐章里的高潮部分、诗歌中的诗眼、绘画中的点睛妙笔一样，其最重要的作用就是使消费者更容易地了解广告、记住广告。广告标题贵在精辟，要言简意赅，言有限而意无穷。正如人们常说的“题好文一半”、“题高文则深”，许多成功的广告设计作品，往往由于一句好的标题而成功。如图4.7所示的广告就属于此类。

(a) (b)

图4.7 标题成功的广告

4. 标语

广告标语是一种较长时期内反复使用的特定用语，其主要任务就是宣传鼓动，吸引读者注意，加强商品印象。好的广告标语，能够给人留下深刻的印象，使人一听到或看到广告口号就联想起商品或广告内容，就像是语言类型的商标。

广告标语与广告标题不尽相同，广告标语必须是完整的句子，具有一定的含义能够引发人的联想，而且在同一产品的多个广告中不会发生变化。

5. 广告正文文案

广告正文文案包括各类厂家或商品的说明文、生产厂家名称、地址、销售单位名称地址等。其中说明文是广告正文文案的主要内容，其要求是以尽量少的词汇传递尽可能多的信息。

除了正文方案的写作，正文的编排也要有艺术感，许多广告商业感觉不足很大原因就是编排较差。如图4.8所示的广告在正文文案的编排方面就较为出色。

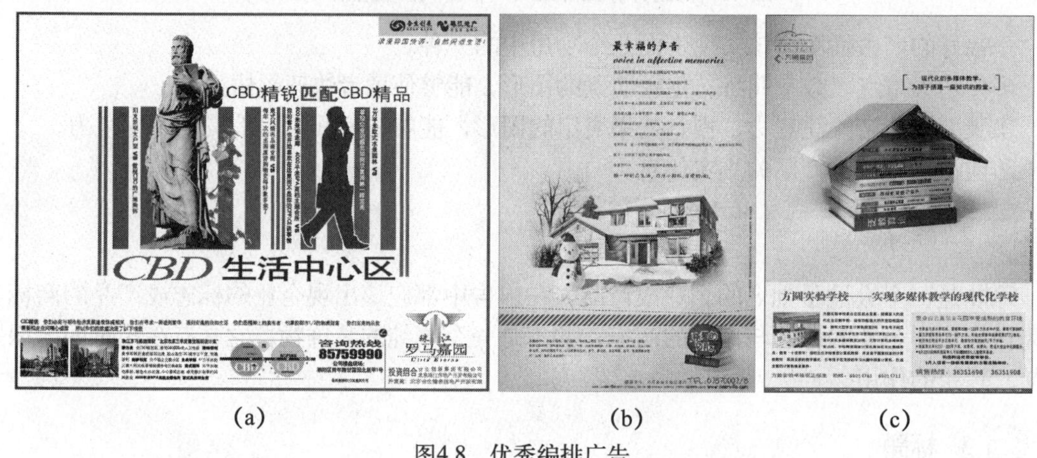

(a) (b) (c)

图4.8 优秀编排广告

4.2 花月夜房产广告设计

例前导读

本例是一幅花月夜房产广告设计作品。在制作过程中，主要通过形状工具、图层蒙版、调整图层等功能，制作皎洁的月光及梅花图像。

核心技能

- 应用形状工具绘制形状。
- 利用图层蒙版功能隐藏不需要的图像。
- 应用“外发光”命令，制作图像的发光效果。
- 通过设置图层属性以混合图像。
- 应用“色相/饱和度”命令调整图层调整图像的色相及饱和度。
- 结合画笔工具及特殊画笔素材绘制图像。

操作步骤

1 打开随书所附光盘中的文件“第4章\4.2-素材1.psd”，如图4.9所示，此时“图层”面板如图4.10所示。隐藏组“文字”。

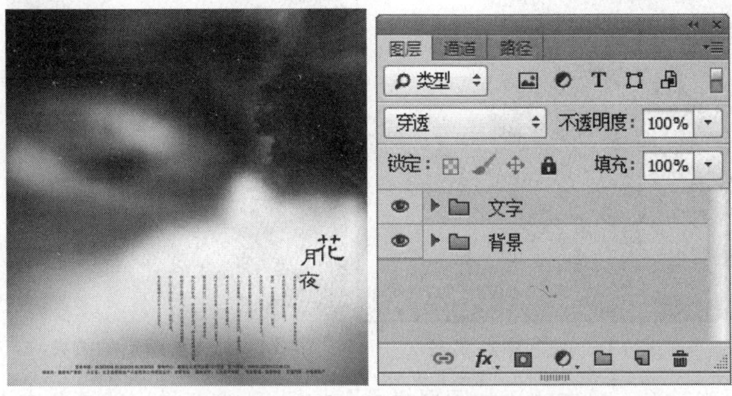

图4.9 素材图像　　图4.10 “图层”面板

小提示

下面结合形状工具以及添加图层蒙版等功能制作月亮图像。

2 选择组“背景”，设置前景色为白色，选择椭圆工具，在其工具选项条上选择“形状”选项，按住Shift键在文件上方绘制如图4.11所示的正圆形状，得到“椭圆 1”。

3 单击“添加图层蒙版”按钮为“椭圆 1”添加蒙版，按D键将前景色和背景色恢复为默认的黑、白色，选择渐变工具，并在其工具选项条中选择线性渐变工具，设置渐变类型为“前景色到背景色渐变”，从圆形图像的中心向右上方拖动一条线，以隐藏左侧大部分的图像，以制作月亮穿梭云中的效果，如图4.12所示。此时蒙版中的状态如图4.13所示。

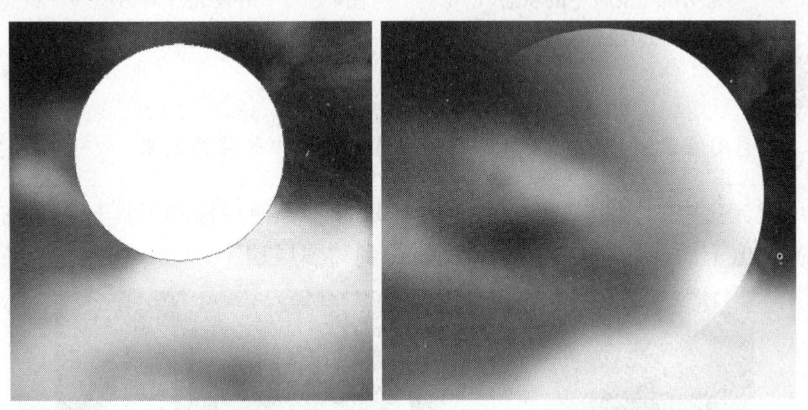

图4.11 绘制形状　　图4.12 添加图层蒙版后的效果

小提示

在应用渐变工具绘制渐变时，需要注意绘制渐变的长度及方向，因为其长度及方向将直接影响绘制渐变的效果。下面来完善月亮图像。

4 复制“椭圆 1”得到“椭圆 1拷贝”，激活其图层蒙版缩览图，设置前景色为白色，选择画笔工具，在其工具选项条中设置适当的画笔大小及不透明度，在图层蒙版中进行涂抹，以完善月亮图像，直至得到如图4.14所示的效果。此时蒙版中的状态如图4.15所示。

图4.13 蒙版中的状态 图4.14 编辑蒙版后的效果

5 下面来制作月光效果。单击“添加图层样式”按钮，在弹出的菜单中选择“外发光”命令，设置弹出的对话框如图4.16所示，得到如图4.17所示的效果。

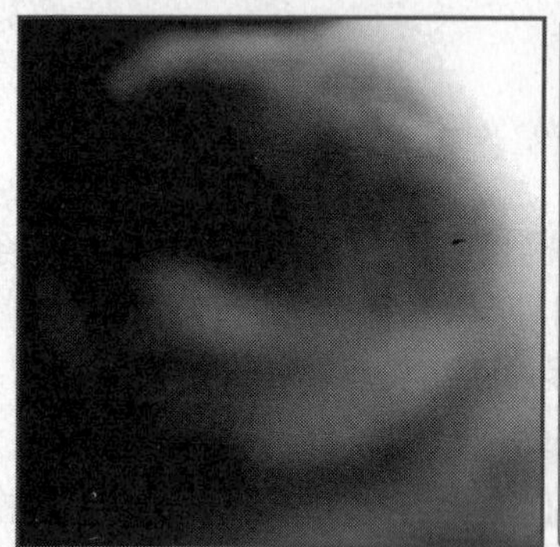

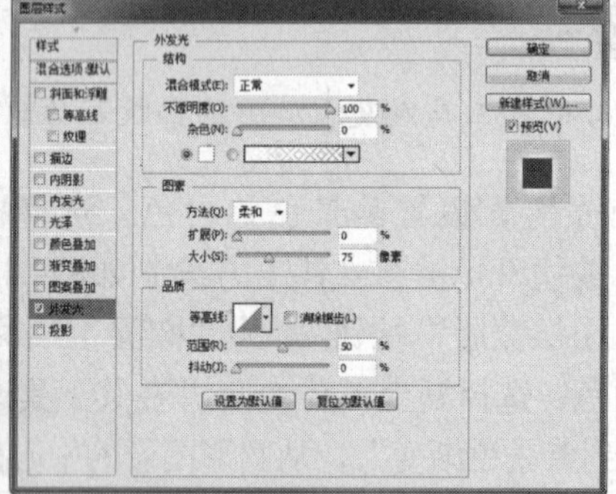

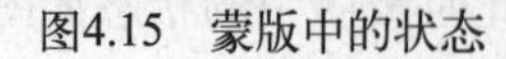

图4.15 蒙版中的状态 图4.16 “外发光”对话框

小提示

至此，月亮图像已制作完成。下面来制作月亮图像中的装饰效果。

6 打开随书所附光盘中的文件“第4章\4.2-素材2.psd”，使用移动工具将其拖至文件中，并置于月亮图像上面，如图4.18所示，同时得到“图层10”。

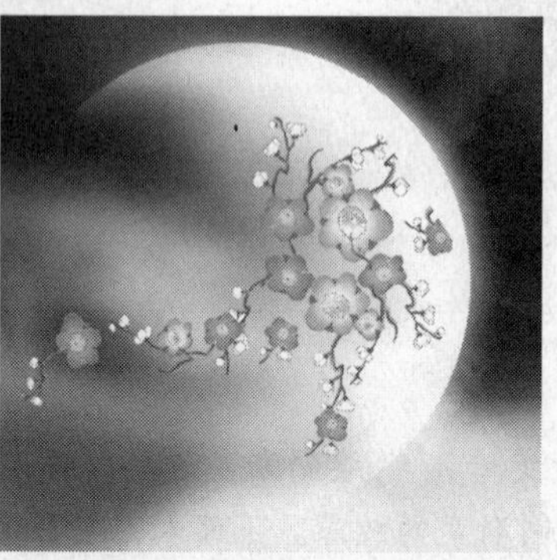

图4.17 添加图层样式后的效果 图4.18 摆放图像

7 单击“添加图层蒙版”按钮为“图层10”添加蒙版，设置前景色为黑色，选择画笔工具，在其工具选项条中设置适当的画笔大小及不透明度，在图层蒙版中进行涂抹，以将右侧部分图像隐藏起来，与月亮图像融合在一起，如图4.19所示。

8 复制“图层10”得到“图层10拷贝”，设置此图层的混合模式为“正片叠底”，以加深梅花图像的颜色，如图4.20所示。

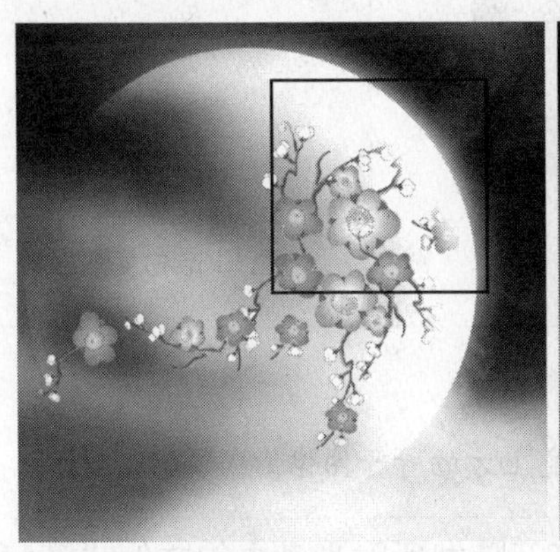

图4.19 添加图层蒙版后的效果

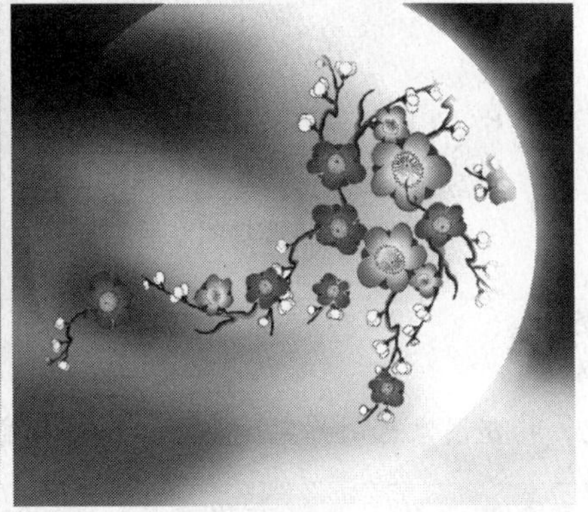

图4.20 复制及设置混合模式后的效果

小提示

在本步中，设置混合模式后右侧的梅花图像显得偏暗，与月光搭配在一起不是很协调，下面通过编辑蒙版来处理这个问题。

9 激活“图层10拷贝”蒙版缩览图，应用画笔工具编辑当前蒙版，以将右侧的部分图像隐藏起来，得到的效果如图4.21所示。

10 下面来调整图像的明度。单击“创建新的填充或调整图层”按钮，在弹出的菜单中选择“色相/饱和度”命令，得到图层“色相/饱和度1”，按Ctrl+Alt+G组合键执行“创建剪贴蒙版”操作，设置面板中的参数如图4.22所示，得到如图4.23所示的效果。

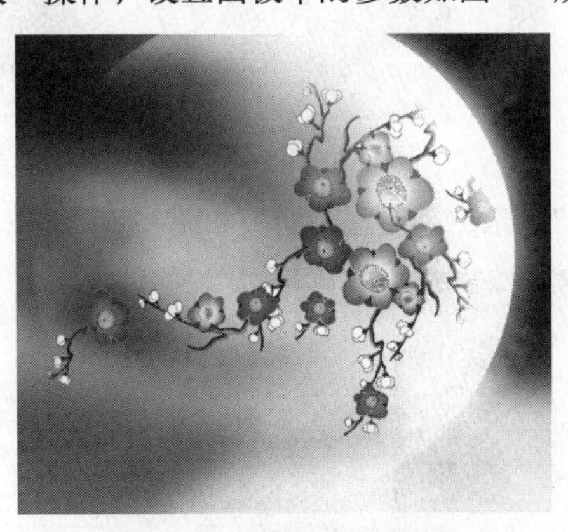

图4.21 编辑蒙版后的效果

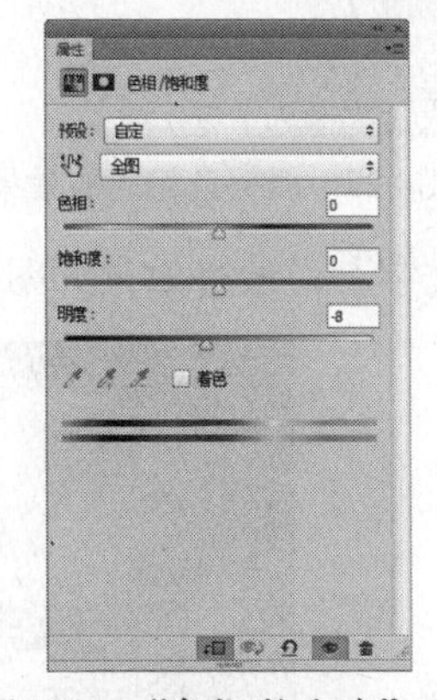

图4.22 “色相/饱和度”面板

11 下面来调整花朵的色相。按住Ctrl键单击“图层10”图层缩览图以载入其选区，单击“创建新的填充或调整图层”按钮，在弹出的菜单中选择“色相/饱和度”命令，设置弹出的面板如图4.24所示，得到的效果如图4.25所示。

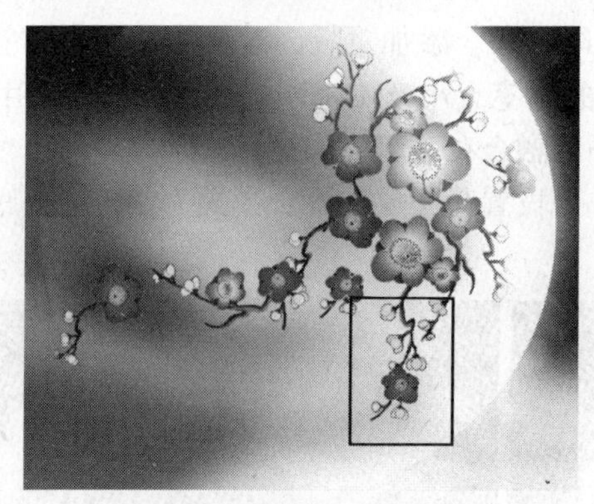

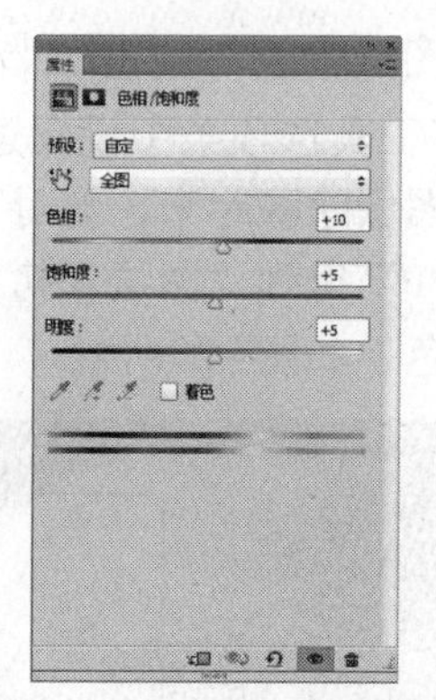

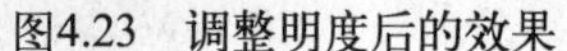

图4.23　调整明度后的效果　　　图4.24　“色相/饱和度”面板

小提示

至此，梅花图像已制作完成。下面制作月亮上方的叶子图像。

12 设置前景色为白色，选择画笔工具，打开随书所附光盘中的文件“第4章\4.2-素材3.abr”，在画布中单击鼠标右键，在弹出的画笔显示框中选择刚刚打开的画笔（一般在最后一个）。

13 新建“图层11”，应用上一步打开的画笔，在文件的右上方进行涂抹，得到的效果如图4.26所示，设置此图层的不透明度为10%。

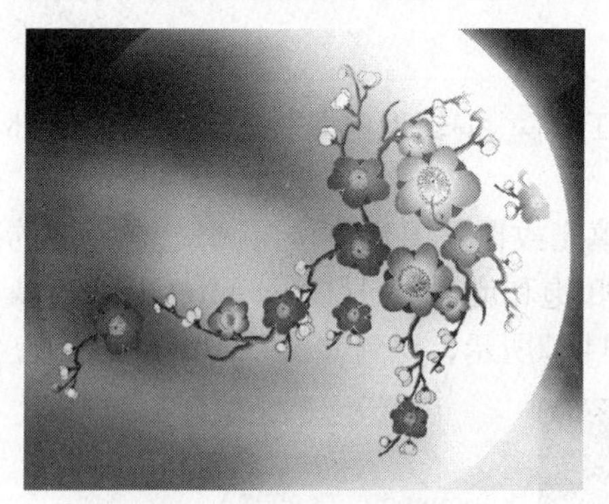

图4.25　调整色相后的效果

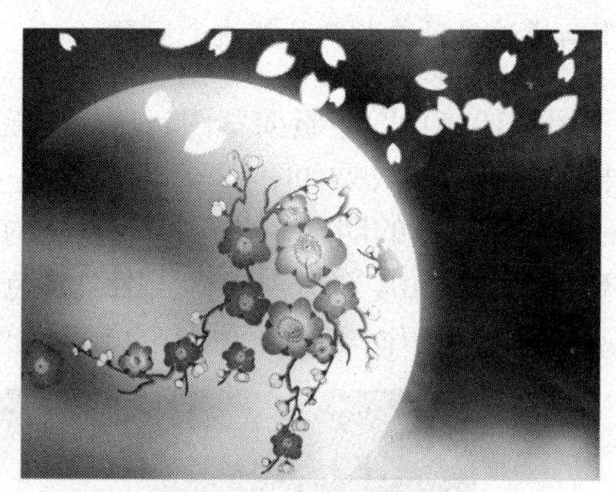

图4.26　涂抹效果

14 显示组“文字”，最终效果如图4.27所示。“图层”面板如图4.28所示。

图4.27　最终效果

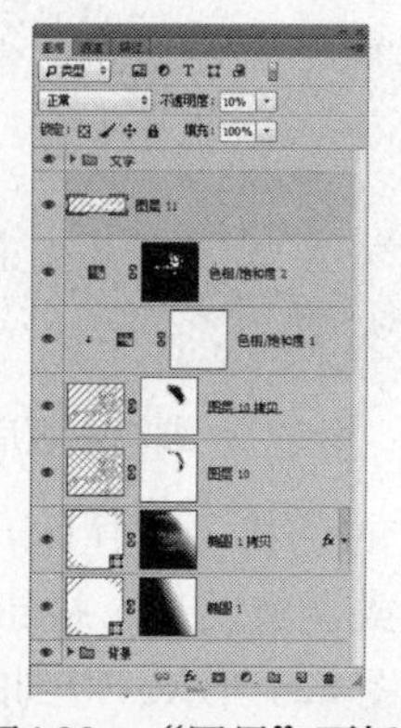

图4.28　“图层”面板

4.3 芳古别墅房产广告设计

例前导读

本例是芳古别墅的房产广告设计作品。在制作过程中，主要以处理主体图像的外框为核心，突出其新颖、别具一格的特点。

核心技能

- 利用图层蒙版功能隐藏不需要的图像。
- 应用调整图层的功能，调整图像的亮度、色彩等属性。
- 通过添加图层样式，制作图像的发光、更改色彩等效果。
- 应用画笔工具绘制图像。
- 利用变换功能调整图像的大小、角度及位置。

操作步骤

1 打开随书所附光盘中的文件“第4章\4.3-素材1.psd”，如图4.29所示。此时的“图层”面板如图4.30所示。隐藏组“图形及文字”及“文字等”。

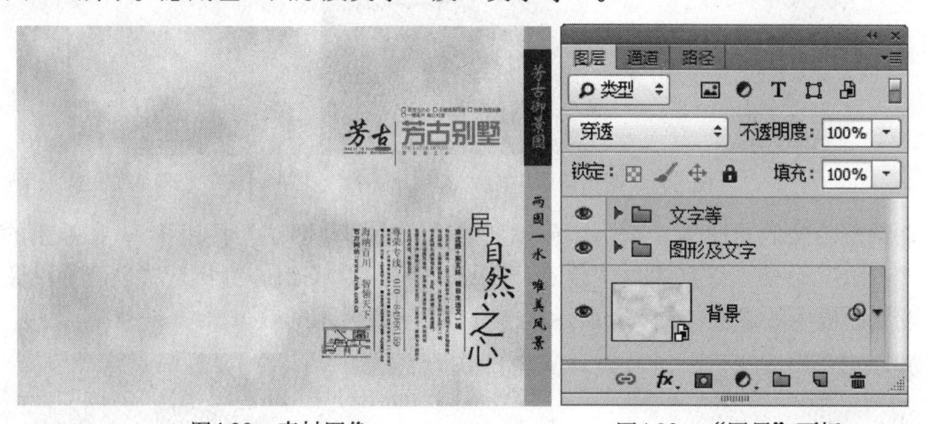

图4.29 素材图像　　图4.30 “图层”面板

小提示

下面利用素材图像，结合添加图层蒙版以及调整图层等功能，制作主题图像。

2 选择“背景”，打开随书所附光盘中的文件“第4章\4.3-素材2.psd”，使用移动工具将其拖至文件中，得到“图层1”。按Ctrl+T组合键调出自由变换控制框，在控制内单击鼠标右键，在弹出的快捷菜单中选择“水平翻转”命令，向外拖动控制句柄以放大图像并移动位置，按Enter键确认操作，得到的效果如图4.31所示。

3 单击“添加图层蒙版”按钮 为“图层1”添加蒙版，设置前景色为黑色，选择画笔工具，在其工具选项条中设置适当的画笔大小及不透明度，在图层蒙版中进行涂抹，以将右侧及左侧部分图像隐藏起来，直至得到如图4.32所示的效果。此时蒙版中的状态如图4.33所示。

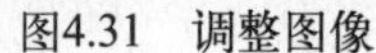

图4.31　调整图像　　图4.32　添加图层蒙版后的效果

4 下面来调整图像的色彩。单击“创建新的填充或调整图层”按钮，在弹出的菜单中选择“色彩平衡”命令，得到“色彩平衡1”，按Ctrl+Alt+G组合键执行“创建剪贴蒙版”操作，设置面板中的参数如图4.34所示，得到如图4.35所示的效果。

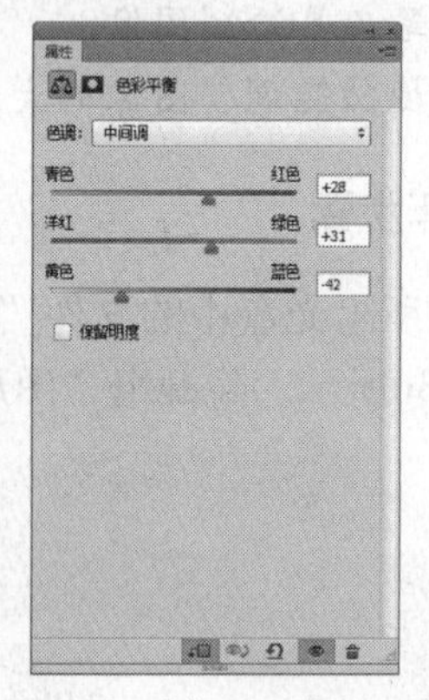

图4.33　图层蒙版中的状态　　图4.34　“色彩平衡”面板

5 下面来调整图像的对比度。单击“创建新的填充或调整图层”按钮，在弹出的菜单中选择“色阶”命令，得到图层“色阶1”，按Ctrl+Alt+G组合键执行“创建剪贴蒙版”操作，设置面板中的参数如图4.36所示，得到如图4.37所示的效果。

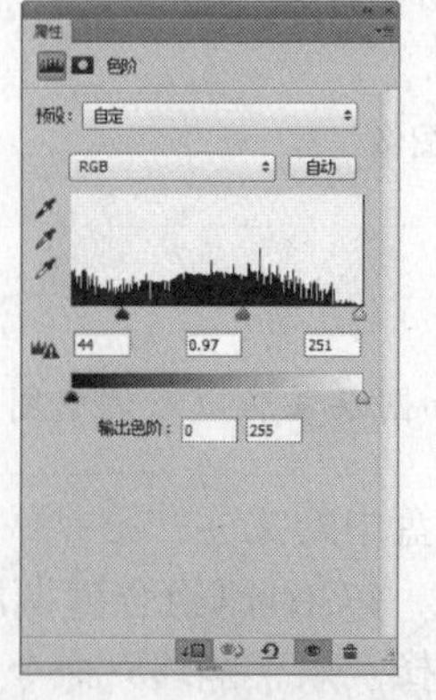

图4.35　应用“色彩平衡”后的效果　　图4.36　“色阶”面板　　图4.37　应用“色阶”命令后的效果

小提示

下面结合变形、添加图层样式以及复制图层等功能，制作房子图像左侧的装饰图像。

6 打开随书所附光盘中的文件“第4章\4.3-素材3.psd”，使用移动工具将其拖至文件中，并置于房子图像的左侧，得到“图层2”。在此图层的名称上单击鼠标右键，在弹出的快捷菜单中选择“转换为智能对象”命令，从而将其转换成为智能对象图层。结合自由变换控制框，执行“变形”操作，状态如图4.38所示，按Enter键确认操作。

小提示

在后面将对该图层中的图像进行变形操作，而智能对象图层则可以记录下所有的变形参数，以便于进行反复的调整。

7 复制“图层2”得到“图层2拷贝”，单击“添加图层样式”按钮fx，在弹出的菜单中选择“颜色叠加”命令，设置弹出的对话框如图4.39所示，以改变图像的颜色，得到的效果如图4.40所示。使用移动工具向左移动少许，得到的效果如图4.41所示。

图4.38　变形状态

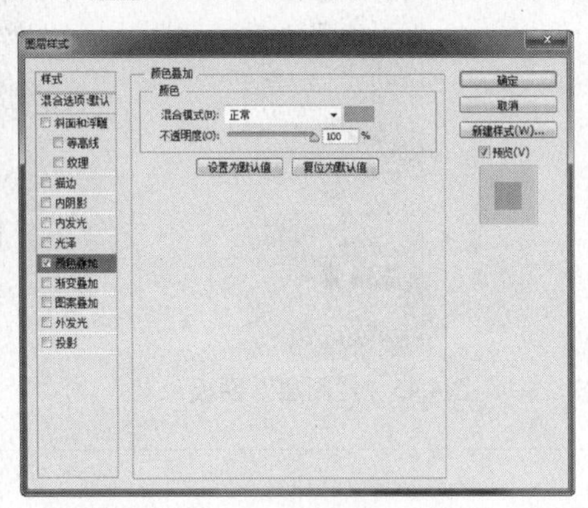

图4.39　“颜色叠加”对话框

图4.40　添加图层样式后的效果

小提示

在“颜色叠加”对话框中，颜色块的颜色值为c3b65f。

8 复制“图层2拷贝”得到“图层2拷贝2”，双击“颜色叠加”图层效果名称，在弹出的对话框中更改颜色块的颜色值为eae3b4。使用移动工具向左移动少许，得到的效果如图4.42所示。

9 设置前景色值为e7e1a8，新建“图层3”，选择画笔工具，在其工具选项条中设置适当的画笔大小及不透明度，在文件的左侧进行涂抹，直至得到如图4.43所示的效果，图4.44所示为单独显示涂抹的状态。“图层”面板如图4.45所示。

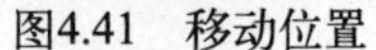

图4.41 移动位置

图4.42 复制、更改图像色彩及移动位置后的效果

图4.43 涂抹效果

小提示

下面结合素材图像，画笔工具以及添加图层样式的功能，制作房子图像右侧的装饰图像。

10 按照第6步的操作方法，打开随书所附光盘中的文件“第4章\4.3-素材4.psd”，结合移动工具及变形操作，制作房子右侧的装饰图像，如图4.46所示，同时得到“图层4”。

图4.44 单独显示涂抹的状态

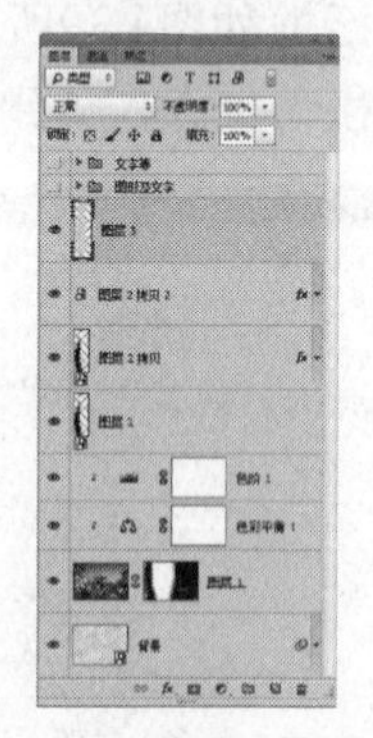

图4.45 “图层”面板

图4.46 变形后的状态

小提示

关于变形的状态，可通过按Ctrl+T组合键调出自由变换控制框，在控制框内单击鼠标右键，在弹出的快捷菜单中选择“变形”命令即可查看。

11 打开随书所附光盘中的文件“第4章\4.3-素材5.psd”，如图4.47所示，使用移动工具将其拖至文件中，并置于房子图像的右侧，如图4.48所示，同时得到“图层5”。

图4.47 素材图像

图4.48 摆放图像

12 按住Alt键将“图层2 拷贝2”图层样式拖至“图层5”图层上以复制图层样式，得到的效果如图4.49所示。

13 按照第9步的操作方法，设置前景色值为e7e1a8，新建“图层6”，应用画笔工具，在上一步得到的图像上面进行涂抹，直至得到如图4.50所示的效果。图4.51所示为单独显示涂抹的状态。

图4.49 复制图层样式后的效果

图4.50 涂抹效果

小提示

下面利用素材图像，结合添加图层样式等功能，制作房子下方的装饰图像。

14 选择“图层5”，打开随书所附光盘中的文件“第4章\4.3-素材6.psd”，结合移动工具、变换及添加图层样式等功能，完善整体房子周围的装饰图像，如图4.52所示。同时得到“图层7”。

图4.51 单独显示涂抹的状态

图4.52 制作房子下方的装饰图像

小提示

为“图层7”添加“外发光”及“颜色叠加”图层样式，具体的参数设置可参考最终效果源文件。下面显示文字等图像，完成制作。

15 显示组“图形及文字”及“文字等”，此时整体图像效果如图4.53所示。“图层”面板如图4.54所示。

图4.53　最终效果

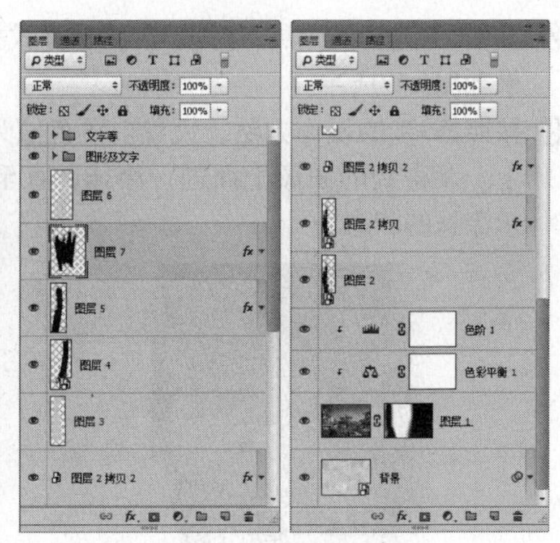

图4.54　“图层”面板

4.4 圣诞促销海报设计

例前导读

本例是以“圣诞促销”为主题的海报设计作品。在制作的过程中，主要以制作缠绕人物图像的飘带为核心内容。飘带图像上散落的五星同时也起着很好的装饰作用。另外，作品整体以黄白为主色调，营造出一种积极的氛围，促使消费者主动去了解和接受。

核心技能

- 结合路径以及渐变填充图层的功能制作图像的渐变效果。
- 应用“内发光”命令，制作图像的发光效果。
- 使用形状工具绘制形状。
- 结合画笔工具及特殊画笔素材绘制图像。
- 利用图层蒙版功能隐藏不需要的图像。
- 应用“高斯模糊”命令制作图像的模糊效果。

操作步骤

1 打开随书所附光盘中的文件“第4章\4.4-素材1.psd”，如图4.55所示。此时“图层”面板如图4.56所示。

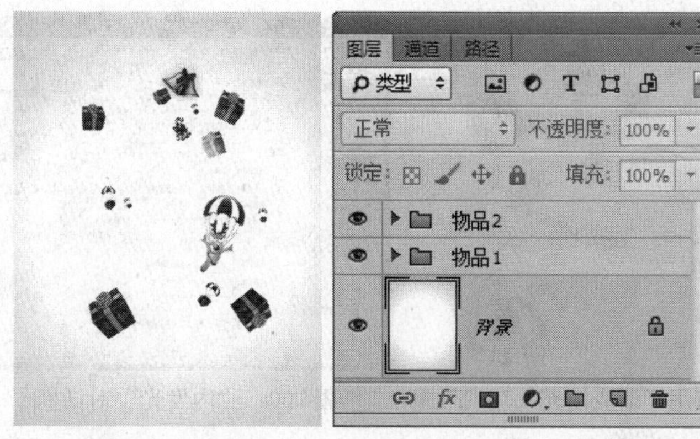

图4.55 素材图像　　图4.56 “图层”面板

小提示

本步笔者是以组的形式给的素材，由于其操作非常简单，在叙述上略显繁琐，读者可以参考最终效果源文件进行参数设置，展开组即可观看到操作的过程。下面制作物体间的飘带图像。

2 选择组“物品1”作为操作对象，选择钢笔工具，在其工具选项条上选择“路径”选项，在画布上方绘制如图4.57所示的路径。

3 单击“创建新的填充或调整图层”按钮，在弹出的菜单中选择“渐变”命令，设置弹出的对话框如图4.58所示，单击“确定”按钮退出对话框，隐藏路径后的效果如图4.59所示，同时得到图层“渐变填充1”。

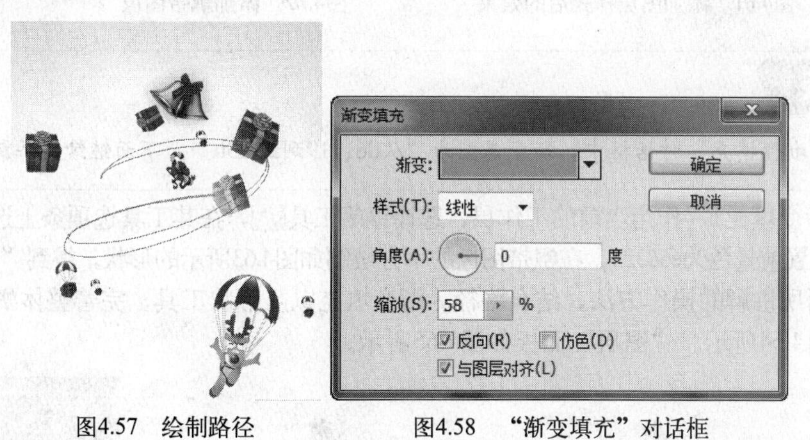

图4.57 绘制路径　　图4.58 “渐变填充”对话框

小提示

在“渐变填充”对话框中，渐变类型为“从f1a11c到acbf3b”。

4 单击“添加图层样式”按钮，在弹出的菜单中选择“内发光”命令，设置弹出的对话框如图4.60所示，得到的效果如图4.61所示。

图4.59　应用“渐变填充”后的效果

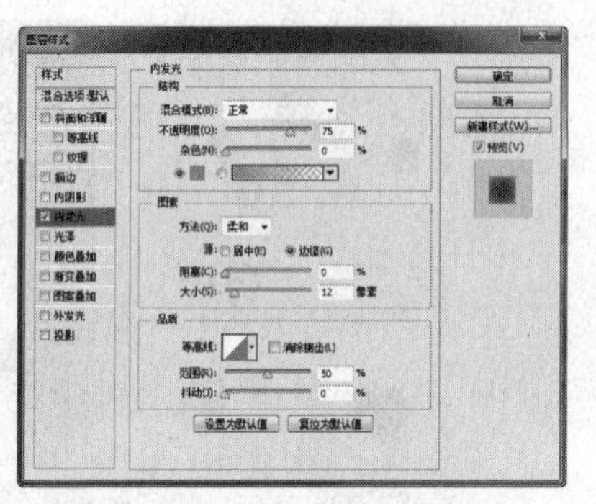
图4.60　“内发光”对话框

小提示

在“内发光”对话框中，颜色块的颜色值为f49b17。

5 选择组“物品1”作为操作对象，按照第2～4步的操作方法，结合路径、渐变填充以及“内发光”图层样式，添加左端的飘带图像，如图4.62所示。同时得到“渐变填充2”。

图4.61　添加图层样式后的效果

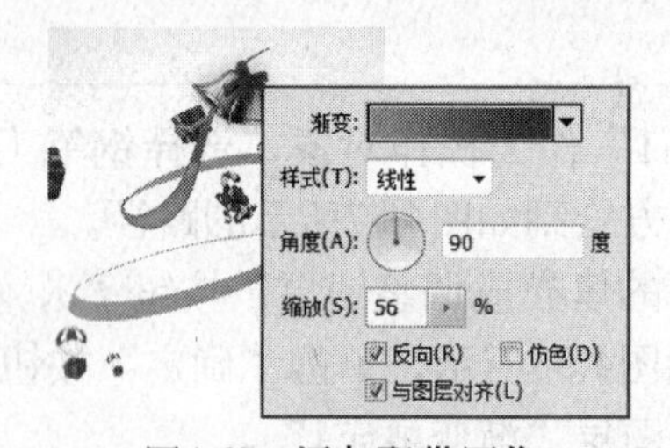

图4.62　添加飘带图像

小提示

在“渐变填充”对话框中，渐变类型为“从d61719到acbf3b”。下面继续制作飘带图像。

6 选择“渐变填充1”作为当前的工作层，选择钢笔工具，在其工具选项条上选择“形状”选项，设置前景色为e66325，在飘带图像的下方绘制如图4.63所示的形状，得到“形状1”。

7 根据前面所讲解的操作方法，结合路径、渐变填充以及形状工具，完善整体飘带图像的制作，如图4.64所示。“图层”面板如图4.65所示。

图4.63　绘制形状

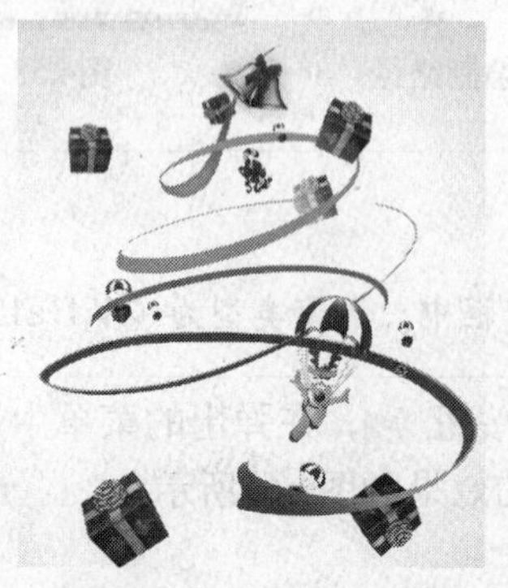
图4.64　完善飘带图像

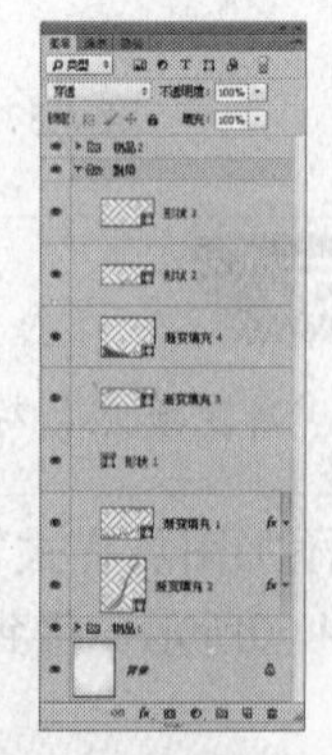
图4.65　“图层”面板

小提示

本步中关于图像的颜色值以及“渐变填充”对话框中的参数设置请参考最终效果源文件。另外，为了方便图层的管理，在此将制作飘带的图层选中，按Ctrl+G组合键执行“图层编组”操作得到“组1”，并将其重命名为“飘带”。在下面的操作中，笔者也对各部分进行了编组的操作，在步骤中不再叙述。下面制作物品上的星光效果。

8 收拢组“飘带”，新建“图层1”，设置前景色为f7f089，打开随书所附光盘中的文件“第4章\4.4-素材2.abr”，选择画笔工具，在画布中单击鼠标右键，在弹出的画笔显示框中选择刚刚打开的画笔，在飘带图像上进行涂抹，得到的效果如图4.66所示。

9 按照上一步的操作方法，结合随书所附光盘中的文件“第4章\4.4-素材3.abr”及画笔工具，继续制作飘带图像上的五星图像，如图4.67所示。“图层”面板如图4.68所示。

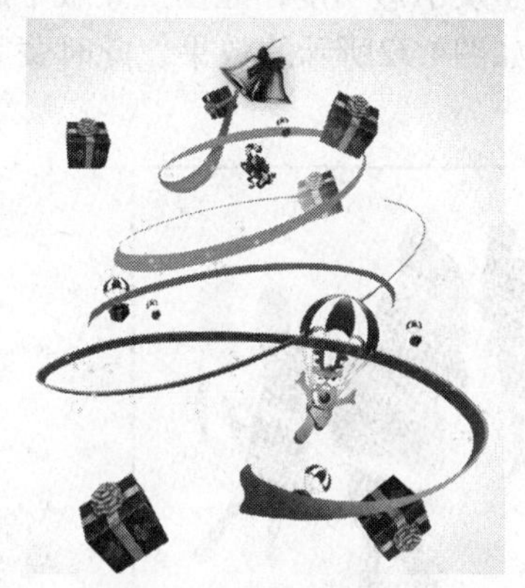

图4.66　涂抹后的效果

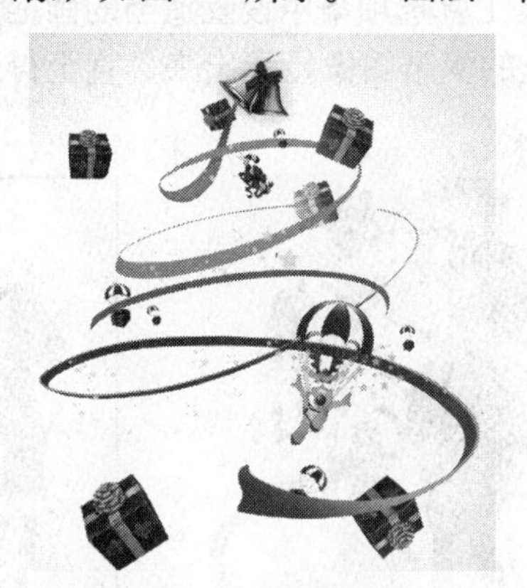

图4.67　继续涂抹

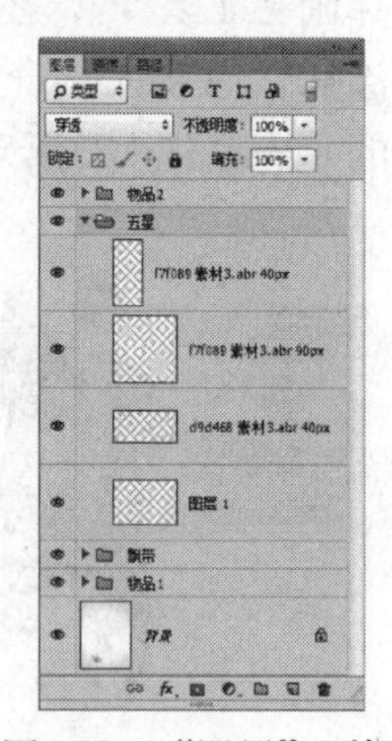

图4.68　“图层”面板

小提示

本步中关于图像的颜色值以及画笔大小的设置在图层名称都有相应的文字信息。至此，五星图像已制作完成。下面制作人物图像。

10 选择“背景”图层作为当前的工作层，打开随书所附光盘中的文件“第4章\4.4-素材4.psd”，按住Shift键使用移动工具将其拖至上一步制作的文件中，得到的效果如图4.69所示。同时得到组“人物”。

小提示

下面利用图层蒙版等功能，制作飘带缠绕人物的效果。

11 展开组“人物”，按住Ctrl+Shift组合键分别单击“人物”图层缩览图以载入人物图像的选区，如图4.70所示。按住Alt键单击“添加图层蒙版”按钮为组“飘带”添加蒙版，得到的效果如图4.71所示。

图4.69　拖入素材

图4.70　选区状态

图4.71　添加图层蒙版后的效果

12 收拢组“人物”。在组“飘带”图层蒙版缩览图激活的状态下，设置前景色为白色，选择画笔工具，在其工具选项条中设置适当的画笔大小及不透明度，在图层蒙版中进行涂抹，以将人物身上的飘带图像显示出来，直至得到如图4.72所示的效果，此时蒙版中的状态如图4.73所示。

图4.72　编辑图层蒙版后的效果

图4.73　蒙版中的状态

小提示

下面结合形状工具及“高斯模糊”命令制作人物的投影效果。

13 选择“背景”图层作为当前的工作层，选择椭圆工具，在其工具选项条上选择“形状”选项，在最前方的人物底部绘制如图4.74所示的形状，得到“椭圆 1”。

小提示

在绘制第1个图形后，将会得到一个对应的形状图层，为了保证后面所绘制的图形都是在该形状图层中进行，所以在绘制其他图形时，需要在工具选项条上选择适当的运算模式，如“合并形状”或“减去顶层形状”等。

14 选择“滤镜”｜“模糊”｜“高斯模糊”命令，在弹出的提示框中直接单击“确定”按钮退出提示框，然后在弹出的对话框中设置“半径”数值为7.4，单击“确定”按钮退出对话框。设置“椭圆 1”的不透明度为20%，以降低图像的透明度，得到如图4.75所示的效果。

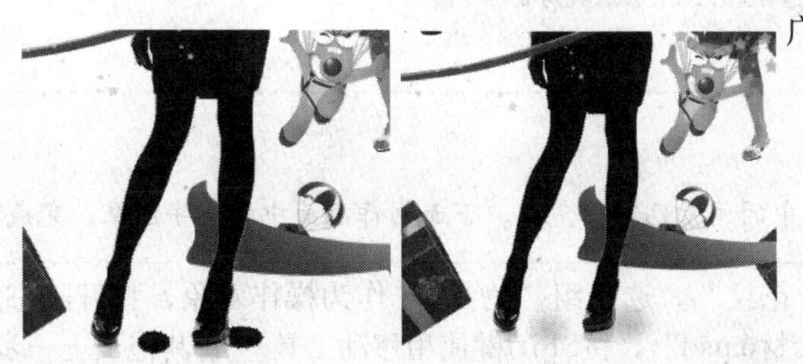

图4.74　绘制形状　　　　图4.75　制作投影效果

小提示

至此，投影效果已制作完成。下面制作背景中的花纹图像。

15 选择“背景”图层作为当前的工作层，打开随书所附光盘中的文件“第4章\4.4-素材5.psd”，使用移动工具将其拖至刚制作的文件中，得到图层“花纹”。按Ctrl+T组合键调出自由变换控制框，按住Shift键向内拖动控制句柄以缩小图像及移动位置，按Enter键确认操作。得到的效果如图4.76所示。

16 单击“添加图层蒙版”按钮为图层“花纹”添加蒙版，设置前景色为黑色，选择画笔工具，在其工具选项条中设置适当的画笔大小及不透明度，在图层蒙版中进行涂抹，以将底部的图像隐藏起来，直至得到如图4.77所示的效果。

图4.76　调整图像　　　　图4.77　添加图层蒙版后的效果

17 根据前面所讲解的操作方法，结合画笔工具和“素材2.abr”画笔，制作最前面人物下方的白光以及左右两侧的五星图像，如图4.78所示。“图层”面板如图4.79所示。

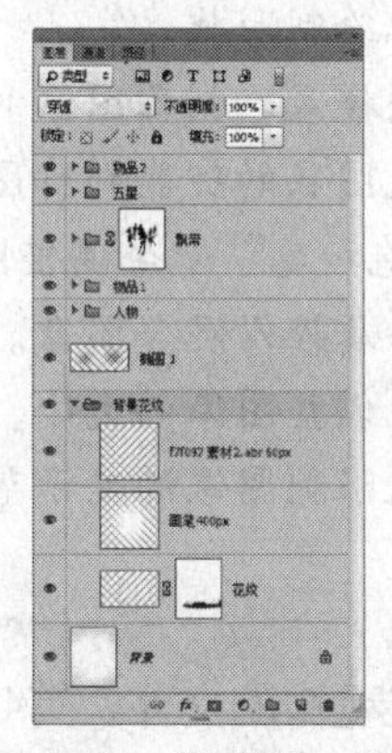

图4.78　制作白光及五星图像　　　　图4.79　“图层”面板

小提示

至此，背景中的元素已制作完成。下面制作画面中的文字图像，完成制作。

18 收拢组“背景花纹”，选择组“物品2”作为操作对象，打开随书所附光盘中的文件“第4章\4.4-素材6.psd”，按Shift键使用移动工具将其拖至上一步制作的文件中，得到的最终效果如图4.80所示。“图层”面板如图4.81所示。

图4.80　最终效果

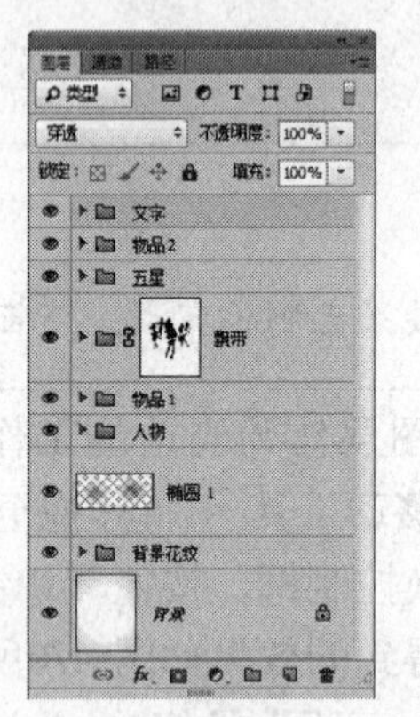

图4.81　“图层”面板

4.5 时代广场海报设计

例前导读

此例主体内容颜色饱和度较高，与背景较为柔和的特点形成对比，突出主体部分，文字处理没有采用很艺术的字体，主要体现在文字要大方易于辨认。

核心技能

- 应用形状工具绘制形状。
- 通过添加图层样式，制作图像的投影、渐变等效果。
- 应用渐变填充图层的功能制作图像的渐变效果。
- 应用“色相/饱和度”命令调整图层调整图像的色相及饱和度。
- 通过设置图层属性以混合图像。
- 利用变换功能调整图像的大小、角度及位置。
- 利用剪贴蒙版限制图像的显示范围。

操作步骤

1 打开随书所附光盘中的文件“第4章\4.5-素材.psd”，“图层”面板如图4.82所示，两张素材图像如图4.83所示。

小提示

下面结合文字工具以及不透明度属性，制作底图文字。

2 隐藏素材图像，选择“背景”图层，将前景色设置为882674，按Alt+Delete组合键进行填充，然后选择横排文字工具T，在画布的顶部输入文字，状态如图4.84所示，得到文字图层“EPOCH PLAZA”。

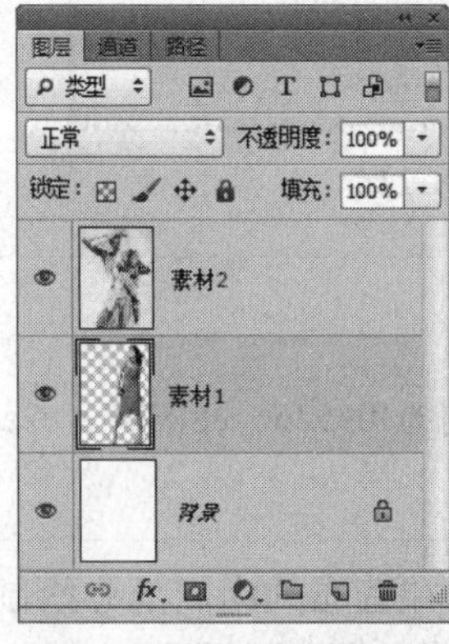

图4.82 “图层”面板

图4.83 素材图像

图4.84 输入文字

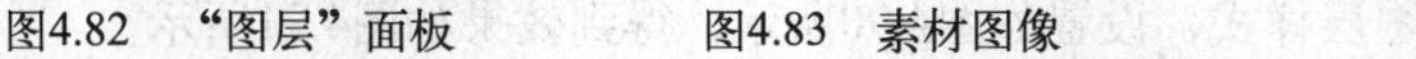

3 将文字图层复制两份并配合自由变换控制框调整到如图4.85所示的状态，并分别设置“EPOCH PLAZA 拷贝”的不透明度为50%，“EPOCH PLAZA 拷贝 2”的不透明度为20%，得到如图4.86所示的效果。

图4.85 复制并调整文字

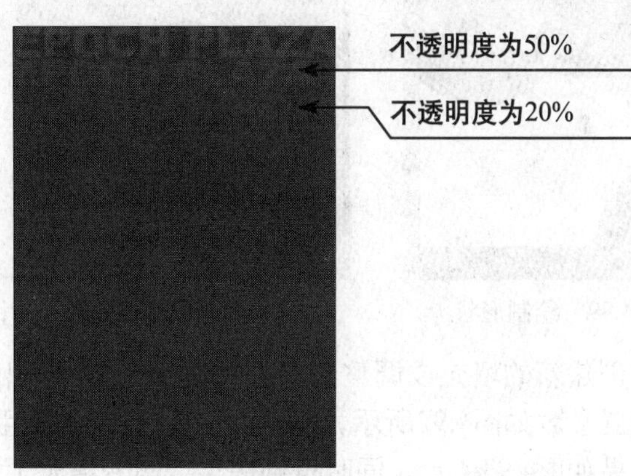

图4.86 设置“不透明度”

小提示

下面结合形状工具、图层样式以及调整图层等功能，制作底图形状。

4 使用椭圆工具，配合图层样式制作出如图4.87所示的效果，同时得到两个形状图层“椭圆 1”与“椭圆 1 拷贝”，图4.88所示为制作流程。

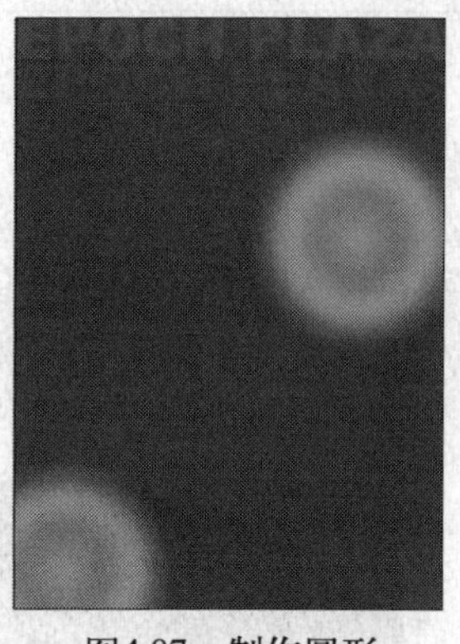

图4.87　制作圆形

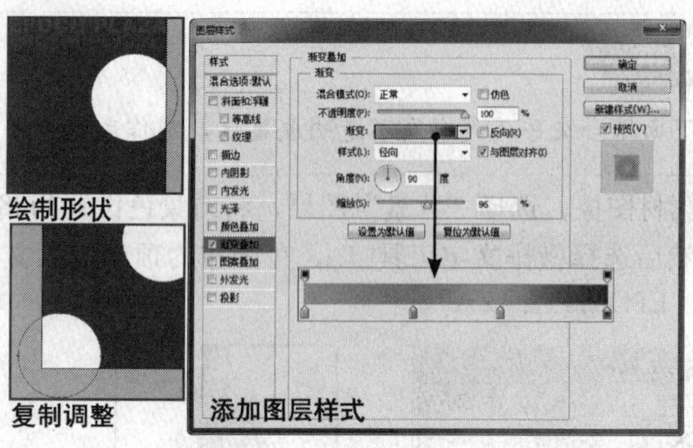

图4.88　绘制形状的过程

小提示

在“渐变叠加”对话框中，渐变类型各色标值从左至右分别为f0a526、e88327、e2a53b和882674。

5 选择钢笔工具，并在其工具选项条中选择“形状”选项，在画布的中间部分绘制如图4.89所示的形状并添加图层样式，设置如图4.90所示，得到效果如图4.91所示。

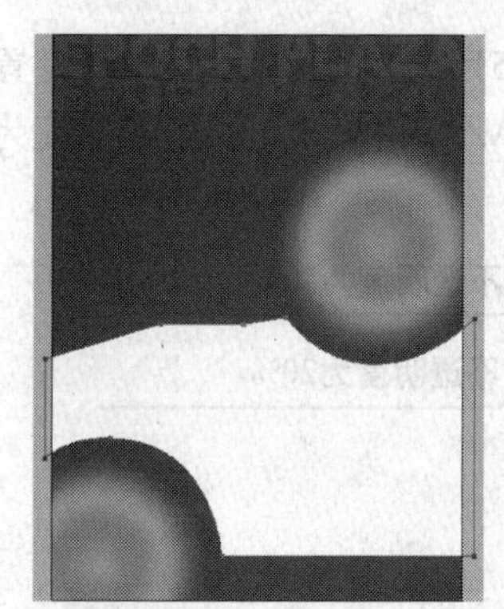

图4.89　绘制形状

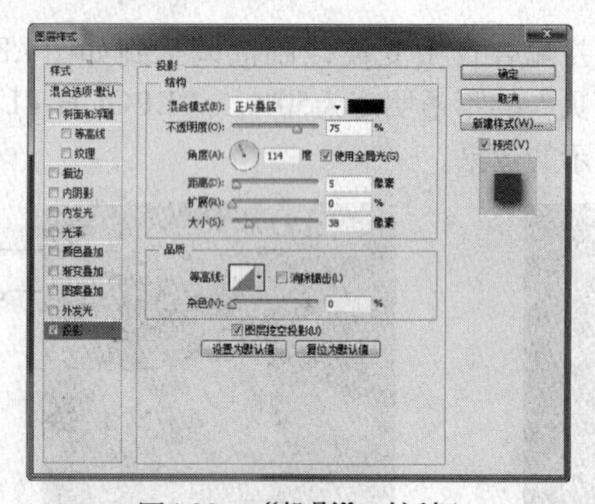

图4.90　“投影”对话框

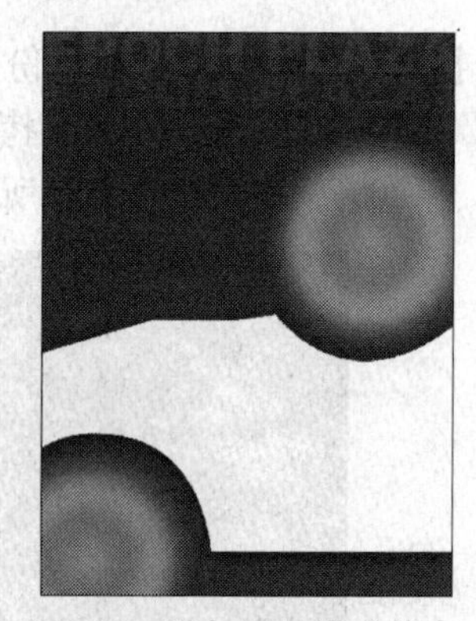

图4.91　添加图层样式状态

6 单击“创建新的填充或调整图层”按钮，在弹出的菜单中选择“渐变”命令，弹出对话框设置参数如图4.92所示，确认后按Ctrl+Alt+G组合键执行“创建剪贴蒙版”操作，得到的效果如图4.93所示，同时得到图层“渐变填充 1”。

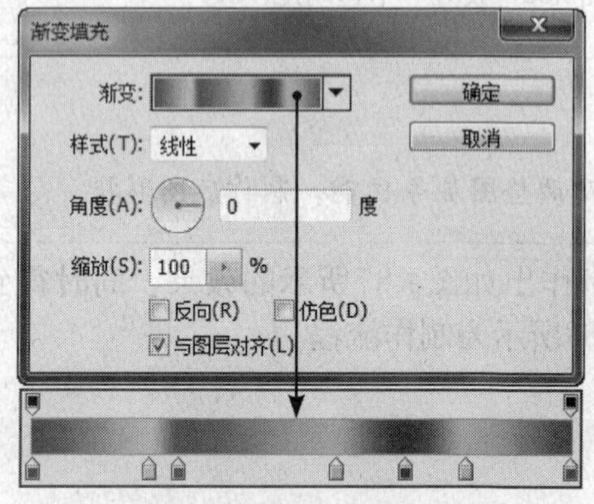

图4.92　“渐变填充”对话框

图4.93　添加渐变填充的效果

小提示

在“渐变填充”对话框中，渐变类型各色标值从左至右分别为e4204c、f2e109、0ba560、fcc707、ff0000、f6d10c和0da660。

7 单击“创建新的填充或调整图层”按钮 ，在弹出的菜单中选择“色相/饱和度”命令，得到图层“色相/饱和度 1”，按Ctrl+Alt+G组合键执行“创建剪贴蒙版”操作，设置面板中的参数如图4.94所示，得到的效果如图4.95所示。

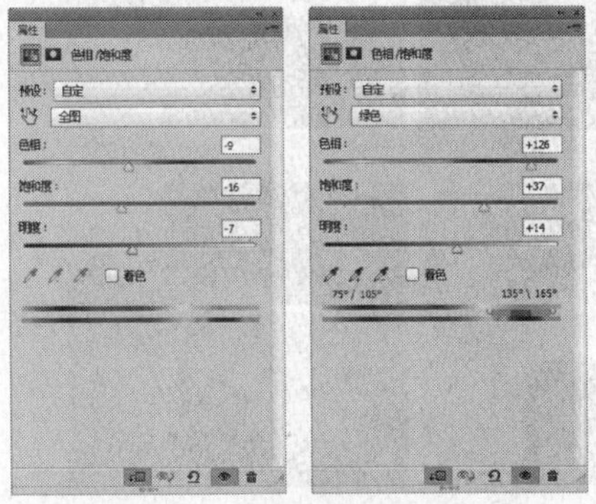

图4.94 “色相/饱和度”面板

图4.95 调整颜色的状态

8 单击“创建新的填充或调整图层”按钮 ，在弹出的菜单选择“色调分离”命令，得到图层“色调分离 1”，按Ctrl+Alt+G组合键执行“创建剪贴蒙版”操作，设置面板中的参数如图4.96所示，得到的效果如图4.97所示。

图4.96 “色调分离”面板

图4.97 应用“色调分离”命令后的效果

9 选择矩形工具 在彩条的底部绘制黑色矩形，如图4.98所示，创建剪贴蒙版得到如图4.99所示的效果。“图层”面板如图4.100所示。

图4.98 绘制矩形

图4.99 创建剪贴蒙版的状态

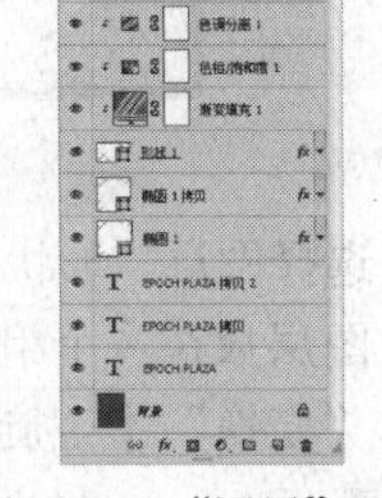

图4.100 “图层”面板

小提示

下面结合形状工具以及图层样式等功能，制作弧形形状。

10 将前景色设置为ff6000，选择钢笔工具，并在其工具选项条中选择“形状”选项，在画布的右上角绘制如图4.101所示的形状，得到形状图层“形状 2”，图4.102所示为制作形状的流程。

图4.101 绘制形状

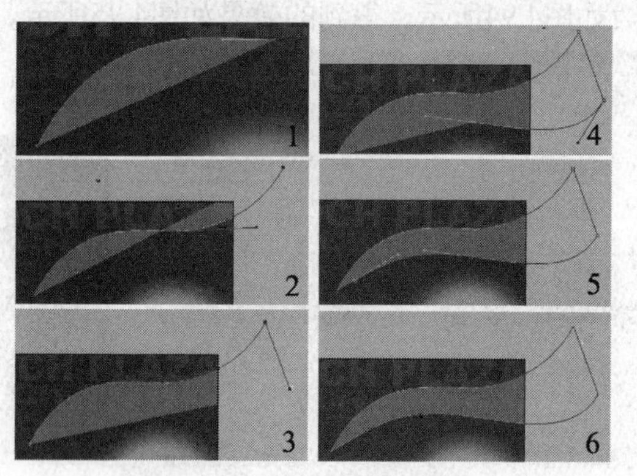

图4.102 绘制形状的过程

11 复制图层“形状 2”得到“形状 2 拷贝”，使用路径选择工具与直接选择工具调整位置、形状，设置颜色值为ffc000，然后再复制得到“形状 2 拷贝 2”调整位置、形状，设置颜色值为白色，并添加图层样式得到如图4.103所示的效果。

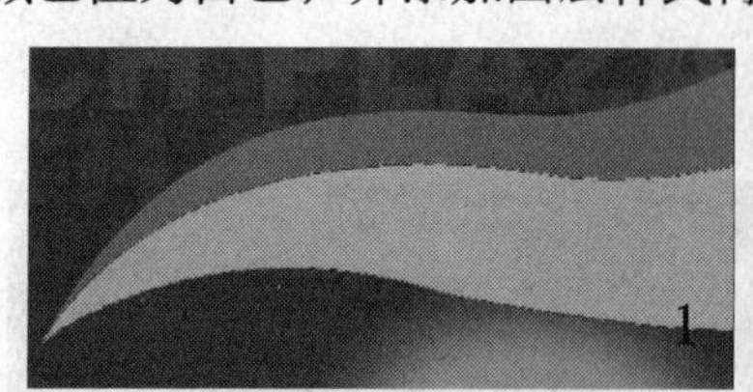

复制并调整得到黄色图形

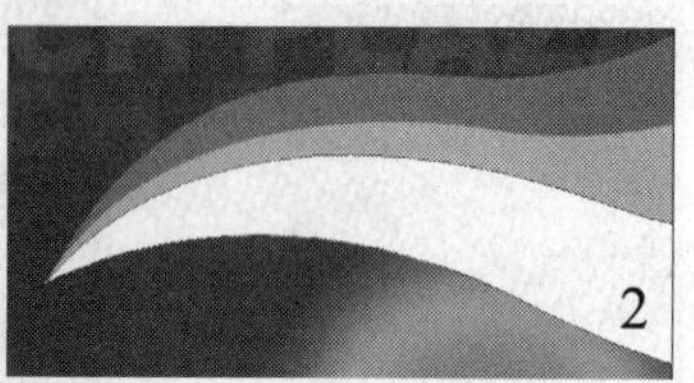

复制并调整得到白色图形

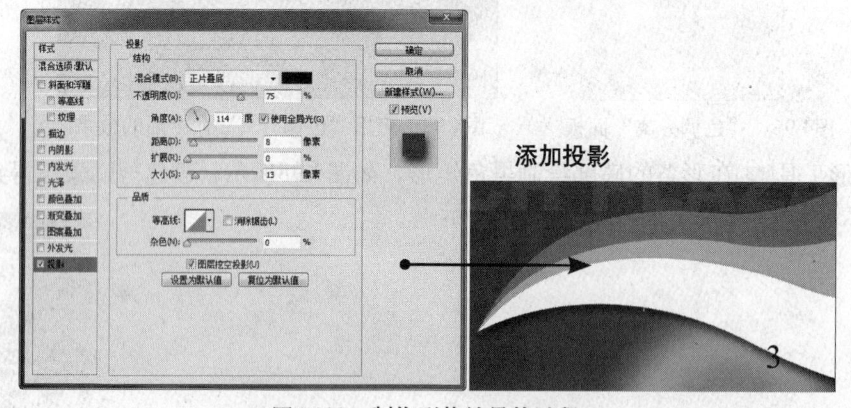

图4.103 制作形状效果的过程

12 选择图层“形状 2”、“形状 2 拷贝”、“形状 2 拷贝 2”，按Ctrl+G组合键创建组，将图层放在一个组内，得到“组 1”。复制“组 1”得到“组 1 拷贝”，应用“编辑” | “变换” | “旋转180度”命令，然后将图像调整到画布左边中间位置，效果如图4.104所示。

13 将光标移到“形状 2 拷贝 5”的指示图层效果图标 fx 上，将其拖到“形状 2 拷贝 3”上面，得到如图4.105所示的效果。

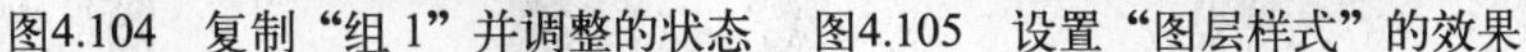

图4.104 复制“组 1”并调整的状态　图4.105 设置“图层样式”的效果

小提示

下面利用素材图像，结合调整图层以及图层蒙版等功能，制作人物图像。

14 显示图层“素材1”，将其调整到如图4.106所示的状态。将其进行“色相/饱和度”调整，效果如图4.107所示，将图层名称修改为“图层 1”。

图4.106 调整素材的大小位置状态

图4.107 调整素材的状态

15 选择“图层 1”，添加“投影”图层样式，参数设置及效果如图4.108所示，

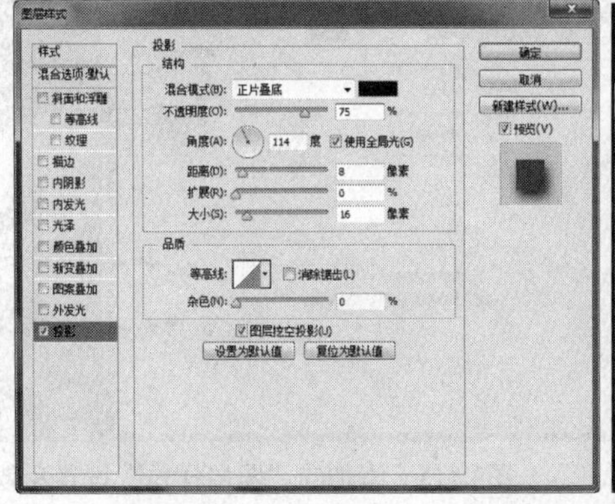

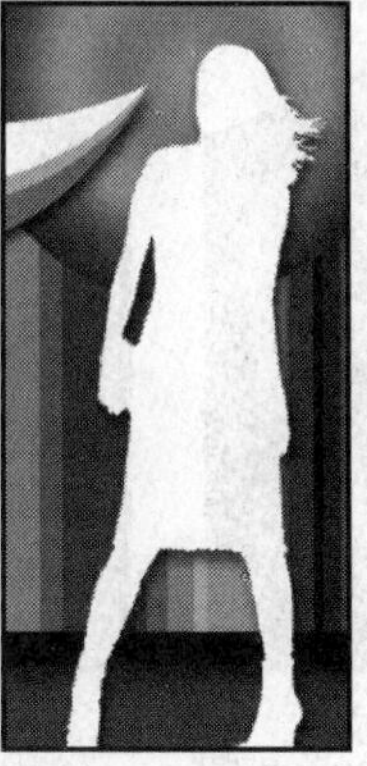

图4.108 “图层样式”设置及素材调整状态

16 显示图层“素材2”，配合自由变换控制框调整素材到如图4.109所示的状态，并按Ctrl+Alt+G组合键创建剪贴蒙版得到如图4.110所示效果，然后单击“添加图层蒙版”按钮，使用画笔在蒙版上涂抹，得到如图4.111所示的效果，蒙版状态如图4.112所示，图4.113所示为整体效果，最后将图层名称修改为“图层 2”。

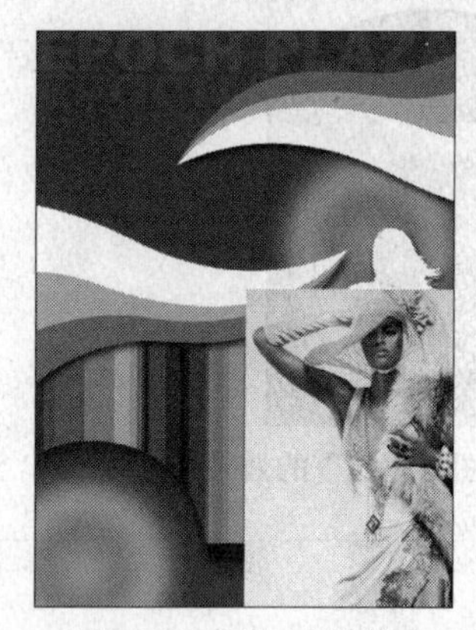

图4.109　添加素材状态

图4.110　创建剪贴蒙版状态

图4.111　添加蒙版状态

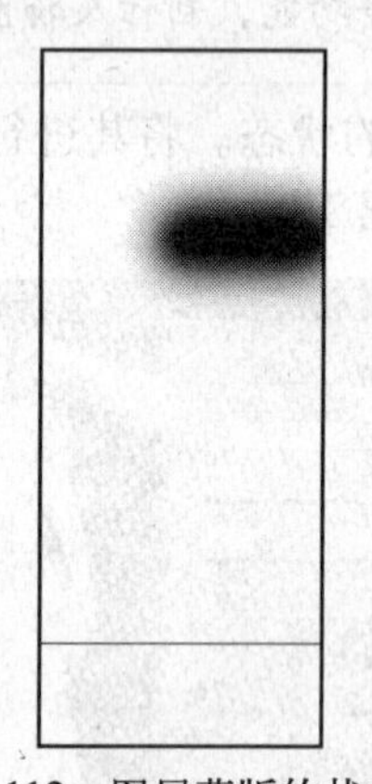

图4.112　图层蒙版的状态

图4.113　整体效果

17 选择横排文字工具T，设置适当的颜色、字体、字号，在画布内输入如图4.114所示的文字，得到对应的文字图层，并为除“欢迎登录www.dzwh.com”以外较大的文字添加图层样式，得到如图4.115所示的效果。

图4.114　输入文字

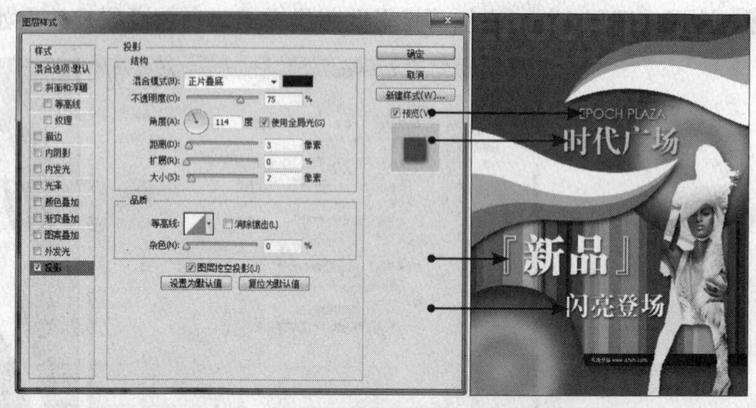

图4.115　添加的“图层样式”设置及效果

小提示

文字所添加的图层样式都一样，可以添加一个图层样式，其他的复制图层样式即可。

18 使用圆角矩形工具与横排文字工具，在画布的左上角制作形象标志，完成作品。最终效果如图4.116所示，“图层”面板如图4.117所示，图4.118所示为形象标志制作过程，图4.119所示为添加图层样式的过程。

图4.116 最终效果

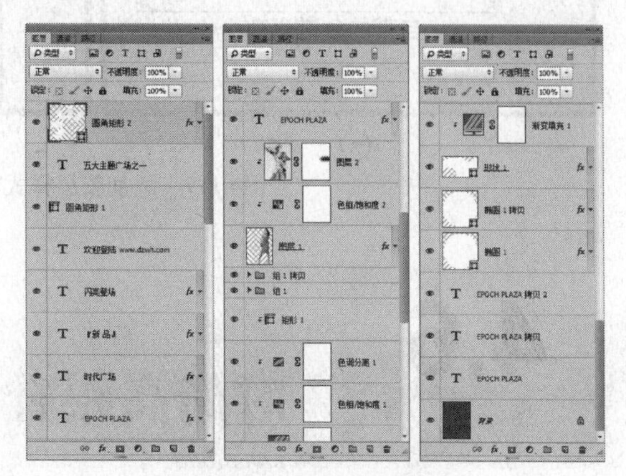

图4.117 “图层”面板

小提示

1. 绘制形状标志的黑色圆角矩形与带色彩的圆角矩形时，需设置工具选项条上的“半径”值为10像素。2.在变换图层时要注意图4（图4.118中）的白色箭头所示处为变换中心点。3.图6（图4.118中）在删除多余形状时选择路径选择工具，选中要删除的形状删除。4.添加渐变时，“渐变编辑器”对话框的渐变设置为单击对话框右上方的花形图标，在弹出的菜单中选择“复位渐变”命令，然后在“渐变选择框”内选择“色谱”渐变。

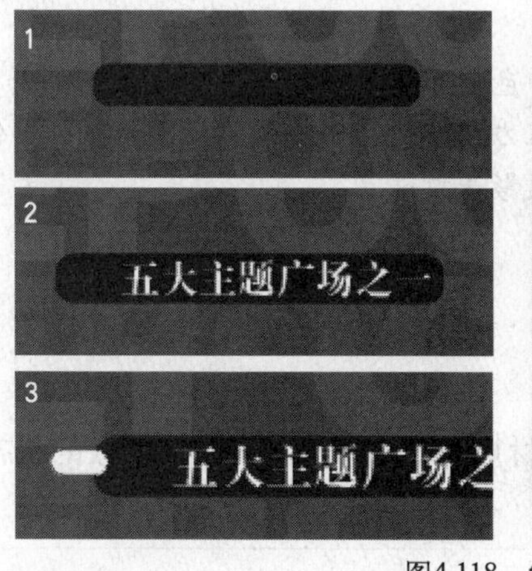

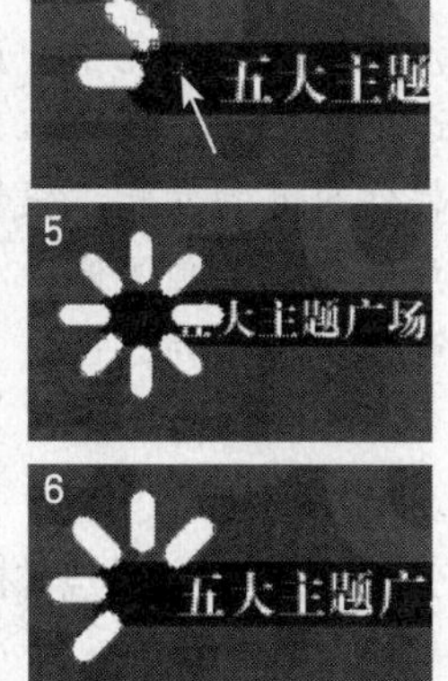

1. 绘制形状
2. 输入文字
3. 绘制形状
4. 变换形状
5. 重复变换
6. 最终形状

图4.118 绘制过程

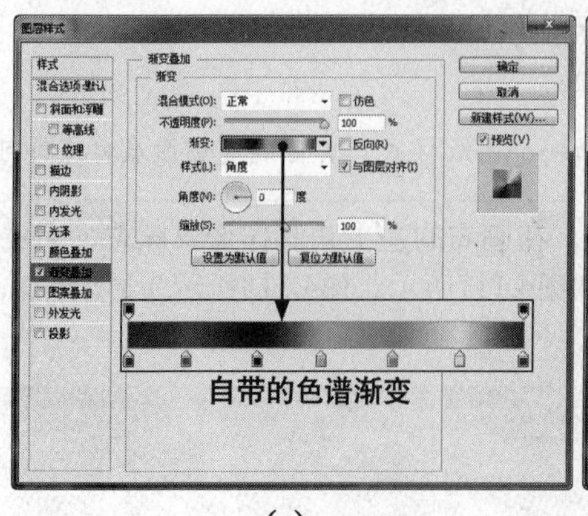

(a)

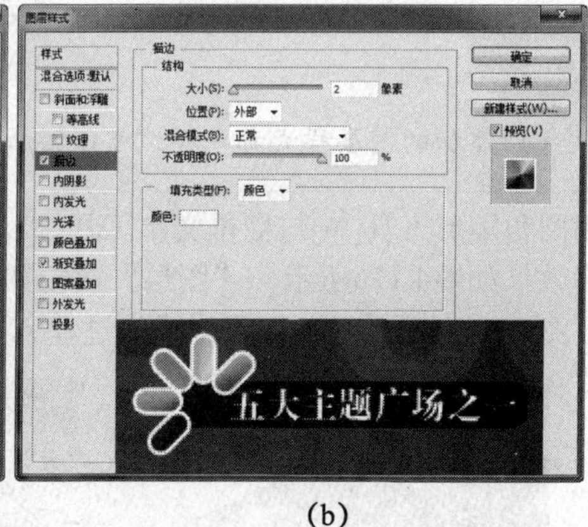

(b)

图4.119　添加图层样式的过程

4.6 时尚高跟鞋宣传海报

例前导读

在本节制作的实例中，主要应用了书中提供的素材画笔，用自定形状工具绘制装饰形状以及文字的编排也是案例中的一大重点。

核心技能

- 应用形状工具绘制形状。
- 通过设置图层属性以混合图像。
- 利用图层蒙版功能隐藏不需要的图像。
- 应用调整图层的功能，调整图像的亮度、色彩等属性。
- 结合路径及用画笔描边路径中的“模拟压力”选项，制作两端细中间粗的图像效果。
- 通过添加图层样式，制作图像的发光、投影等效果。
- 结合画笔工具及特殊画笔素材绘制图像。
- 结合通道及滤镜的功能创建特殊的选区。

操作步骤

1 打开随书所附光盘中的文件“第4章\4.6-素材1.psd”，确认“图层”面板的状态如图4.120所示。

小提示

下面结合形状工具以及径向渐变工具等功能，制作底色调。

2 设置前景色的颜色值为00b6d9，选择圆角矩形工具，并在其工具选项条中选择“形状”选项，并设置“半径”为50像素。按照如图4.121所示的效果绘制圆角矩形形状，得到“圆角矩形 1”。

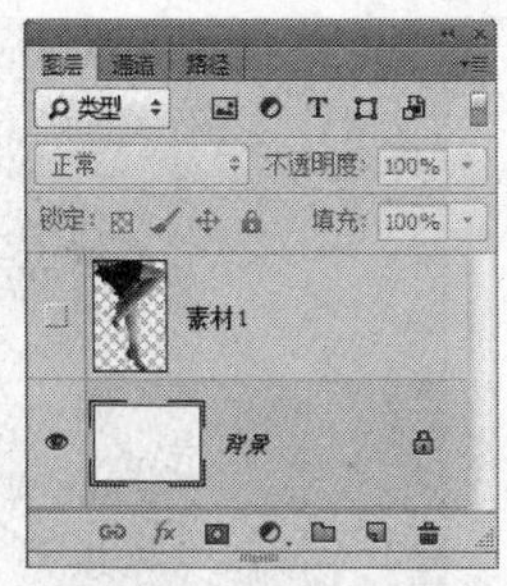

图4.120 “图层”面板

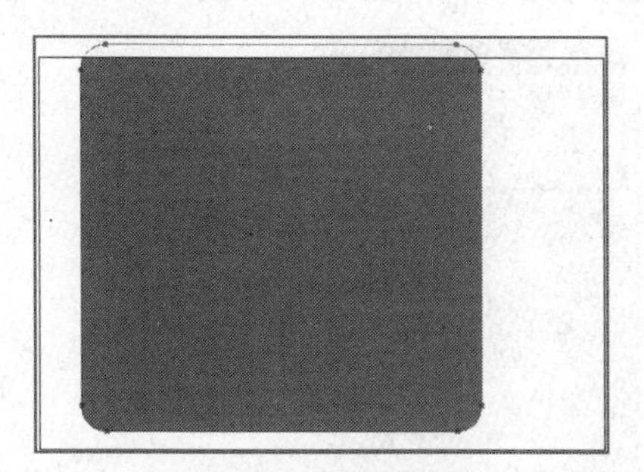

图4.121 绘制形状

3 新建“图层1”，按Ctrl+Alt+G组合键执行“创建剪贴蒙版”操作，设置前景色的颜色值为00529a，选择径向渐变工具，并在其工具选项条中设置渐变的类型为“前景色到背景色渐变”，从圆角矩形的中间向右下绘制渐变，得到如图4.122所示的效果。

小提示

至此，底色调已制作完成，下面制作人物腿部效果。

4 显示“素材 1”并将其重命名为“图层2”，按Ctrl+T组合键调出自由变换控制框，按住Shift键等比例缩小图像并将其移至画布的左侧，如图4.123所示，按Enter键确认变换操作。

图4.122 绘制渐变

图4.123 变换图像

5 复制“图层2”得到“图层2拷贝”，设置“图层2拷贝”的混合模式为“叠加”，不透明度为60%，以融合图像，得到如图4.124所示的效果，此时“图层”面板如图4.125所示。

图4.124 设置混合模式后的效果

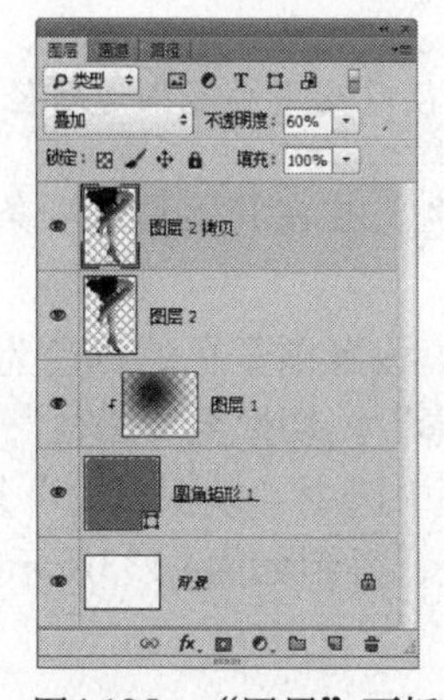

图4.125 “图层”面板

6 单击“创建新的填充或调整图层”按钮，在弹出的菜单中选择“亮度/对比度”命令，得到图层“亮度/对比度1”，按Ctrl+Alt+G组合键执行“创建剪贴蒙版”操作，然后设置面板中的参数，如图4.126所示，得到如图4.127所示的效果。

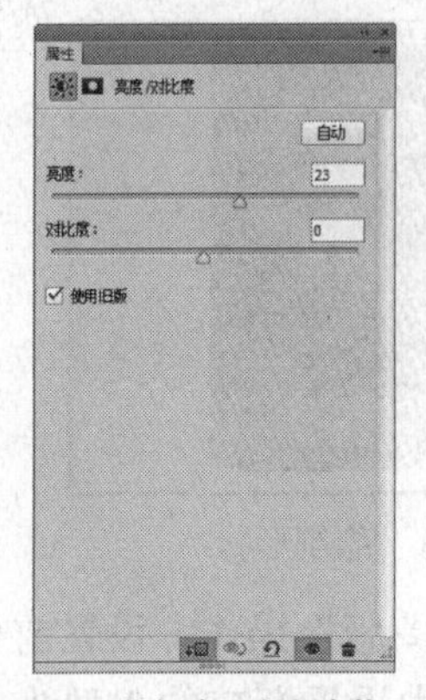

图4.126 “亮度/对比度”面板

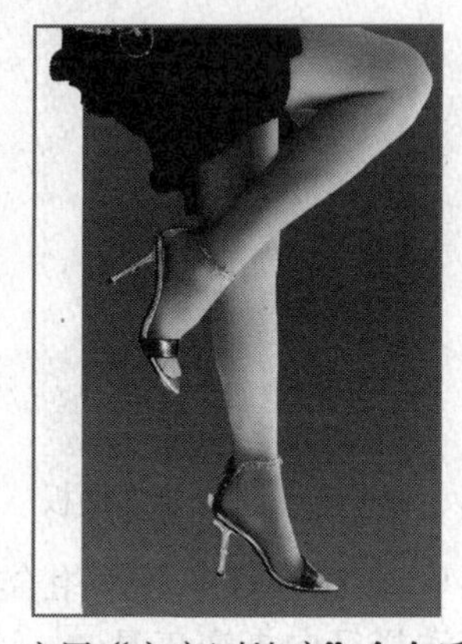

图4.127 应用“亮度/对比度”命令后的效果

7 单击“创建新的填充或调整图层”按钮，在弹出的菜单中选择“通道混合器”命令，得到图层“通道混合器1”，按Ctrl+Alt+G组合键执行“创建剪贴蒙版”操作，然后设置面板中的参数，如图4.128～图4.130所示，得到如图4.131所示的效果。

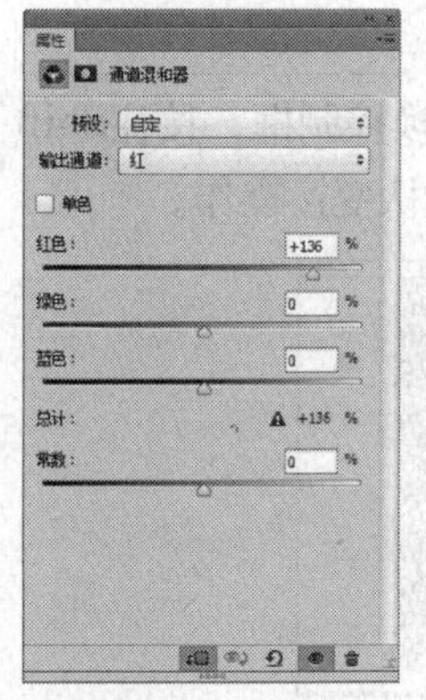

图4.128 “红”选项

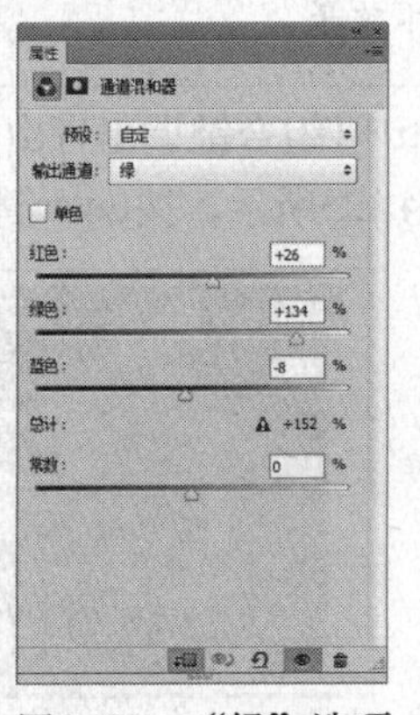

图4.129 “绿”选项

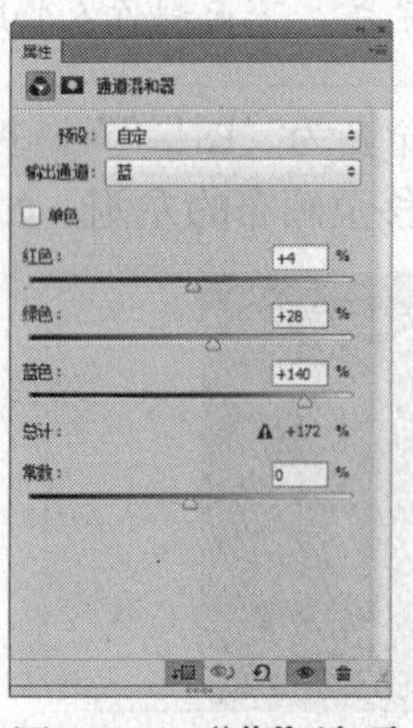

图4.130 “蓝”选项

图4.131 应用“通道混合器”命令后的效果

小提示

下面结合路径以及用画笔描边路径等功能，为腿制作环绕光柱。

8 选择钢笔工具，并在其工具选项条中选择“路径”选项，按照如图4.132所示的状态绘制路径。

9 新建“图层3”，设置前景色的颜色为白色，选择画笔工具，在其工具选项条中设置画笔为“尖角5像素”。切换至“路径”面板，按住Alt键单击“用画笔描边路径”按钮，在弹出的对话框中选中“模拟压力”复选框，单击“确定”按钮，在“路径”面板空白处单击以隐藏路径，得到如图4.133所示的效果。

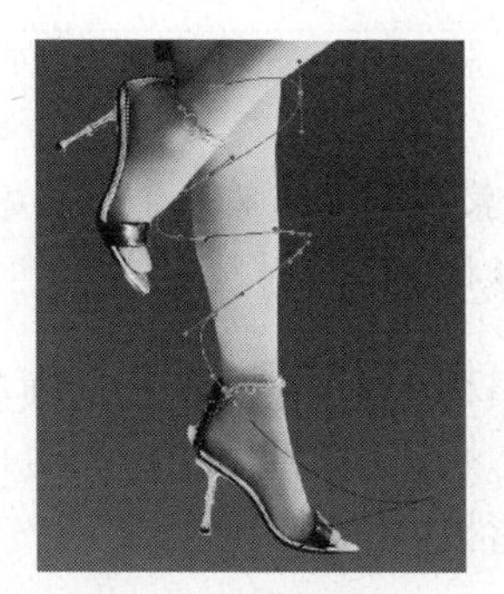

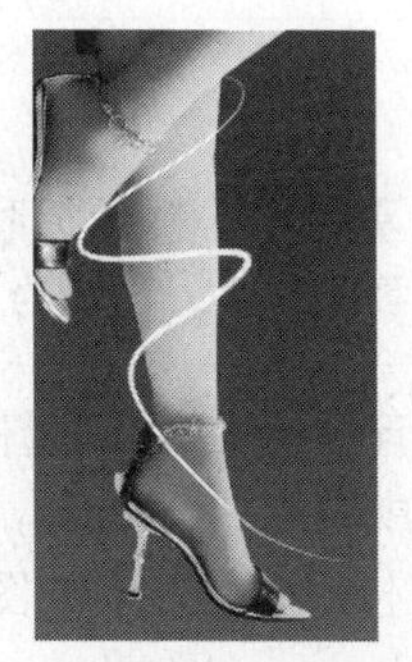

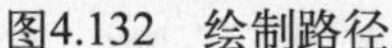

图4.132 绘制路径　　图4.133 应用“用画笔描边路径”命令后的效果

小提示

选中“模拟压力”复选框的目的就在于，让描边路径后得到的线条图像具有两端细中间粗的效果。但需要注意的是，此时必须在“画笔”面板的“形状动态”区域中，设置“大小抖动”下方“控制”下拉菜单中的选项为“钢笔压力”，否则将无法得到这样的效果。

10 单击“添加图层蒙版”按钮为“图层3”添加图层蒙版，设置前景色的颜色为黑色，选择画笔工具，并在其工具选项条中设置适当的画笔大小，按照如图4.134所示的效果将图像涂抹成环绕着腿的效果，图层蒙版的状态如图4.135所示。

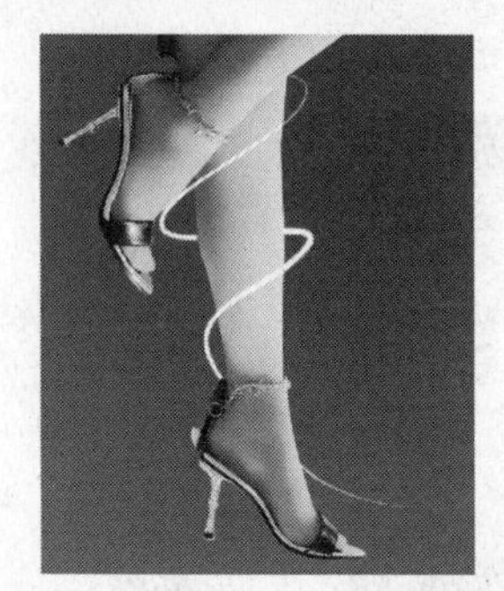

图4.134 添加图层蒙版后的效果　　图4.135 图层蒙版的状态

11 单击“添加图层样式”按钮，在弹出的菜单中选择“混合选项”命令，设置弹出的对话框如图4.136所示，然后继续在对话框中选择“外发光”选项，设置其对话框如图4.137所示，单击“确定”按钮，得到如图4.138所示的效果。

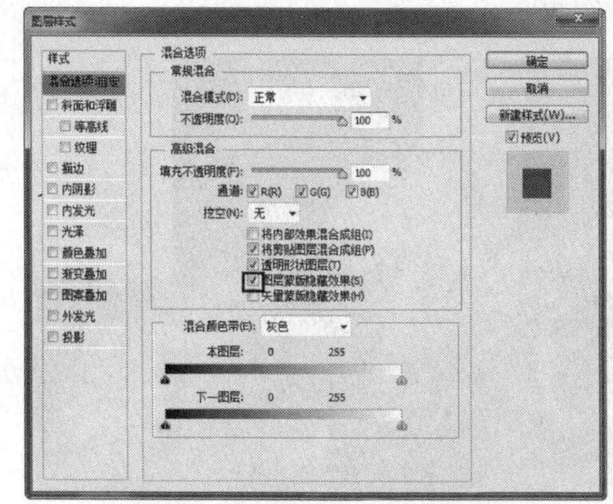

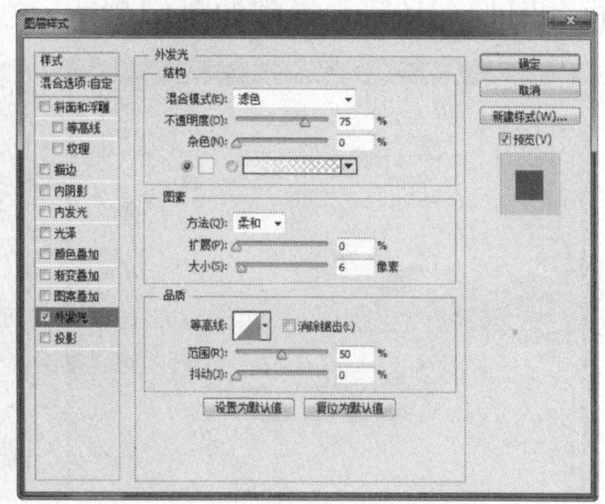

图4.136 “混合选项”对话框　　图4.137 “外发光”对话框

小提示

在设置“图层样式”对话框时，选中“图层蒙版隐藏效果”复选框是为了将图层样式产生的效果使用蒙版隐藏。下面为脚部添加装饰形状。

12 设置前景色的颜色为白色，选择自定形状工具，并在其工具选项条中选择“形状”选项，在画布中单击鼠标右键，在弹出的形状类型选择框中选择如图4.139所示的形状，在人物的鞋的上面绘制一条如图4.140所示的形状，得到“形状 1”。

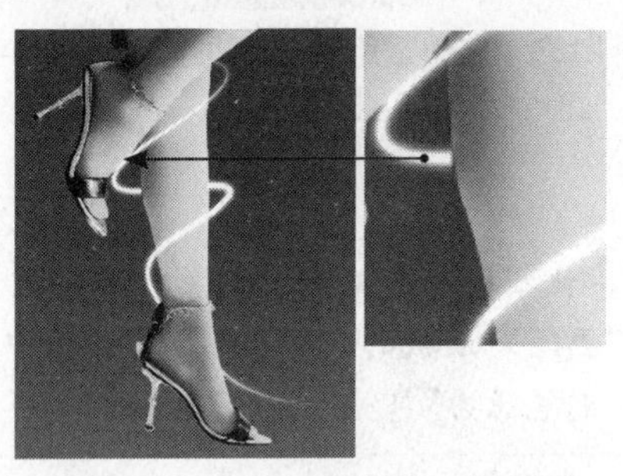

图4.138　应用图层样式后的效果

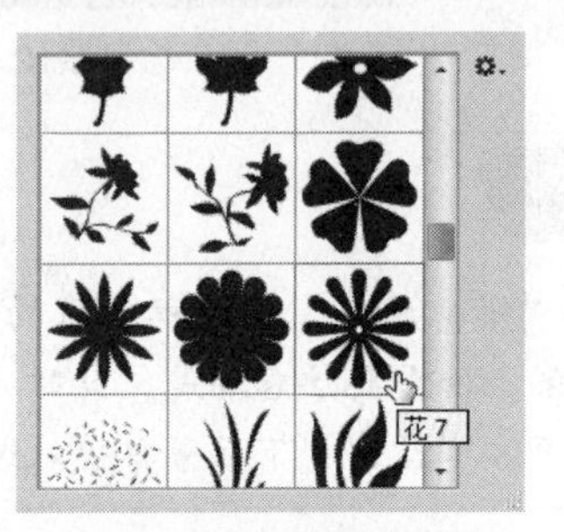

图4.139　选择形状

13 在画另外一个形状时，需要在工具选项条中选择“合并形状”选项，这样就可以使绘制的形状和上一步绘制的形状在同一个形状图层中，按照如图4.141所示的效果绘制两个形状，“图层”面板的状态如图4.142所示。

图4.140　绘制形状

图4.141　绘制其他形状

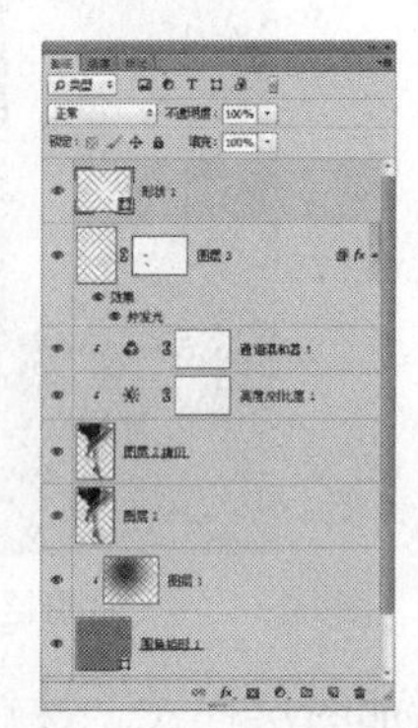

图4.142　“图层”面板

14 单击“添加图层样式”按钮，在弹出的菜单中选择“外发光”命令，设置弹出的对话框如图4.143所示，得到如图4.144所示的效果。

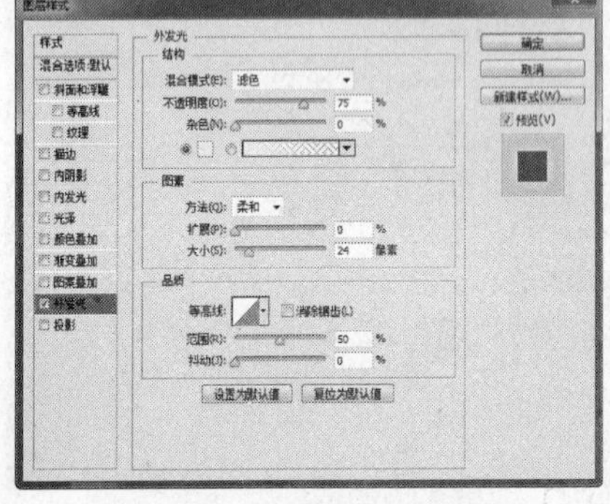

图4.143　“外发光”对话框

图4.144　应用“外发光”命令后的效果

15 按照第12步的操作方法，使用自定形状工具绘制黑色的装饰花瓣，如图4.145所示。然后按照上一步的操作方法添加“外发光”图层样式，对话框如图4.146所示，得到如图4.147所示的效果，“图层”面板的状态如图4.148所示。

图4.145　绘制装饰形状

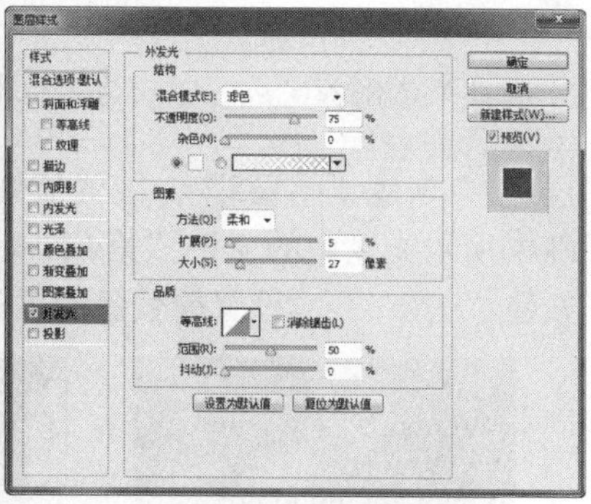

图4.146　“外发光”对话框

图4.147　应用“外发光”命令后的效果

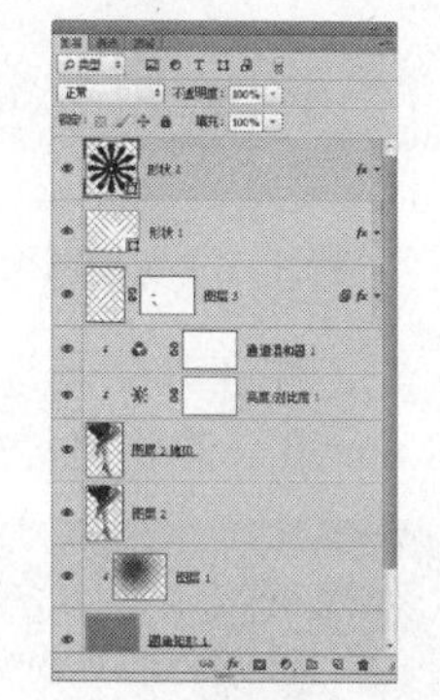

图4.148　“图层”面板

小提示

至此，脚部的装饰图形已制作完成，下面给鞋的下方制作水墨效果。

16 选择“图层1”，新建“图层4”，设置前景色的颜色为黑色，选择画笔工具，打开随书所附光盘中的文件“第4章\4.6-素材2.abr”，在画布中单击鼠标右键，在弹出的画笔显示框中选择刚刚打开的画笔（一般在最后一个），在人物的脚下单击，得到如图4.149所示的效果。

17 打开并选择随书所附光盘中的文件“第4章\4.6-素材3.abr”，并在画笔工具选项条中设置“大小”为280像素，在上一步用画笔绘制的图像上面单击，得到如图4.150所示的效果。

图4.149　用画笔1绘制

图4.150　用画笔2叠加

18 按Ctrl+T组合键调出自由变换控制框，顺时针旋转14° 并按住Ctrl键拖动4个角的控制句柄至如图4.151所示的效果，按Enter键确认变换操作。

小提示

至此，水墨效果已制作完成。下面为图像制作杂边、彩条效果。

19 选择“图层1”，新建“图层5”，设置前景色的颜色值为3ac3df，选择画笔工具，打开并选择随书所附光盘中的文件“第4章\4.6-素材4.abr”，按照如图4.152所示的效果进行绘制。新建“图层6”，设置前景色的颜色为黑色，按照如图4.153所示的效果绘制。

图4.151　变换图像

图4.152　用画笔工具绘制后的效果

20 选择钢笔工具，并在其工具选项条中选择“路径”选项，绘制一条如图4.154所示的路径，按Ctrl+Enter组合键将路径转换为选区。

图4.153　用画笔工具绘制后的效果

图4.154　绘制路径

21 保持选区，新建“图层7”，设置前景色的颜色值为0168af，背景色的颜色值为005994，选择线性渐变工具，设置渐变的类型为“前景色到背景色渐变”，从选区的左至右绘制渐变，按Ctrl+D组合键取消选区，得到如图4.155所示的效果。

22 新建“图层8”，设置前景色的颜色为白色，选择画笔工具，使用第19步打开的画笔，按照如图4.156所示的效果绘制。

图4.155　绘制渐变后的效果

图4.156　用画笔绘制后的效果

小提示

下面将通过在通道中应用滤镜来给图像的底图添加圆点的装饰图案以衬托纤腿。

23 按住Shift键使用椭圆选框工具 在人物的腿部绘制如图4.157所示的正圆形选区，按Shift+F6组合键调出“羽化选区”对话框，在弹出的对话框中设置“羽化半径”为90 像素，切换至“通道”面板，单击“将选区存储为通道”按钮 ，得到“Alpha 1”，按Ctrl+D组合键取消选区，选择“Alpha 1”此时的状态如图4.158所示。

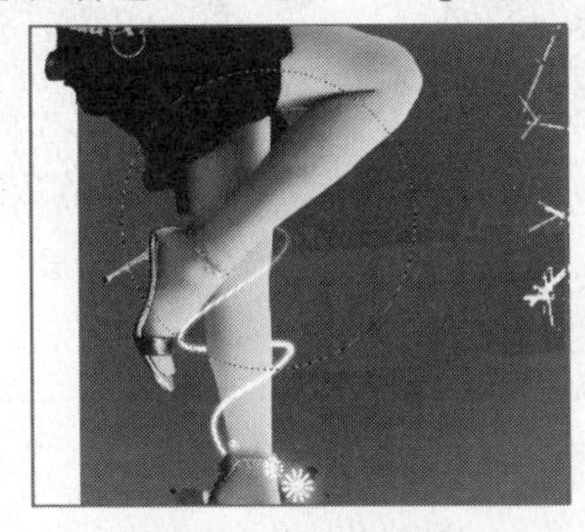

图4.157　绘制选区

图4.158　“Alpha 1”的状态

24 选择“滤镜”｜“像素化”｜“彩色半调”命令，设置弹出的对话框如图4.159所示，得到如图4.160所示的效果。按Ctrl键单击“Alpha 1”通道缩览图，以载入其选区。

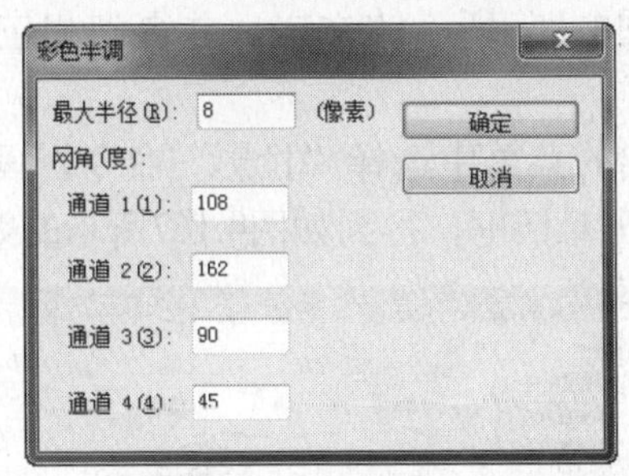

图4.159　“彩色半调”对话框

图4.160　应用“彩色半调”命令后的效果

25 保持选区，返回“图层”面板，新建“图层9”，设置前景色的颜色为白色，按Alt+Delete组合键用前景色填充选区，按Ctrl+D组合键取消选区，得到如图4.161所示的效果。设置“图层9”的不透明度为80%。

26 单击“添加图层蒙版”按钮 为“图层9”添加图层蒙版，设置前景色的颜色为黑色，选择画笔工具 ，并在其工具选项条中设置适当的画笔大小及不透明度，将图像的“周边”涂抹以将其淡化，使中心为突出，得到如图4.162所示的效果，图层蒙版的状态如图4.163所示，“图层”面板的状态如图4.164所示。

图4.161　填充选区后的效果

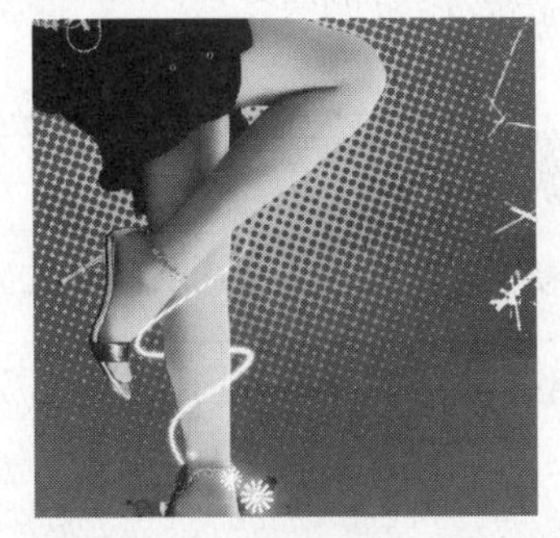

图4.162　添加图层蒙版后的效果

图4.163　图层蒙版的状态

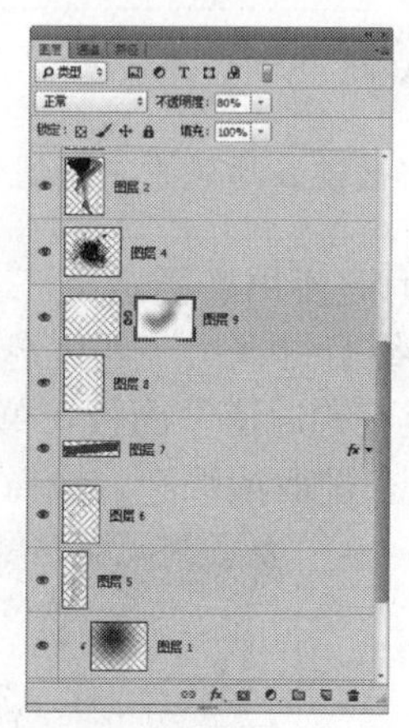

图4.164　“图层”面板

小提示

圆点装饰图案已制作完成。下面制作画面中的文字图像。

27 设置前景色的颜色为黑色，选择横排文字工具T，并在其工具选项条中设置适当的字体与字号，在渐变彩条的上面输入如图4.165所示的文字，并得到相应的文字图层“Char”。

28 单击“添加图层样式”按钮fx，并在弹出的菜单中选择“投影”命令，设置弹出的对话框如图4.166所示，单击“确定”按钮退出对话框，得到如图4.167所示的效果。

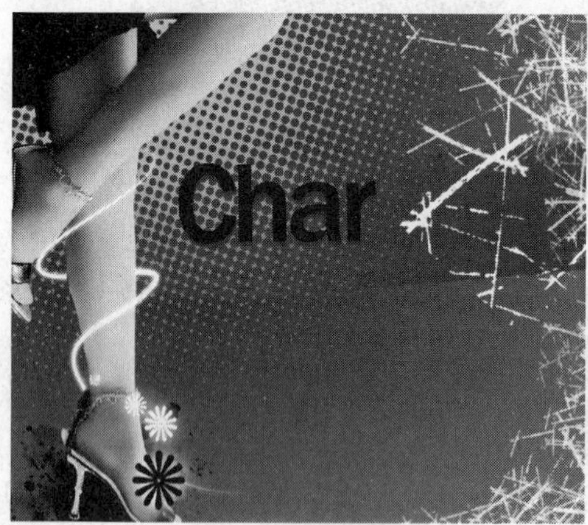

图4.165　输入文字

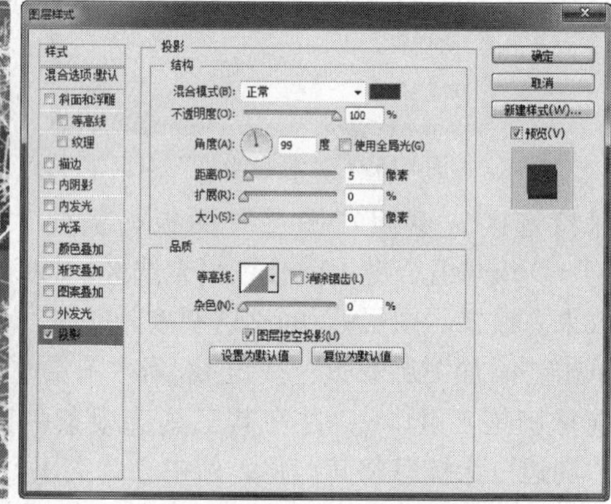

图4.166　“投影”对话框

小提示

在“投影”对话框中，颜色块的颜色值为00529a。

29 按Ctrl+T组合键调出自由变换控制框，逆时针旋转12°，如图4.168所示，按Enter键确认变换操作。

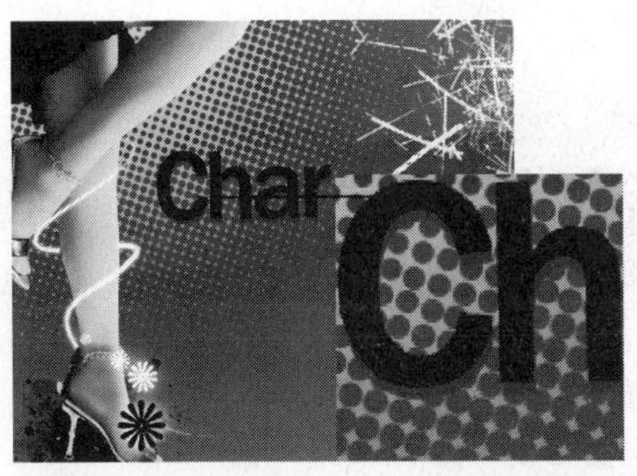

图4.167 应用“投影”命令后的效果

图4.168 旋转中的状态

30 按照的前面操作制作如图4.169所示的文字“m”，用矩形选框工具在“m”的右侧绘制如图4.170所示的矩形选区，单击“添加图层蒙版”按钮为“m”添加图层蒙版，得到如图4.171所示的效果。

图4.169 输入文字

图4.170 绘制选区

31 重复前面的操作方法，输入如图4.172所示的文字，这样一组组合文字就完成了。

图4.171 添加图层蒙版后的效果

图4.172 输入文字

32 再输入其他说明性的文字，这幅作品就完成了，最终效果如图4.173所示，“图层”面板的状态如图4.174所示。

图4.173 最终效果

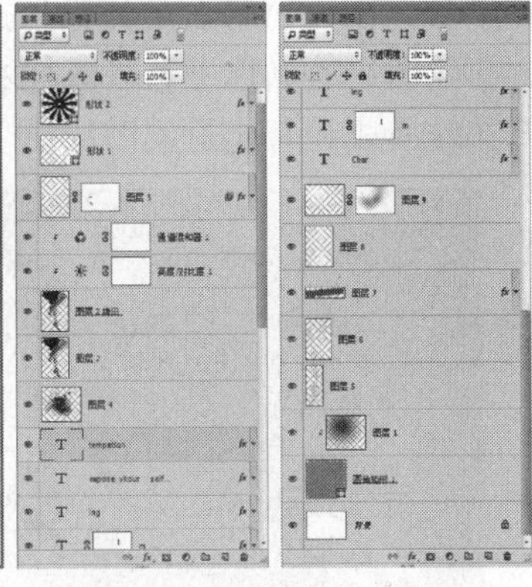
图4.174 “图层”面板

4.7 商场促销设计

例前导读

本例是以“商场促销”为主题的设计作品。在制作的过程中，以处理醒目的主题文字“满200送100～200”的立体效果为核心内容，突出主题。进而让人们再次关注其他相关说明文字，达到促销的目的。

核心技能

- 应用“渐变叠加”图层样式制作图像的渐变效果。
- 通过设置图层的属性融合图像。
- 利用剪贴蒙版的功能限制图像的显示范围。
- 应用形状工具绘制形状。
- 结合路径及渐变填充图层的功能，制作图像的渐变效果。
- 通过添加图层蒙版隐藏不需要的图像。
- 应用自由变换控制框调整图像的大小、角度及位置。

操作步骤

1 打开随书所附光盘中的文件“第4章\4.7-素材1.psd”，如图4.175所示。将其作为本例的背景图像。

小提示

本步笔者是以组的形式给的素材，由于其操作非常简单，在叙述上略显繁琐，读者可以参考最终效果源文件进行参数设置，展开组即可观看到操作的过程。下面制作主题文字图像。

2 选择横排文字工具T，设置前景色的颜色值为ffe100，并在其工具选项条上设置适当的字体和字号，在人物的右上方输入文字“满200”，如图4.176所示。同时得到相应的文字图层。在此图层的名称上单击鼠标右键，在弹出的菜单中选择“转换为智能对象”命令，从而将其转换成为智能对象图层。

图4.175　素材图像

图4.176　输入文字

3 按Ctrl+T组合键调出自由变换控制框，在控制框内单击鼠标右键，在弹出的菜单中选择“斜切”命令，然后拖动各个控制句柄以制作图像的斜切效果，如图4.177所示。按Enter键确认操作。

4 单击“添加图层样式”按钮 fx，在弹出的菜单中选择“渐变叠加”命令，设置弹出的对话框如图4.178所示，得到如图4.179所示的效果。

图4.177 变换状态　　图4.178 “渐变叠加”对话框

5 打开随书所附光盘中的文件“第4章\4.7-素材2.pat”，单击“创建新的填充或调整图层”按钮 ◐，在弹出的菜单中选择“图案”命令，设置弹出的对话框如图4.180所示，单击“确定”按钮退出对话框。

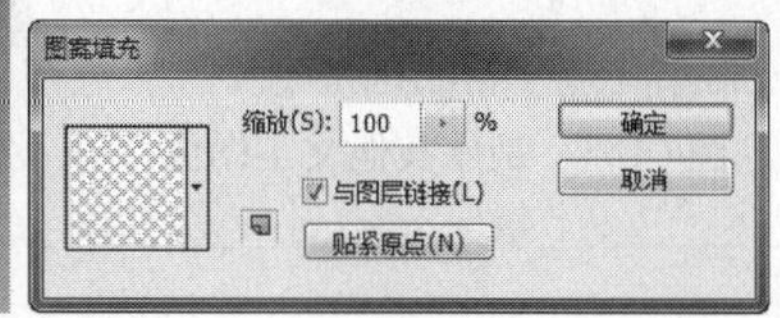

图4.179 添加图层样式后的效果　　图4.180 “图案填充”对话框

小提示

在“图案填充”对话框中，所选择的图案为本步打开的素材图案。

6 接着，按Ctrl+Alt+G组合键执行“创建剪贴蒙版”操作，得到如图4.181所示的效果。同时得到“图案填充1”。设置此图层的混合模式为“颜色减淡”，不透明度为65%，以混合图像，得到的效果如图4.182所示。

图4.181 创建剪贴蒙版后的效果　　图4.182 设置图层属性后的效果

小提示

至此，文字“满200”已制作完成。下面制作其他文字图像。

7 按照第2～4步的操作方法，结合文字工具、变换以及图层样式等功能，制作文字“满200”下方的文字图像，如图4.183所示。同时得到图层“送”和“100、200”。

小提示

1. 本步中关于图像的斜切状态，按Ctrl+T组合键调出自由变换控制框即可查看；2. 本步中关于“图层样式”对话框中的设置请参考最终效果源文件。在下面的操作中会多次应用到图层样式的操作，笔者不再做相关参数的提示。下面制作文字中的图案效果。

8 按Alt键将“图案填充1”分别拖至图层“送”和图层“100、200”的上方得到“图案填充1拷贝”和“图案填充1拷贝2”，并分别按Ctrl+Alt+G组合键执行“创建剪贴蒙版”操作，得到如图4.184所示的效果。

图4.183 制作其他文字图像　　图4.184 复制及创建剪贴蒙版后的效果

小提示

至此，文字图像已制作完成。下面制作数字100与200间的符号图像。

9 选择“图案填充1拷贝2”，设置前景色的颜色值为ffe100，选择钢笔工具，在其工具选项条上选择“形状”选项，在数字100与200间绘制如图4.185所示的形状，得到“形状1”。

10 结合“渐变叠加”图层样式、复制图层以及创建剪贴蒙版的功能，制作符号图像的渐变及图案效果，如图4.186所示。“图层”面板如图4.187所示。

图4.185 绘制形状　　图4.186 制作渐变及图案效果

小提示

为了方便图层的管理，笔者在此将制作主题文字的图层选中，按Ctrl+G组合键执行了“图层编组”的操作，并将得到的组重命名为“主题文字”。在下面的操作中，笔者也对各部分进行了编组的操作，在步骤中不再叙述。下面制作主题文字的立体效果。

11 收拢组“主题文字”，选择组“背景”作为当前的操作对象，选择钢笔工具，在其工具选项条上选择“路径”选项，在下方的文字图像上绘制如图4.188所示的路径。

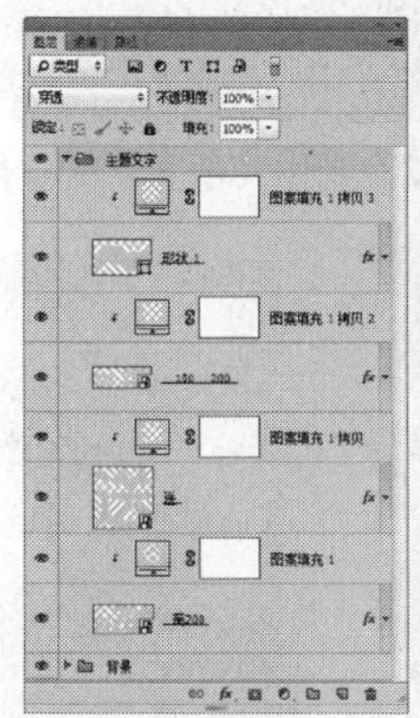

图4.187 “图层”面板

图4.188 绘制路径

12 单击“创建新的填充或调整图层”按钮，在弹出的菜单中选择“渐变”命令，设置弹出的对话框如图4.189所示，单击“确定”按钮退出对话框，隐藏路径后的效果如图4.190所示。同时得到“渐变填充1”。

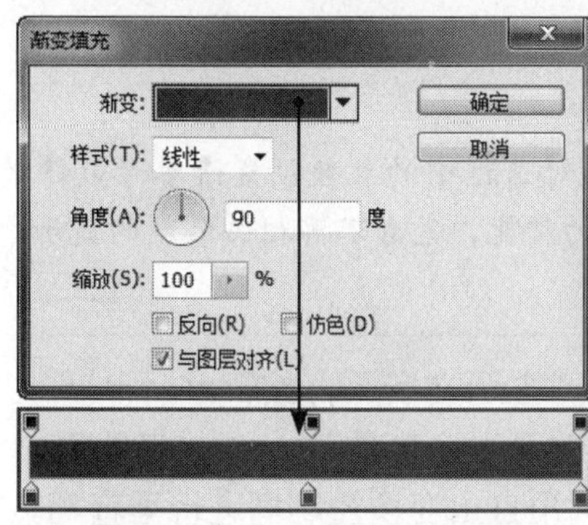

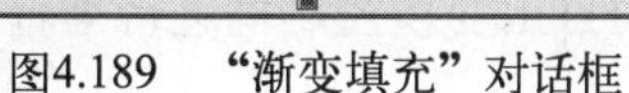

图4.189 “渐变填充”对话框

图4.190 应用“渐变填充”后的效果

小提示

在“渐变填充”对话框中，渐变类型各色标值从左至右分别为cd005c、e4006e和cd005c。下面利用形状工具增强图像的立体感。

13 设置前景色的颜色值为cd005c，按照第9步的操作方法，应用钢笔工具在右上方的红色图像上绘制如图4.191所示的形状，得到“形状2”。

14 按照第11～13步的操作方法，结合路径、渐变填充以及形状工具，制作其他文字的立体感，如图4.192所示。图4.193所示为单独显示第11步至本步的图像状态，“图层”面板如图4.194所示。

图4.191　绘制形状

图4.192　制作其他文字的立体感

图4.193　单独显示图像状态

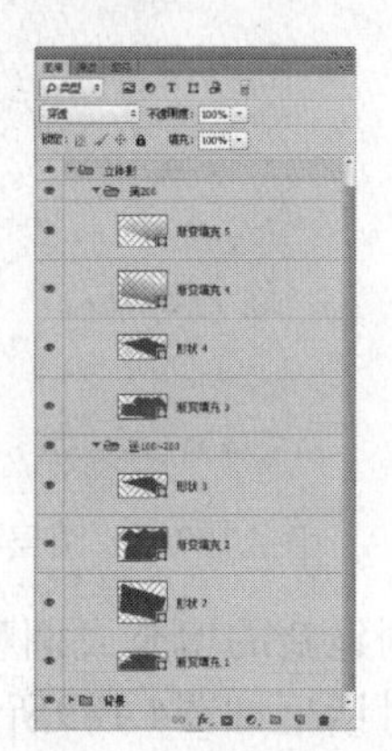

图4.194　“图层”面板

小提示

本步中关于图像的颜色值以及“渐变填充”对话框中的参数设置请参考最终效果源文件。在下面的操作中会多次应用到渐变填充图层的功能，笔者不再相关参数的提示。下面制作文字的倒影效果。

15 收拢组“立体影”，并选中组“立体影”和“主题文字”，按Ctrl+Alt+E组合键执行“盖印”操作，从而将选中图层中的图像合并至一个新图层中，并将其重命名为“倒影”。将此图层拖至组“立体影”的下方。利用自由变换控制框进行垂直翻转并向下移动位置，得到的效果如图4.195所示。

16 设置图层“倒影”的不透明度为10%，以降低图像的透明度，得到的效果如图4.196所示。

图4.195　盖印及调整图像

图4.196　设置不透明度后的效果

17 单击“添加图层蒙版”按钮为图层“倒影”添加蒙版，设置前景色为黑色，选择渐变工具，在其工具选项条中选择线性渐变工具，在画布中单击鼠标右键在弹出渐变显示框中选择渐变类型为“前景色到透明渐变”，在蒙版中从倒影图像的上方至下方绘制渐变，得到的效果如图4.197所示。

小提示

至此，文字的倒影效果已制作完成。下面制作文字背后的发射光效果。

18 选择组“背景”作为当前的操作对象，根据前面所讲解的操作方法，结合形状工具、路径以及渐变填充图层等功能，制作文字背后的发射光效果，如图4.198所示。同时得到“形状 5”和“渐变填充 6”。

图4.197　添加图层蒙版后的效果

图4.198　制作发射光效果

小提示

本步中关于“形状 5”图层中的图像的颜色值为fbed00。另外，设置了“渐变填充6”的不透明度为50%。下面制作装饰图像。

19 选择组“主题文字”，利用随书所附光盘中的文件“第4章\4.7-素材3.psd”，结合移动工具及变换功能，制作文字上方的星光效果，如图4.199所示。同时得到“图层1”。

20 新建“图层2”，设置前景色为白色，打开随书所附光盘中的文件“第4章\4.7-素材4.abr”，选择画笔工具，在画布中单击鼠标右键，在弹出的画笔显示框中选择刚刚打开的画笔，在文字上方进行涂抹，得到的效果如图4.200所示。

图4.199　制作星光图像

图4.200　涂抹后的效果

21 然后，在画笔工具选项条中更改画笔大小为“10像素”，继续在人物的右侧进行涂抹，得到的效果如图4.201所示。

22 按照第20步的操作方法，结合画笔素材及画笔工具，制作右侧星光图像上的白光效果以及人物头部的星光效果，如图4.202所示。同时得到“图层3”和“图层4”。

图4.201　继续涂抹

图4.202　制作白光及星光效果

小提示

本步使用到的画笔为随书所附光盘中的文件“第4章\4.3-素材5.abr和4.3-素材6.abr”。下面结合形状工具、路径、渐变填充以及图层蒙版等功能，制作装饰线条图像。

23 选择组“主题文字”，设置前景色为8fc41e，应用钢笔工具在画布的上方绘制如图4.203所示的形状，得到“形状6”。设置此图层的混合模式为“变亮”，以混合图像，得到的效果如图4.204所示。

图4.203　绘制形状

图4.204　设置混合模式后的效果

24 单击“添加图层蒙版”按钮为图层“形状6”添加蒙版，设置前景色为黑色，选择画笔工具，并在其工具选项条中设置适当的画笔大小及不透明度，在蒙版中进行涂抹，以将人物头部上面的图像隐藏起来，得到的效果如图4.205所示。

25 根据前面所讲解的操作方法，结合路径、渐变填充以及图层蒙版等功能，制作文字下方的白色光效果，如图4.206所示。“图层”面板如图4.207所示。

图4.205　添加图层蒙版后的效果

图4.206　制作白光效果

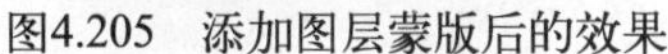

小提示

本步中设置了“渐变填充7”的不透明度为80%；设置了“渐变填充 8”的混合模式为“变亮”，不透明度为80%。下面制作活动介绍，完成制作。

26 收拢组“装饰”，打开随书所附光盘中的文件“第4章\4.7-素材7.psd”，按住Shift键使用移动工具将其拖至上一步制作的文件中，得到的最终效果如图4.208所示。“图层”面板如图4.209所示。

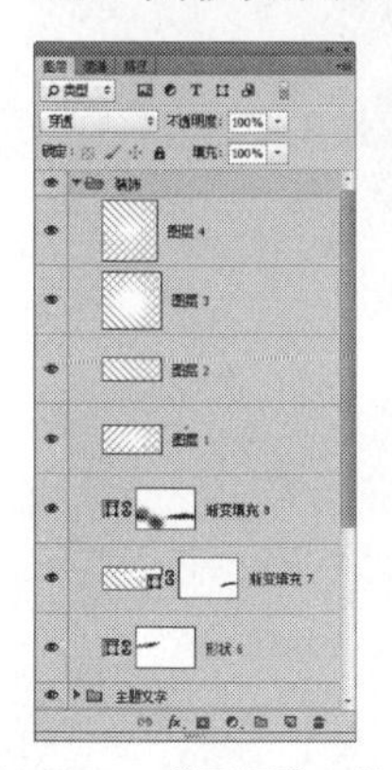

图4.207　“图层”面板

图4.208　最终效果

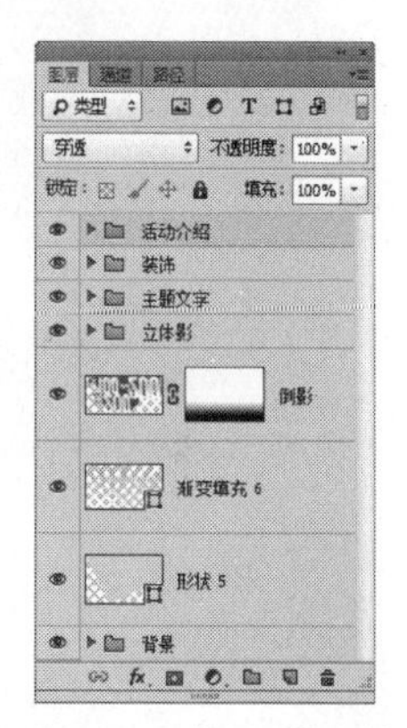

图4.209　“图层”面板

4.8 练习题

1 尝试在网络上找到具有代表性的作品，如云南3日游广告、江南水乡楼盘广告、相机广告、以牛奶作为主要表现图像的广告及以年轻、时尚、有活力为定位的汽车广告等。

2 以本章4.7节的广告为基本版式，将文字“满200”改为“满500”，主体图像改为男性，并修改整体色彩等元素的风格，使之协调、统一。

3 打开随书所附光盘中的文件“第4章\4.8-3-素材.psd”，里面包含了多幅素材，如图4.210所示，结合图层属性、图层蒙版、调整图层以及图层样式等功能，制作得到如图4.211所示的公益广告。

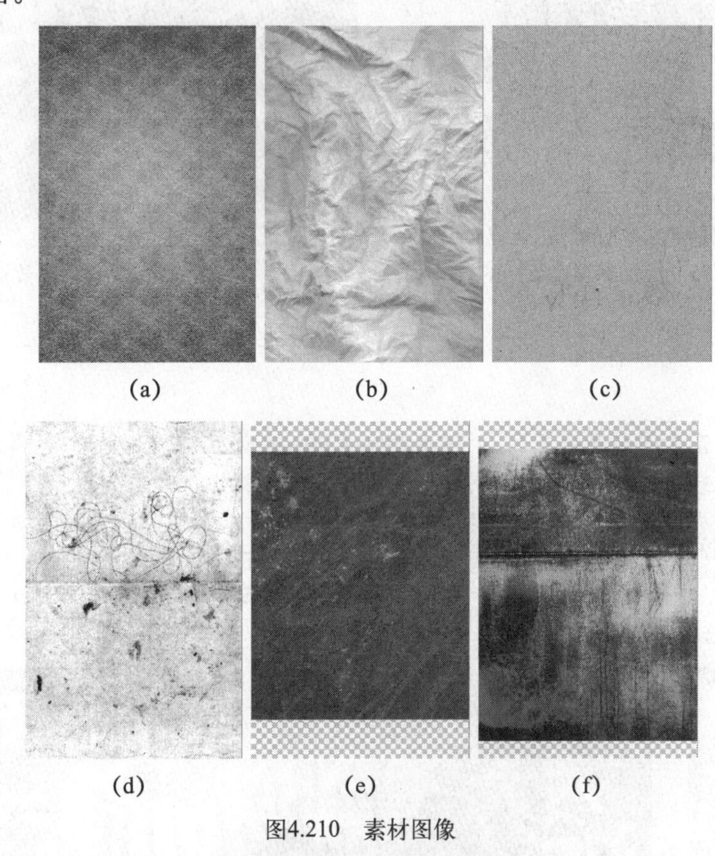
(a) (b) (c)
(d) (e) (f)

图4.210 素材图像

图4.211 最终效果

4 打开随书所附光盘中的文件“第4章\4.8-4-素材1.tif～素材2.tif”、“第4章\4.8-4-素材3.psd～素材6.psd”，如图4.212所示，结合调整图层、蒙版、画笔绘图等功能，制作得到如图4.213所示的房地产广告效果。

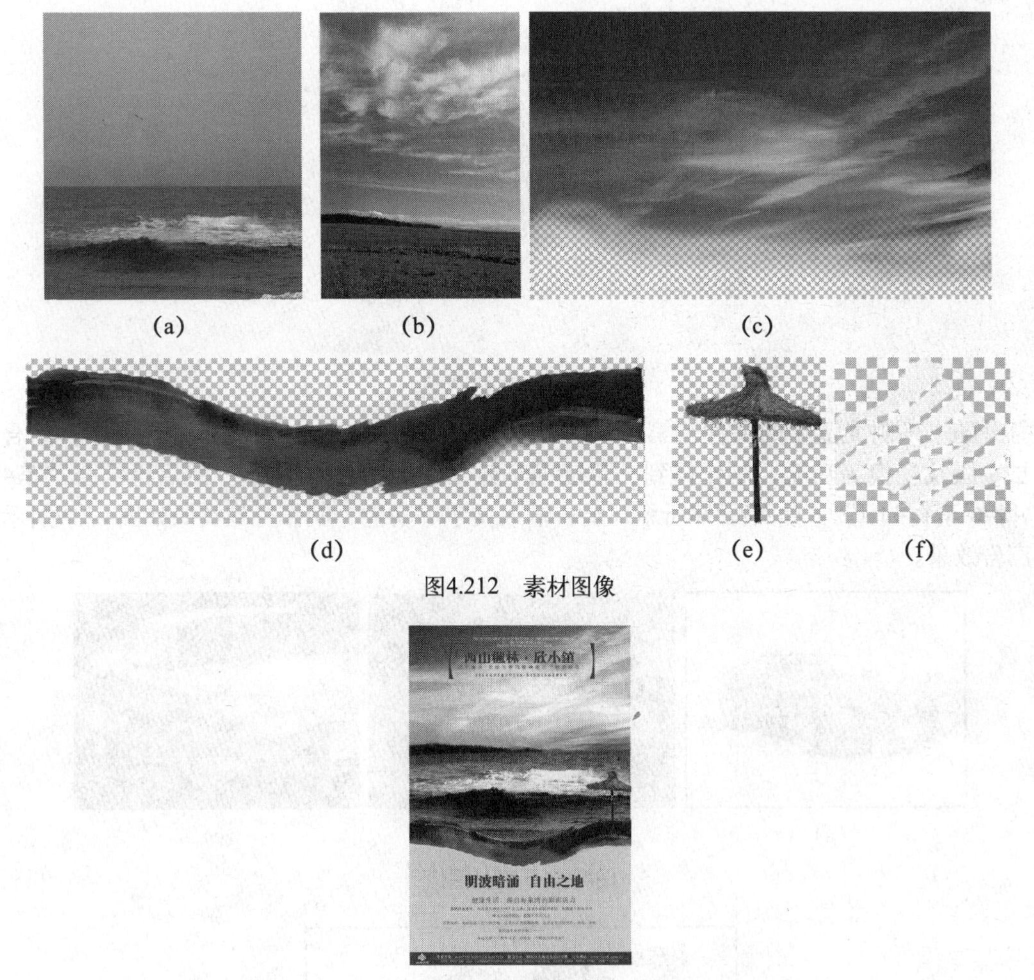

(a) (b) (c)

(d) (e) (f)

图4.212 素材图像

图4.213 广告效果

5 打开随书所附光盘中的文件“第4章\4.8-5-素材1.psd”～“第4章\4.8-5-素材14.psd”，部分素材如图4.214所示，结合图层样式、路径、填充图层以及用画笔描边路径等功能，制作得到类似如图4.215所示的广告。

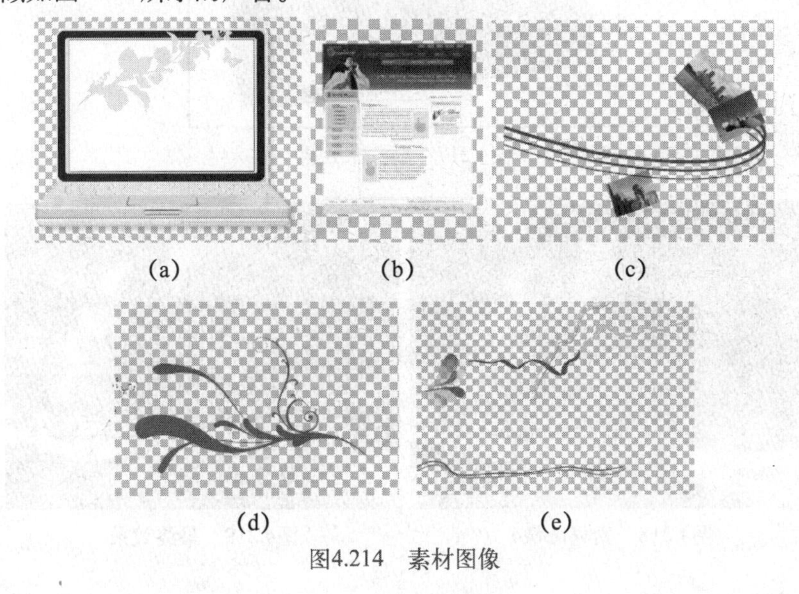

(a) (b) (c)

(d) (e)

图4.214 素材图像

图4.215　最终效果

6 打开随书所附光盘中的文件“第4章\4.8-6-素材1.tif～素材3.tif”如图4.216所示，结合图层蒙版及变换等功能，制作得到一辆鼠标车效果，如图4.217所示。然后再结合“第4章\4.8-6-素材4.tif”，如图4.218所示，配合输入文字等功能，制作得到类似如图4.219所示的广告效果。

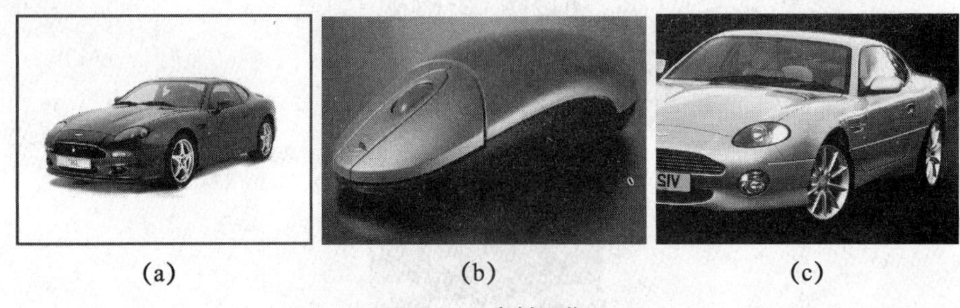

(a)　　(b)　　(c)

图4.216　素材图像

图4.217　鼠标车效果

图4.218　素材图像4　　图4.219　最终效果

第5章

封面设计

5.1 封面设计概述

5.1.1 封面的组成

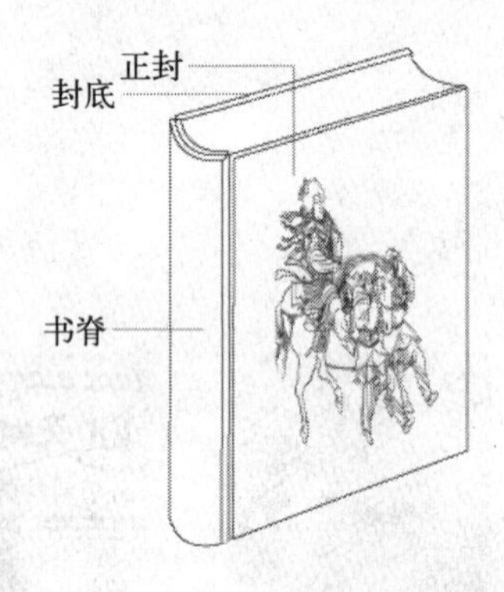

图5.1　封面组成示意图

书是人类进步的阶梯，人们每天都在学习、阅读不同类型的图书，但并不是每个人对书都了如指掌，能够说出构成书的各个组成部分的名称。图5.1展示了一个完整封面的基本组成部分。

1. 正封

图书市场中的图书绝大多数仍然是平装书，因此正封就成为这些图书最直观的“门户”。好的正封能够吸引读者的注意力，尤其是在同类图书被成堆码放时，图5.2展示了某一类图书成堆码放的情况。

图5.2　正封设计作品展示

正封的构成要素：图书主题、插图、书名、作者名、出版社名称（标志）、宣传语、系列名等。

2. 封底

大多数读者之所以翻看图书的封底是希望知道图书的定价。一个典型的封底，通常包括责任编辑名、书籍设计者名、出版社名（标志）、ISBN条码、定价等。

3. 书脊

书脊即书的脊背，其连接书的正封与封底，虽然书脊的面积有限，但也已成为设计师关注的设计重点，因为大多数书在书架上只有书脊被展现给读者。图5.3展示了一个书架上不同图书的书脊设计。很显然，醒目的设计更容易吸引读者的注意力。

图5.3　书脊设计示例

5.1.2 书装设计的基本原则

图书不是一般的消费类商品，是文化的载体，这就注定了书装设计与其他类商品在设计方面有很大差异。表现在书装设计中，即设计师使用的一根线、一行字、一个符号、一个色块，都要具有一定的设计思想。

每种设计都有一定的原则需要遵循，书装设计也不例外。下面列举几项重要的书装设计原则。

- 思想性：最优秀的书装是使读者一眼看到时，就理解图书的内容，并有对图书内容一探究竟的想法。为了体现图书内容或主题思想，简单地说，书装设计中设计师要以平面设计特有的形式语言、设计手法，使书装有内涵。如图5.4所示的书装就具有一定的思想性。

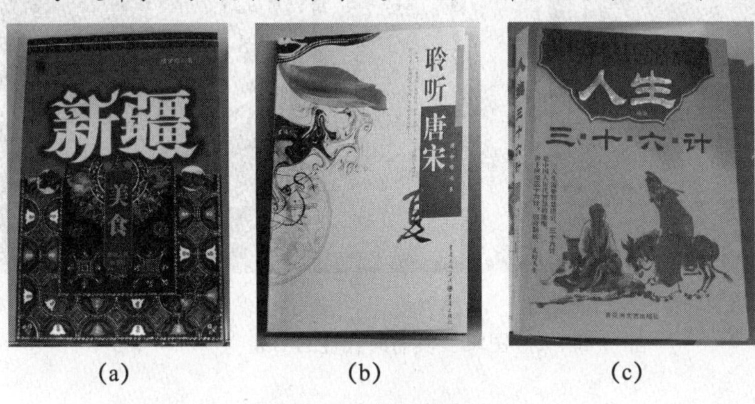

(a)　(b)　(c)

图5.4　具有思想性的书装

- 艺术性：书装设计仍然是一个设计门类，因此讲究艺术性是必然的，很难想象一本在设计艺术性方面不值一提的图书能够吸引读者的目光。如图5.5所示的书装就具有相当的艺术性。

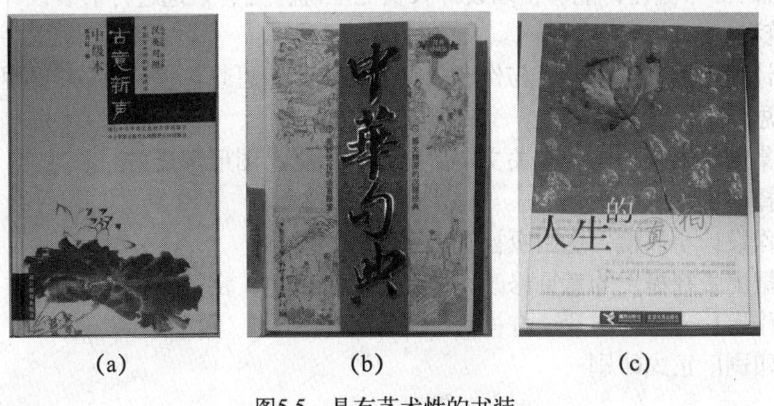

(a)　(b)　(c)

图5.5　具有艺术性的书装

■ 新颖性：设计的核心是创新，只有新鲜的视觉形象，才能够吸引读者的目光，这一点与广告设计等其他门类的设计是相同的。如图5.6所示的书装就具有一定的新颖性。

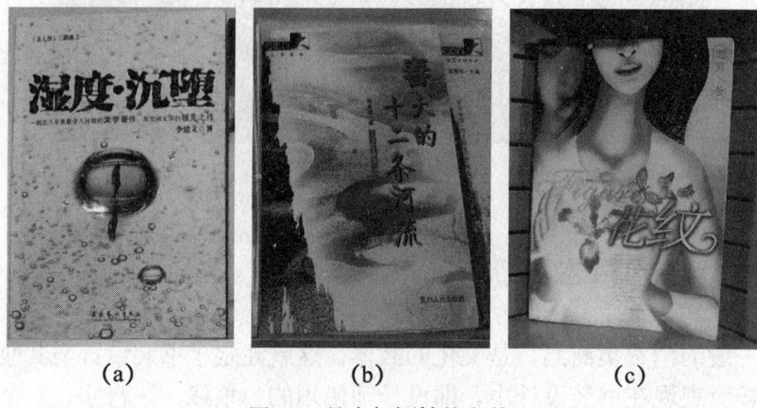

(a) (b) (c)

图5.6 具有新颖性的书装

■ 时代性：每一个时代都有不同的审美倾向，这种审美的倾向影响了设计师的设计思路与设计手法，也形成了那个时代特有的设计潮流。为了使图书能够具有时代感，在进行书装设计时就必须考虑使用与之相呼应的设计手法。如图5.7所示的书装就具有一定的时代性。

(a) (b) (c)

图5.7 具有时代性的书装

5.1.3 书装设计流程

一个正确的工作流程，能够帮助设计人员更准确、更有效地进行书装设计，下面是书装设计的一般流程。

(1) 设计师审读书的内容，与作者、文字编辑沟通思想，提炼书的主题思想。

(2) 构思。

(3) 搜集创作素材，准备有关文字、绘画、摄影、图形等资料。

(4) 选择印刷形式与工艺。

(5) 制作设计小样稿，送出版社进行审阅。

(6) 根据出版社提出的意见修改，送经出版社审稿、定稿。

(7) 制作出片文件，出片、打样。

(8) 交印刷厂正式印刷。

5.1.4 封面的色彩元素

色彩在书装设计上占有很重要的地位。当一本图书放在书架上时，大多数读者是先看到图书的整体颜色感觉，再看到文字和形象。

书装设计中颜色的选择要根据以下几个因素决定。

- 图书的内容：内容比较深沉，自然不宜使用过于跳跃的颜色。
- 图书的读者：不同年龄的人对于颜色有不同的喜好，用色要符合读者的审美倾向。
- 市场竞争情况：要考虑同类图书颜色运用情况，进行适当的差异化设计。

如图5.8所示的图书在颜色运用方面都是比较得当的。

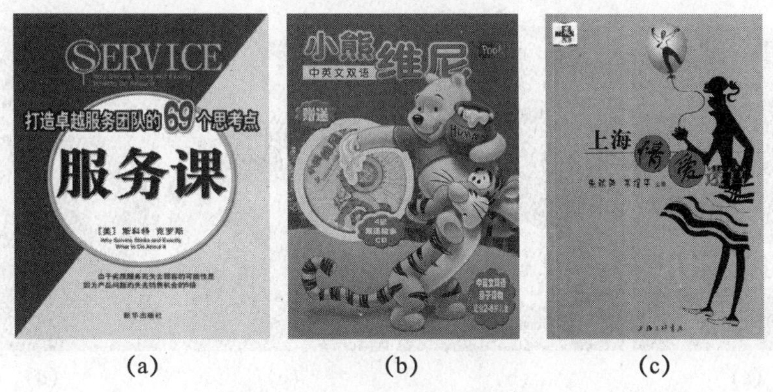

(a) (b) (c)

图5.8　颜色运用得当的书装作品

5.1.5 封面的图形元素

一个笑脸的图形在任何情况下都不会被误读，这就是图形的魅力。可以说，图形是超越国家、民族、性别的语言。

在书装设计中，图形也是非常重要的设计元素。这些图形可以是具象的，也可以是抽象的，可以是现代的，也可以是古代的，只要能够更好地表达图书的主题，图形的选择没有规则。其中常见的图形元素包括了照片、绘画图像、合成图像、符号及图案等，如图5.9～图5.13所示是使用不同图形元素的封面作品。

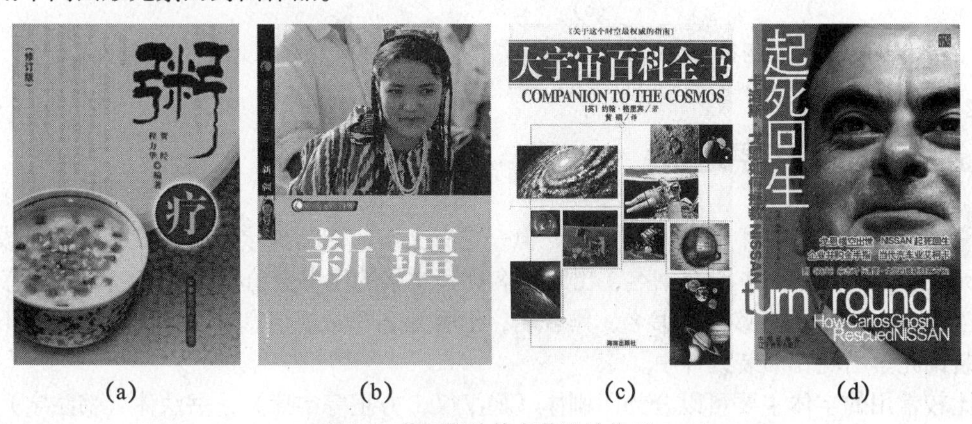

(a) (b) (c) (d)

图5.9　使用照片的书装设计作品

(a) (b) (c) (d)

图5.10 使用绘画类图片的书装

(a) (b) (c) (d)

图5.11 使用合成类图像的书装

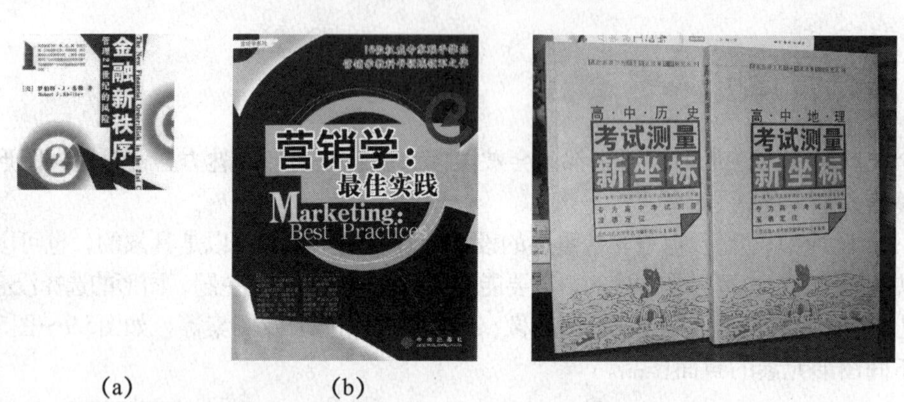

(a) (b)

图5.12 使用符号的书装设计作品　　图5.13 使用图案的书装设计作品

5.1.6 封面的文字元素

一本书的书装设计中可以没有图形，但一定有文字，因为文字是书装设计中不可或缺的组成元素，很难想象一本没有书名、出版社名称等文字的图书会给读者带来怎样的困惑。

当然，文字除了能够传达书名、作者名、出版社名等常规信息外，在大多数情况下还会作为装饰元素出现在书装设计中。

比较常用的字体主要可以分为印刷体（如汉仪、方正等字库）、书法体（书法字）及特效文字三种，如图5.14、图5.15所示。

(a)　(b)　(c)　(d)

图5.14　使用印刷体文字的书装作品

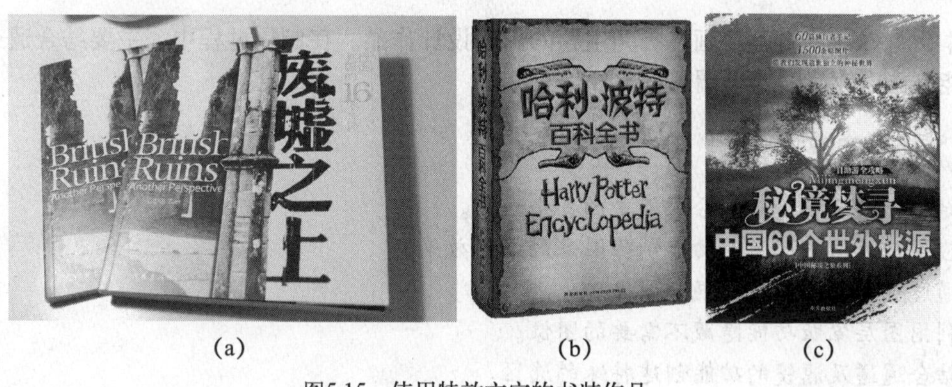

(a)　(b)　(c)

图5.15　使用特效文字的书装作品

5.1.7 书脊厚度的计算方法

书脊的厚度要计算准确，这样才能确定书脊上的字体大小，设计出合适的书脊。

下面是计算书脊的厚度常用的两种公式。

1. 第一种公式

书脊厚度（单位是 mm）=0.135×克数÷100×页数

注意：克数是指纸张的重量，如128g铜版纸、157g铜版纸、60g胶版纸，其中的数字就是克数。

例如，一本用60g胶版纸印刷的文学书籍，总页码数（包括扉页、目录、正文、附录等）是382，则这本书的书脊厚度为0.135×60÷100×191=15.5 mm。

2. 第二种公式

第二种方法稍复杂一些，书脊厚度（单位是mm）=页码数÷100×百页纸厚

注意：百页纸厚可以咨询印刷厂人员，另外如果超过400页，则得到的数字要加1mm。

例如，一本用80g胶版纸印刷的书籍，总页码数（包括扉页、目录、正文、附录等）是420，则这本书的书脊厚度为420÷100×5+1=22mm。

通常，55g纸的百页纸厚为3.5mm，60g纸的百页纸厚为3.8mm，70g纸的百页纸厚为4mm，80g纸的百页纸厚为5mm。

5.2 《维多利亚画传》封面设计

例前导读

本例是以《维多利亚画传》为主题的封面设计作品。在制作过程中，主要结合通道及滤镜功能制作人物背后的半调图案。

核心技能

- 结合标尺及辅助线划分封面中的各个区域。
- 应用渐变填充图层的功能制作图像的渐变效果。
- 通过设置图层属性以混合图像。
- 利用图层蒙版功能隐藏不需要的图像。
- 结合通道及滤镜的功能创建特殊的选区。

操作步骤

1 按Ctrl+N组合键新建一个文件，设置弹出的对话框如图5.16所示，单击“确定”按钮退出对话框，以创建一个新的空白文件。

> **小提示**
>
> 在“新建”对话框中，封面的宽度数值为正封宽度（210mm）+书脊宽度（30mm）+封底宽度（210mm）+左右出血（各3mm）=456mm，封面的高度数值为上下出血（各3mm）+封面的高度（297mm）=303mm。

> **小提示**
>
> 本书是用的128g铜版纸，共计560页，计算书脊的公式：厚度=总页数÷2×纸克数+胶订位，因此本书的书脊背计算公式就是，总页数（560页）÷2×纸克数（128g铜版纸的厚度在0.1mm左右）+胶订位（无线胶订15个印张以上2mm）=30mm。下面添加辅助线。

2 按Ctrl+R组合键显示标尺，按Ctrl+;组合键调出辅助线，按照上面的提示内容在画布中添加辅助线以划分封面中的各个区域，如图5.17所示。按Ctrl+R组合键隐藏标尺。

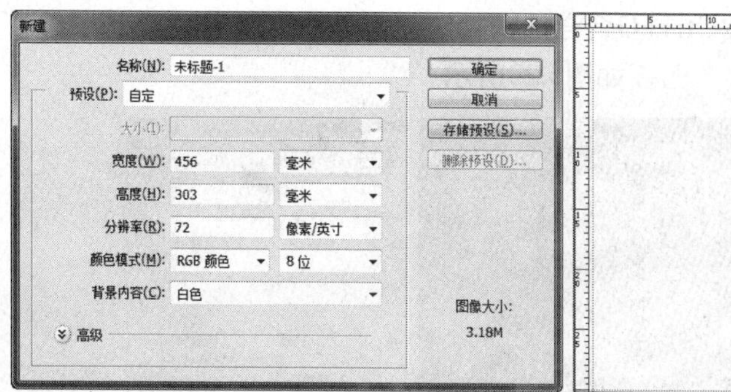

图5.16 “新建”对话框

图5.17 划分区域

小提示

下面结合渐变填充图层以及设置图层混合模式等功能，制作整体封面的底图效果。

3 新建“图层1”，设置前景色的颜色值为b3646a，按Alt+Delete组合键以前景色填充当前图层。单击“创建新的填充或调整图层”按钮，在弹出的菜单中选择“渐变”命令，设置弹出的对话框如图5.18所示，得到如图5.19所示的效果，同时得到图层“渐变填充1”。

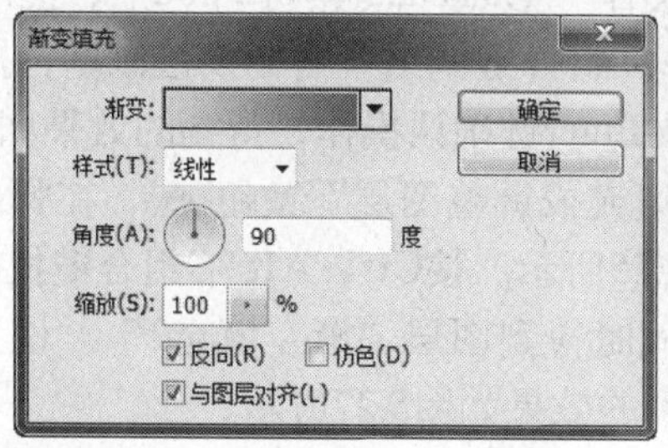

图5.18 “渐变填充”对话框

图5.19 渐变效果

小提示

在“渐变填充”对话框中，渐变颜色为“从b3646a到fbd5d5”。

4 设置“渐变填充1”的混合模式为“叠加”，以融合图像，得到的效果如图5.20所示。打开随书所附光盘中的文件“第5章\5.2-素材1.psd”，使用移动工具拖至文件中，以覆盖整个画面，得到的效果如图5.21所示，同时得到“图层2”，设置此图层的混合模式为“正片叠底”，以融合图像，得到的效果如图5.22所示。

图5.20 设置混合模式后的效果

图5.21 摆放图像

5 选中“图层1”～“图层2”，按Ctrl+G组合键执行“图层编组”操作，得到“组1”，并将其重命名为“背景”。“图层”面板如图5.23所示。

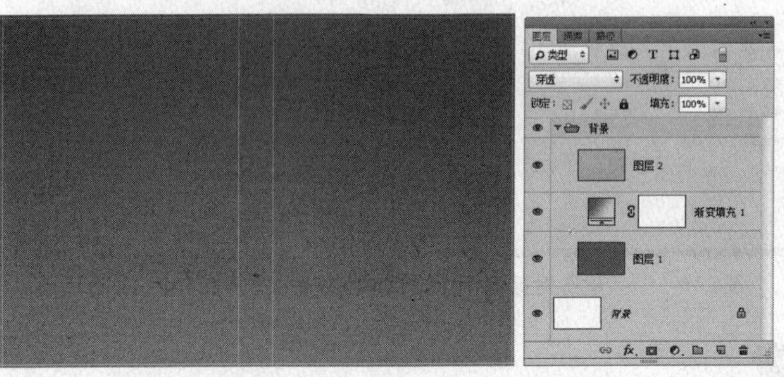

图5.22　设置混合模式后的效果　　　　图5.23　“图层”面板

小提示

至此，封面的底图效果已制作完成。下面来制作正封中的人物图像。

6 选择组“背景”，打开随书所附光盘中的文件“第5章\5.2-素材2.psd”，使用移动工具 将其拖至文件中，得到“图层3”。按Ctrl+T组合键调出自由变换控制框，按住Shift键向内拖动控制句柄以缩小图像并移动位置，按Enter键确认操作，得到的效果如图5.24所示。

7 下面来调整图像的色彩。单击“创建新的填充或调整图层”按钮 ，在弹出的菜单中选择“渐变”命令，设置弹出的对话框如图5.25所示。按Ctrl+Alt+G组合键执行“创建剪贴蒙版”操作，得到如图5.26所示的效果，同时得到图层“渐变填充2”。设置当前图层的混合模式为“饱和度”，以融合图像，得到的效果如图5.27所示。

图5.24　调整图像

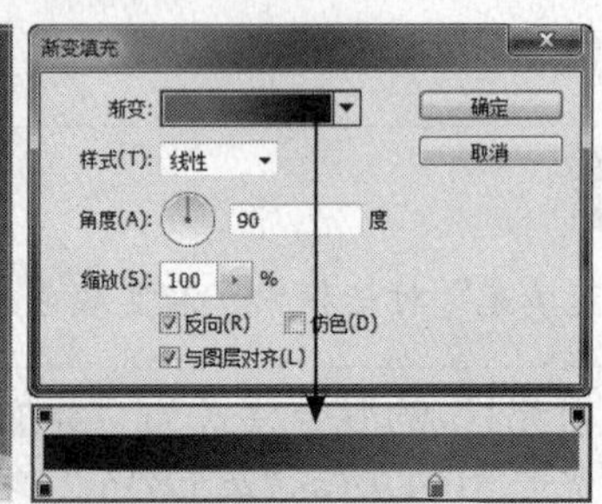

图5.25　“渐变填充”对话框

图5.26　渐变效果

图5.27　设置混合模式后的效果

小提示

在“渐变填充”对话框中，渐变颜色为“从070405到b3646a”。此时，观看图像有些模糊，在细节方面缺少一定的层次感（如头发上）。下面将利用“锐化边缘”命令来处理这个问题。

8 选择“图层3”，选择“滤镜”|“锐化”|“锐化边缘”命令，图5.28所示为应用“锐化边缘”命令前后的对比效果。

(a)

(b)

图5.28　对比效果

小提示

至此，人物图像已制作完成。下面结合通道和滤镜功能创建特殊的选区，制作人物身后的半调图案。

9 按住Ctrl键单击“图层3”以载入其选区，选择“选择”|“修改”|“扩展”命令，在弹出的对话框中设置“扩展量”数值为10，单击“确定”按钮退出对话框，得到如图5.29所示的选区。切换至“通道”面板，单击“将选区存储为通道”按钮，得到“Alpha 1”。

10 选择“Alpha 1”，按Ctrl+D组合键取消选区。选择“滤镜”|“模糊”|“高斯模糊”命令，在弹出的对话框中设置“半径”数值为20，得到如图5.30所示的效果，按Ctrl+I组合键应用“反相”命令。

图5.29　选区状态

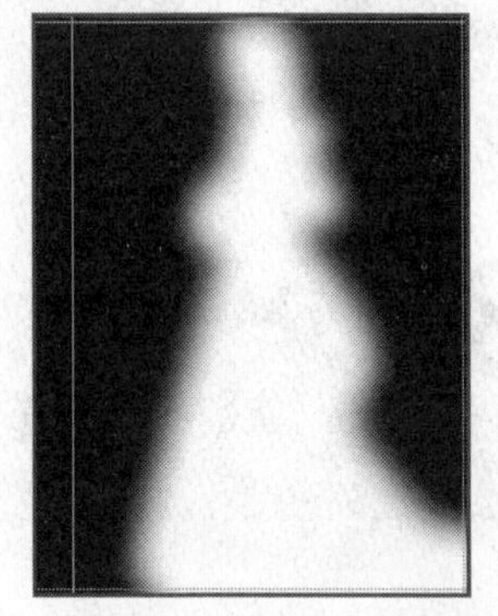

图5.30　模糊后的效果

11 选择“滤镜”|“像素化”|“彩色半调”命令，设置弹出的对话框如图5.31所示，得到如图5.32所示的效果。

12 按住Ctrl键单击“Alpha 1”通道缩览图以载入其选区，按Ctrl+Shift+I组合键执行“反向”操作，以反向选择当前选区。切换至“图层”面板，选择组“背景”，新建“图层4”，设置前景色的颜色值为593a27，按Alt+Delete组合键填充前景色，按Ctrl+D组合键取消选区，得到如图5.33所示的效果。

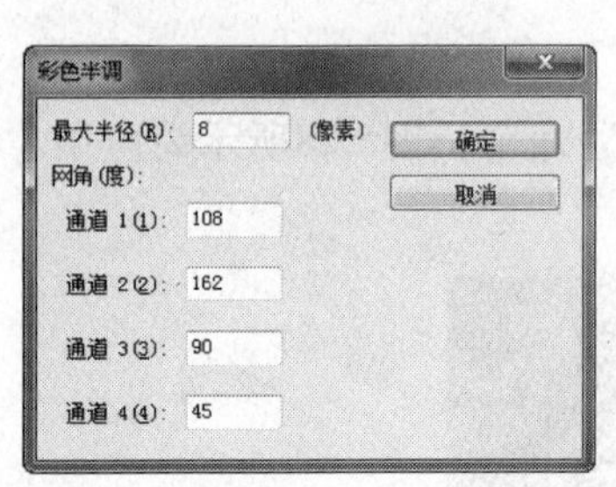

图5.31 “彩色半调”对话框

图5.32 应用“彩色半调”命令后的效果

图5.33 填充效果

小提示

至此，人物背后的图案效果已制作完成。下面结合素材图像，制作正封、封底及书脊中的装饰图像，完成制作。

13 分别打开随书所附光盘中的文件“第5章\5.2-素材3.psd～素材5.psd”，使用移动工具拖至文件中，并置于封面中适当的位置，最终效果如图5.34所示。“图层”面板如图5.35所示。

图5.34 最终效果

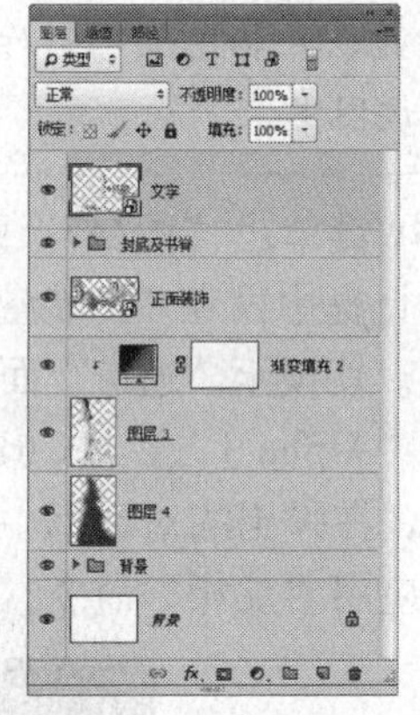

图5.35 “图层”面板

5.3 《尘劫》封面设计

例前导读

本例是以《尘劫》为主题的封面设计作品。在制作过程中，主要是将多幅素材图像合成一幅新的图片。另外，不规则的文字效果也是本例的学习重点。

核心技能

- 结合标尺及辅助线划分封面中的各个区域。
- 利用变换功能调整图像的大小、角度及位置。
- 结合通道及滤镜的功能创建特殊的选区。
- 通过添加图层样式，制作图像的描边、发光等效果。
- 使用形状工具绘制形状。

操作步骤

1 按Ctrl+N组合键新建一个文件，设置弹出的对话框如图5.36所示，单击“确定”按钮退出对话框，以创建一个新的空白文件。

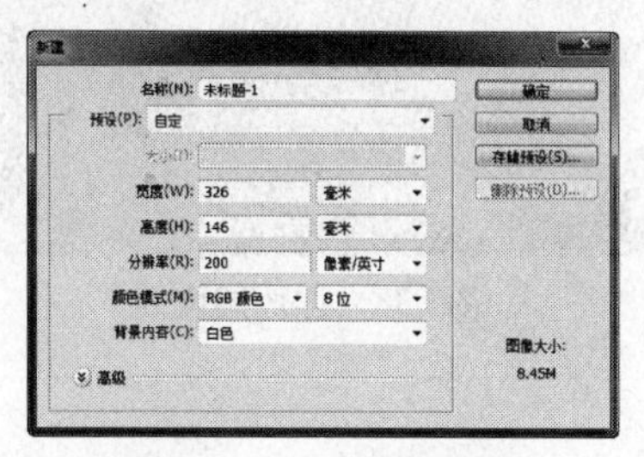

图5.36 “新建”对话框

小提示

在“新建”对话框中，封面的宽度数值为正封宽度（100mm）+书脊厚度（20mm）+封底宽度（100mm）+折页宽度（各50mm）+左右出血（各3mm）=326mm，封面的高度数值为上下出血（各3mm）+封面的高度（140mm）=146mm。

小提示

本书是用的128g铜版纸，共计360页，计算书脊的公式：厚度=总页数÷2×纸克数+胶订位，因此本书的书脊背计算公式就是，总页数（360页）÷2×纸克数（128g铜版纸的厚度在0.1mm左右）+胶订位（无线胶订15个印张以上2mm）=20mm。下面添加辅助线。

2 按Ctrl+R组合键显示标尺，按Ctrl+;组合键调出辅助线，按照上面的提示内容在画布中添加辅助线，以划分封面中的各个区域，如图5.37所示。按Ctrl+R组合键隐藏标尺。

图5.37 划分区域

小提示

下面利用素材图像制作底图及正封中的图像。

3 打开随书所附光盘中的文件“第5章\5.3-素材1.psd”，使用移动工具将其拖至文件中，并与当前画布吻合，如图5.38所示，得到图层“底图”。

图5.38 摆放图像

小提示

本步是以智能对象的形式给出的素材，由于其操作非常简单，读者可以参考最终效果源文件进行参数设置，双击智能对象缩览图即可观看到操作的过程，智能对象的控制框操作方法与普通的自由变换控制框相同。

4 打开随书所附光盘中的文件“第5章\5.3-素材2.psd”，使用移动工具将其拖至文件中，得到“图层1”。按Ctrl+T组合键调出自由变换控制框，按住Shift键向内拖动控制句柄以缩小图像，顺时针旋转30°左右，并移向文件的右侧，按Enter键确认操作，得到的效果如图5.39所示。

5 下面来制作外框图像。打开随书所附光盘中的文件“第5章\5.3-素材3.psd”，重复上一步的操作，结合移动工具及自由变换控制框调整图像的大小、角度及位置，得到的效果如图5.40所示，同时得到“图层2”。

图5.39 调整图像1

图5.40 调整图像2

6 下面来制作外框中的装饰图像。打开随书所附光盘中的文件“第5章\5.3-素材4.psd”，结合移动工具和自由变换控制框调整图像的大小及位置，得到的效果如图5.41所示，同时得到“图层3”。

7 复制“图层3”得到“图层3拷贝”，结合自由变换控制框调整图像的大小，并移向外框的左下方，得到的效果如图5.42所示。

图5.41 调整图像

图5.42 复制及调整图像

小提示

下面利用多幅素材图像制作正封中的文字图像。

8 分别打开随书所附光盘中的文件“第5章\5.3-素材5.psd～素材7.psd”，结合移动工具和自由变换控制框，制作外框左上方及正封左侧的文字图像，如图5.43所示，同时得到“图层4”～“图层6”。“图层”面板如图5.44所示。

图5.43 制作文字图像

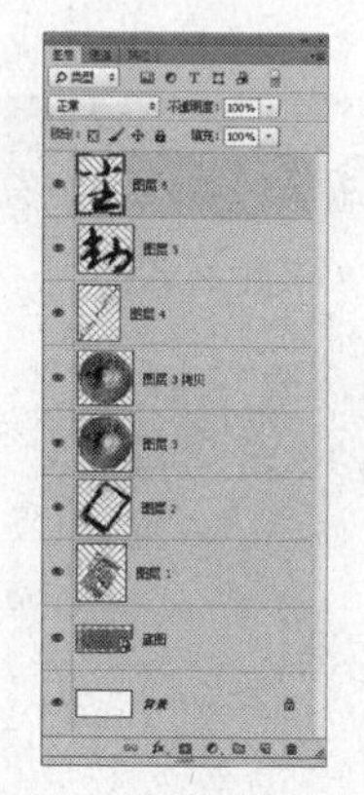

图5.44 “图层”面板

小提示

下面结合文字工具，通道以及滤镜等功能创建特殊的选区。

9 选择直排文字工具，设置前景色的颜色值为e50222，并在其工具选项条上设置适当的字体和字号，在文件右侧输入如图5.45所示的文字，并得到相应的文字图层“知青畅想曲”。

10 按住Ctrl键单击“知青畅想曲”图层缩览图以载入其选区，切换至“通道”面板，单击“将选区存储为通道”按钮，得到“Alpha 1”。按Ctrl+D组合键取消选区。

11 选择“Alpha 1”，选择“滤镜”|“画笔描边”|“喷溅”命令，设置弹出的对话框如图5.46所示，调整效果参见左侧的效果预览区域。

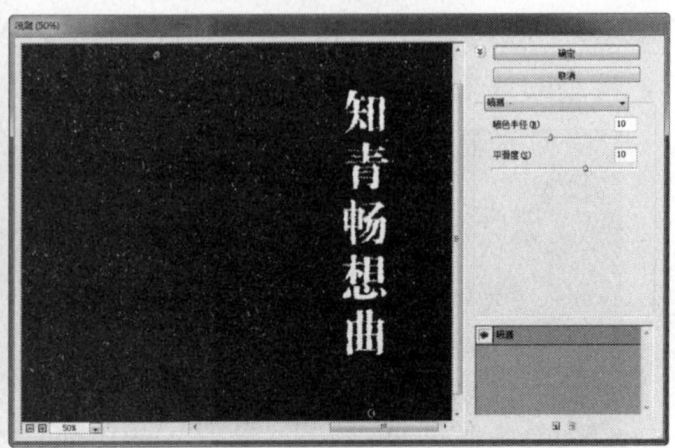

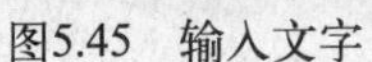

图5.45　输入文字　　　　图5.46　“喷溅”对话框

小提示

下面根据选区制作特殊的文字效果，以美化书封。

12 按住Ctrl键单击“Alpha 1”通道缩览图以载入其选区，切换回“图层”面板，选择并隐藏文字图层“知青畅想曲”，新建“图层7”，设置前景色的颜色值为d0021f，按Alt+Delete组合键以前景色填充选区，按Ctrl+D组合键取消选区。结合自由变换控制框调整图像的大小、角度和位置，得到的效果如图5.47所示。

13 下面来制作图像的描边效果。单击“添加图层样式”按钮 fx，在弹出的菜单中选择“描边”命令，设置弹出的对话框如图5.48所示，图5.49所示为描边前后对比效果。

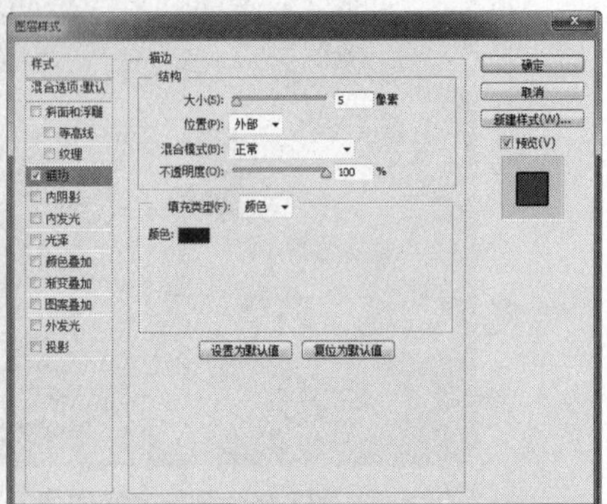

图5.47　填充及调整图像　　　　图5.48　“描边”对话框

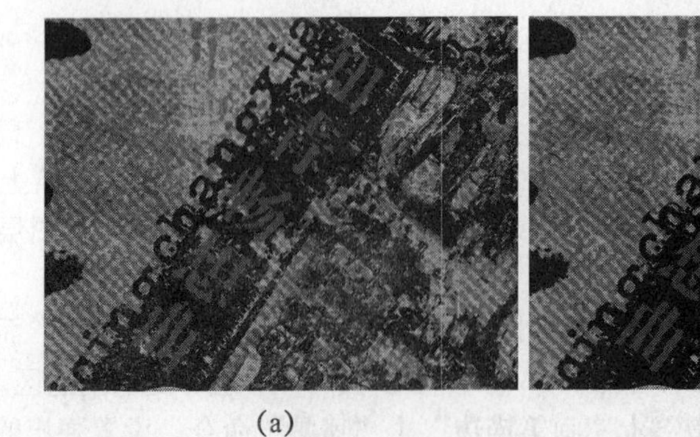

(a)　　　　(b)

图5.49　对比效果

14 复制“图层7”得到“图层7拷贝”，利用自由变换控制框调整图像的大小，并向右下方移动位置，得到的效果如图5.50所示。

> **小提示**
>
> 至此，特殊文字图像已制作完成。下面来制作正封左上角的边框图像。

15 设置前景色为e50322，选择矩形工具，在其工具选项条上选择“形状”选项，在文字“尘”的左上方绘制如图5.51所示的形状，得到“矩形1”。

图5.50 复制及移动位置

图5.51 绘制形状

16 在“矩形1”路径显示的状态下，按Ctrl+Alt+T组合键调出自由变换并复制控制框，按住Shift+Alt组合键向内拖动右上角的控制句柄以等比例缩小图像，并向上移动少许，按Enter键确认操作。在工具选项条中选择“减去顶层形状”选项，隐藏路径后的效果如图5.52所示。

17 下面来制作正封中的相关说明文字。结合文字工具和“外发光”图层样式，制作红色边框内及正封中的相关说明文字，如图5.53所示。“图层”面板如图5.54所示。

图5.52 复制及调整图像

图5.53 制作文字效果

> **小提示**
>
> 边框内文字的颜色值与边框的颜色值设置一样。另外，为文字图层“老三届三部曲”设置了“外发光”图层样式，其对话框设置如图5.55所示。

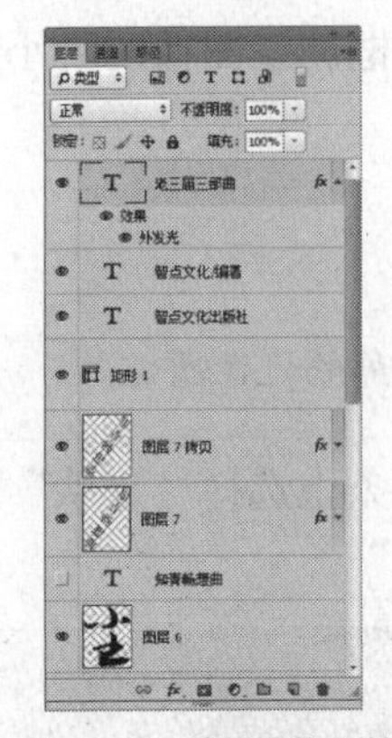

图5.54 “图层”面板

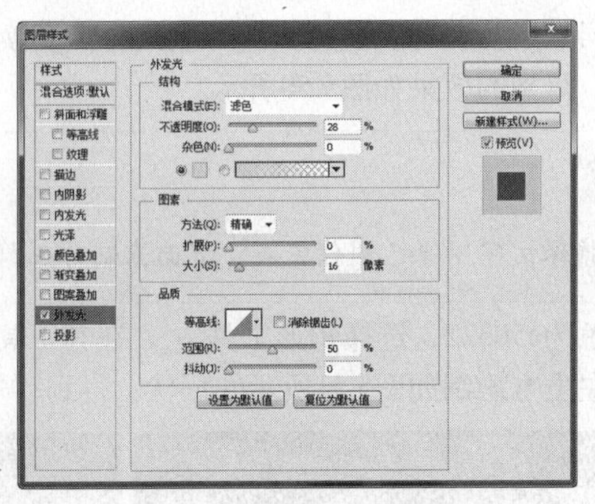

图5.55 “外发光”对话框

小提示

在“外发光”对话框中，颜色块的颜色值为e6e6b3。下面来制作封底中的图像。

18 按住Ctrl键选择“图层1”～“图层4”、“图层7”及“图层7拷贝”，按Ctrl+Alt+E组合键执行“盖印”操作，从而将所选图层中的图像合并至一个新图层中，并将其重命名为“图层8”，将其拖至所有图像上方，利用自由变换控制框调整图像的大小并移至文件的左侧，得到的效果如图5.56所示。

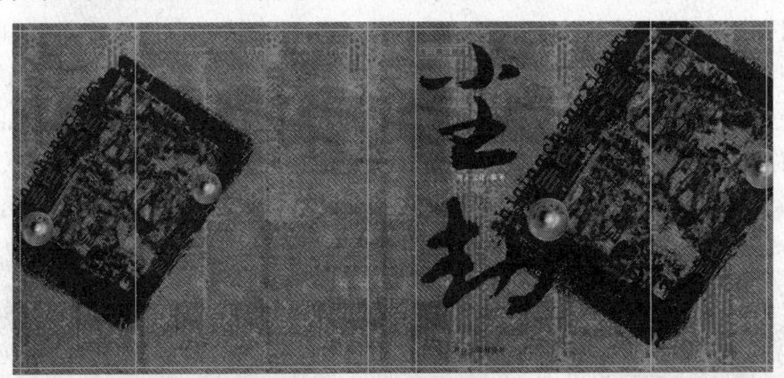

图5.56 盖印及调整图像

19 结合素材图像，文字工具，复制图层以及盖印等功能，制作封底及书脊中的图像、文字效果，得到的最终效果如图5.57所示。“图层”面板如图5.58所示。

图5.57 最终效果

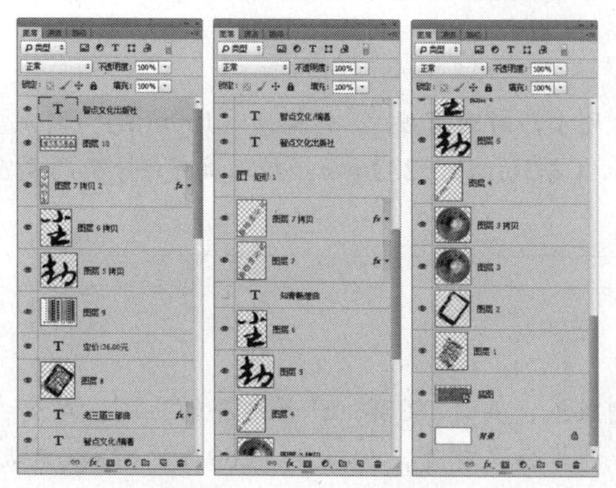

图5.58 “图层”面板

小提示

本步所应用到的素材图像为随书所附光盘中的“第5章\5.3-素材8.psd”。“图层10”是通过盖印“矩形1”及文字图层“老三届三部曲”得来的。

5.4 小说《石乡》封面设计

例前导读

本例是为小说《石乡》设计的一款封面，设计师采用了中国的水墨、花瓣、飞白及书法字等元素，配合整体青灰色的色调，给人以低调、沉稳的感觉。另外，本封面还特别将主体图像缩小比例置于正封的中间位置，以重复强调上述视觉效果。

核心技能

- 结合标尺及辅助线划分封面中的各个区域。
- 应用画笔工具绘制图像。
- 应用模糊功能制作模糊的图像效果。
- 应用调整图层的功能，调整图像的亮度、色彩等属性。
- 通过添加图层样式，制作图像的投影、发光等效果。
- 利用剪贴蒙版功能限制图像的显示范围。
- 利用变换功能调整图像的大小、角度及位置。

操作步骤

1 按Ctrl+N组合键新建一个文件，设置弹出的对话框如图5.59所示，单击“确定”按钮退出对话框，从而新建一个文件。设置前景色的颜色值为b9c9d9，按Alt+Delete组合键用前景色填充当前画布。

小提示

对于上面所设置的尺寸，封面宽度=正封宽度（130mm）+封底宽度（130mm）+书脊厚度（16mm）+左右出血（各3mm）=282mm；封面高度=封面的高度（185mm）+上下出血（各3mm）=191mm。

小提示

本书是用的128g铜版纸，共计280页，计算书脊的公式：厚度=总页数÷2×纸克数+胶订位，因此本书的书脊背计算公式就是，总页数（280页）÷2×纸克数（128g铜版纸的厚度在0.1mm左右）+胶订位（无线胶订15个印张以上2mm）=16mm。下面添加辅助线。

2 按Ctrl+R组合键显示标尺，按照上面提示中的尺寸分别在水平和垂直方向上添加辅助线，如图5.60所示。再次按Ctrl+R组合键隐藏标尺。

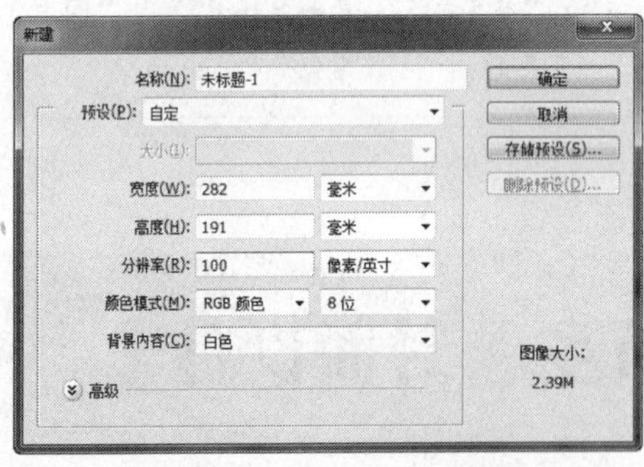

图5.59　“新建”对话框

图5.60　添加辅助线

3 下面先来塑造封面整体的明暗。新建“图层1”，设置前景色为黑色，选择画笔工具并设置适当画笔大小及不透明度，在封面及书脊由左右两侧图像进行涂抹，以绘制得到暗调图像，得到如图5.61所示的效果。

4 下面来制作正封顶部的水墨图像。新建“图层2”，选择画笔工具，设置适当大小的柔和边缘画笔及适当的不透明度，然后在正封的顶部绘制图像，得到如图5.62所示的效果。

图5.61　涂抹暗调图像

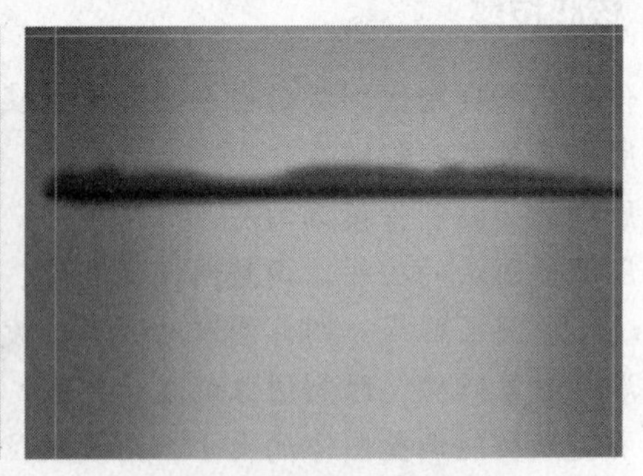

图5.62　绘制水墨图像

5 打开随书所附光盘中的文件“第5章\5.4-素材1.psd”，使用移动工具将其拖至本例操作的文件中，得到“图层3”，按Ctrl+T组合键调出自由变换控制框，按住Shift键调整图像的大小，并将其置于上一步绘制的水墨图像上方，按Enter键确认变换操作，得到如图5.63所示的效果。

6 选择“滤镜”｜“模糊”｜“高斯模糊”命令，在弹出的对话框中设置“半径”数值为0.8，单击“确定”按钮退出对话框，得到如图5.64所示的效果。

图5.63　摆放图像位置

图5.64　模糊后的图像效果

7 单击“添加图层样式”按钮 fx，在弹出的菜单中选择“外发光”命令，设置弹出的对话框如图5.65所示，得到如图5.66所示的效果。

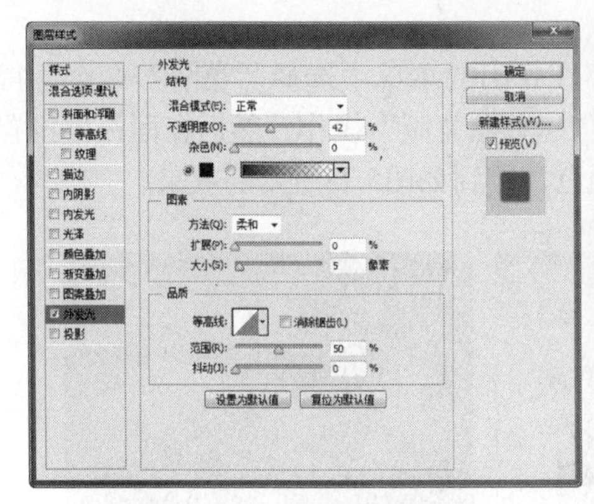

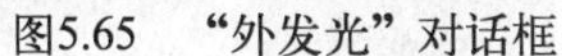

图5.65　“外发光”对话框

图5.66　添加样式后的效果

8 新建“图层4”，选择画笔工具，并在画布中单击鼠标右键，在弹出的画笔选择框中选择如图5.67所示的画笔，然后在水墨的下方进行涂抹，直至得到类似如图5.68所示的效果。

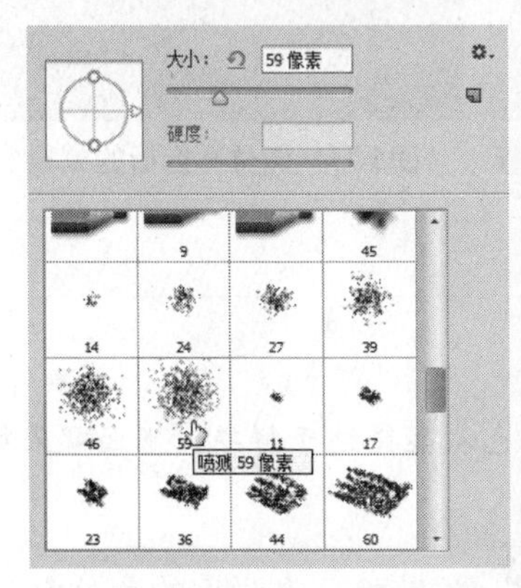

图5.67　选择特殊画笔

图5.68　用画笔绘制后的效果

9 选择“滤镜”｜“模糊”｜“形状模糊”命令，设置弹出的对话框如图5.69所示，得到如图5.70所示的效果。

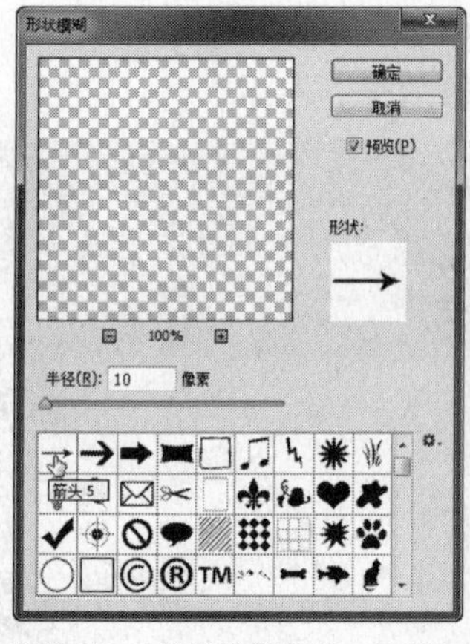

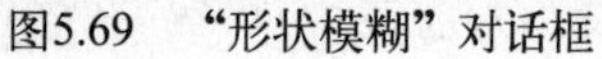
图5.69 “形状模糊”对话框　　图5.70 模糊后的效果

10 打开随书所附光盘中的文件“第5章\5.4-素材2.psd”，使用移动工具将其拖至本例操作的文件中，得到“图层5”，结合自由变换控制框调整图像的大小，然后将图像置于正封右侧中间的位置，如图5.71所示。

11 单击“创建新的填充或调整图层”按钮，在弹出的菜单中选择“色阶”命令，得到图层“色阶1”，按Ctrl+Alt+G组合键执行“创建剪贴蒙版”操作，然后在面板中设置其参数，如图5.72所示，以调整图像的亮度及颜色，得到如图5.73所示的效果。

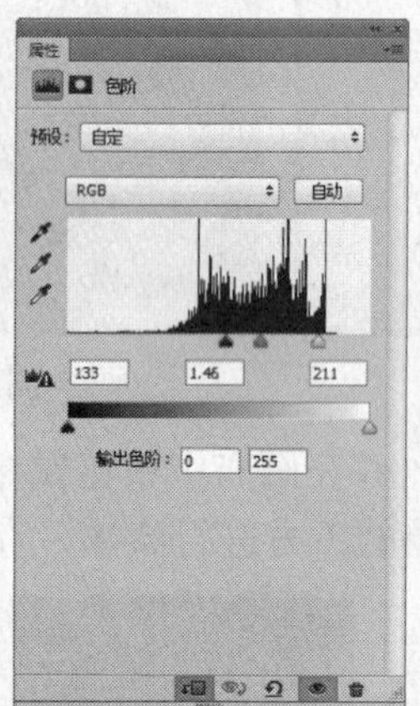

图5.71 摆放图像位置　　图5.72 “色阶”面板　　图5.73 调整亮度后的效果

小提示

此时，相对于整个封面的色调而言，花朵图像的色彩显得过于鲜艳，下面就来解决这个问题。

12 选择“图层5”，单击“创建新的填充或调整图层”按钮，在弹出的菜单中选择“色相/饱和度”命令，得到图层“色相/饱和度1”，在面板中设置其参数，如图5.74所示，以调整图像的颜色，得到如图5.75所示的效果，此时的“图层”面板如图5.76所示。

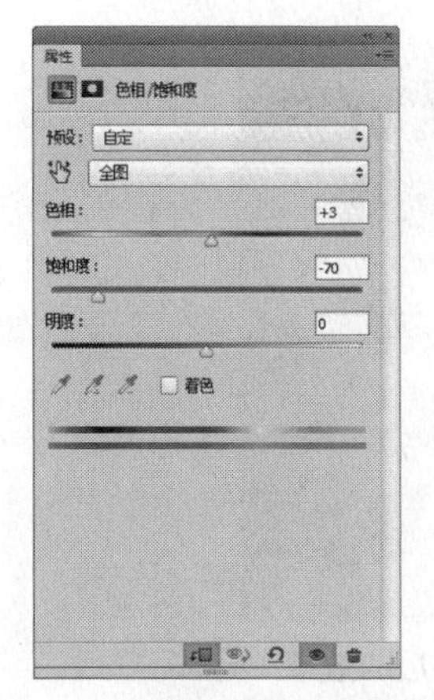
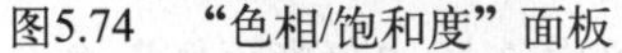

图5.74　“色相/饱和度”面板

图5.75　调色后的效果

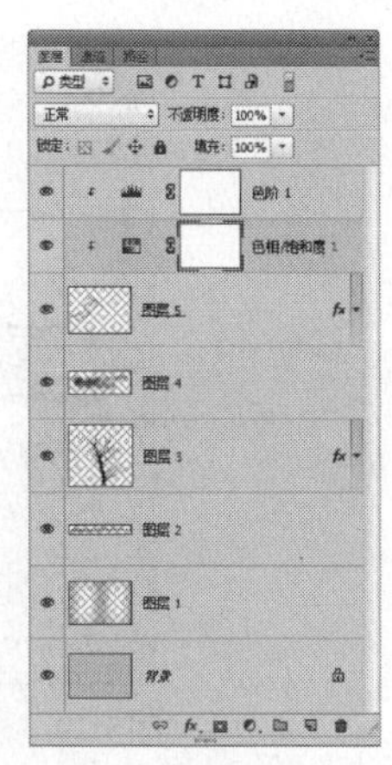

图5.76　“图层”面板

13 选择“图层5”，单击“添加图层样式”按钮 fx.，在弹出的菜单中选择“外发光”命令，设置弹出的对话框如图5.77所示，得到如图5.78所示的效果。

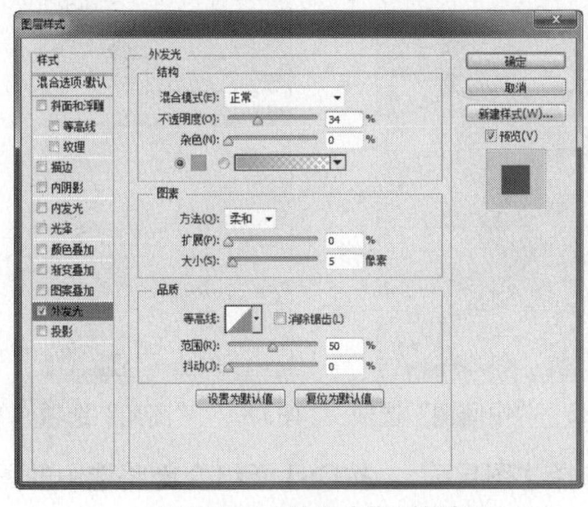

图5.77　“外发光”对话框

图5.78　添加样式后的效果

小提示

在“外发光”对话框中，颜色块的颜色值为ec93b5。下面将在封面中添加一些花瓣图像作为装饰。

14 选择“色阶1”，打开随书所附光盘中的文件“第5章\5.4-素材3.psd”，使用移动工具将其拖至本例操作的文件中，得到“图层6”，并将图像置于正封中间的位置，在下面的操作中，将对其进行调色处理。

15 单击“创建新的填充或调整图层”按钮，在弹出的菜单中选择“色阶”命令，得到图层“色阶2”，按Ctrl+Alt+G组合键执行“创建剪贴蒙版”操作，然后在面板中设置其参数，如图5.79所示，以调整图像的亮度及颜色，得到如图5.80所示的效果。

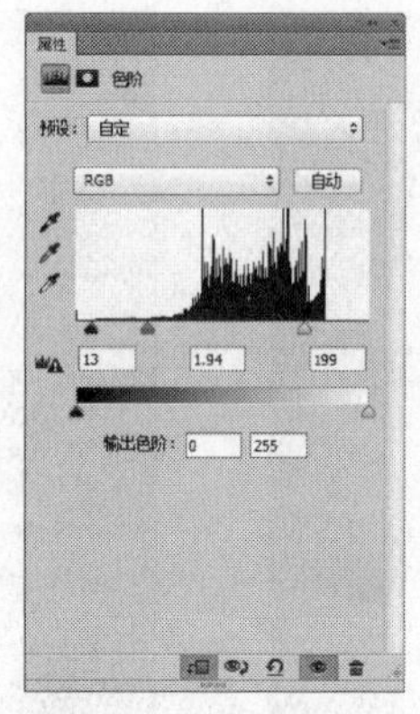

图5.79 “色阶”面板

图5.80 调整亮度后的效果

16 单击“创建新的填充或调整图层”按钮 ，在弹出的菜单中选择“色彩平衡”命令，得到图层“色彩平衡1”，按Ctrl+Alt+G组合键执行“创建剪贴蒙版”操作，然后在面板中设置其参数，如图5.81～图5.83所示，以调整图像的颜色，得到如图5.84所示的效果。

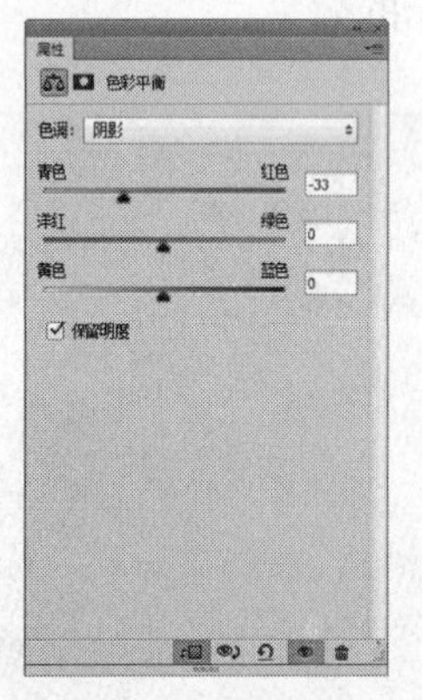

图5.81 “阴影”选项

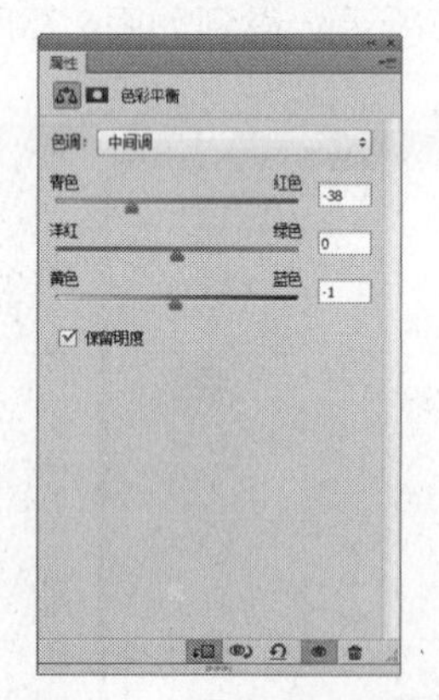

图5.82 “中间调”选项

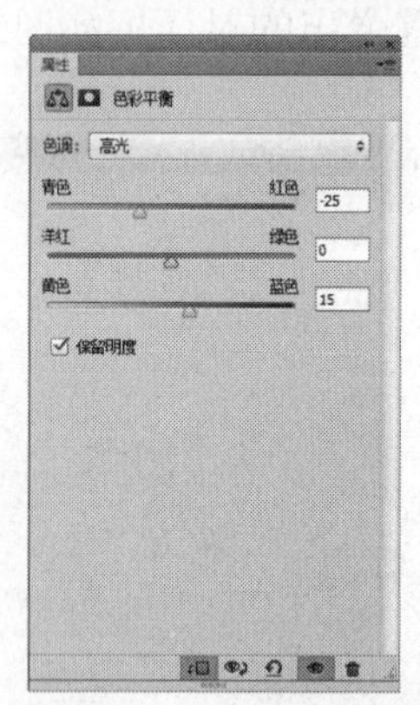

图5.83 “高光”选项

17 选择“色彩平衡1”并按住Shift键选择“图层6”，按Ctrl+E组合键将选中的图层合并，并将其重新命名为“图层6”。

18 在“图层6”的名称上单击鼠标右键，在弹出的菜单中选择“转换为智能对象”命令，从而将其转换成为智能对象图层，以便于下面对图像进行变换处理时，能够记录下变换参数，且在100%的比例内反复变换时，不会导致图像质量下降。

19 按Ctrl+T组合键调出自由变换控制框，调整图像的大小及角度，然后将其置于底部中间的位置，如图5.85所示。

图5.84 调色后的效果

图5.85 变换图像

20 按Enter键确认变换操作。设置“图层6”的不透明度为50%。使用移动工具按住Alt键拖动花瓣图像以得到多个复制对象，然后调整各个花瓣的大小、角度及对应图层的不透明度等属性，使花瓣不规则地分布于画布中，得到类似如图5.86所示的效果，此时的“图层”面板如图5.87所示。

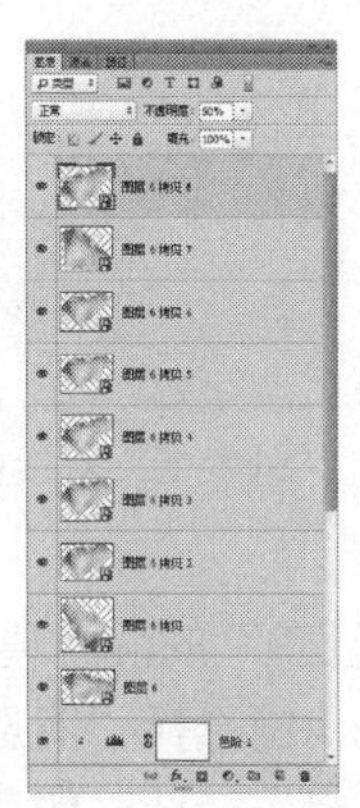

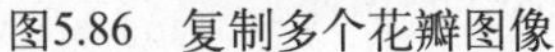

图5.86 复制多个花瓣图像

图5.87 “图层”面板

21 打开随书所附光盘中的文件“第5章\5.4-素材4.psd”，使用移动工具将其拖至本例操作的文件中，得到“图层7”，并将图像置于正封左下角的位置，如图5.88所示。

22 打开随书所附光盘中的文件“第5章\5.4-素材5.psd”，使用移动工具将其拖至本例操作的文件中，得到“图层8”，并将图像置于正封右上角的位置，如图5.89所示。

图5.88 摆放图像位置

图5.89 摆放文字位置

23 单击“添加图层样式”按钮 fx.，在弹出的菜单中选择“外发光”命令，设置弹出的对话框如图5.90所示，得到如图5.91所示的效果。

> **小提示**
>
> 在“外发光”对话框中，颜色块的颜色值为b80000。

24 打开随书所附光盘中的文件“第5章\5.4-素材6.psd”，使用移动工具将其拖至本例操作的文件中，得到“图层9”，并将图像置于文字“石乡”的上方位置，按Ctrl+Alt+G组合键执行“创建剪贴蒙版”操作，得到如图5.92所示的效果。

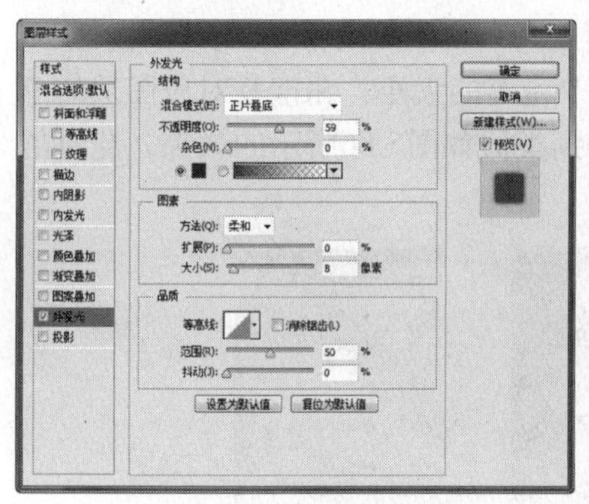

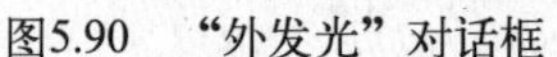

图5.90　“外发光”对话框

图5.91　添加样式后的效果

图5.92　创建剪贴蒙版后的效果

25 设置“图层9”的混合模式为“正片叠底”，得到如图5.93所示的效果。选择“图层9”并按住Shift键选择“图层2”，按Ctrl+G组合键将选中的图层编组，并将得到的组名称修改为“正封”，此时的“图层”面板如图5.94所示。

> **小提示**
>
> 至此，已经完成了对正封主体图像的处理，下面将在此基础上，复制主体图像并缩小置于正封的中间位置。

26 选择矩形选框工具，按住鼠标左键沿正封的辅助线绘制矩形选区，如图5.95所示。按Ctrl+Shift+C组合键执行“合并拷贝”操作，从而将选区中所有图层中的图像复制到剪贴板。按Ctrl+V组合键执行“粘贴”操作，得到“图层10”。

图5.93　设置混合模式后的效果

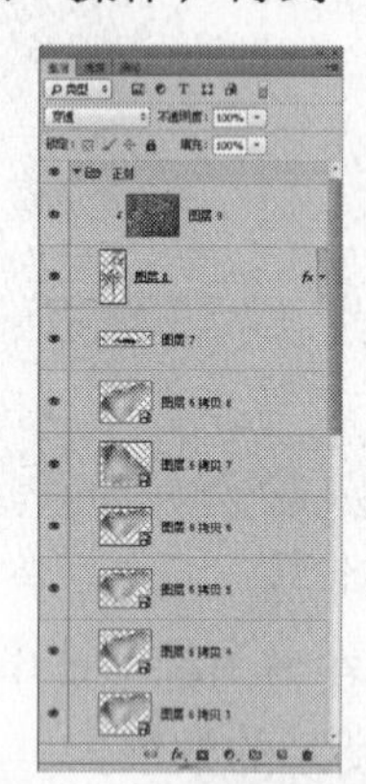

图5.94　“图层”面板

图5.95　绘制选区

27 按Ctrl+T组合键调出自由变换控制框，将光标置于控制框的任意一角，按住Shift键对图像进行缩放操作，然后置于正封中间的位置，按Enter键确认变换操作，得到如图5.96所示的效果。

28 单击“添加图层样式”按钮 fx，在弹出的菜单中选择“投影”命令，设置弹出的对话框如图5.97所示，然后再选择“内发光”选项，设置其对话框如图5.98所示，得到如图5.99所示的效果。

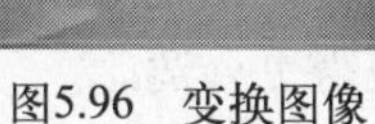

图5.96　变换图像

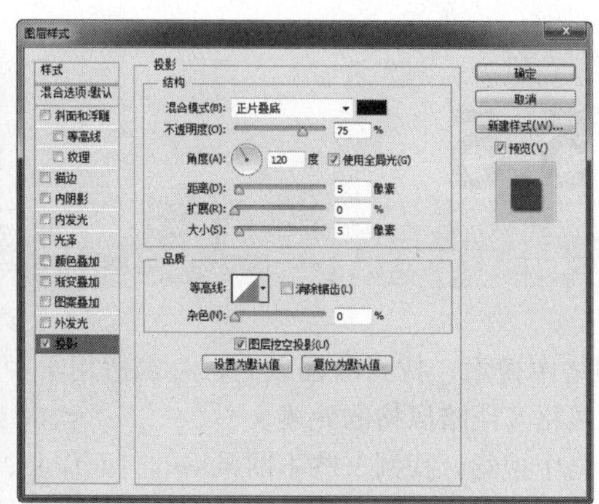

图5.97　“投影”对话框

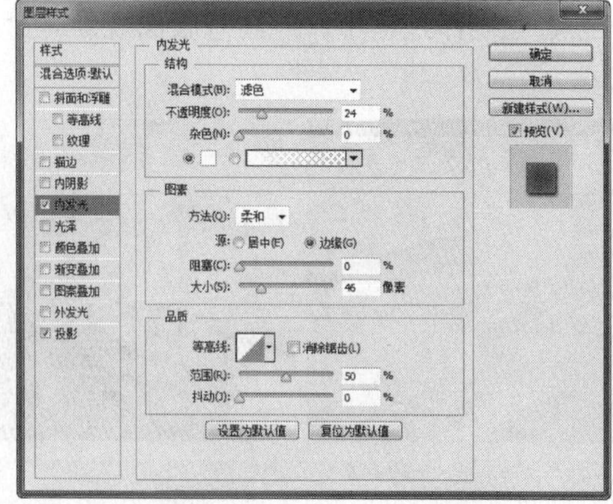

图5.98　“内发光”对话框

图5.99　添加样式后的效果

29 最后，结合前面已经制作完成的文字“石乡”，以及随书所附光盘中的文件“第5章\5.4-素材7.psd”，配合使用自由变换控制框调整图像大小及设置图层属性等操作，制作完成书脊及封底的图像内容，得到如图5.100所示的最终效果，图5.101所示是将相关图层编组后的“图层”面板。

图5.100　最终效果

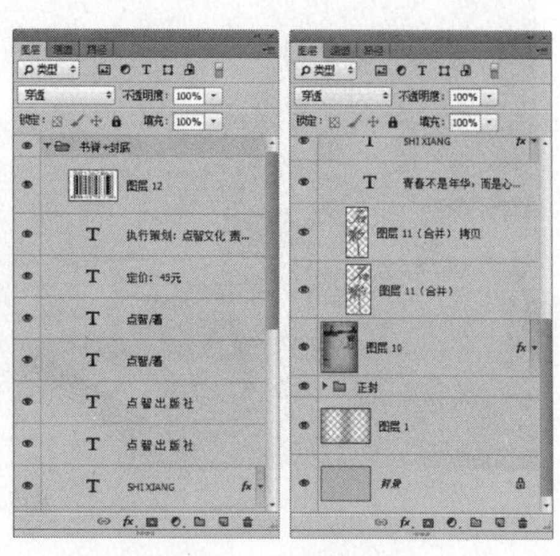

图5.101　“图层”面板

5.5 练习题

1. 通过在网络中搜索，找到两幅以上，分别适用于中式古典风格、欧式古典风格、时尚风格、卡通风格及阴暗风格的元素。
2. 通过在网络中搜索，找到一些不同风格的封面作品，然后尝试使用上一题中找到的元素，想象一下如何将现有的元素替换该封面中的元素，使之变得更合适。
3. 假设封面开本尺寸为185mm×260mm，书脊尺寸为14.3mm，打开随书所附光盘中的文件“第5章\5.5-3-素材1.tif～素材8.tif”，如图5.102所示，制作一款如图5.103所示的封面作品。本例的封面以版面的编排为主，读者在制作过程中，应注意版面规划对封面整体的影响，也可以在此基础上进行适当的更改。

图5.102　素材图像

图5.103　封面效果

4 假设封面开本尺寸为210mm×297mm，打开随书所附光盘中的文件“第5章\5.5-4-素材1.tif”，如图5.104所示，结合文字工具、图层样式等功能，制作得到如图5.105所示的杂志正封。

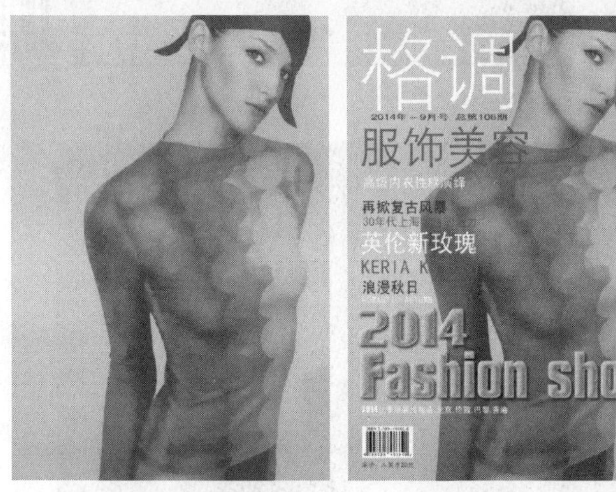

图5.104　素材图像　　　　图5.105　封面效果

小提示

在制作过程中，还应用到了随书所附光盘中的文件“第5章\5.5-4-素材2.tif”。

5 假设封面开本尺寸为160mm×230mm，书脊宽度为8mm，打开随书所附光盘中的文件“第5章\5.5-5-素材1.tif”、“第5章\5.5-5-素材2.psd～素材3.psd”、“第5章\5.5-5-素材4.tif～素材5.tif”，如图5.106所示，结合蒙版、混合模式及图层样式等功能，制作得到如图5.107所示的封面作品。

图5.106　素材图像

图5.107　封面作品

6 假设本章练习题第3题的封面作品是系列图书中的一本，请尝试分别以《Photoshop CC中文版商业平面设计》、《Photoshop CC中文版书装与包装设计》和《3ds Max&VRay工装及建筑效果图渲染》为书名，制作得到这几本书的封面，使这4本书放在一起时，能够看出是属于同一系列，但又各自拥有自己的风格和特点。

第6章

包装设计

6.1 包装设计概述

6.1.1 包装的概念

包装是一个国际化的课题，世界各国对包装的定义都略有不同。下面列举的是几个典型国家中对于包装的定义。

- 中国的包装定义：包装是为在流通过程中保护产品，方便运输，促进销售，按一定技术方法而采用的容器、材料及辅助物等的总体名称。也指为了达到上述目的而采用容器、材料和辅助物的过程中施加一定技术方法等的操作活动。
- 英国的包装定义：包装是为货物的运输和销售所做的艺术、科学和技术上的准备工作。
- 美国的包装定义：包装是为产品的运出和销售所做的准备行为。

可以看出，上述定义都是围绕着包装的基本功能来论述的，通常，包装要做到防潮、防挥发、防污染变质、防腐烂，在某些场合还要防止曝光、氧化、受热或受冷及不良气体的损害等。常见的商品，大到电视机、冰箱，小到钢笔、图钉、光盘等，都有不同的包装形式。这些都属于包装设计的范围之内。

如图6.1所示就是一些优秀的包装设计作品。

(a) (b)

(c) (d) (e)

图6.1 包装设计作品示例

(f)

(g)

图6.1　包装设计作品示例（续）

6.1.2 包装设计的内容

对于一个完整的包装设计来说，主要包括三部分内容，即造型设计、结构设计和装潢设计。在设计流程中也是按照上述顺序依次进行的，其中大部分设计师面对的都是最后一部分，即包装的装潢设计。下面分别介绍一下各部分设计的功能及内容。

1. 造型设计

包装的造型设计主要是设定包装的外形，如最普通的正方形、矩形、圆柱形等。对于高档的产品来说，为了突出产品的差异性及美观程度，造型更是丰富多样、千奇百怪。

2. 结构设计

待确定了包装的造型后，紧接着就需要考虑包装整体的结构，如内折、外折、镂空、材料的厚度等。纸包装发展的历史最为悠久，而且面对的产品也多种多样，因此其结构也是最为丰富的。如图6.2所示就是一些不同样式的纸包装结构图。

图6.2　不同样式的纸包装结构图

3. 装潢设计

如前所述，包装的装潢设计是大多数设计师都要接触到的包装设计工作，因为出于经费预算、印刷难度，以及产品本身对包装的要求等诸多原因，造型与结构设计工作相对而言非常少，而且以我国现阶段的情况来看，商家也多希望能够在包装的装潢设计方面，与同类产品有所区别——毕竟这样做，在成本和差异的直观程度上可以取得一个很好的平衡。

总的来说，任何一个包装装潢设计，都应该符合以下四项基本要求：

- 引人注目。
- 易于辨认。
- 具有好感。
- 恰如其分。

以上四个方面都是促进商品销售必不可少的，它们之间互相制约，时有矛盾。协调好四者之间关系，便是成功之作，如图6.3所示就是一些比较优秀的包装作品。

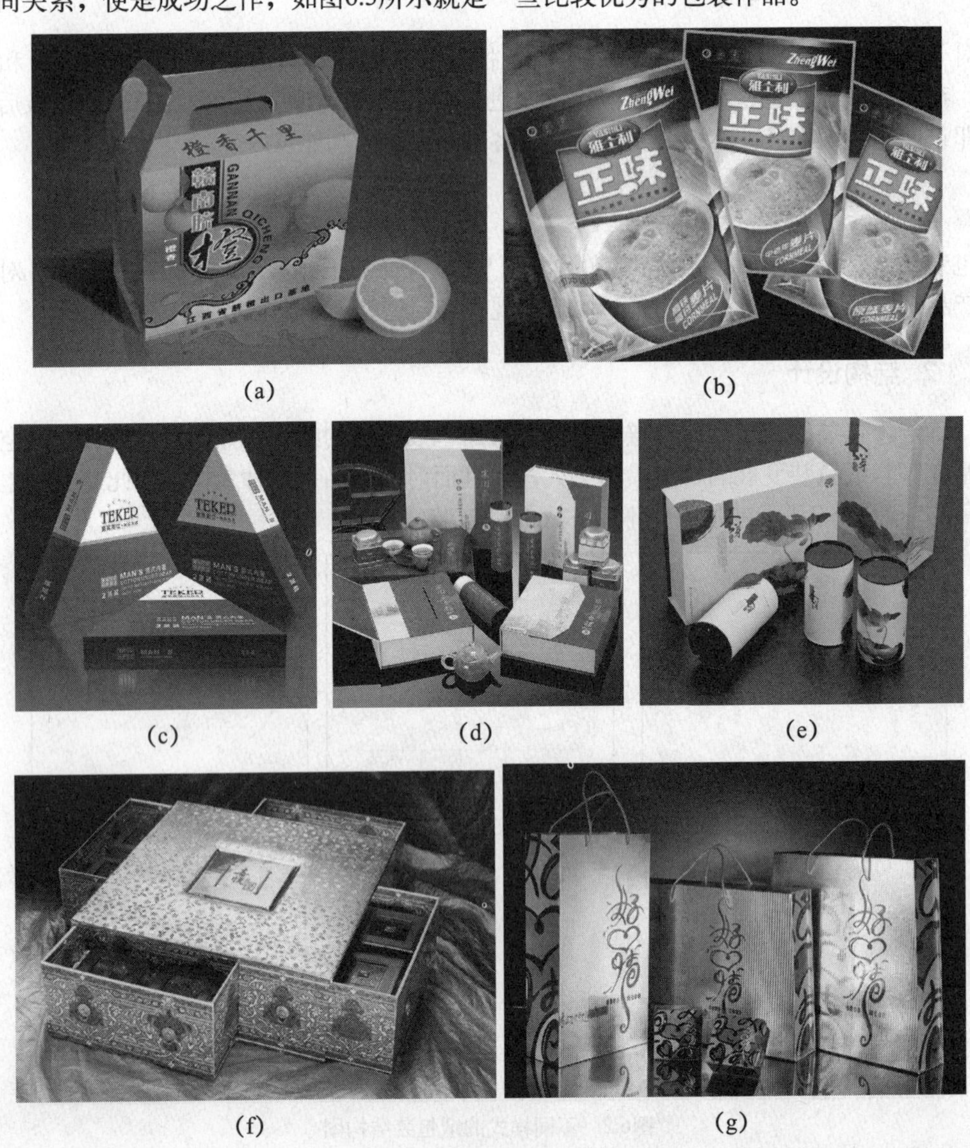

(a) (b) (c) (d) (e) (f) (g)

图6.3　优秀包装设计作品欣赏

在下面的讲解中，将着重讲解包装装潢设计中的三大要素，即色彩、图像、文字的运用，以及包装整体版面的编排等知识。同时，下面所述的包装设计，如无特殊说明，均指包装装潢设计。

6.1.3 包装设计的流程

1. 策划阶段

首先，必须与客户进行有效而明确的沟通，以了解产品本身的特性、面向的人群、成本承受能力，以及客户希望突出的重点等，并尽最大可能多方面调集相关的资料做参考。

其次，需要对目前产品的市场有所了解，如销售的渠道、展示方式以及同类产品的包装形式，以便在设计时绕开已有的设计形式，力求与同类产品有所区别。

最后，当全面地掌握了有关的信息和资料后，便有了分析、判断的依据，从而对调查结果进行科学的分析、统计，使调查结果对设计产生正确的指导性影响，拟定出合理的包装设计计划及工作进度表，以利于设计的顺利进行。

计划书包括包装重点资料与条件的分析和设定；明确设计理念并制定设计目标；提供设计意念表达的构思方案；明细经费预算及设计进度。

2. 创意阶段

也可称为构思阶段，在此之前，设计师要充分了解产品自身的特点及相关信息，然后尝试从不同的角度看待各个产品的重点，进而在不断的瞬间思索中找到创意灵感。

在设计构思过程中，逐渐会形成基本的思考模式，即4W1H构思模式。

- “What”：设计什么产品？假如要设计茶的包装，那么是红茶、绿茶还是其他种类的茶？
- “Who”：为谁设计，对象是谁？是男、女、老、少、大众消费群体还是有身份、地位的消费群？
- “Why”：为什么要这样设计？是想建立知名度，提高市场占有率，维持品牌形象，还是开拓新市场？
- “Where”：在哪里销售产品？零售店、大型超市、国内、国外、南方、北方，还是少数民族聚居地？
- “How”：如何设计，怎样设计？如何抓住产品的特性进行色彩设计？

以此为构思线索，了解包装色彩设计构思的诸方面环节并把它们联系起来，在设计过程中加以具体化。

3. 定稿

定稿是指将众多的设计草图与委托人一起研讨、分析，并测试初选方案的货架展示效果，以及征求部分消费者的意见，在共同协商中确定最佳的设计方案。

4. 正稿制作

正稿制作即印前设计稿的细化过程。在今天的数码时代，计算机的应用已将这一过程变得轻松、快捷。

5. 修改样稿

有了计算机设计稿，并不代表整个设计过程的完成，因为包装的最后成型还包括出胶片和印刷。为了使设计的效果能更真实、准确地再现，还要对打样稿做校正，如色彩修正、局部调整、品质监制等，以确保包装成品最终达到设计要求。

6. 照相与分色

对于包装设计中的图像来源（如插图、照片等），要经过照相或扫描分色，以及计算机调整后才能进行印刷。目前，电子分色技术产生的效果精美准确，已被广泛应用。

7. 制版

制版方式有凸版、平版、凹版、丝网版等，但基本上都采用晒版和腐蚀的原理进行制版。现代平版印刷是通过分色成软片，然后晒到PS版上进行拼版印刷的。

8. 拼版

将各种不同制版来源的软片，分别按要求的大小拼到印刷版上，然后再晒成印版(PS版)进行印刷。

9. 打样

晒版后的印版在打样机上进行少量试印，以此作为与设计原稿进行比对、校对及对印刷工艺进行调整的依据和参照。

10. 印刷

根据合乎要求的开度，使用相应印刷设备进行大批量生产。

11. 加工成型

对印刷成品进行压凸、烫金(银)、上光过塑、打孔、模切、除废、折叠、黏合、成型等后期工艺加工。

6.2 棒棒糖包装纸设计

例前导读

本例是以“棒棒糖”为主题的包装纸设计作品。在制作过程中，以棒棒糖纸中的花形为处理的核心，主要应用到形状工具及图层样式等功能。

核心技能

- 结合标尺及辅助线划分包装中的各个区域。
- 应用渐变填充图层的功能制作图像的渐变效果。
- 应用形状工具绘制形状。
- 应用“内阴影”命令，制作图像的阴影效果。
- 利用图层蒙版功能隐藏不需要的图像。

操作步骤

1 按Ctrl+N组合键新建一个文件，设置弹出的对话框如图6.4所示，单击“确定”按钮退出对话框，以创建一个新的空白文件。

小提示

在“新建”对话框中，包装的宽度数值为包装纸宽度（120mm）+左右出血（各3mm）=126mm，包装的高度数值为上下出血（各3mm）+包装纸高度（120mm）=126mm。

2 按Ctrl+R组合键显示标尺，按照上面的提示内容在画布中添加辅助线，以划分包装中的各个区域，如图6.5所示。再次按Ctrl+R组合键以隐藏标尺。

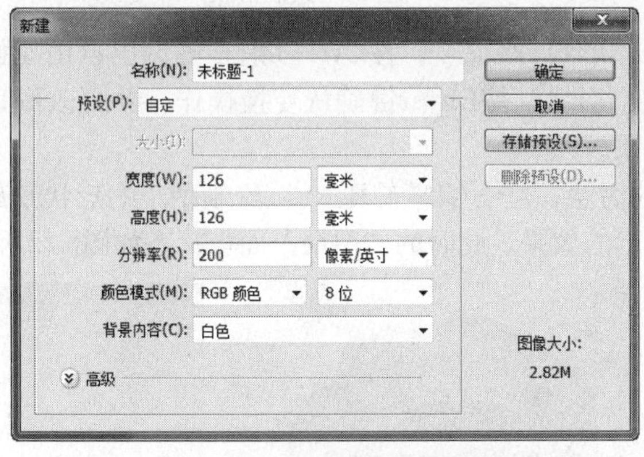

图6.4 “新建”对话框

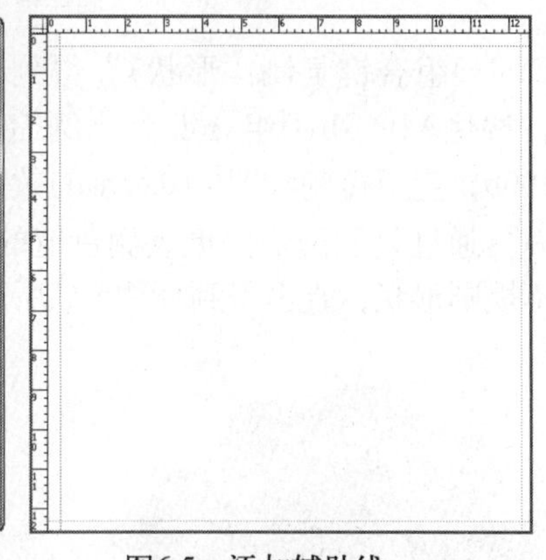

图6.5 添加辅助线

3 单击“创建新的填充或调整图层”按钮，在弹出的菜单中选择“渐变”命令，设置弹出的对话框如图6.6所示，得到如图6.7所示的效果，同时得到图层“渐变填充1”。

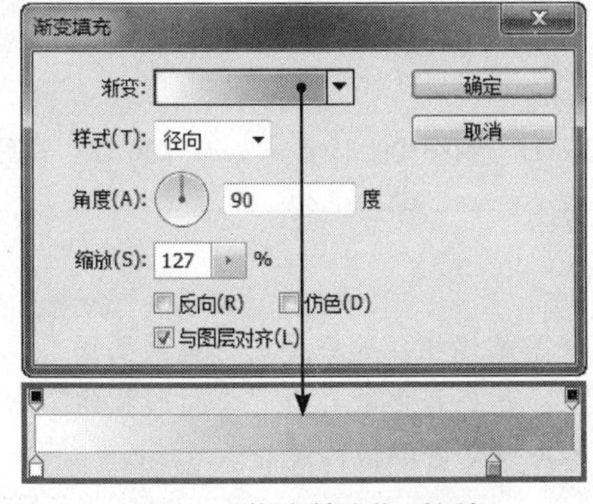

图6.6 “渐变填充”对话框

图6.7 应用“渐变”命令后的效果

小提示

在“渐变填充”对话框中，渐变的各色标颜色值从左至右分别为白色和faa41b。下面制作包装纸中间的花形形状。

4 设置前景色的颜色值为ffd107，选择自定形状工具，并在其工具选项条上选择“形状”选项，单击“形状”后的下拉按钮，在弹出的“自定形状”拾色器中选择“花1”，如图6.8所示，在当前画布中间位置绘制如图6.9所示的形状，得到“形状1”。

图6.8　形状选择框

图6.9　绘制形状

5 按Ctrl+J组合键复制“形状1”得到“形状1拷贝”，按Ctrl+T组合键调出自由变换控制框，按住Alt+Shift组合键等比例缩小形状，按Enter键确认变换操作，并更改颜色值为98300b，直至得到如图6.10所示的效果。

6 下面再通过复制图层并更改颜色值的方法，结合钢笔工具，绘制稍小的形状及最中心的不规则形状，直至得到如图6.11所示的效果。此时的“图层”面板状态如图6.12所示。

图6.10　复制形状并更改颜色

图6.11　制作其他形状

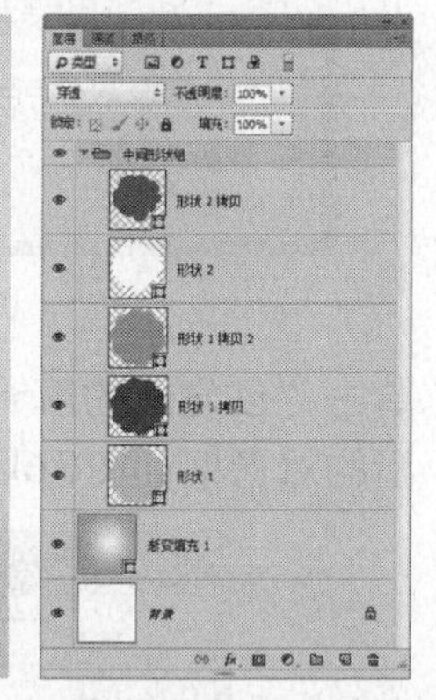

图6.12　“图层”面板

小提示

为了方便读者管理图层，故将制作的形状图层编组，选中要进行编组的图层，按Ctrl+G组合键执行“图层编组”操作，得到“组 1”，并将其重命名为“中间形状组”。下面在制作其他部分图像时，也进行编组操作，笔者不再重复讲解操作过程。

小提示

在制作这些形状时，没有固定的模式，形状的大小、位置及颜色的设置，读者可以根据画面的需要自行发挥。在这里需要提示读者的是，完成一个形状后，如果想继续绘制另外一个不同颜色的形状，在绘制前需按Esc键使先前绘制形状的路径处于未选中状态。下面为个别形状制作效果。

7 选择“形状1拷贝2”（占橙色面积较多的形状），设置其“填充”数值为0%，单击“添加图层样式”按钮 fx，在弹出的菜单中选择“内阴影”命令，设置弹出的对话框如图6.13所示，得到如图6.14所示的效果。

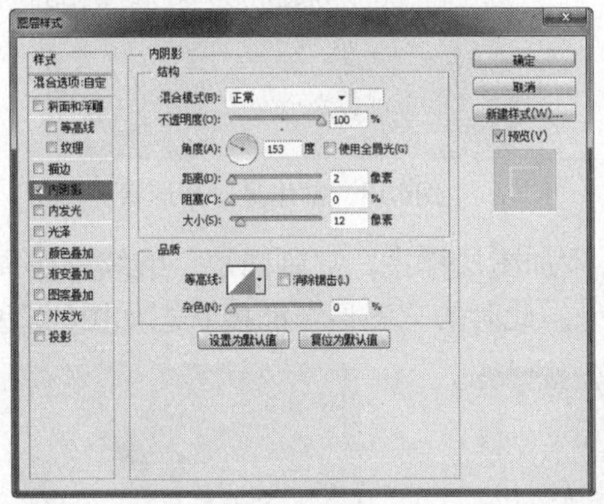

图6.13 “内阴影”对话框

图6.14 应用“内阴影”命令后的效果

8 下面制作周围的不规则形状。选择“中间形状组”，下面结合形状工具，按照上面的操作方法，制作中间形状周围的不规则形状，效果如图6.15所示，得到“形状3”和“形状3拷贝”。

9 选择“形状3拷贝”，单击“添加图层蒙版”按钮 为其添加蒙版，设置前景色为黑色，选择画笔工具，在其工具选项条中设置适当的画笔大小及不透明度，在图层蒙版中进行涂抹，以将颜色稍浅的形状中间隐藏起来，制作边缘不规则的发光效果，直至得到如图6.16所示的效果。此时蒙版中的状态如图6.17所示。

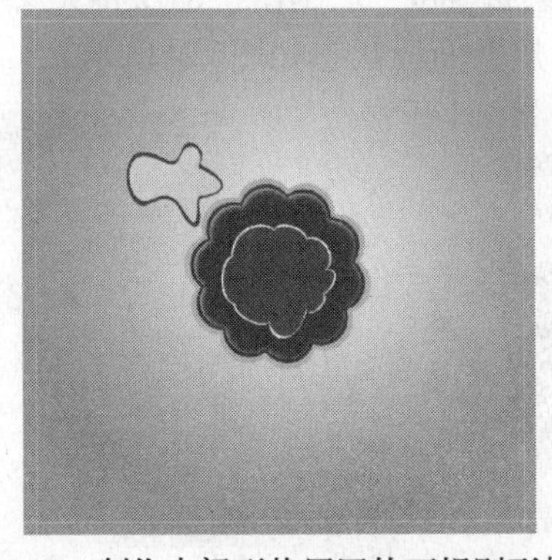

图6.15 制作中间形状周围的不规则形状

图6.16 添加蒙版

10 按住Ctrl键分别单击“形状3”和“形状3拷贝”的名称，以将这些图层选中，按Ctrl+Alt+E组合键执行“盖印”操作，从而将所选图层中的图像合并至一个新图层中，并将其重命名为“图层1”。

11 结合自由变换控制框，调整图像的角度（顺时针旋转100°）及位置，直至得到如图6.18所示的效果。接着通过复制图层并结合自由变换控制框，制作其他的形状，直至得到如图6.19所示的效果。此时的“图层”面板状态如图6.20所示。

图6.17　蒙版中的状态　　图6.18　制作另一个形状

12 按照前面制作形状的方法，绘制形状，添加图层样式，复制图层，继续制作周围其他稍小的形状，直至得到如图6.21所示的效果。此时的“图层”面板状态如图6.22所示。

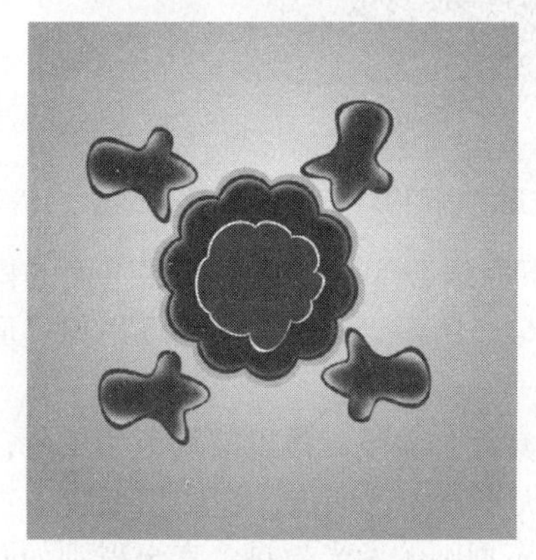

图6.19　制作其他的形状

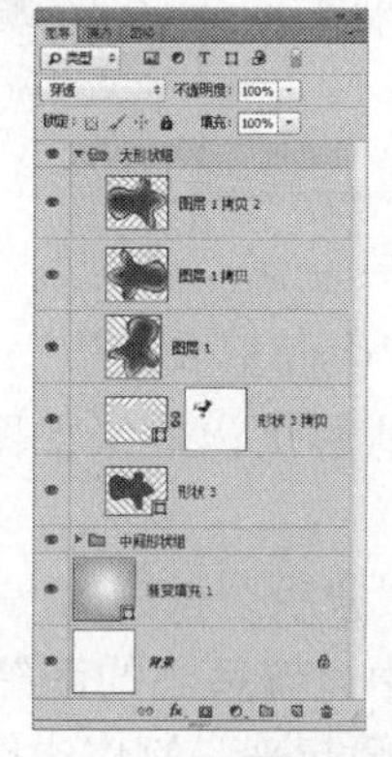

图6.20　“图层”面板

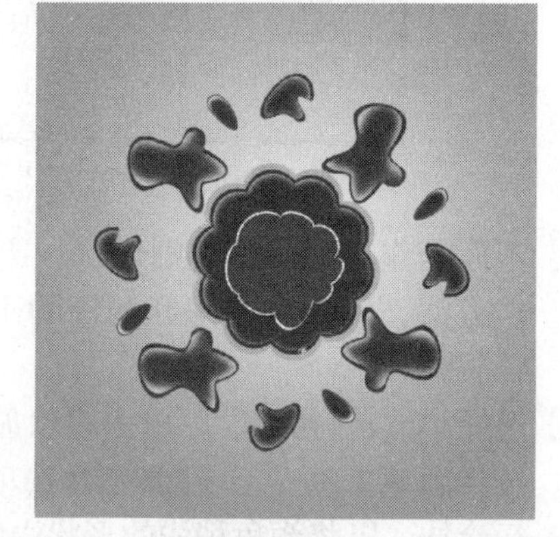

图6.21　继续制作其他稍小的周围形状

13 下面利用随书所附光盘中的文件“第6章\6.2-素材.psd”，制作主题及相关文字信息，直至得到如图6.23所示的最终效果。此时的“图层”面板状态如图6.24所示。

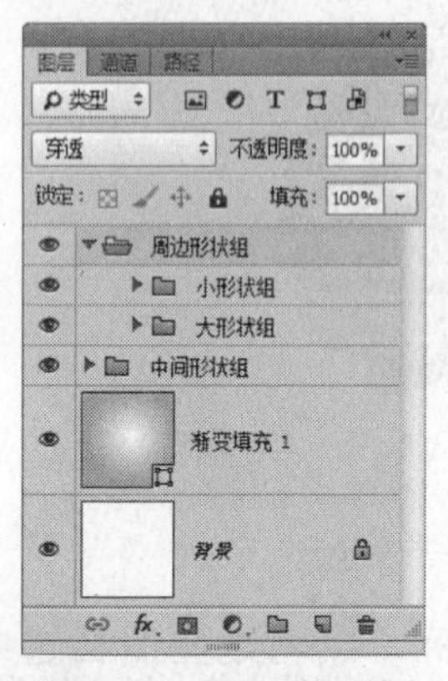

图6.22　“图层”面板

图6.23　最终效果

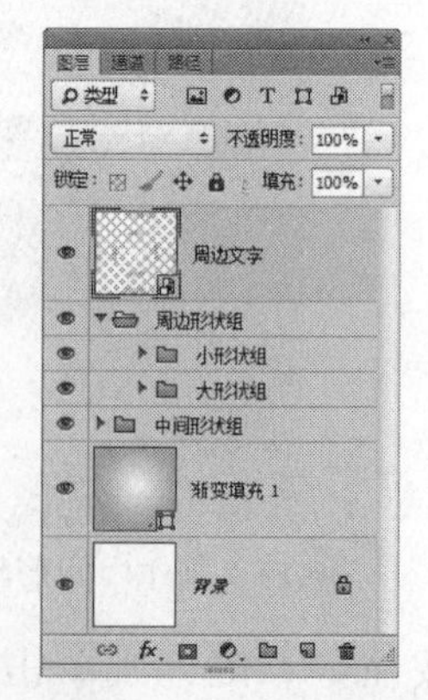

图6.24　“图层”面板

小提示

其中一些文字用到了“文字变形”命令，读者可以双击指示变形文字图层缩览图，此时文字被选中，然后在工具选项条上单击“创建文字变形”按钮，即可调出变形文字的参数设置。

6.3 北奇花茶包装设计

例前导读

本例是以“北奇花茶”为主题的包装设计作品。在制作过程中，主要应用图层的属性以及添加图层蒙版等功能处理包装的底图。

核心技能

- 结合标尺及辅助线划分包装中的各个区域。
- 应用渐变填充图层的功能制作图像的渐变效果。
- 应用形状工具绘制形状。
- 利用图层蒙版/矢量蒙版功能隐藏不需要的图像。
- 通过设置图层属性以混合图像。
- 应用“描边”命令，制作图像的描边效果。

操作步骤

1 按Ctrl+N组合键新建一个文件，设置弹出的对话框如图6.25所示，单击“确定”按钮退出对话框，以创建一个新的空白文件。

小提示

在“新建”对话框中，包装的正面宽度（120mm）+两侧面的宽度（各45mm）+背面的宽度（120mm）+左右出血（各3mm）=336mm，包装的高度（250mm）+上下出血（各3mm）=256mm。

2 下面根据提示内容，对整个画面进行区域划分。按Ctrl+R组合键显示标尺，按Ctrl+;组合键调出辅助线，按照提示内容在画布中添加辅助线以划分封面中的各个区域，如图6.26所示。按Ctrl+R组合键隐藏标尺。

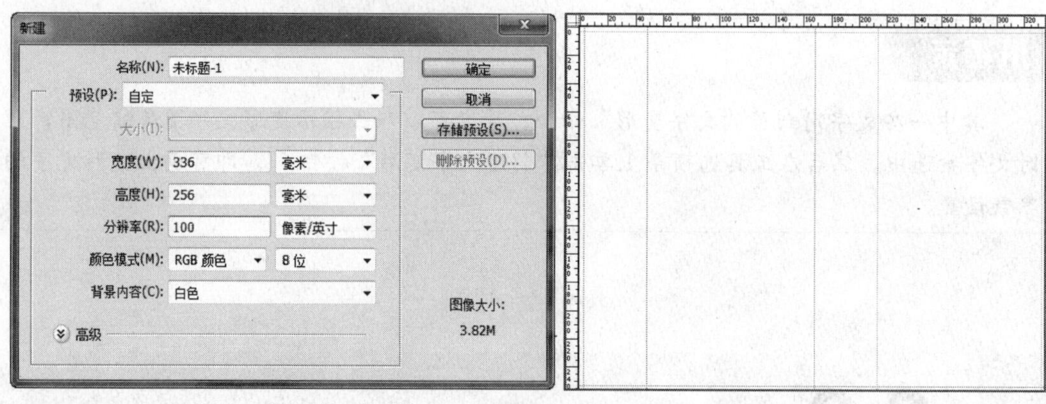

图6.25 "新建"对话框　　　　图6.26 划分区域

小提示

按Ctrl+;组合键可随时根据需要显示或隐藏辅助线。下面应用渐变填充图层的功能制作背景中的渐变效果。

3 单击"创建新的填充或调整图层"按钮，在弹出的菜单中选择"渐变"命令，设置弹出的对话框如图6.27所示，得到如图6.28所示的效果，同时得到图层"渐变填充1"。

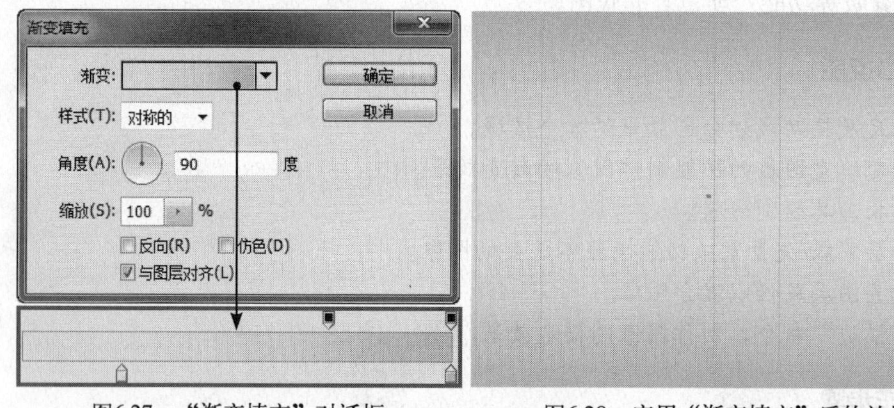

图6.27 "渐变填充"对话框　　　　图6.28 应用"渐变填充"后的效果

小提示

在"渐变填充"对话框中，渐变的各色标颜色值从左至右分别为ebf0cb和a9ec67。下面制作上下方的装饰图像。

4 设置前景色的颜色值为258d14，选择矩形工具，在其工具选项条上选择"形状"选项和"合并形状"选项，在文件的上下方分别绘制如图6.29所示的形状，得到"矩形1"。

5 下面来添加花纹图像。打开随书所附光盘中的文件"第6章\6.3-素材1.psd"，使用移动工具拖至文件中，并置于文件的上方，如图6.30所示，同时得到"图层1"。复制"图层1"得到"图层1拷贝"，按住Shift键使用移动工具垂直拖至文件的下方，如图6.31所示。

图6.29 绘制形状　　　　图6.30 摆放图像

小提示

至此，整体包装的底图效果已制作完成。下面来制作正面中的图像效果。

6 打开随书所附光盘中的文件“第6章\6.3-素材2.psd”，使用移动工具拖至文件中，调整好位置，如图6.32所示，同时得到“图层2”。

图6.31 复制及移动位置

图6.32 摆放图像

7 选择矩形工具，在其工具选项条上选择“路径”选项，在正面中绘制如图6.33所示的路径。选择“图层”|“矢量蒙版”|“当前路径”命令，隐藏路径后的效果如图6.34所示。

图6.33 绘制路径

图6.34 添加矢量蒙版后的效果

小提示

下面通过添加图层蒙版的功能，制作连绵起伏的山峰效果。

8 单击“添加图层蒙版”按钮为“图层2”添加蒙版，设置前景色为黑色，选择画笔工具，在其工具选项条中设置适当的画笔大小及不透明度，在图层蒙版中进行涂抹，以将部分图像隐藏起来，直至得到如图6.35所示的效果。此时蒙版中的状态如图6.36所示。

小提示

在涂抹蒙版的过程中，需不断地改变画笔的大小及不透明度，随时更改前景色为黑色或白色，以得到需要的效果。

9 设置“图层2”的混合模式为“线性光”，以融合图像，得到的效果如图6.37所示。

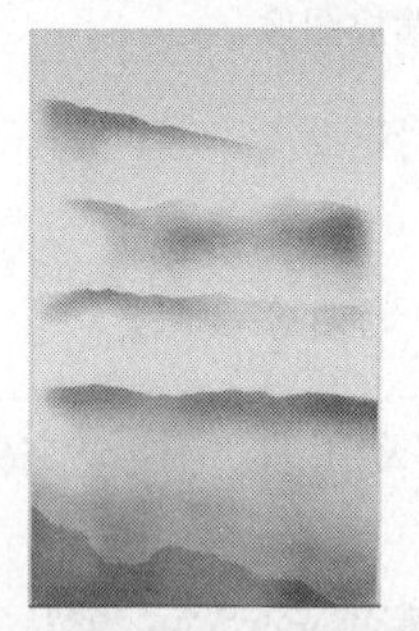

图6.35　添加图层蒙版后的效果

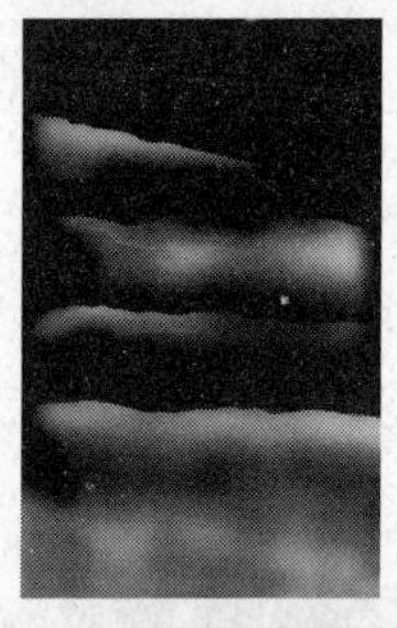

图6.36　图层蒙版中的状态

图6.37　设置混合模式后的效果

10 隐藏辅助线，设置前景色的颜色值为1e7615，选择矩形工具，在其工具选项条上选择“形状”选项，在正面中绘制如图6.38所示的矩形，得到“矩形2”，设置当前图层的混合模式为“滤色”，得到的效果如图6.39所示。

图6.38　绘制形状

图6.39　设置混合模式后的效果

11 下面来为图层制作描边效果。单击“添加图层样式”按钮 fx，在弹出的菜单中选择“描边”命令，设置弹出的对话框如图6.40所示，得到如图6.41所示的效果。

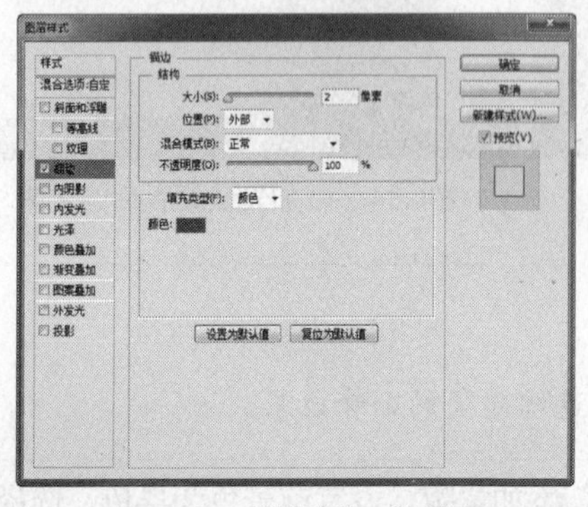

图6.40　“描边”对话框

图6.41　添加图层样式后的效果

小提示

在“描边”对话框中，颜色块的颜色值为23840c。

12 显示辅助线，选中“图层2”和“矩形2”，按住Alt键拖至所有图层上方，得到“图层2拷贝”及“矩形2拷贝”，在选中得到的副本图层的情况下，按住Shift键水平移向包装的背面，如图6.42所示。“图层”面板如图6.43所示。

图6.42 复制及移动位置

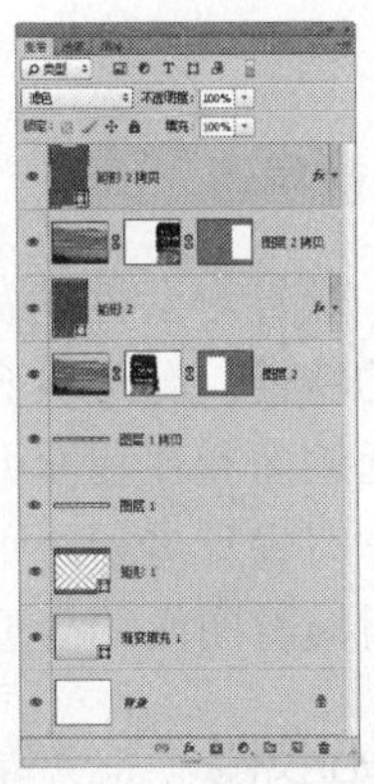

图6.43 “图层”面板

13 打开随书所附光盘中的文件“第6章\6.3-素材3.psd”，使用移动工具拖至文件中，并分布在包装的正面、背面及两侧面，最终效果如图6.44所示，同时得到“图层3”。“图层”面板如图6.45所示。

图6.44 最终效果

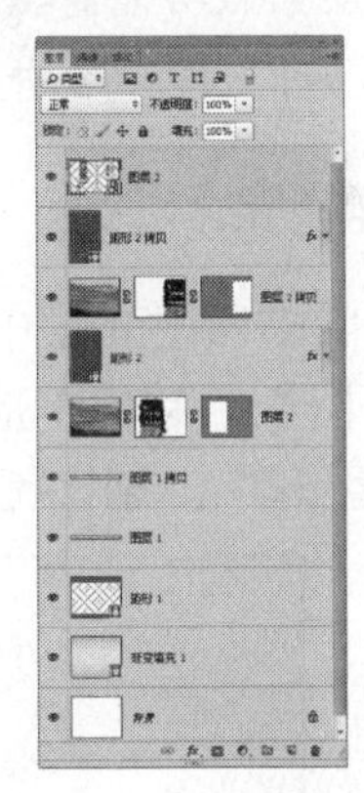

图6.45 “图层”面板

6.4 润芝源药品包装设计

例前导读

这是一款针对女性消费者的药品包装设计，在颜色上选用了适中的紫罗兰红色，突出了女性柔美的特性。配上较亮的中黄色使整个包装明亮而醒目。图形上采用代表女性的凤纹图案。而下面的图案在画面中起到必不可少的装饰作用。

在制作时设计者通过形状和图层样式制作了包装的主体部分——LOGO。而背景中的图形是通过对素材图像的变形、叠加来制作完成的。

核心技能

- 使用形状工具绘制形状。
- 利用再次变换并复制的操作制作规则的图像。
- 通过添加图层样式，制作图像的渐变、描边等效果。
- 利用图层蒙版功能隐藏不需要的图像。
- 应用“盖印”命令合并可见图层中的图像。

操作步骤

1 首先打开随书所附光盘中的文件“第6章\6.4-素材.psd”，用颜色值为fff301的黄色填充“背景”图层，利用矩形工具及钢笔工具，绘制两个形状图层，分别得到“矩形1”和“矩形2”。制作流程如图6.46所示。

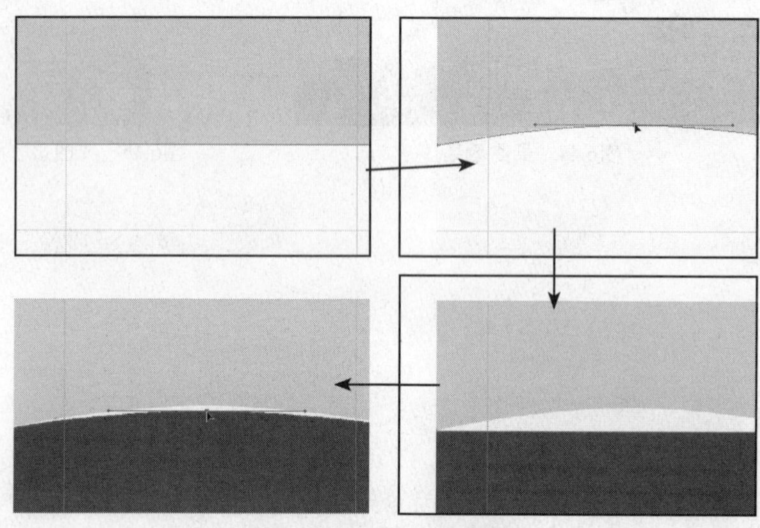

图6.46　绘制形状流程图

小提示

“矩形1”图形中的颜色值为ffffed，“矩形2”图形中的颜色值为c41280。下面在图像的上方加入花纹素材，以丰富画面。

2 显示“素材1”将其重命名为“图层1”，单击“锁定透明像素”按钮，再为其填充颜色ffbc9a，效果如图6.47所示。按Ctrl+T组合键调出自由变换控制框，缩小图像并移动到如图6.48所示的位置。按Enter键确认变换操作。

图6.47 填充颜色后的效果

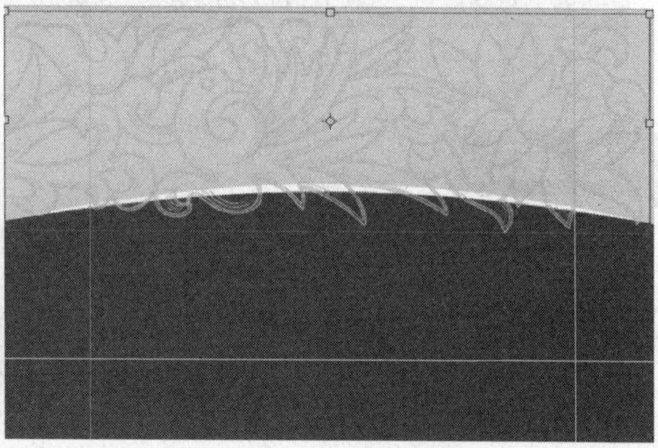

图6.48 变换图像

3 再将“图层1”移动到“矩形1”的下方得到如图6.49所示的效果。同样将“素材2”重命名为“图层2”，并将其处理成如图6.50所示的效果。

图6.49 变换图层位置后的效果

图6.50 变换图像

小提示

本步中关于图像颜色值的设置请参考最终效果源文件，也可以根据自己的喜好进行设置。后面关于图像颜色值的设置不再做相关提示。

4 按Ctrl+Alt+T组合键调出自由变换并复制控制框，将图像水平向右移动到如图6.51所示的位置，同时得到“图层2拷贝”。按Enter键确认变换操作。连续按Shift+Ctrl+Alt+T组合键执行“再次变换并复制”操作，直至得到如图6.52所示的效果。此时的“图层”面板如图6.53所示。

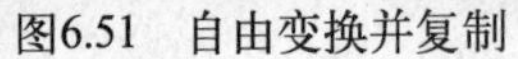

图6.51 自由变换并复制　　图6.52 再次变换并复制

小提示

至此，花纹图像已制作完成。下面制作产品LOGO的基型。

5 使用椭圆工具，在画面中间绘制一个如图6.54所示的椭圆，得到“椭圆1”。单击“添加图层样式”按钮 fx，在弹出的菜单中选择“斜面和浮雕”命令，设置弹出的对话框如图6.55所示。

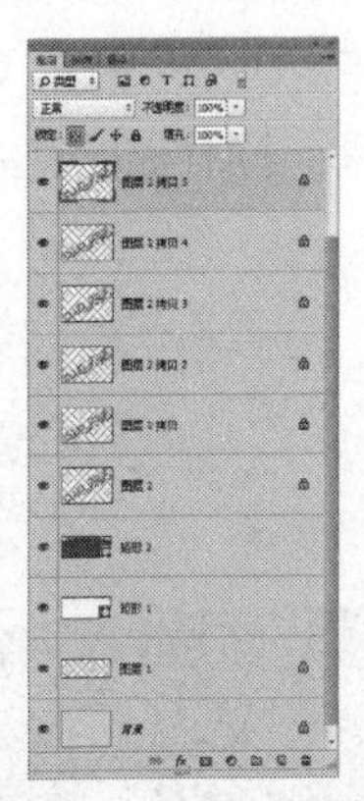

图6.53 “图层”面板

图6.54 绘制椭圆

6 然后继续在“图层样式”对话框中选择“渐变叠加”以及“描边”选项，设置弹出的对话框如图6.56、图6.57所示，得到如图6.58所示的效果。

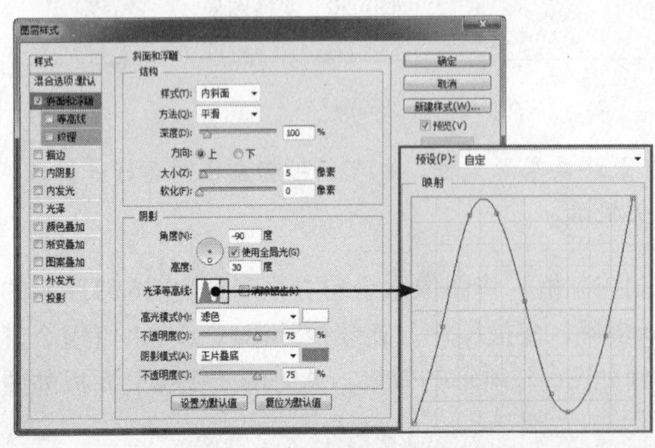

图6.55 “斜面和浮雕”对话框

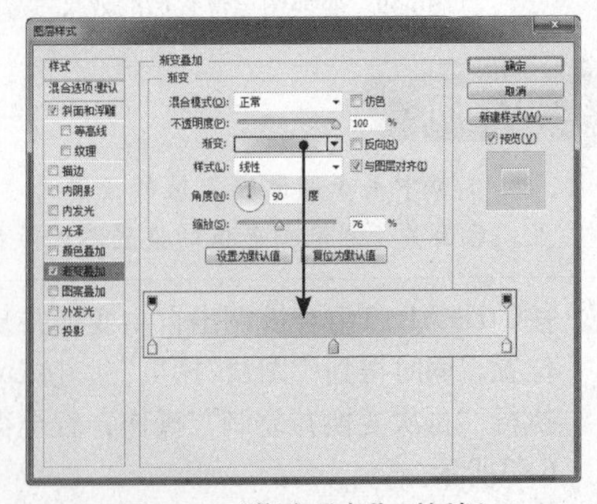

图6.56 “渐变叠加”对话框

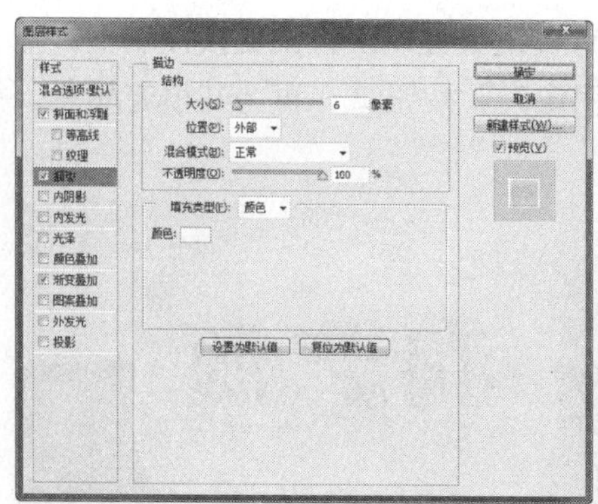

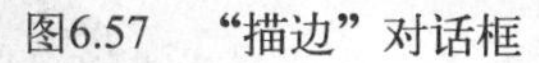
图6.57 “描边”对话框

图6.58 应用图层样式后的效果

小提示

在“斜面和浮雕”对话框中，“阴影模式”后颜色块的颜色值为ce9100；在“渐变叠加”对话框中，渐变类型各色标值从左至右分别为fffb7d、ffd700、fffb92。

7 复制“椭圆1”得到“椭圆1拷贝”。按Ctrl+T组合键将其缩小到如图6.59所示的状态。为其添加蒙版，选择对称渐变工具，从椭圆的中心向下绘制渐变，如图6.60所示。得到如图6.61所示的效果。其图层蒙版状态如图6.62所示。

图6.59 绘制椭圆

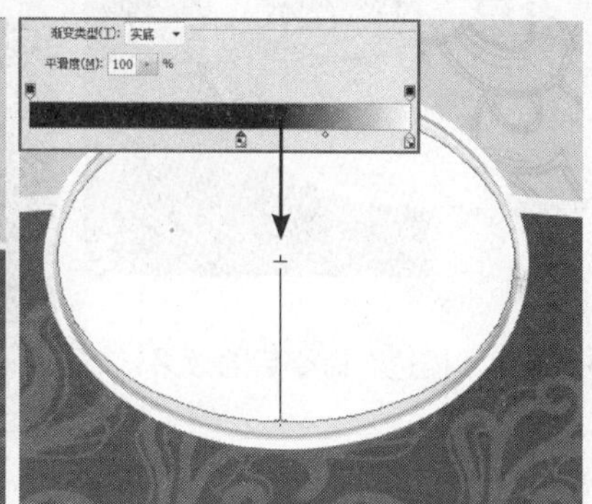

图6.60 绘制渐变

图6.61 绘制渐变后的效果

图6.62 图层蒙版状态

小提示

下面制作LOGO的文字部分。

8 显示“素材3”，将其重命名为“图层3”。按Ctrl+T组合键调出自由变换控制框，缩小图像并移动到如图6.63所示的位置。单击“锁定透明像素”按钮，再为其填充颜色，得到如图6.64所示的效果。

图6.63　变换素材图像

图6.64　填充颜色

9 通过“描边”图层模式为其增加描边效果，得到如图6.65所示的效果。再在“润芝源”的下方输入相关的文字，将新得到的文字图层重命名为“文字1”，得到如图6.66所示的效果。

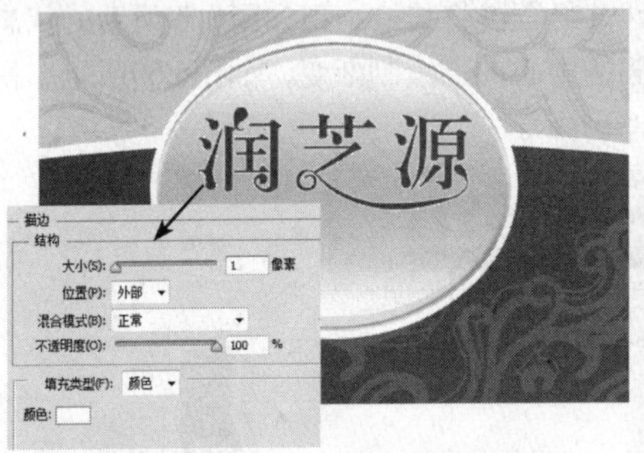

图6.65　应用“描边”命令后的效果

图6.66　输入其他文字

小提示

至此，主题文字图像已制作完成。下面制作小圆部分。

10 使用椭圆工具，在椭圆的右下方绘制一个正圆，得到“椭圆 2”，如图6.67所示。

11 单击“添加图层样式”按钮，在弹出的菜单中选择“渐变叠加”命令，设置弹出的对话框如图6.68所示，得到如图6.69所示的效果。

图6.67　绘制小圆

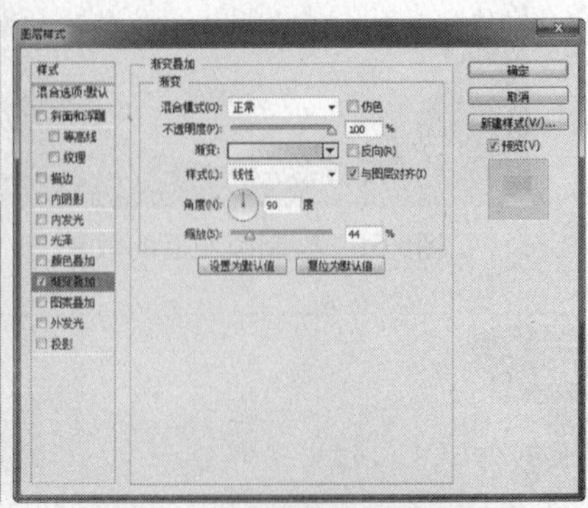

图6.68　“渐变叠加”对话框

小提示

在“渐变叠加”对话框中，渐变类型为“从fff7c3到ffd700”。

12 复制“椭圆 2”得到“椭圆 2拷贝”。右击其图层名称，在弹出的菜单中选择“清除图层样式”命令以将其图层样式清除，如图6.70所示。

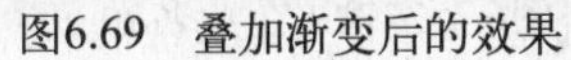

图6.69 叠加渐变后的效果　　图6.70 复制并去除图层样式后的效果

13 为“椭圆 2拷贝”添加图层蒙版，选择线性渐变工具，从椭圆的下方向上绘制渐变，如图6.71所示，得到如图6.72所示的效果。

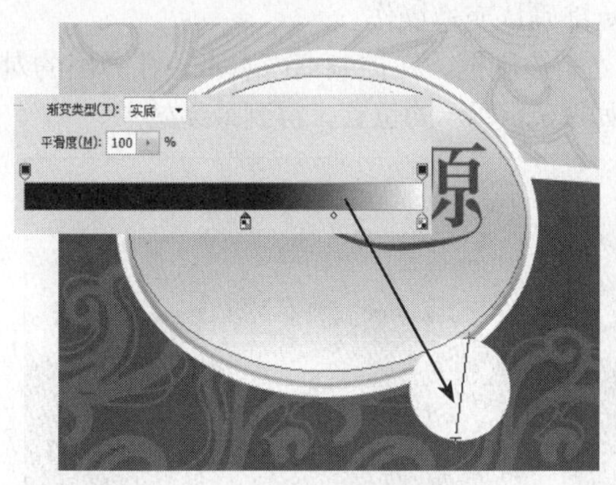

图6.71 绘制渐变　　图6.72 绘制渐变后的效果

14 新建“图层4”，按住Shift键选择“椭圆 2”，按Ctrl+Alt+E组合键执行“盖印”操作，得到“图层 4（合并）”，将其缩小并移动到如图6.73所示的位置。删除“图层4”。

图6.73 盖印并缩小

小提示

下面制作企业名称及标志，并在包装两个侧面放置产品的LOGO，完成制作。

15 显示“素材4”，将其重命名为“图层5”。按Ctrl+T组合键调出自由变换控制框，将其缩小并移动到左上角如图6.74所示的位置。选择横排文字工具T，在图像右下角输入企业的中英文名称，得到如图6.75所示的效果。

图6.74 变换图像

图6.75 输入企业名称

16 选择“椭圆 1”到“文字1”的所有图层，按Ctrl+Alt+E组合键执行“盖印”操作，得到“文字1（合并）”。按Ctrl+T组合键调出自由变换控制框，将图像旋转90°再缩小并移动到左侧如图6.76所示的位置，按Enter键确认变换操作。

17 按Ctrl+Alt+T组合键调出自由变换并复制控制框，在控制框内右击，在弹出的对话框中选择“水平翻转”命令并移动到右侧如图6.77所示的位置，得到最终效果。

图6.76 变换图像后的效果

图6.77 最终效果

18 此时的“图层”面板状态如图6.78所示。图6.79所示为应用本例的平面图所制作的效果图。

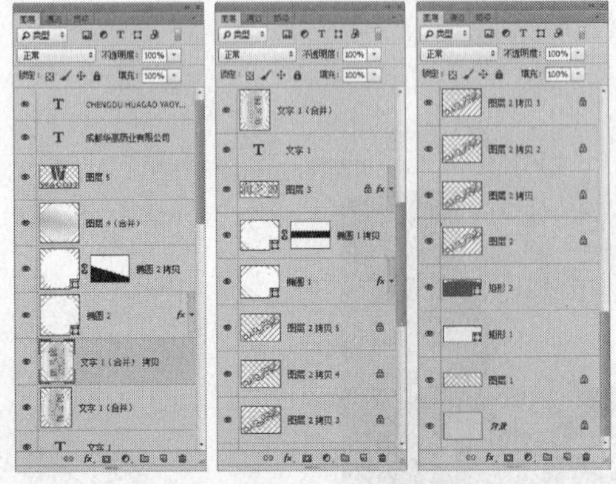

图6.78 最终“图层”面板状态

图6.79 应用本例中平面图制作的效果图

6.5 练习题

1. 尝试为本章第6.2节的案例更改颜色方案，除此之外尽量保持其他元素不变，使之仍然适合作为一款面向儿童群体的产品包装。
2. 打开随书所附光盘中的文件“第6章\6.5-2-素材1.tif”和“第6章\6.5-2-素材2.psd”，如图6.80所示，使用这些素材图像，并结合变换及绘制图形等功能，分别设计整个盒体的内容，风格以简洁、大方为主，直至得到类似如图6.81所示的效果。实际应用立体效果如图6.82所示。

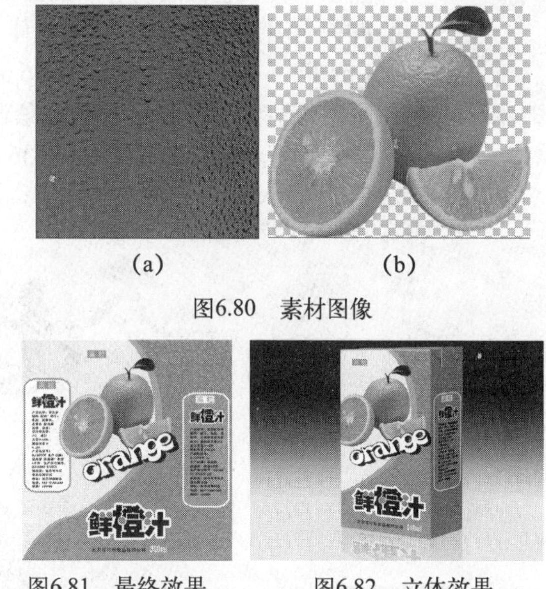

(a) (b)

图6.80 素材图像

图6.81 最终效果 图6.82 立体效果

3. 假设某月饼包装盒的尺寸为21mm×21mm（不含出血），打开随书所附光盘中的文件“第6章\6.5-3-素材1.psd”～“第6章\6.5-3-素材5.psd”，如图6.83所示，结合绘制图像、混合模式及图层蒙版等功能，制作得到一个包装正面的图像，如图6.84所示。

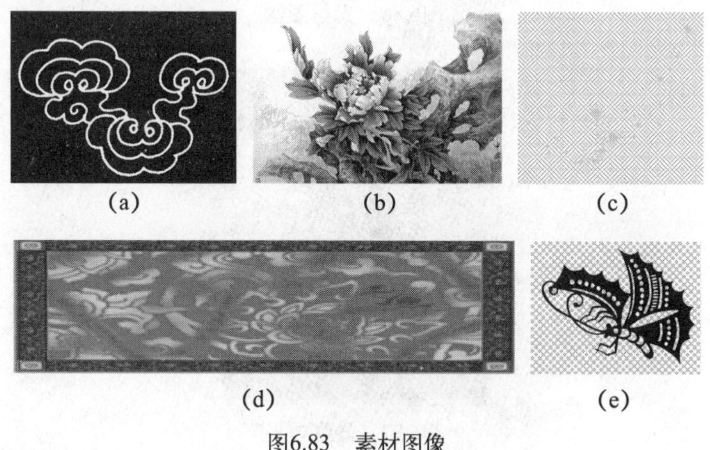

(a) (b) (c)

(d) (e)

图6.83 素材图像

图6.84　包装效果

图6.85　包装效果

4 以绘制图形图层样式及图层蒙版等技术为主，制作一款卫生纸的包装。在本例中，读者无需考虑包装的具体尺寸，只要符合此类产品包装的常见比例即可，重点在于表现包装的内容，如图6.85所示。

5 打开随书所附光盘中的文件“第6章\6.5-5-素材1.psd”～“第6章\6.5-5-素材6.psd”，如图6.86所示，使用这些素材图像，并结合绘制图形、图层样式、剪贴蒙版等功能，制作类似如图6.87所示的包装效果。

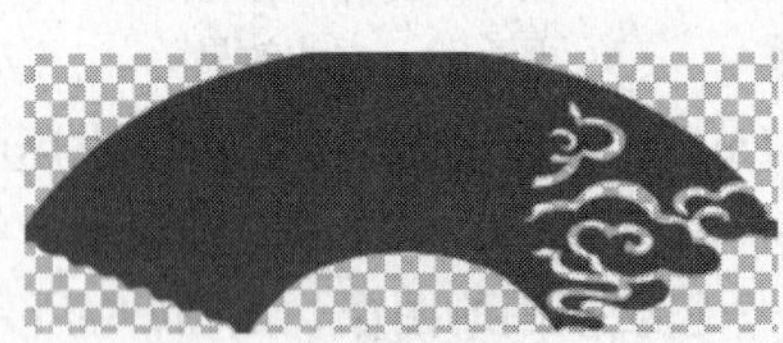

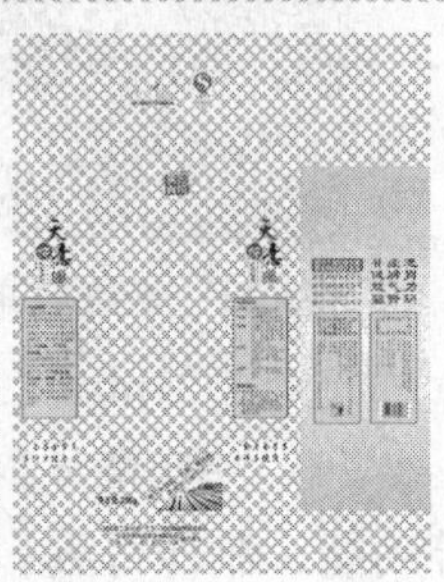

图6.86　素材图像

图6.87　最终效果

第7章

写真照片设计

7.1 写真照片设计概述

写真照片设计可大致分为婚纱写真与人物写真两类，其中婚纱写真在市场上占有的份额最大，据媒体报道，每年婚庆市场有上千亿市场规模，在这上千亿的消费中，有相当部分是投到了婚纱照片上，因为大多数新人会花几千甚至上万元，去拍摄可能是一生一次的婚纱照片。

而作为婚纱摄影业的下游配套行业婚纱及写真照片设计市场，无疑也具有极其吸引人的市场前景。目前影楼婚纱照的数码化已经基本普及了，虽然不同的地区、不同的影楼可能存在这样或那样的区别，但数码婚纱照片的设计与制作流程基本上是一样的。因此，在此仅简单讲述对于从事数码后期制作的人员而言，必须了解婚纱照片的特点与基本的设计理念。

7.1.1 婚纱写真照片的特点

作为写真照片中一个重要的分支，婚纱写真设计有着与个人写真照片在本质上的区别，例如，个人写真照片可以重复多次拍摄，而对许多新人而言，婚纱照与结婚一样是一生一次的，因此每一个人都在认真对待。他们希望在照片中体现自己最美好的一面，为自己的人生留下美妙的回忆，因此不难想象婚纱照片对于新人的重要性。

作为婚纱照片的后期设计人员，需要根据新人的照片进行设计与创意，以强化照片的效果，以最佳形式在相册中展现这些定格的瞬间。如图7.1所示就是两幅典型的婚纱写真作品。

(a)　　(b)

图7.1　婚纱写真作品

7.1.2 个人写真照片的特点

从拍照的出发点来说，个人写真照片更多的是由年青人的主观意识决定的，如留下对青春、对美好事物的记忆等，而不像婚纱写真照片那样略带有一定的强制性，同时还受到个人经济能力、主观愿望，以及年青人追求个性，却无法找到满意的方案等因素的影响。

因此，虽然个人写真在市场上并没有婚纱写真那样大，但也是不可忽视的一个方向，尤其是如果能够设计出一些优秀的、个性化的写真作品，很容易能够吸引有这方面兴趣的消费群体。如图7.2所示就是两幅典型的个人写真作品。

(a)

(b)

图7.2 典型的个人写真作品

7.1.3 写真照片设计的未来方向

影楼数码化的进程虽然并不长，但普及的速度之快、范围之广，却超出了许多人的想象，目前基本上绝大部分稍具规模的影楼都实现了数码化。

跟随影楼数码化进程的就是写真照片后期设计发展历程，从最初只是对照片进行修瑕疵、调整颜色，发展到中期如火如荼的套用模版，再到今天许多影楼开始自己设计特色模版，自己创新照片主题，可以说写真照片数码设计与制作行业发展迅速。

时至今日，完全照搬照套写真照片模版虽然已经不再是唯一的选择，但仍然在许多追求效率的小规模影楼中大量存在，但可以预见的是写真照片未来的设计方向，一定是个性化、特色化的，那些对所有写真照片应用一套模版或几套模版的情况将不再存在。

7.1.4 写真照片的设计理念

虽然从本质上说写真照片设计仍然是平面设计的一种，但与平面设计的其他设计领域也有太多的不同之处，例如，在写真照片被数字化之前，使用模版进行设计与制作是一件不可想象的事，而在数码婚纱照片设计领域我们不仅看到了这种现象的存在，甚至已经成为了很多影楼赖以生存的重要手段之一。

另外，在数码婚纱照片设计领域中，摄影师与后期制作人员的相互配合非常重要，这一点与其他平面设计领域有所不同。摄影师在拍摄时就应该考虑到后期设计与制作的方方面面，这样的工作流程能够使后期制作更完美地体现摄影师的意图，也能够通过获得适合于后期制作的照片人物姿势与人物表情使后期制作更加轻松容易。

由于后期设计的主旨是通过艺术的表现形式，延伸摄影的意境，挖掘照片的丰富内涵，因此从设计的本身来看，平面设计中的构图、颜色、文字编排等理论是完全适用的。但后期设计人员，应该更多地关注人物本身的特质，因为新人本身既是表现主体又是客户，这样的双重身份，将会使其提出高于其他设计领域设计要求的标准。

7.2 手牵手婚纱设计

例前导读

本例是以“手牵手”为主题的婚纱设计作品。在制作过程中，主要结合画笔工具、设置图层属性、添加图层样式、路径、画笔描边路径以及特殊画笔等功能，将整体画面处理得温馨而浪漫。

核心技能

- 应用画笔工具绘制图像。
- 通过设置图层属性以混合图像。
- 应用形状工具绘制形状。
- 应用“外发光”命令，制作图像的发光效果。
- 应用调整图层的功能，调整图像的亮度、色彩等属性。
- 利用图层蒙版功能隐藏不需要的图像。
- 结合路径及用画笔描边路径中的“模拟压力”选项，制作两端细中间粗的图像效果。

操作步骤

1 按Ctrl+N组合键新建一个文件，设置弹出的对话框如图7.3所示，单击“确定”按钮退出对话框，以创建一个新的空白文件。设置前景色值为ffc2ea，按Alt+Delete组合键以前景色填充“背景”图层。

> **小提示**
>
> 下面利用素材图像，结合画笔工具，设置图层混合模式及形状工具，制作背景中的基本图像。

2 新建“图层1”，设置前景色为白色，选择画笔工具，在其工具选项条中设置适当的画笔大小及不透明度，在文件中间进行涂抹，直至得到如图7.4所示的效果。

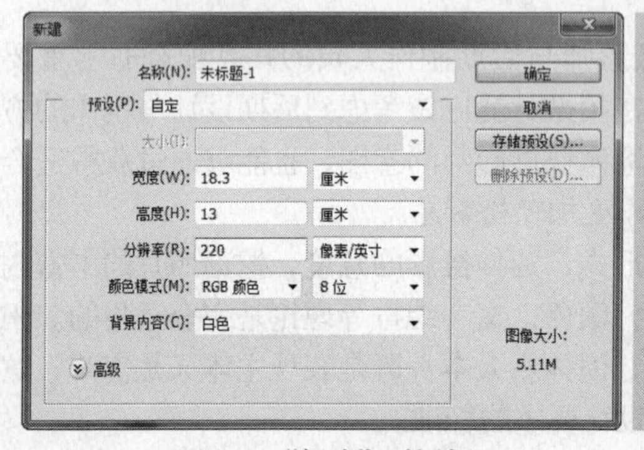

图7.3 “新建”对话框

图7.4 涂抹效果

3 打开随书所附光盘中的文件“第7章\7.2-素材1.psd”，使用移动工具将其拖至文件中，并覆盖整个画面，如图7.5所示，同时得到“图层2”，设置此图层的混合模式为“颜色加深”，以混合图像，得到的效果如图7.6所示。

图7.5 摆放图像

图7.6 设置混合模式后的效果

4 按照上一步的操作方法，利用随书所附光盘中的文件“第7章\7.2-素材2.psd”，结合移动工具及设置图层混合模式的功能，以加深图像的对比效果，如图7.7所示，同时得到“图层3”。

小提示

本步中设置“图层3”的混合模式为“颜色加深”。

5 下面来制作线条图像。选择直线工具，在其工具选项条上选择“形状”选项及“合并形状”选项，并设置“粗细”为2像素，在文件右侧绘制如图7.8所示的形状，得到“形状1”，设置此图层的不透明度为65%。

图7.7 加深图像

图7.8 绘制形状

小提示

至此，背景中的图像已制作完成。下面来制作人物图像。

6 选中“图层1”～“形状1”，按Ctrl+G组合键执行“图层编组”操作，得到“组1”，并将其重命名为“背景”。打开随书所附光盘中的文件“第7章\7.2-素材3.psd”，使用移动工具将其拖至文件中，并将其置于文件的右侧，如图7.9所示。同时得到组“人物”。

小提示

为了方便图层的管理，笔者在此对制作背景的图层进行编组操作，在下面的操作中，笔者也对各部分进行了编组操作，在步骤中不再赘述。

7 下面来制作人物左右两侧的小图片。设置前景色为白色，选择椭圆工具，在其工具选项条上选择“形状”选项，按住Shift键在文件左侧绘制如图7.10所示的形状，得到“椭圆 1”。

图7.9　摆放图像

图7.10　绘制形状

8 下面来制作图像的发光效果。单击“添加图层样式”按钮 fx，在弹出的菜单中选择“外发光”命令，设置弹出的对话框如图7.11所示，得到如图7.12所示的效果。

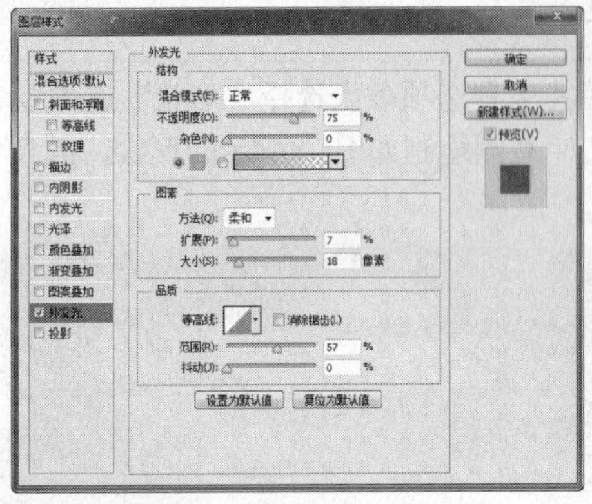

图7.11　“外发光”对话框

图7.12　添加图层样式后的效果

小提示

在“外发光”对话框中，颜色块的颜色值为fe86dd。

9 打开随书所附光盘中的文件“第7章\7.2-素材4.psd”，使用移动工具将其拖至文件中，得到“图层4”。按Ctrl+T组合键调出自由变换控制框，按住Shift键向内拖动控制句柄以缩小图像，并置于白色图形的上面，按Enter键确认操作。按Ctrl+Alt+G组合键执行“创建剪贴蒙版”操作，再次使用移动工具对图像的位置进行调整，得到的效果如图7.13所示。

小提示

下面结合调整图层以及编辑蒙版等功能，制作白色图形中的人物图片。

10 下面来调整图像的亮度。单击“创建新的填充或调整图层”按钮，在弹出的菜单中选择“亮度/对比度”命令，得到图层“亮度/对比度1”，按Ctrl+Alt+G组合键执行“创建剪贴蒙版”操作，设置面板中的参数如图7.14所示，得到如图7.15所示的效果。

图7.13　制作人物图像

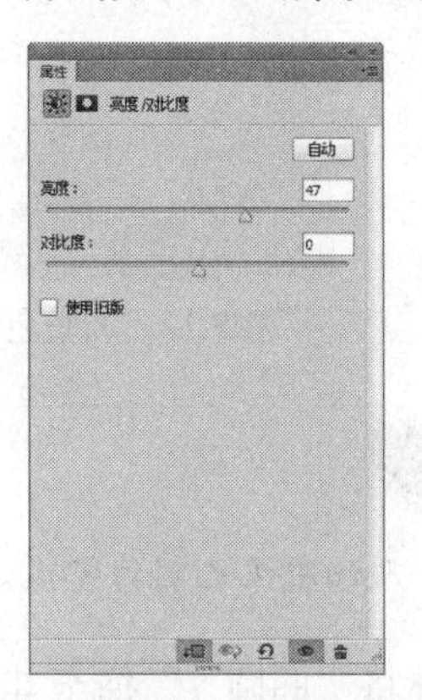

图7.14　“亮度/对比度”面板

11 下面来调整图像的色彩。单击“创建新的填充或调整图层”按钮，在弹出的菜单中选择“色彩平衡”命令，得到图层“色彩平衡1”，按Ctrl+Alt+G组合键执行“创建剪贴蒙版”操作，设置面板中的参数如图7.16所示，得到如图7.17所示的效果。

图7.15　调整亮度后的效果

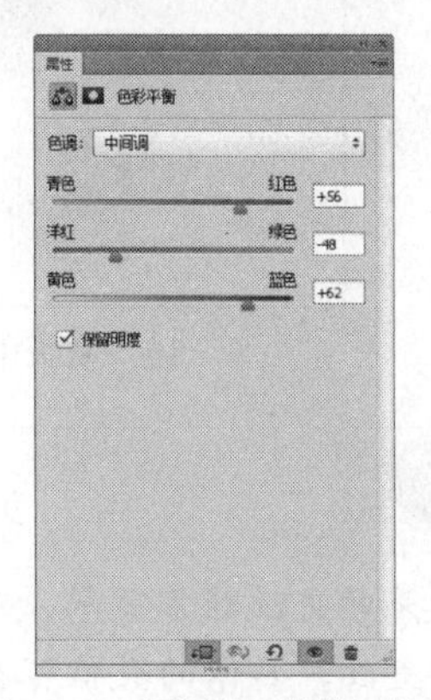

图7.16　“色彩平衡”面板

小提示

此时观察由“色彩平衡”命令调整后的图像可以看出，对人物的脸部也进行了调整，而在此不想脸部的色彩偏红。下面将继续编辑图层蒙版，以解决这个问题。

12 在“色彩平衡1”图层蒙版激活的状态下，设置前景色为黑色，选择画笔工具，在其工具选项条中设置适当的画笔大小及不透明度，在蒙版中进行涂抹，再将人物脸部的色彩隐藏起来，直至得到如图7.18所示的效果。此时蒙版中的状态如图7.19所示。

图7.17　调整色彩后的效果

图7.18　编辑蒙版后的效果

小提示

至此，人物图像已制作完成。下面来制作人物外的圆环图像。

13 按住Alt键将“椭圆 1”拖至其下方，得到“椭圆 1 拷贝”。结合自由变换控制框调整图像的大小，并更改发光效果，得到的效果如图7.20所示。“图层”面板如图7.21所示。

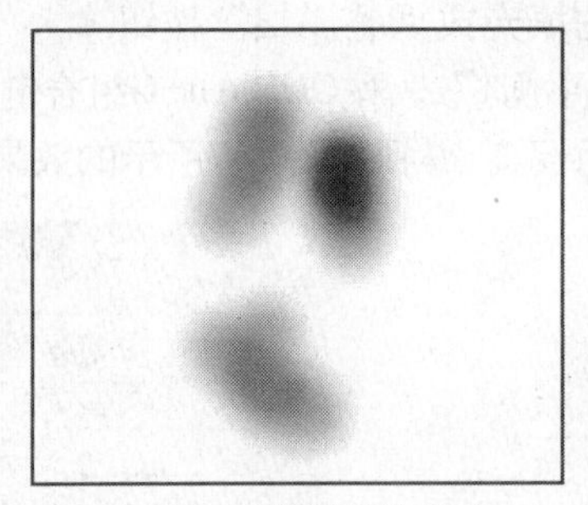

图7.19　蒙版中的状态

图7.20　制作圆环图像

小提示

发光效果的更改非常简单，双击“外发光”图层效果名称，在弹出的对话框中即可对各参数进行更改，具体的数值可参考最终效果源文件。在后面的操作中，也多次应用到了“外发光”命令，笔者不再做相关参数的提示。下面来制作另外两个小图片。

14 按照前面几步讲解的操作方法，利用随书所附光盘中的文件“第7章\7.2-素材5.psd”，结合形状工具，添加图层样式，剪贴蒙版，复制组以及调整图层等功能，制作主体人物两侧的小图片，如图7.22所示。“图层”面板如图7.23所示。

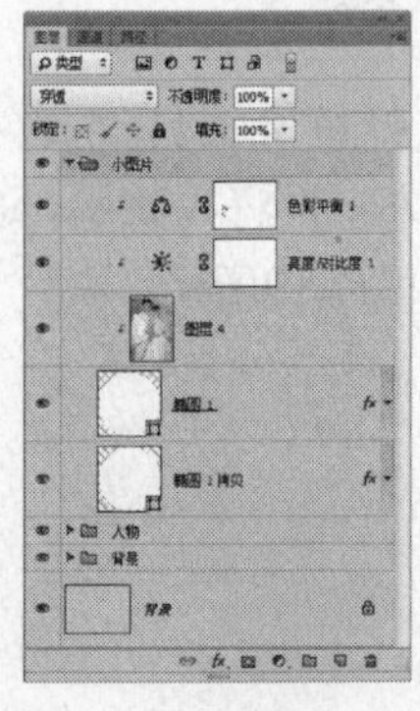

图7.21　“图层”面板1

图7.22　制作另外两个小图片

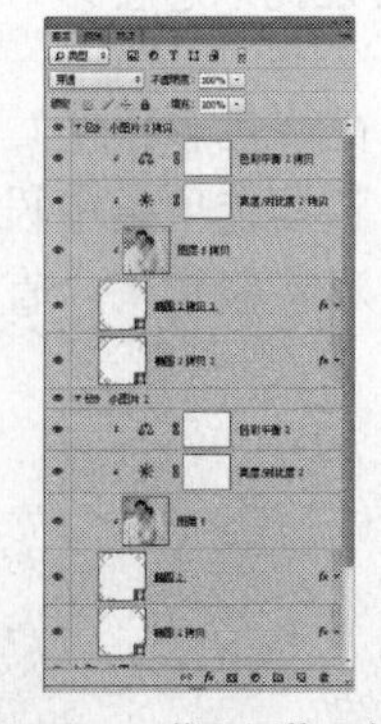

图7.23　“图层”面板2

小提示

在本步中，关于“调整图层”对话框中的参数设置可参考最终效果源文件。至此，小图片已制作完成。下面来制作画面中的装饰图像。

15 选择画笔工具，打开随书所附光盘中的文件“第7章\7.2-素材6.abr”，在画布中单击鼠标右键，在弹出的画笔显示框中选择刚刚打开的画笔（一般在最后一个）。

16 选择组“人物”，新建“图层6”，设置前景色为白色，应用上一步打开的画笔，在文件的左上角及右侧进行涂抹，直至得到如图7.24所示的效果。

17 保持前景色不变，选择钢笔工具，在其工具选项条上选择“路径”选项， 在文件下方绘制如图7.25所示的路径。

图7.24 涂抹效果

图7.25 绘制路径

18 选择组“小图片 2 拷贝”，新建“图层7”，选择画笔工具，在其工具选项条中设置画笔为“柔角15像素”，不透明度为100%，切换至“路径”面板，按住Alt键单击“用画笔描边路径”按钮，在弹出的对话框中选中“模拟压力”复选框，隐藏路径后的效果如图7.26所示。切换回“图层”面板。

小提示

选中“模拟压力”复选框的目的就在于，让描边路径后得到的线条图像具有两端细、中间粗的效果。但需要注意的是，此时必须在“画笔”面板的“形状动态”区域中，设置“控制”下拉菜单中为“钢笔压力”选项，否则将无法得到这样的效果。

19 结合素材图像、路径及画笔描边路径、复制图层以及设置图层混合模式等功能，制作画面中的其他装饰图像，如图7.27所示。如图7.28所示为单独显示“背景”图层及本步的图像状态。“图层”面板如图7.29所示。

图7.26 应用画笔描边后的效果

图7.27 制作其他装饰图像

图7.28　单独显示图像状态

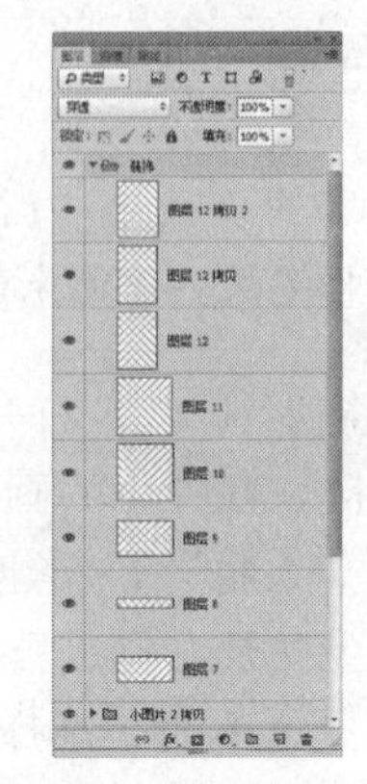

图7.29　“图层”面板

小提示

本步中所应用到的素材图像为随书所附光盘中的“第7章\7.2-素材7.abr～7.2-素材10.abr”。为个别图层还设置了图层的属性，具体的设置可参考最终效果源文件。

20 分别打开随书所附光盘中的文件“第7章\7.2-素材11.psd和素材12.psd”，使用移动工具拖至文件中，并将它们置于文件的左下方及中间位置，得到的最终效果如图7.30所示。“图层”面板如图7.31所示。

图7.30　最终效果

图7.31　“图层”面板

小提示

读者在制作组“文字”的过程中，应用到的画笔可参考随书所附光盘中的文件“第7章\7.2-素材13.abr”。

7.3 制作艳丽风格人像写真

例前导读

本节主要讲解如何制作艳丽风格人像写真作品。在制作的过程中，主要运用了图层蒙版、调整图层、图层样式以及画笔工具等功能。

核心技能

- 利用图层蒙版功能隐藏不需要的图像。
- 通过添加图层样式，制作图像的发光等效果。
- 应用“曲线”命令调整图层调整图像的对比度。
- 应用“亮度/对比度”命令调整图层调整图像的亮度及对比度。
- 通过设置图层属性以混合图像。
- 结合画笔工具及特殊画笔素材绘制图像。

操作步骤

1 打开随书所附光盘中的文件“第7章\7.3-素材1.jpg和素材2.jpg”，将看到两幅图片如图7.32和图7.33所示。

图7.32　素材图像1

图7.33　素材图像2

小提示

下面运用变换、图层蒙版以及复制图层等功能，制作主题人物图像。

2 选择移动工具，将“素材2.jpg”拖至“素材1.jpg”文件中，得到“图层1”，按Ctrl+T组合键调出自由变换控制框，按住Shift键向内拖动控制句柄以缩小图像并移动位置，如图7.34所示。按Enter键确认操作。

3 单击“添加图层蒙版”按钮，为“图层1”添加蒙版，在工具箱中设置前景色黑色，选择渐变工具，并在其工具选项条中单击“线性渐变”按钮，在画布中单击鼠标右键，在弹出的渐变显示框中选择渐变类型为“前景色到透明渐变”，如图7.35所示。

图7.34 变换状态

图7.35 选择适当的渐变类型

4 使用设置好的渐变工具分别从图像的边缘向内绘制渐变，直至得到类似如图7.36所示的效果，此时蒙版中的状态如图7.37所示。

5 将“图层1”拖至“创建新图层”按钮上，得到“图层1拷贝”，以加深图像，得到的效果如图7.38所示。此时“图层”面板如图7.39所示。

图7.36 绘制渐变后的效果

图7.37 蒙版中的状态

图7.38 复制图层后的效果

小提示

下面运用调整图层以及剪贴蒙版的功能，调整图像的亮度、对比度属性。

6 单击“创建新的填充或调整图层”按钮，在弹出的菜单中选择“曲线”命令，得到“曲线1”，按Ctrl+Alt+G组合键执行“创建剪贴蒙版”操作，设置面板中的参数如图7.40～图7.42所示，得到如图7.43所示的效果。

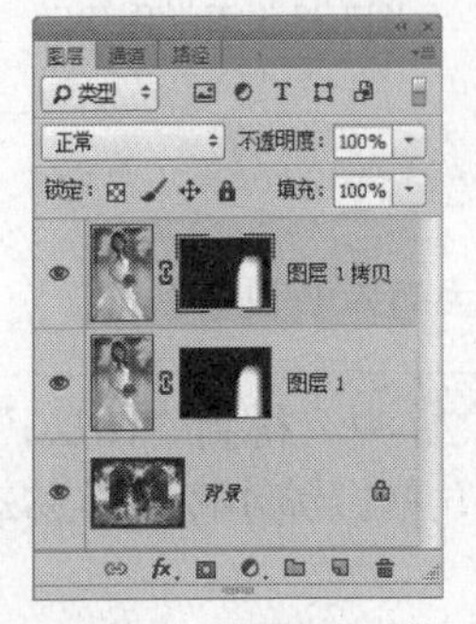

图7.39 “图层”面板

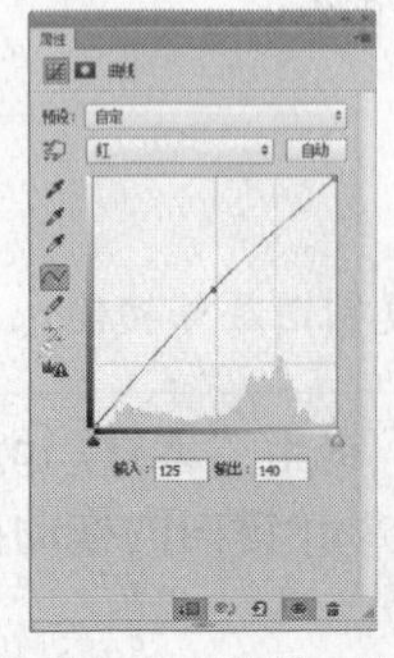

图7.40 “红”面板

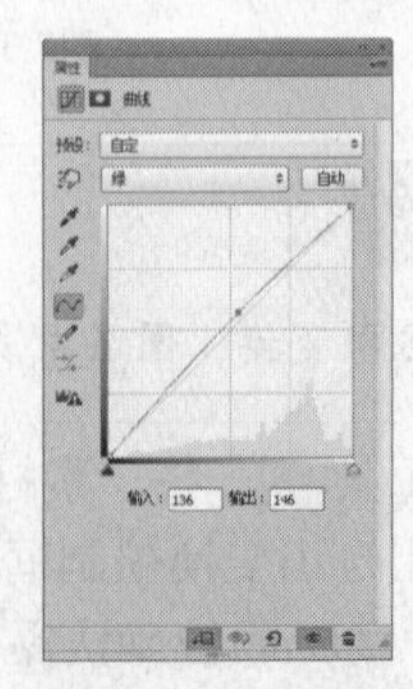

图7.41 “绿”面板

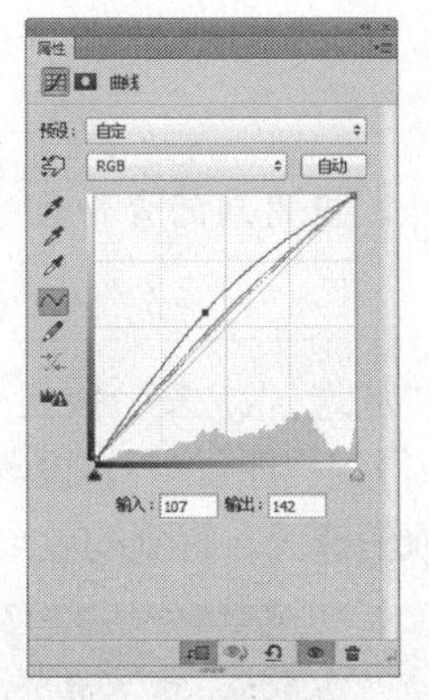

图7.42 “RGB”面板

图7.43 应用“曲线”命令后的效果

7 单击“创建新的填充或调整图层”按钮，在弹出的菜单中选择“亮度/对比度”命令，按Ctrl+Alt+G组合键执行“创建剪贴蒙版”操作，得到“亮度/对比度1”，设置面板中的参数如图7.44所示，得到如图7.45所示的效果。

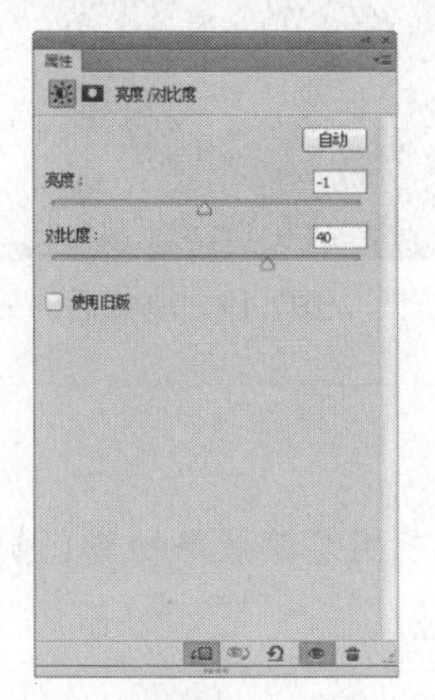

图7.44 “亮度/对比度”面板

图7.45 应用“亮度/对比度”命令后的效果

8 根据前面所讲解的操作方法，利用素材图像，运用变换以及图层蒙版等功能，制作画布左侧的人物图像，如图7.46所示。同时得到“图层2”和“图层3”，此时“图层”面板如图7.47所示。

图7.46 制作左侧的人物图像

图7.47 “图层”面板

小提示

本步在编辑蒙版时，使用的是画笔工具。另外，应用到的素材为随书所附光盘中的文件“第7章\7.3-素材3.jpg和素材4.jpg”。

9 选择矩形选框工具，并在其工具选项条中单击“从选区减去”按钮，在画布中绘制如图7.48所示的选区，单击“创建新图层”按钮，得到“图层4”，设置前景色为黑色，按Alt+Delete组合键以前景色填充选区，按Ctrl+D组合键取消选区，得到的效果如图7.49所示。

图7.48　绘制选区

图7.49　填充后的效果

小提示

下面利用素材图像，运用图层属性、图层样式以及图层蒙版等功能，制作装饰圆及圆中的人物图像。

10 打开随书所附光盘中的文件“第7章\7.3-素材5.psd”，如图7.50所示。使用移动工具将其拖至上一步制作的文件中，并置于主题人物的左上方，如图7.51所示。同时得到“图层5”。

图7.50　素材图像

图7.51　摆放图像

11 单击“添加图层样式”按钮，在弹出的菜单中选择“外发光”命令，设置弹出对话框中的参数如图7.52所示，单击“确定”按钮退出对话框，得到的效果如图7.53所示。

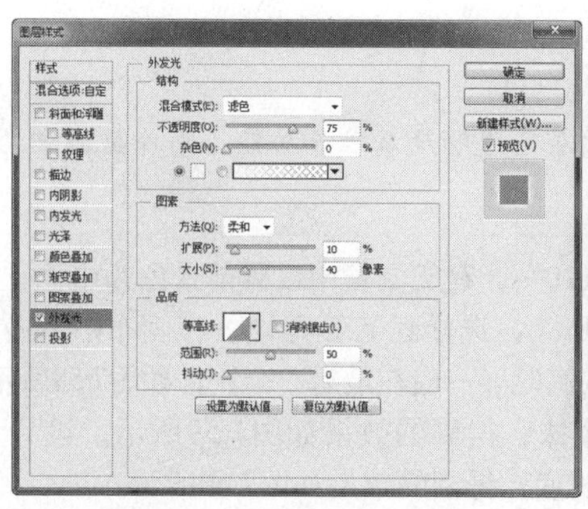
图7.52 “外发光”对话框

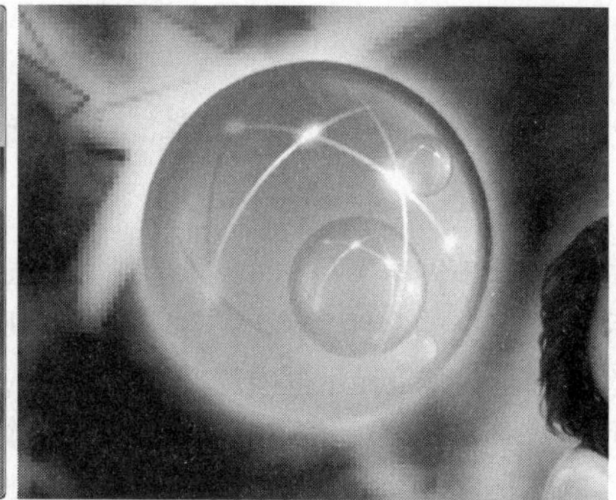
图7.53 应用“外发光”命令后的效果

12 设置“图层5”的混合模式为“强光”，以混合图像，得到的效果如图7.54所示。

13 根据前面所讲解的操作方法，利用素材图像，结合变换、图层蒙版、复制图层以及图层属性等功能，制作人物、文字以及画布下方的装饰花图像，如图7.55所示。“图层”面板如图7.56所示。

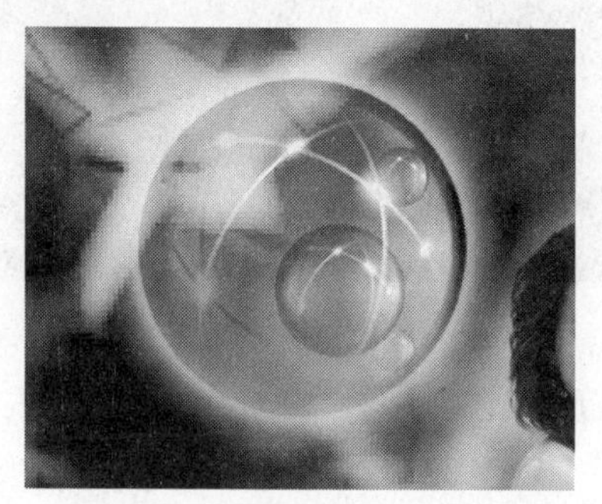
图7.54 设置混合模式后的效果

图7.55 制作人物、文字及装饰花图像

小提示

本步所应用到的素材图像为随书所附光盘中的文件“第7章\7.3-素材6.jpg～素材9.psd”；分别设置了“图层8”和“图层9”的混合模式为“滤色”和“正片叠底”；更改了“图层5拷贝”的图层样式，具体的参数设置如图7.57所示，其中颜色块的颜色值为f5f69b。另外，在制作的过程中，还需要注意各个图层间的顺序。

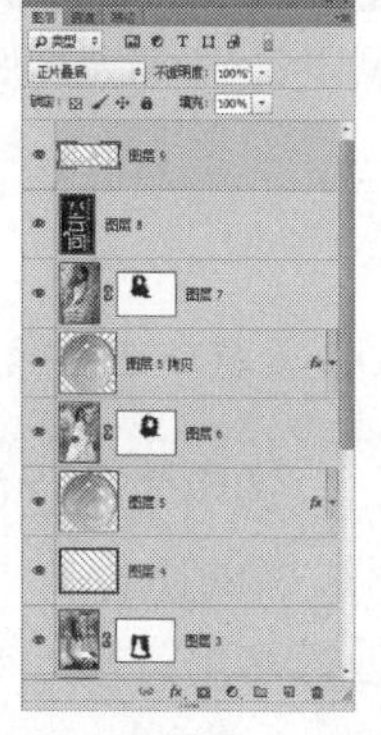
图7.56 “图层”面板

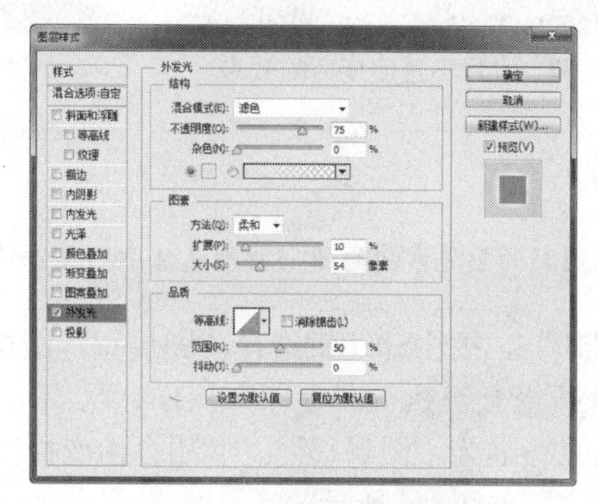
图7.57 “外发光”对话框

小提示

下面运用画笔素材、画笔工具以及图层不透明度属性等功能，制作画面中的装饰图像。

14 单击“创建新图层”按钮，得到“图层10”，在工具箱中设置前景色为白色，打开随书所附光盘中的文件“第7章\7.3-素材10.abr”，选择画笔工具，在画布中单击鼠标右键，在弹出的画笔显示框中选择刚刚打开的画笔（一般在最后一个），如图7.58所示。

15 使用上一步打开的画笔在画布的左下方涂抹，得到的效果如图7.59所示。设置“图层10”的不透明度为50%，以降低图像的透明度，得到的效果如图7.60所示。

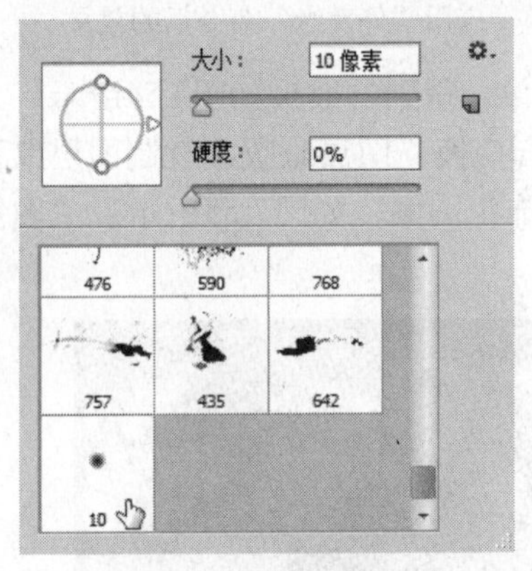

图7.58　选择打开的画笔

图7.59　涂抹后的效果

16 按照第14～15步的操作方法，运用画笔素材以及画笔工具，继续制作左下方的毛点及五星图像，如图7.61所示。同时得到“图层11”和“图层12”。

图7.60　设置不透明度后的效果

图7.61　制作毛点及五星图像

小提示

本步所应用到的画笔素材为随书所附光盘中的文件“第7章\7.3-素材11.abr和素材12.abr”。

17 选中“图层10”，按住Shift键选择“图层12”图层名称，以选中它们之间相连的图层，按Ctrl+Alt+E组合键执行“盖印”操作，从而将选中图层中的图像合并至一个新图层中，并将其重命名为“图层13”。利用自由变换控制框进行水平翻转、垂直翻转并移至画布的右上方，如图7.62所示。

18 设置“图层13”的不透明度为80%，以降低图像的透明度，单击“创建新的填充或调整图层”按钮，在弹出的菜单中选择“曲线”命令，得到“曲线2”，设置弹出面板中的参数如图7.63、图7.64所示，得到如图7.65所示的最终效果。“图层”面板如图7.66所示。

图7.62　制作右上方的装饰图像

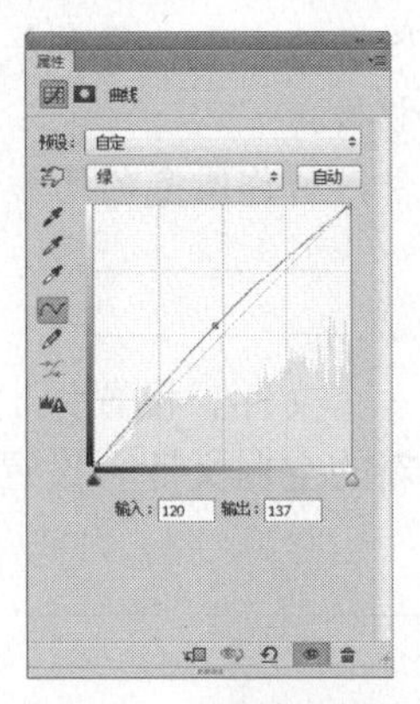

图7.63　“绿”面板

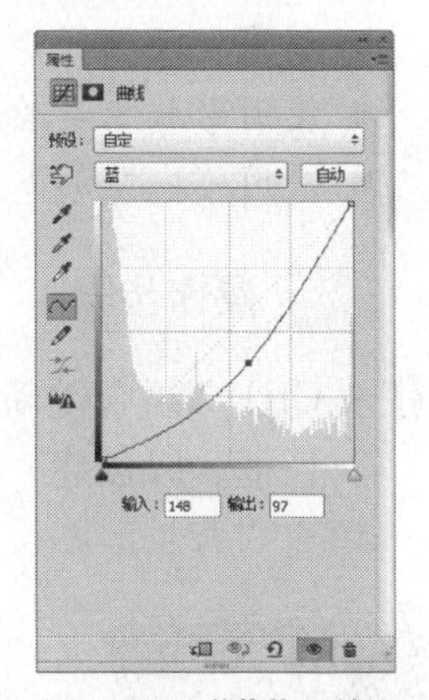

图7.64　“蓝”面板

图7.65　最终效果

图7.66　“图层”面板

7.4 水墨柔情写真设计

例前导读

本例是以“水墨柔情”为主题的写真设计作品。在制作的过程中，设计师以柔和的墨荷配合精美的半调图案作为照片的底图，展现了一种柔美的视觉效果，并在右上方用大墨水、月光，以及文字等设计元素来烘托主题气氛，从而使整个画面看上去华丽宝贵，但又不会显得媚俗。

核心技能

- 结合通道及滤镜的功能创建特殊的选区。
- 通过设置图层属性以混合图像。

- 利用图层蒙版功能隐藏不需要的图像。
- 利用剪贴蒙版限制图像的显示范围。
- 应用调整图层的功能，调整图像的亮度、对比度等属性。
- 利用变换功能调整图像的大小、角度及位置。
- 使用形状工具绘制形状。
- 应用“内阴影”命令，制作图像的阴影效果。

操作步骤

1 按Ctrl+N组合键新建一个文件，设置弹出的对话框如图7.67所示，单击“确定”按钮退出对话框，以创建一个新的空白文件。设置前景色为cfd8a3，按Alt+Delete组合键以前景色填充“背景”图层。

小提示

下面利用素材图像，结合通道、滤镜以及图层蒙版等功能，制作背景中的基本元素。

2 打开随书所附光盘中的文件“第7章\7.4-素材1.psd”，按住Shift键使用移动工具将其拖至上一步新建的文件中，得到的效果如图7.68所示。同时得到“图层1”。

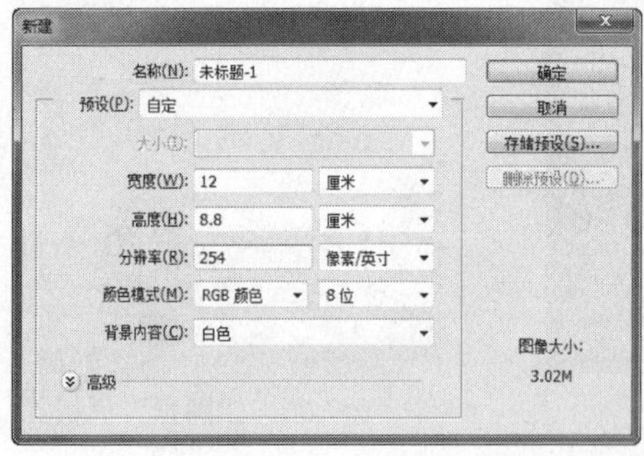

图7.67 “新建”对话框

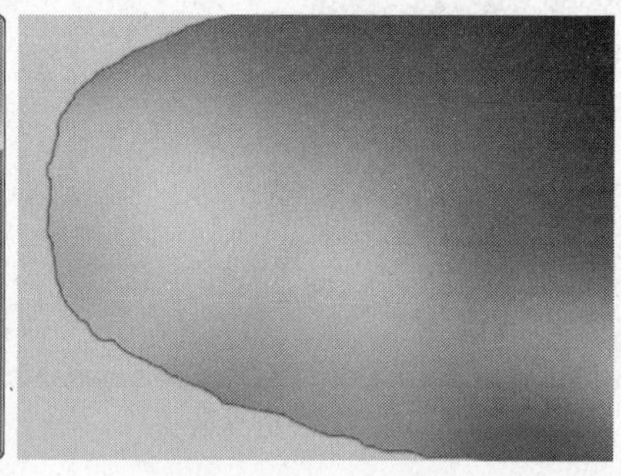

图7.68 拖入图像

3 选择多边形套索工具，在画布中绘制如图7.69所示的选区，切换至“通道”面板，单击“将选区存储为通道”按钮得到“Alpha1”，选择“Alpha1”，按Ctrl+D组合键取消选区，此时通道中的状态如图7.70所示。

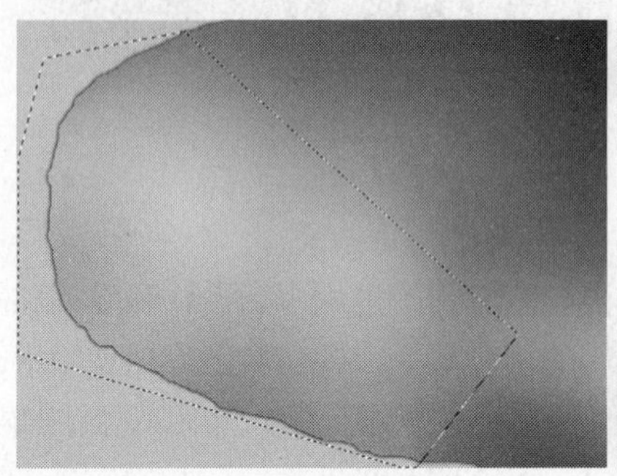

图7.69 绘制选区

图7.70 通道中的状态

4 按Ctrl+I组合键应用“反相”命令，得到如图7.71所示的效果。选择“滤镜”|“模糊”|“高斯模糊”命令，在弹出的对话框中设置“半径”数值为125，得到如图7.72所示的效果。

图7.71　应用“反相”命令后的效果

图7.72　模糊后的效果

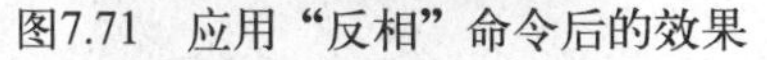

5 选择“滤镜”|“像素化”|“彩色半调”命令，设置弹出的对话框如图7.73所示，得到如图7.74所示的效果。

图7.73　“彩色半调”对话框

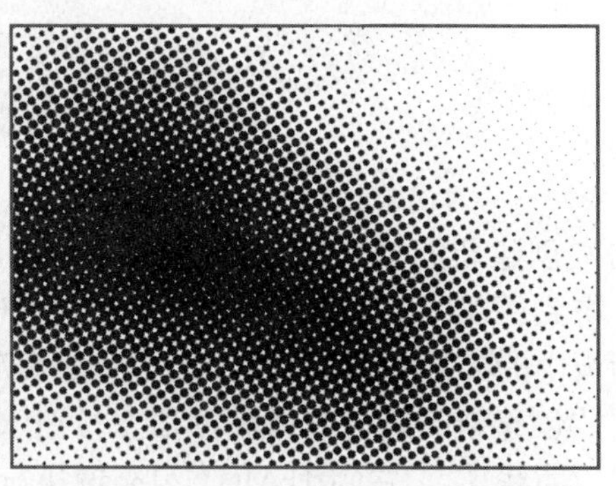

图7.74　应用“彩色半调”命令后的效果

6 按住Ctrl键单击“Alpha1”通道缩览图以载入其选区，切换回“图层”面板，选择“图层1”，新建“图层2”，设置前景色为白色，按Alt+Delete组合键以前景色填充选区，按Ctrl+D组合键取消选区，得到的效果如图7.75所示。

7 接着，按Ctrl+Alt+G组合键执行“创建剪贴蒙版”操作，以确定“图层2”与“图层1”的剪贴关系，设置“图层2”的填充为30%，得到的效果如图7.76所示。

图7.75　填充后的效果

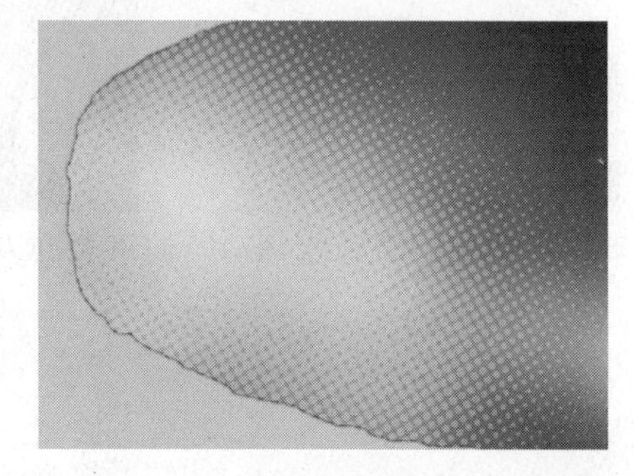

图7.76　创建剪贴蒙版及设置不透明度后的效果

8 单击“添加图层蒙版”按钮为“图层2”添加蒙版，设置前景色为黑色，选择渐变工具，在其工具选项条中选择线性渐变工具，在画布中单击鼠标右键在弹出的渐变显示框中选择渐变类型为“前景色到透明渐变”，在蒙版中分别从画布的右下方至左上方、右上方至左下方、左上方至右下方绘制渐变，得到的效果如图7.77所示。

小提示

下面结合素材图像及调整图层等功能，制作左侧的水墨图像。

9 打开随书所附光盘中的文件“第7章\7.4-素材2.psd”，使用移动工具将其拖至上一步制作的文件中，并置于画布的左下方，同时得到“图层3”，设置此图层的混合模式为“线性加深”，以混合图像，得到的效果如图7.78所示。

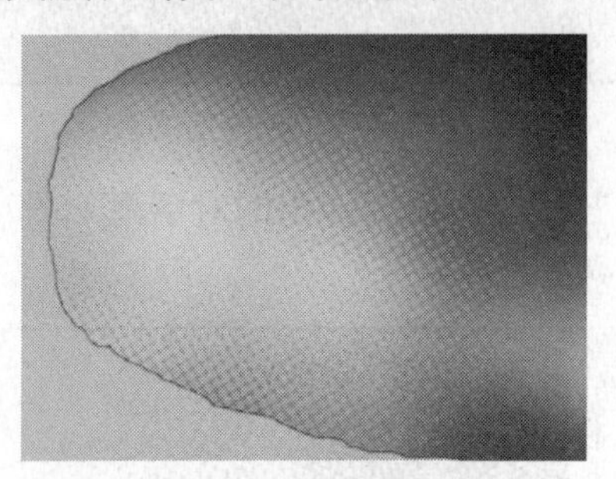

图7.77 添加图层蒙版后的效果

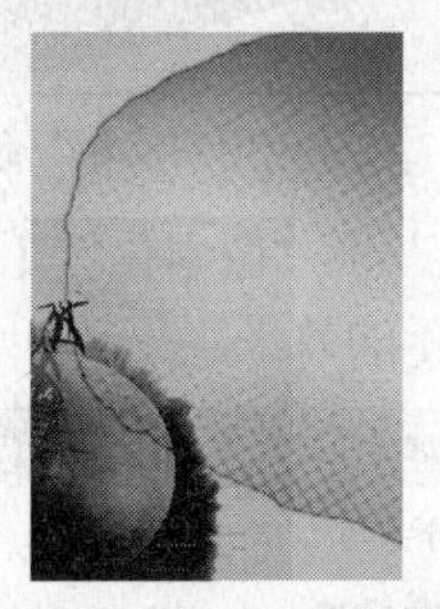

图7.78 制作水墨图像

10 单击“创建新的填充或调整图层”按钮，在弹出的菜单中选择“亮度/对比度”命令，得到图层“亮度/对比度1”，按Ctrl+Alt+G组合键执行“创建剪贴蒙版”操作，设置面板中的参数如图7.79所示，得到如图7.80所示的效果。

11 单击“创建新的填充或调整图层”按钮，在弹出的菜单中选择“曲线”命令，得到图层“曲线1”，按Ctrl+Alt+G组合键执行“创建剪贴蒙版”操作，设置面板中的参数如图7.81～图7.83所示，得到如图7.84所示的效果。

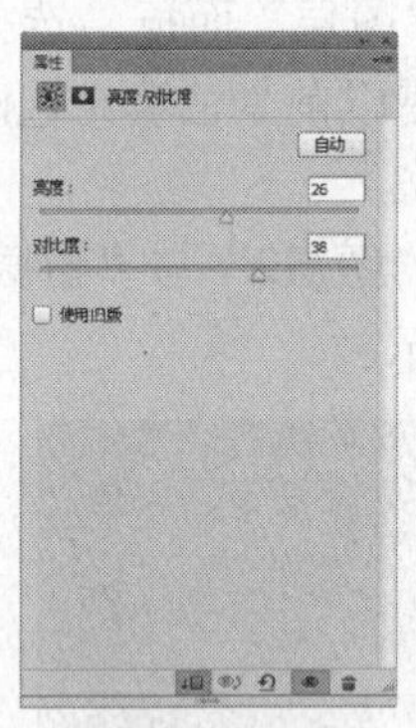

图7.79 “亮度/对比度”面板

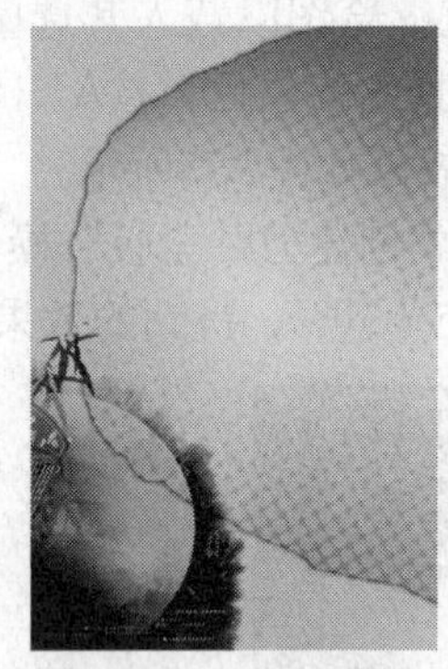

图7.80 应用“亮度/对比度”命令后的效果

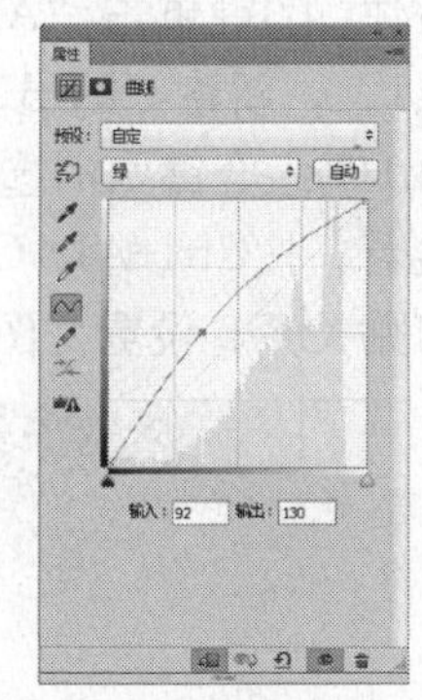

图7.81 “绿”选项

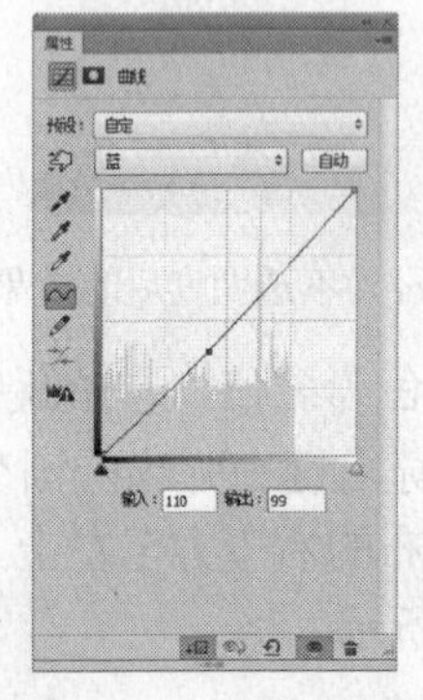

图7.82 “蓝”选项

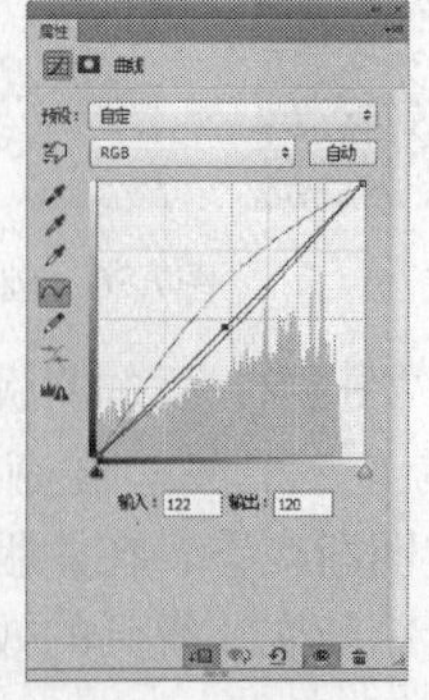

图7.83 “RGB”选项

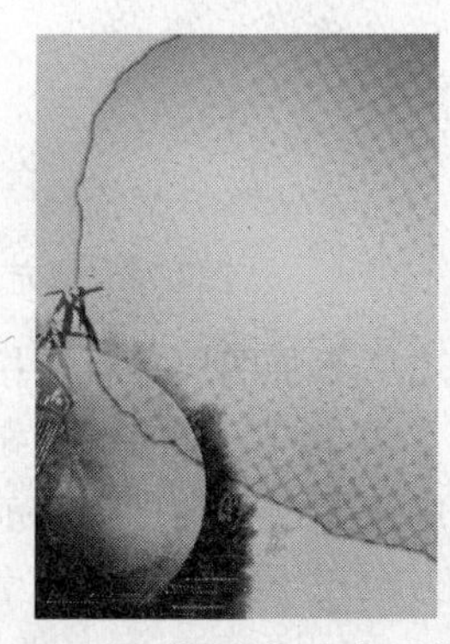

图7.84 应用“曲线”命令后的效果

12 按照前面所讲解的操作方法，利用随书所附光盘中的文件“第7章\7.4-素材3.psd”，结合移动工具及图层属性的功能，制作左上方的水墨图像，如图7.85所示。同时得到“图层4”。“图层”面板如图7.86所示。

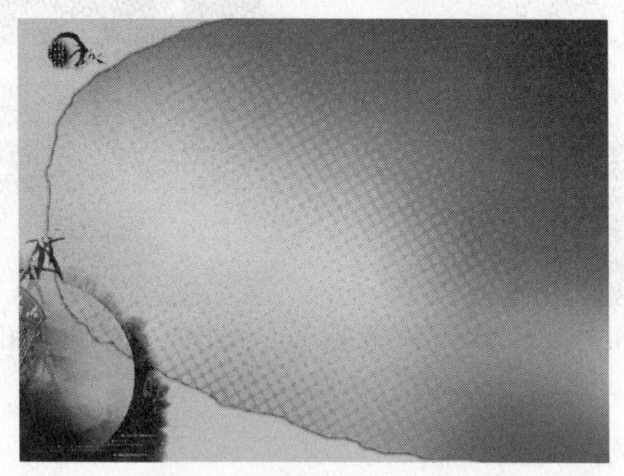

图7.85 制作左上方的水墨图像

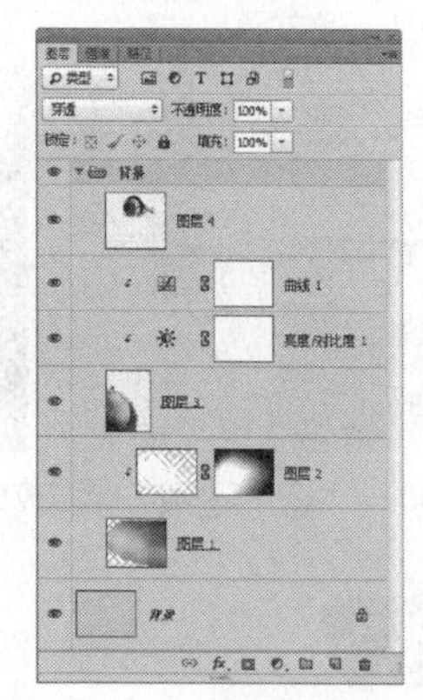

图7.86 “图层”面板

小提示

本步中为了方便图层的管理，在此将制作背景的图层选中，按Ctrl+G组合键执行“图层编组”操作得到“组1”，并将其重命名为“背景”。在下面的操作中，笔者也对各部分进行了编组的操作，在步骤中不再叙述。本步中设置了“图层4”的混合模式为“颜色加深”。下面制作人物图像。

13 收拢组“背景”，打开随书所附光盘中的文件“第7章\7.4-素材4.psd”，使用移动工具将其拖至刚制作的文件中，得到“图层5”。按Ctrl+T组合键调出自由变换控制框，按住Shift键向内拖动控制句柄以缩小图像及移动位置，按Enter键确认操作。得到的效果如图7.87所示。

14 按Ctrl键单击“图层5”的图层缩览图以载入其选区，单击“创建新的填充或调整图层”按钮，在弹出的菜单中选择“曲线”命令，得到图层“曲线2”，设置弹出的面板如图7.88～图7.90所示，得到如图7.91所示的效果。

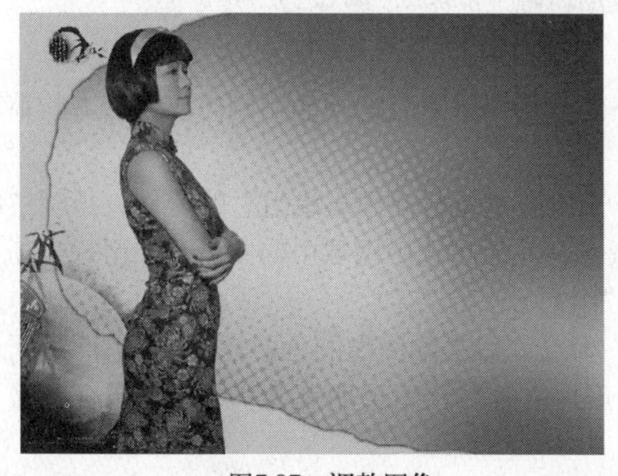

图7.87 调整图像

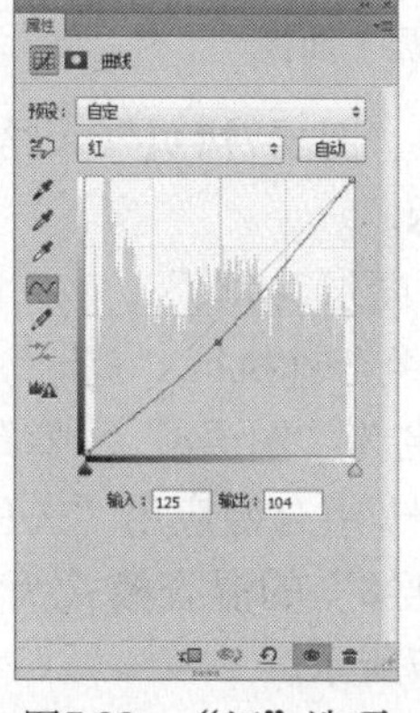

图7.88 “红”选项

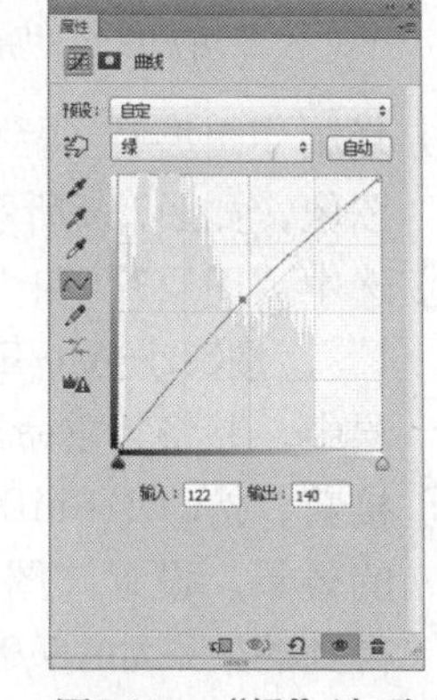

图7.89 “绿”选项

15 添加人物的睫毛。新建“图层6”，设置前景色为黑色，选择画笔工具，并在其工具选项条中设置画笔为“柔角1像素”，在人物的右眼处绘制人物的睫毛，如图7.92所示。“图层”面板如图7.93所示。

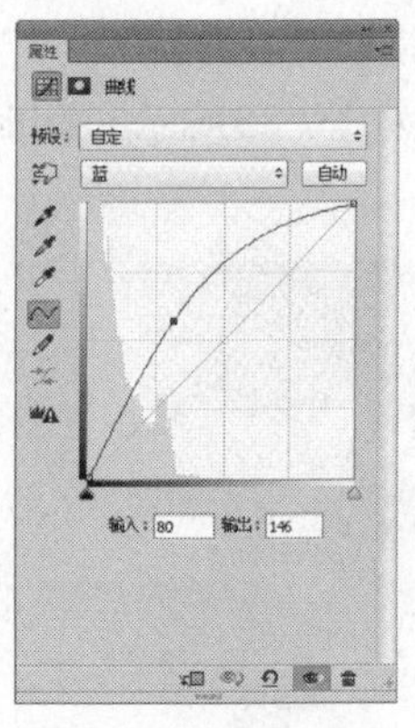

图7.90 “蓝”选项

图7.91 应用“曲线”命令后的效果

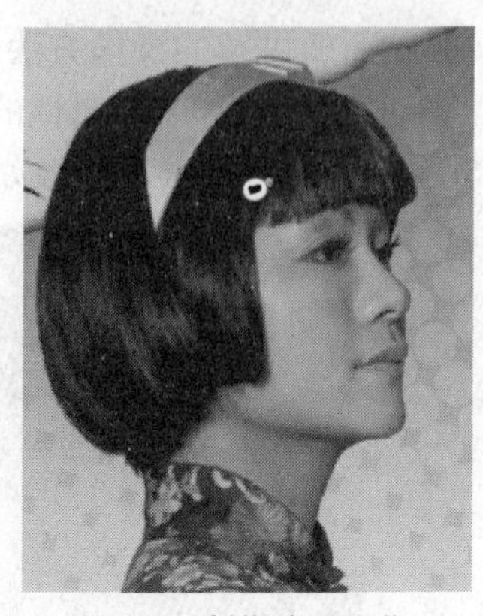

图7.92 制作睫毛图像

小提示

至此，人物图像已制作完成。下面制作墨荷图像。

16 收拢组“人物”，选择组“背景”作为当前的工作层，利用随书所附光盘中的文件“第7章\7.4-素材5.psd”，结合移动工具及图层蒙版的功能，制作画布右下角的荷花图像，如图7.94所示。同时得到“图层7”。

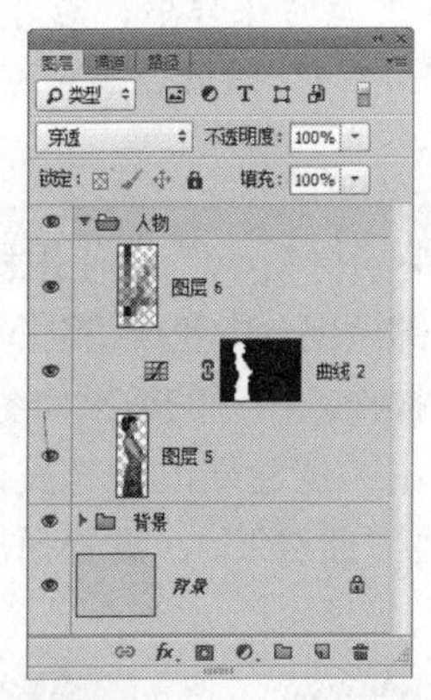

图7.93 “图层”面板

图7.94 制作荷花图像

17 复制“图层7”得到“图层7拷贝”，结合变换及编辑蒙版的功能，制作人物后方的荷花图像，如图7.95所示。

18 选中“图层7”和“图层7拷贝”，按Ctrl+G组合键执行“图层编组”的操作，得到“组1”，按Ctrl+Alt+E组合键执行“盖印”操作，从而将选中图层中的图像合并至一个新图层中，并将其重命名为“图层8”。隐藏“组1”。

19 接着，按Ctrl+Shift+U组合键应用“去色”命令，以去除图像的色彩，得到如图7.96所示的效果。设置“图层8”的混合模式为“正片叠底”，不透明度为20%，以混合图像，得到的效果如图7.97所示。

图7.95　复制及调整图像

图7.96　去色后的效果

20 单击“添加图层蒙版”按钮为“图层8”添加蒙版，设置前景色为黑色，选择画笔工具，在其工具选项条中设置适当的画笔大小及不透明度，在图层蒙版中进行涂抹，以将左侧及上方多余的图像隐藏起来，直至得到如图7.98所示的效果，“图层”面板如图7.99所示。

图7.97　设置图层属性后的效果

图7.98　添加图层蒙版后的效果

小提示

至此，墨荷图像已制作完成。下面制作墨水图像以及墨水中的月光图像。

21 收拢组“墨荷”，选择组“背景”作为当前的工作层，根据前面所讲解的操作方法，利用随书所附光盘中的文件“第7章\7.4-素材6.psd～素材8.psd”，结合图层属性以及图层蒙版等功能，制作画布右上方的墨水图像，如图7.100所示。“图层”面板如图7.101所示。

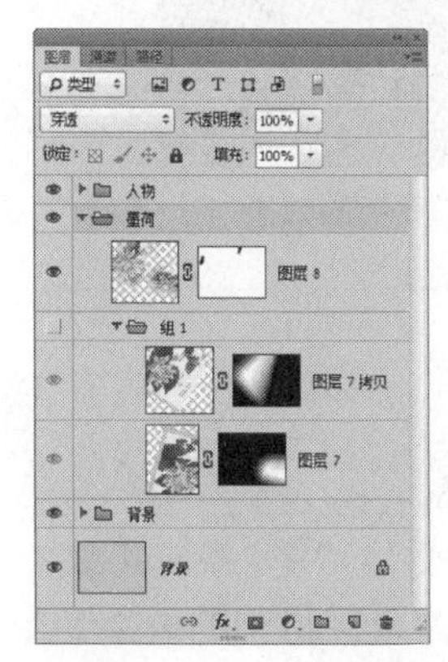

图7.99　“图层”面板1

图7.100　制作墨水图像

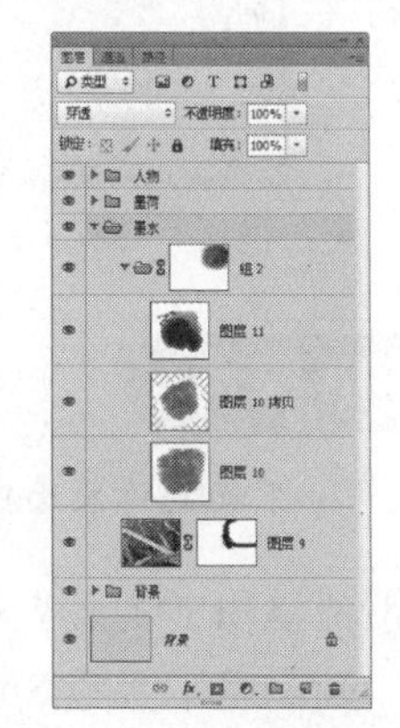

图7.101　“图层”面板2

小提示

本步中设置了每个图层的混合模式均为“正片叠底”。

22 选择并收拢组“墨水”，设置前景色的颜色值为458f1a，选择椭圆工具，在其工具选项条上选择“形状”选项，按住Shift键在墨水图像上绘制如图7.102所示的形状，得到“椭圆1”。

23 设置“椭圆1”的不透明度为70%，以降低图像的透明度，按照第8步的操作方法为当前图层添加蒙版，应用渐变工具在蒙版中绘制渐变，以将右下方的图像隐藏起来，得到的效果如图7.103所示。

图7.102　绘制形状

图7.103　添加图层蒙版后的效果

24 单击“添加图层样式”按钮 fx.，在弹出的菜单中选择“内阴影”命令，设置弹出的对话框如图7.104所示，得到的效果如图7.105所示。

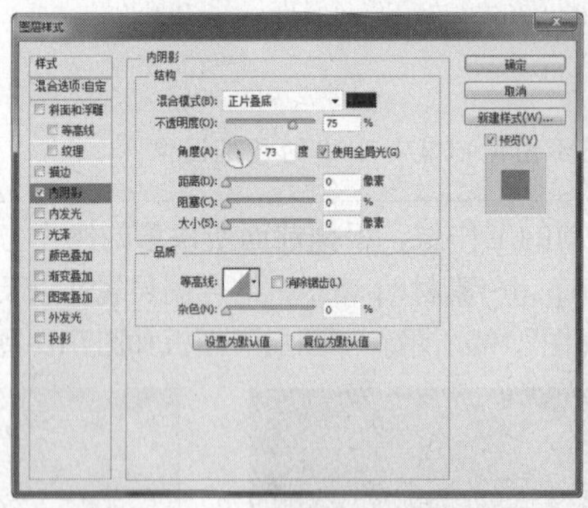

图7.104　“内阴影”对话框

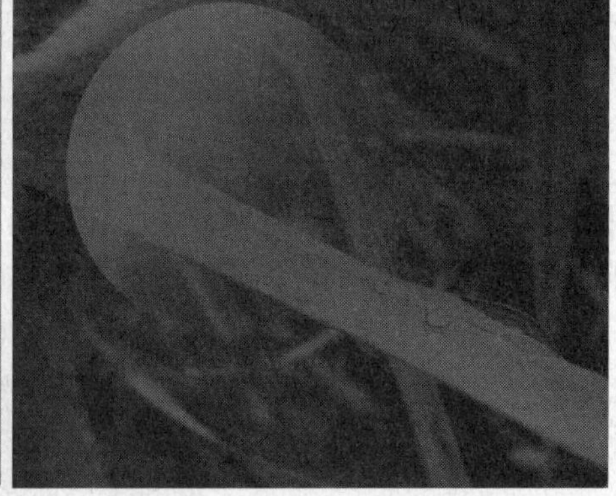

图7.105　添加图层样式后的效果

小提示

下面制作画面中的小照片及文字图像。

25 选择组“人物”作为当前的操作对象，利用随书所附光盘中的文件“第7章\7.4-素材9.psd”，按住Shift键使用移动工具将其拖至上一步制作的文件中，得到的效果如图7.106所示。同时得到组“字”及“小照片”。

小提示

本步笔者是以组的形式给的素材，由于其操作非常简单，在叙述上略显繁琐，读者可以参考最终效果源文件进行参数设置，展开组即可观看到操作的过程。下面结合调整图层及羽化等功能，调整整体图像高光及对比度效果，完成制作。

26 选择组“小照片”，选择钢笔工具，在其工具选项条上选择“路径”选项，以及“合并形状”选项，在画布中绘制如图7.107所示的路径。

图7.106 拖入图像　　图7.107 绘制路径

27 单击“创建新的填充或调整图层”按钮，在弹出的菜单中选择“曲线”命令，得到图层“曲线3”，设置弹出的面板如图7.108所示，得到如图7.109所示的效果。

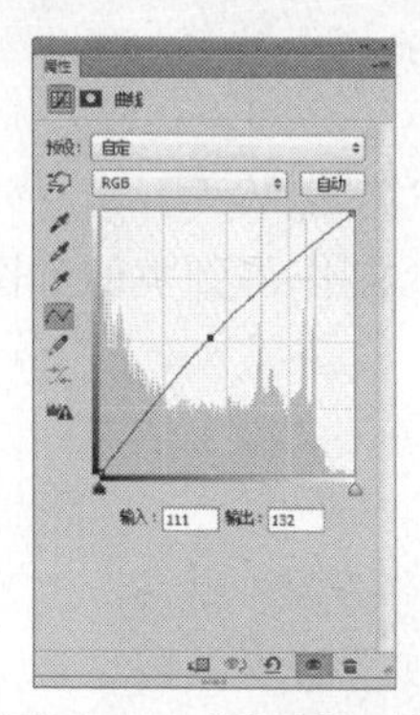

图7.108 “曲线”面板

图7.109 应用“曲线”命令后的效果

28 在“曲线”面板中单击左上方的“蒙版”按钮，设置面板中的参数如图7.110所示。隐藏路径后的效果如图7.111所示。

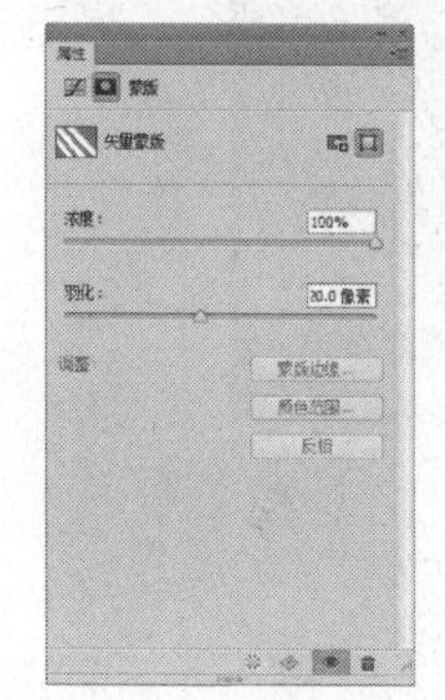

图7.110 “蒙版”面板

图7.111 隐藏路径后的效果

29 单击“创建新的填充或调整图层”按钮，在弹出的菜单中选择“亮度/对比度”命令，得到图层“亮度/对比度2”，设置弹出的面板如图7.112所示，得到如图7.113所示的最终效果。“图层”面板如图7.114所示。

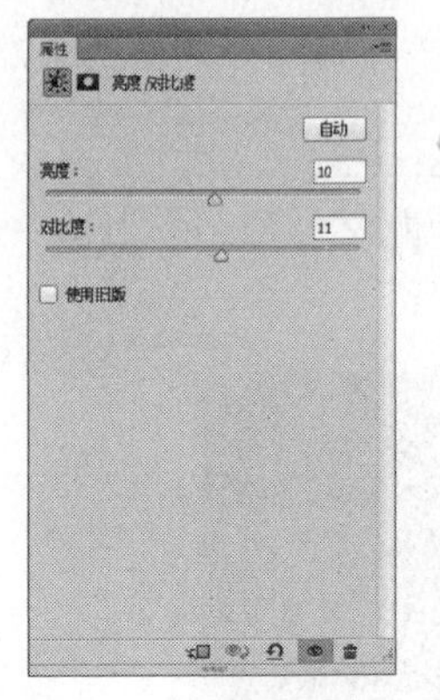

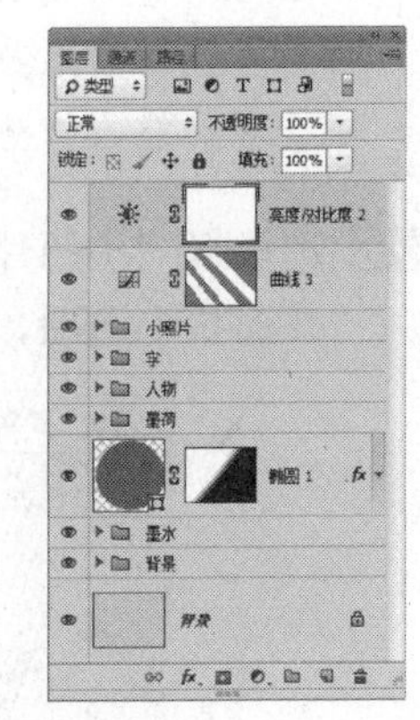
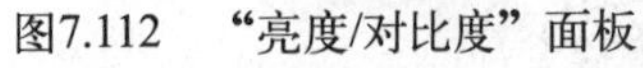

图7.112 “亮度/对比度”面板　　图7.113 最终效果　　图7.114 “图层”面板

7.5 练习题

1 打开随书所附光盘中的文件“第7章\7.5-1-素材1.tif”～“第7章\7.5-1-素材9.psd”，如图7.115所示，结合图层属性、剪贴蒙版及图层蒙版等功能，制作得到类似如图7.116所示的个人写真作品。

图7.115 素材图像

图7.115 素材图像（续）

图7.116 最终效果

2. 打开随书所附光盘中的文件“第7章\7.5-2-素材.psd”，如图7.117所示，使用本章第7.3节中的人物，通过适当的构图及合成处理，设计得到一款婚纱写真作品。

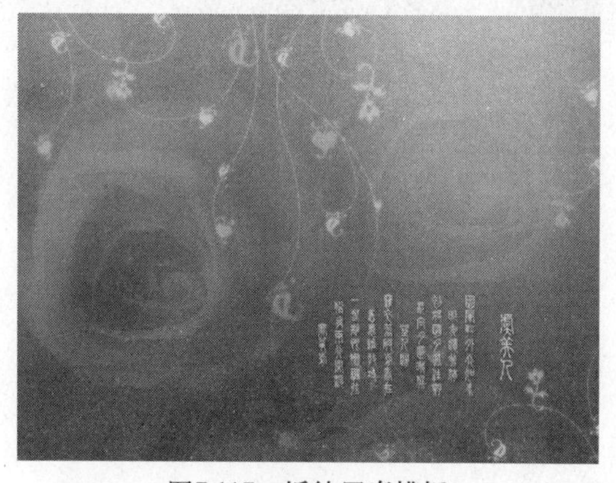

图7.117 婚纱写真模板

3. 打开随书所附光盘中的文件“第7章\7.5-3-素材1.tif”～“第7章\7.5-3-素材7.abr”，如图7.118所示，结合图层属性、图层蒙版以及图像样式等功能，制作得到类似如图7.119所示的儿童写真作品。

(a) (b) (c)

(d) (e) (f)

图7.118　素材图像

图7.119　最终效果

第8章

宣传页设计

8.1 宣传页设计概述

除媒体广告外，宣传页是另一种能够在不同场合展现企业信息、产品信息或销售信息的宣传品，在具体的表现形式上，较为常见的包括了单页（可分为单页单面、单页双面两种形式）、对折（两折）、三折、多折及手册等形式。如图8.1～图8.4所示是一些较为优秀的宣传页设计作品。

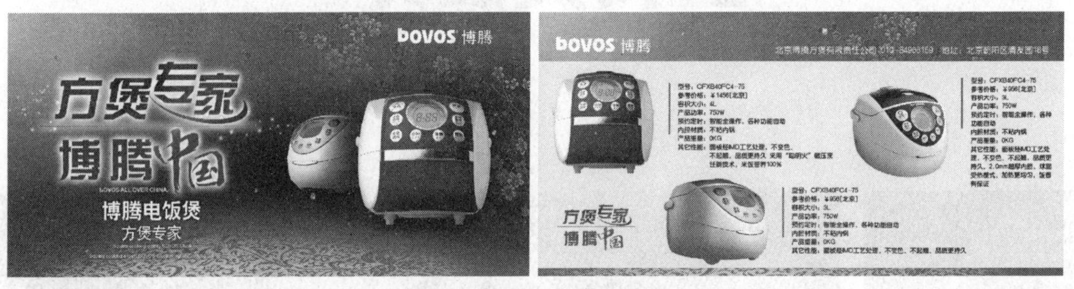

图8.1　单页双面的宣传页

(a)　(b)

(c)　(d)

图8.2　对折及三折的宣传页

(a) (b)

(c) (d)

图8.3　多折的宣传页

(a) (b)

(c) (d) (e)

(f) (g)

图8.4　宣传手册

8.1.1 宣传页的特色

1. 内容详尽

宣传页能够通过有效地组织图片、图表、文字等设计元素，尽可能地将企业的特点、理念、业务类型等重要信息传达给阅读者，使阅读者通过阅读宣传页或对企业产生信赖感，或对产品产生购买倾向。

2. 形式多样

宣传页的形式多样，例如，在折页类型方面有双折、三折、四折，在开本方面宣传更是非常灵活，几乎可以以任何一种开本进行印刷制作，还能够进行不规则的异形模切，极大地丰富了宣传表现手段。

3. 易于保存

宣传页具有易于保存特性，因为大多数宣传页制作精美，纸质坚硬、不易折叠，这在客观上为其保存提供了前提保证，因此宣传页的宣传有效期比报纸、杂志等宣传手段更长。

8.1.2 宣传页的颜色要素

颜色在宣传页设计中占有很重要的地位。设计宣传页时，颜色的选择要根据以下几个因素决定。

- 宣传页的内容：如果内容比较深沉，自然不可以使用过于跳跃的颜色。
- 宣传页的读者：不同年龄的人，对于颜色有不同的喜好。如果是产品宣传页，产品的消费群体定位将影响宣传页的用色倾向。
- 企业的标准色：有些企业有完善的VI系统，其中定义了宣传页的主色，因此在制作时要首先考虑使用企业标准色。

当前，大部分宣传页都会在封面做覆膜工艺。对于大面积使用白色的封面而言，这道工艺显得尤其重要，因为没有透明膜保护的白色封面很容易被弄脏。

宣传页的封面颜色通常比较重要，因此可以考虑使用专色或金色、银色，当然，在印刷成本预算充足的情况下才可以这样考虑。

如图8.5所示的宣传页，在颜色运用方面比较有特色。

(a)

(b)

图8.5　宣传页

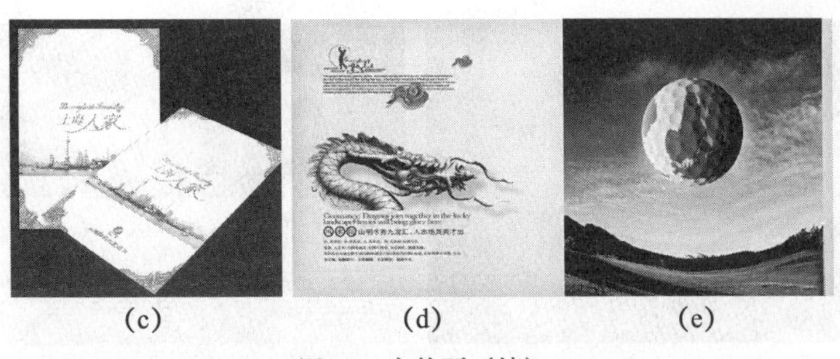

(c) (d) (e)

图8.5 宣传页（续）

8.1.3 宣传页的图形及文字要素

在宣传页设计中，图形及文字的设计也是非常重要的元素，它与前面讲解过的封面中的用途十分相似，故在本节中不再详细讲解，如图8.6所示是分别采用不同类型图片的宣传页作品，如图8.7所示是使用不同文字元素的宣传页作品。

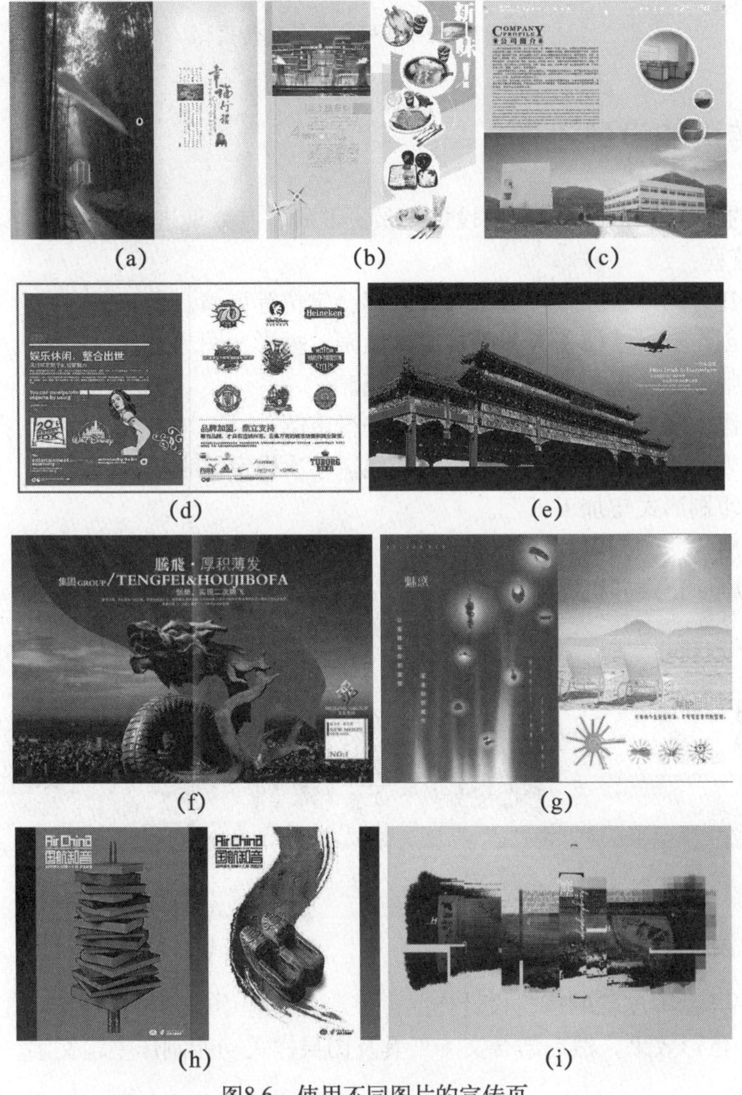

(a) (b) (c) (d) (e) (f) (g) (h) (i)

图8.6 使用不同图片的宣传页

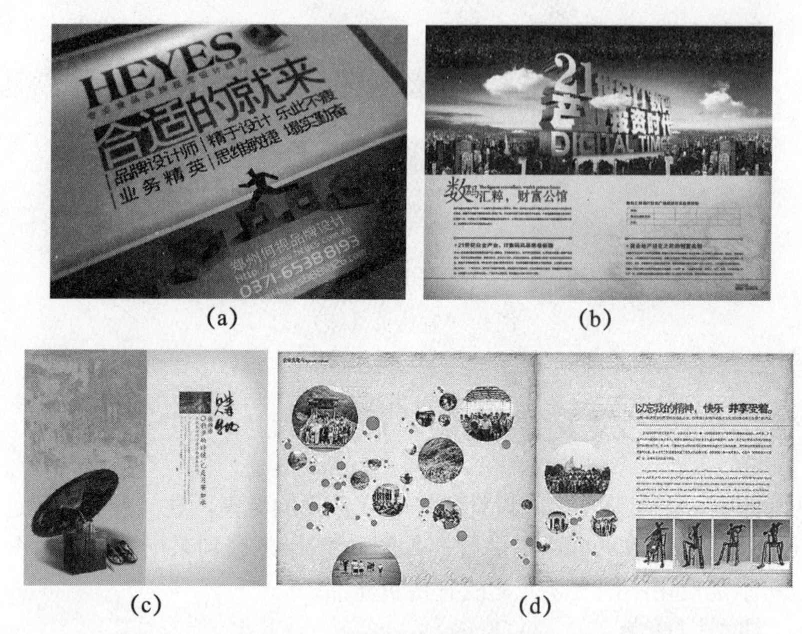

(a) (b) (c) (d)

图8.7　使用不同文字的宣传页

8.1.4 宣传页的设计流程

一个正确的工作流程，能够帮助设计人员更准确、有效地进行宣传页设计，下面是宣传页设计的一般流程：

（1）与委托方沟通有关宣传页的大致内容、定位等详情。

（2）搜集创作素材，准备有关的文字、绘画、摄影、图形资料。

（3）设计师开始构思，并初步制作小样稿。

（4）由制作人员制作小样稿，送委托方进行审阅。

（5）根据委托方提出的各项意见修改样稿，再次送审并定稿。

（6）选择印刷形式与加工工艺。

（7）制作出片文件、出片、打样。

（8）交印刷厂正式开机印刷。

8.2 皮鞋广告设计

例前导读

本例是一幅某品牌皮鞋的广告设计作品。在制作过程中，主要结合形状工具及剪贴蒙版功能制作主题的色彩效果，然后结合文字工具及图层样式功能制作主题文字。

核心技能

- 使用形状工具绘制形状。
- 利用剪贴蒙版限制图像的显示范围。
- 通过添加图层样式，制作图像的投影、立体等效果。
- 通过设置图层属性以混合图像。
- 应用“色相/饱和度”命令调整图层调整图像的色相及饱和度。
- 利用变换功能调整图像的大小、角度及位置。

操作步骤

1 按Ctrl+N组合键新建一个文件，设置弹出的对话框如图8.8所示，单击“确定”按钮退出对话框，以创建一个新的空白文件。

2 选择圆角矩形工具，在其工具选项条上选择“形状”选项，并设置“半径”数值为30像素，设置前景色的颜色值为f2973e，在当前画布中绘制如图8.9所示的形状，得到“圆角矩形 1”。

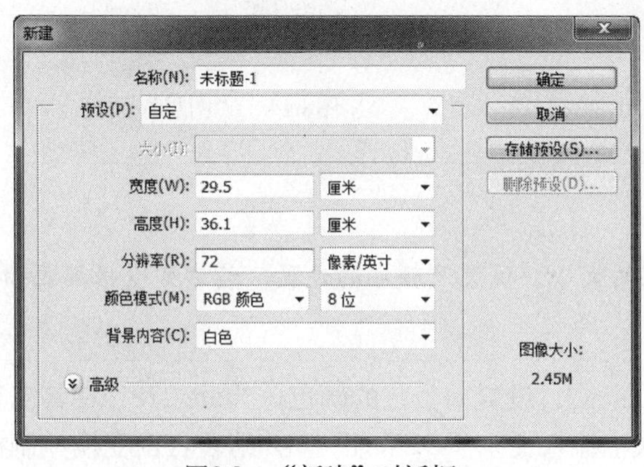

图8.8 “新建”对话框

图8.9 绘制形状

3 使用直接选择工具选中路径，拖动左下角上方的路径向上移动至如图8.10所示的位置，按同样方法将右下角上方的路径向上移动至如图8.11所示的位置，并再次应用直接选择工具，直至拖动句柄调整到如图8.12所示效果。

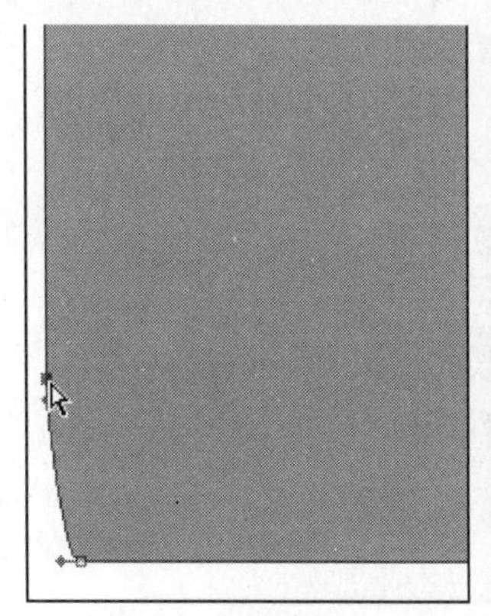

图8.10 拖动节点1

图8.11 拖动节点2

图8.12 调整的状态

小提示

底图形状已经制作完毕，下面绘制多个不同颜色及粗细的形状。

4 选择矩形工具，在其工具选项条上选择“形状”选项，设置适当的颜色值，分别在黄色形状上绘制多个矩形形状，并对得到的每个形状图层按Ctrl+Alt+G组合键执行“创建剪贴蒙版”操作，直至得到如图8.13所示的效果。此时的“图层”面板状态如图8.14所示。

图8.13　绘制多条不同颜色及粗细的形状

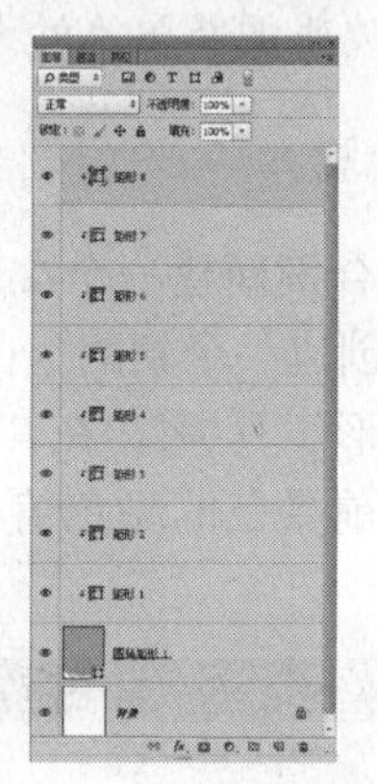

图8.14　“图层”面板

小提示

在制作这些形状时，对于形状的大小、位置及颜色的设置，读者可以根据画面的需要自行发挥。下面制作主体文字。

5 选中“矩形 3”，选择横排文字工具，设置前景色的颜色值为5b327e，在其工具选项条上设置适当的字体和字号，在形状上输入文字“DZWH”，并结合自由变换控制框调整角度，直至得到如图8.15所示的效果。

6 下面为文字添加立体效果。单击“添加图层样式”按钮，在弹出的菜单中选择“投影”命令，设置弹出的对话框如图8.16所示，然后在“图层样式”对话框中继续选择“斜面和浮雕”选项，设置其对话框如图8.17所示，得到如图8.18所示的效果。

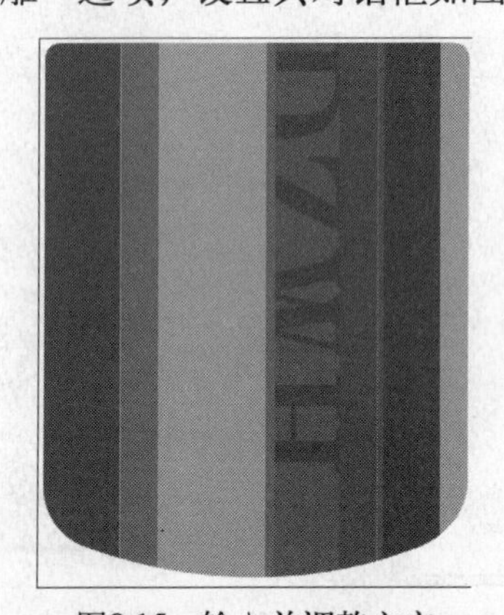

图8.15　输入并调整文字

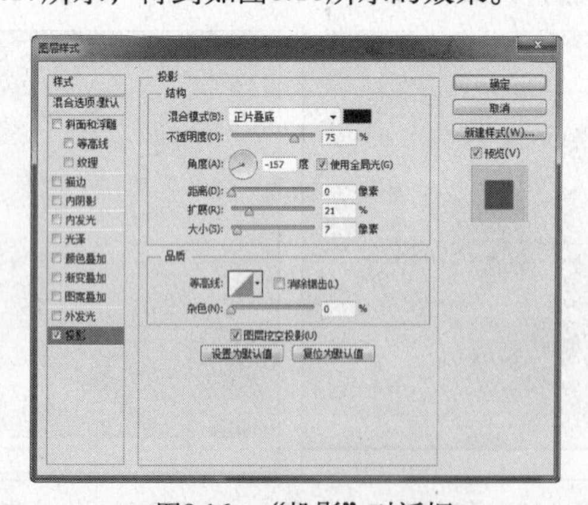

图8.16　“投影”对话框

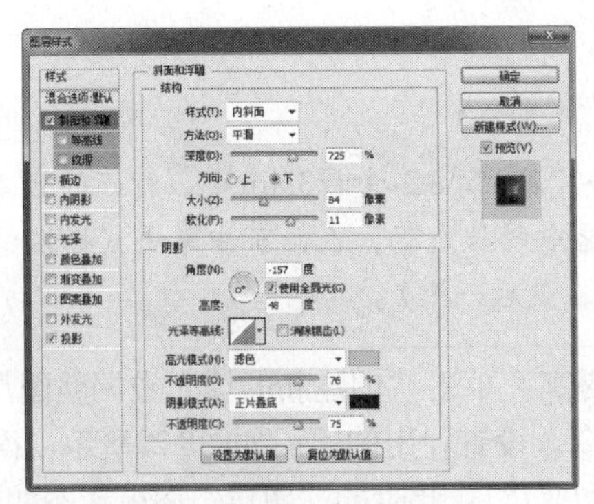

图8.17 “斜面和浮雕”对话框

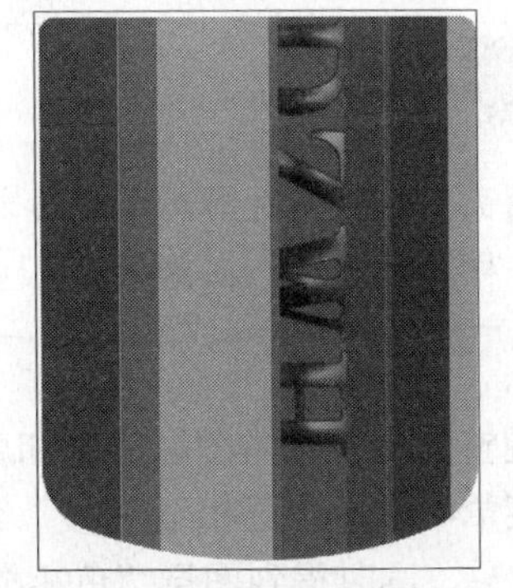

图8.18 添加图层样式后的效果

小提示

在“斜面和浮雕”对话框中，“高光模式”后颜色块的颜色值为ddc5e4。下面添加主体人物图像。

7 选择“矩形 8”，打开随书所附光盘中的文件“第8章\8.2-素材1.psd”，使用移动工具将其移至文字左侧的彩色形状上，按Ctrl+T组合键调出自由变换控制框，调整图像的大小和位置，得到“图层1”，并创建剪贴蒙版，设置其混合模式为“叠加”，得到如图8.19所示的效果。

8 下面利用随书所附光盘中的文件“第8章\8.2-素材2.psd”，制作当前图像中的其他元素信息，直至得到如图8.20所示的效果，局部效果如图8.21所示。

图8.19 调整人物图像

图8.20 制作当前图像中的其他元素信息

图8.21 局部效果

小提示

在绘制圆环形状时，可以先使用椭圆工具绘制一个正圆，使用路径选择工具选中路径，然后结合自由变换并复制控制框，按住Alt+Shift组合键等比例缩小路径，结合“减去顶层形状”选项，这样就绘制了一个圆环，其他的圆环可以通过复制图层的方法进行制作。

小提示

虚线圆环的制作方法是，先绘制正圆路径，或查看“路径”面板中的相关路径，然后设置画笔大小进行画笔描边操作即可。

小提示

用到的画笔为随书所附光盘中的文件“第8章\8.2-素材3.abr”，打开的方式同打开其他素材文件一样，打开后，在画笔工具选中的状态下，在画布中单击鼠标右键，在弹出的画笔显示框中选择打开的画笔即可（一般在最后一个）。

9 下面通过调整图层将整体图像的饱和度提高。单击“创建新的填充或调整图层”按钮，在弹出的菜单中选择“色相/饱和度”命令，设置弹出的面板如图8.22所示，得到如图8.23所示的最终效果，同时得到图层“色相/饱和度1”。此时的“图层”面板状态如图8.24所示。

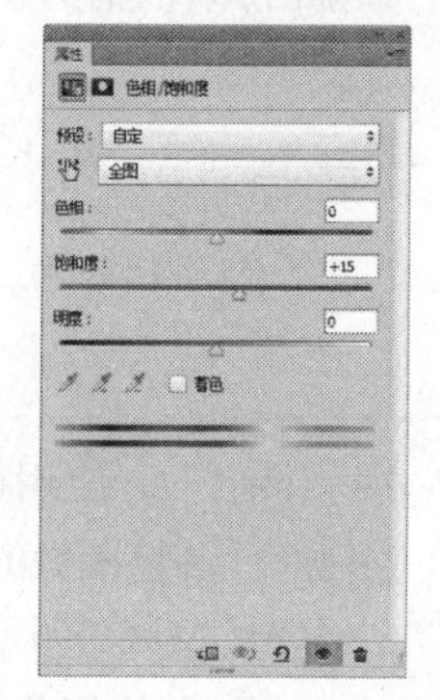

图8.22 “色相/饱和度”面板

图8.23 最终效果

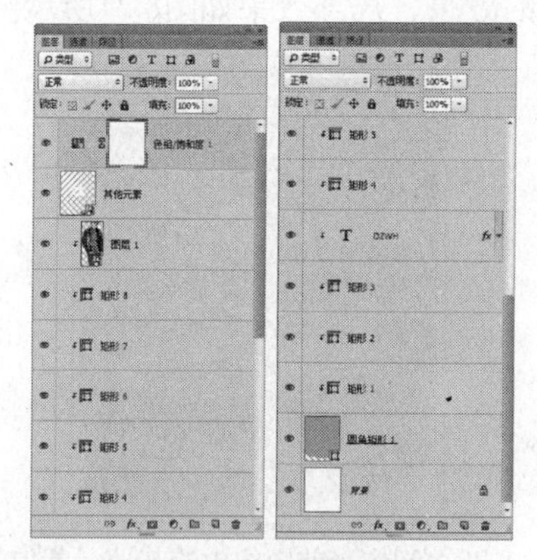

图8.24 “图层”面板

8.3 俏佳人招贴设计

例前导读

本例是以“俏佳人”为主题的招贴设计作品。在制作过程中，主要结合路径、渐变填充图层、形状工具及其运算等功能，制作画面中的圈圈图像。

核心技能

- 结合路径以及渐变填充图层的功能制作图像的渐变效果。
- 使用形状工具绘制形状。
- 应用“投影”命令，制作图像的投影效果。
- 利用图层蒙版功能隐藏不需要的图像。
- 利用变换功能调整图像的大小、角度及位置。

操作步骤

1 打开随书所附光盘中的文件“第8章\8.3-素材1.psd”，如图8.25所示。此时“图层”面板如图8.26所示。隐藏组“花与线条”和“文字”。

图8.25 素材图像

图8.26 “图层”面板

2 下面结合路径及渐变填充图层功能，制作圈圈图像。选择组“背景”，选择钢笔工具，在其工具选项条上选择“路径”选项和“减去顶层形状”选项，在文件右侧绘制如图8.27所示的路径。

3 单击“创建新的填充或调整图层”按钮，在弹出的菜单中选择“渐变”命令，设置弹出的对话框如图8.28所示，隐藏路径后的效果如图8.29所示，同时得到图层“渐变填充2”。

图8.27 绘制路径

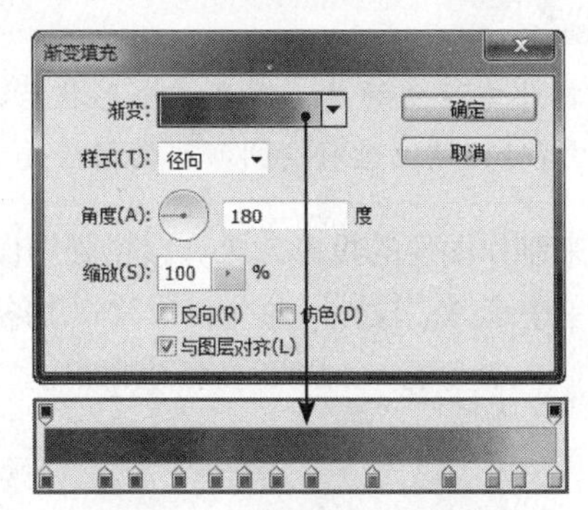

图8.28 “渐变填充”对话框

小提示

在“渐变填充”对话框中，关于渐变类型的各色标值可参考最终效果源文件，在后面的操作中，也用到了渐变填充图层的功能，笔者不再做相关参数的提示。下面结合形状工具及其运算功能，制作圈圈图像的立体效果。

4 设置前景色值为98d400，选择椭圆工具，在其工具选项条上选择“形状”选项，按住Shfit键在上一步得到的图像中绘制如图8.30所示的圆形形状，得到“椭圆1”。

图8.29　应用“渐变填充”后的效果

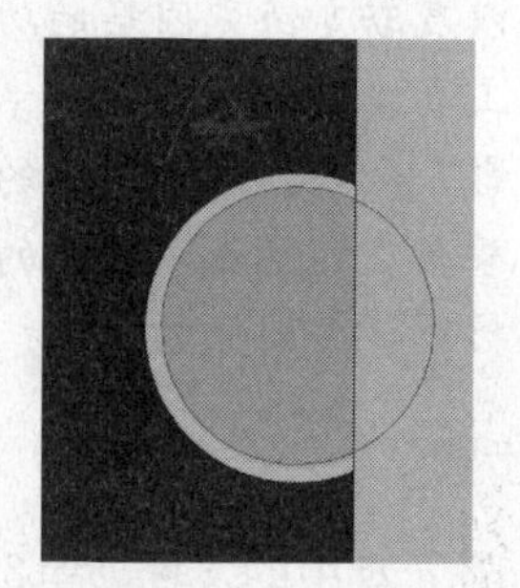
图8.30　绘制形状

5 在“椭圆1”路径显示的状态下，按Ctrl+Alt+T组合键调出自由变换并复制控制框，按住Alt+Shift组合键向内拖动右上角的控制句柄以等比例缩小图像，按Enter键确认操作，然后在工具选项条中选择“减去顶层形状”选项，隐藏路径后的效果如图8.31所示。

6 按照第4、5步的操作方法，结合形状工具及其运算等功能，继续制作绿色图形内的圈圈图像，如图8.32所示，同时得到“椭圆2”。

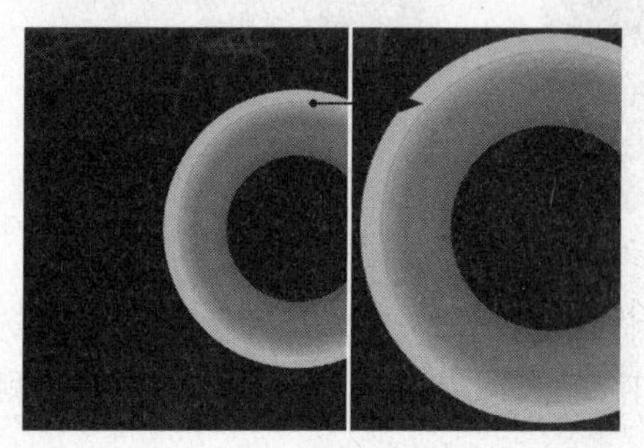
图8.31　运算后的效果

图8.32　制作圈圈图像

小提示

在此需注意的是，完成一个形状后，如果想继续绘制另外一个不同颜色的形状，在绘制前需按Esc键使先前绘制形状的路径处于未选中状态。

7 下面来制作图像的投影效果，以增强图像的立体感。单击“添加图层样式”按钮，在弹出的菜单中选择“投影”命令，设置弹出的对话框如图8.33所示，得到如图8.34所示的效果。

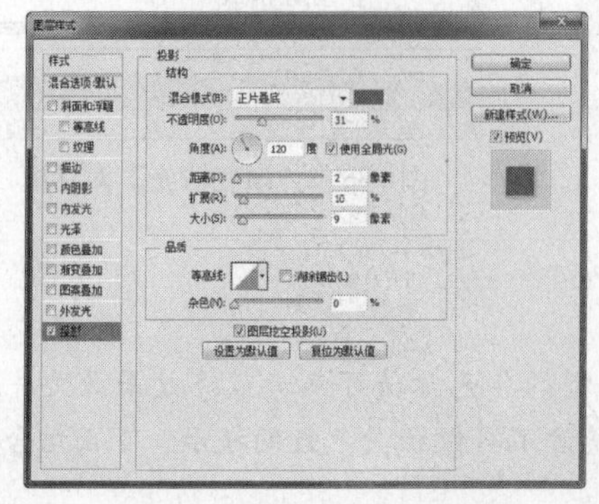

图8.33　“投影”对话框

图8.34　添加图层样式后的效果

小提示

在“投影”对话框中，颜色块的颜色值为537300。

8 保持前景色不变，按照第6～7步的操作方法，结合形状工具及其运算模式，以及添加图层样式等功能，制作绿色图形内的圈圈图像，如图8.35所示，同时得到“椭圆3”。

小提示

本步为“椭圆3”添加了“投影”图层样式，具体的参数设置可参考最终效果源文件。在后面的操作中，也用到了“投影”图层样式，笔者不再做相关参数的提示。

9 选中“渐变填充2”～“椭圆3”，按Ctrl+G组合键执行“图层编组”操作，得到“组4”，并将其重命名为“绿色圈”。“图层”面板如图8.36所示。

图8.35　制作圈圈图像

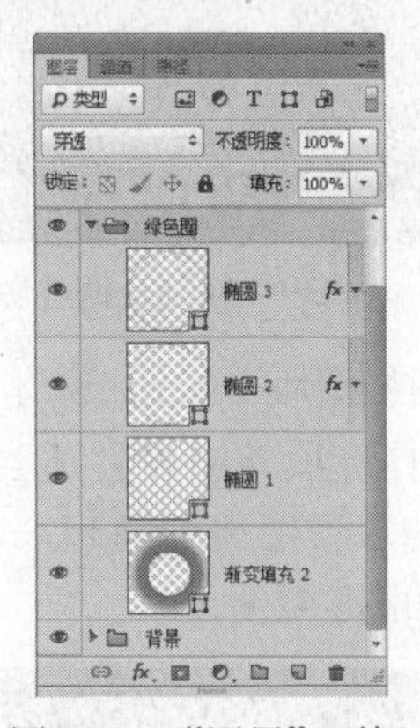

图8.36　“图层”面板

小提示

为了方便图层的管理，笔者在此对制作绿色圈的图层进行编组操作，在后面的操作中，笔者也对各部分进行了编组操作，在步骤中不再赘述。

10 根据前面所讲的方法，结合形状工具、路径、渐变填充图层以及添加图层样式等功能，制作其他不同色彩的圈圈图像，如图8.37所示。“图层”面板如图8.38所示。

图8.37　制作其他圈圈图像

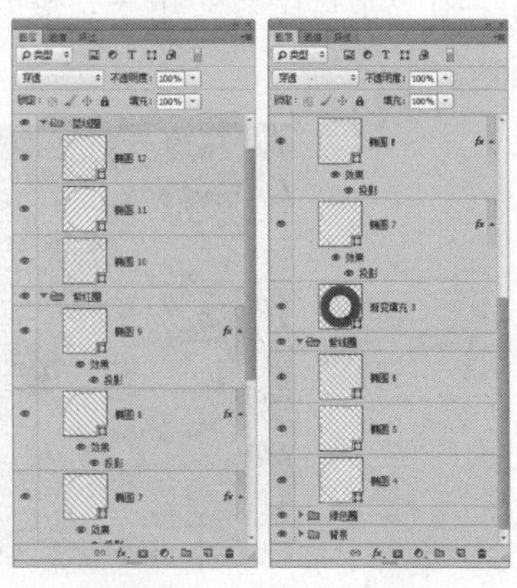

图8.38　“图层”面板

11 复制“蓝线圈”得到“蓝线圈拷贝”，按Ctrl+T组合键调出自由变换控制框，按住Alt+Shift组合键向内拖动右上角的控制句柄以等比例缩小图像，并移至文件的左侧，按Enter键确认操作，得到的效果如图8.39所示。

小提示

至此，圈圈图像已制作完成。下面来制作人物图像。

12 打开随书所附光盘中的文件“第8章\8.3-素材2.psd”，使用移动工具将其拖至文件中，并置于文件的右侧，如图8.40所示，得到“图层1”。

图8.39　复制及调整图像

图8.40　摆放图像

13 单击“添加图层蒙版”按钮为“图层1”添加蒙版，设置前景色为黑色，选择画笔工具，在其工具选项条中设置适当的画笔大小及不透明度，在图层蒙版中进行涂抹，以将左侧人物的手臂图像渐隐起来，以与背景相融合，得到的效果如图8.41所示。此时蒙版中的状态如图8.42所示。

图8.41　添加蒙版后的效果

图8.42　蒙版中的状态

14 显示组“花与线条”和“文字”，得到最终效果如图8.43所示。“图层”面板如图8.44所示。

图8.43　最终效果

图8.44　“图层”面板

8.4 情侣表广告设计

例前导读

该例是一款情侣手表广告，它在色彩及使用的元素上都应用了与其相匹配的设计。

首先，设计者以象征情侣的牵手图像作为广告的主体内容，结合Photoshop强大的图像处理功能，为手臂调整色彩并叠加一些相关主题的图像内容，以丰富整体画面。除此之外，背景图像及其他装饰元素也起到了重要的修饰作用。读者在制作过程中可以体会一下背景的色彩以及顶部的花朵装饰图像的作用。

核心技能

- 应用“色相/饱和度”命令调整图像的色相及饱和度。
- 使用添加图层样式的功能，制作图像的发光等效果。
- 通过设置图层属性以混合图像。
- 利用剪贴蒙版限制图像的显示范围。
- 利用图层蒙版功能隐藏不需要的图像。
- 应用“亮度/对比度”命令调整图层调整图像的亮度及对比度。

操作步骤

1 打开随书所附光盘中的文件“第8章\8.4-素材.psd”，在该文件中，共包括了6幅素材图像，其“图层”面板的状态如图8.45所示。

2 按住Alt键单击“背景”图层左侧的“眼睛”图标，以隐藏其他图层，此时图像的状态如图8.46所示。

图8.45 素材图像的“图层”面板

图8.46 背景图像的状态

3 选择“背景”图层，下面应用“色相/饱和度”命令将图像的颜色调整为浪漫一些的紫色。按Ctrl+U组合键应用“色相/饱和度”命令，设置弹出的对话框如图8.47所示，得到如图8.48所示的效果。

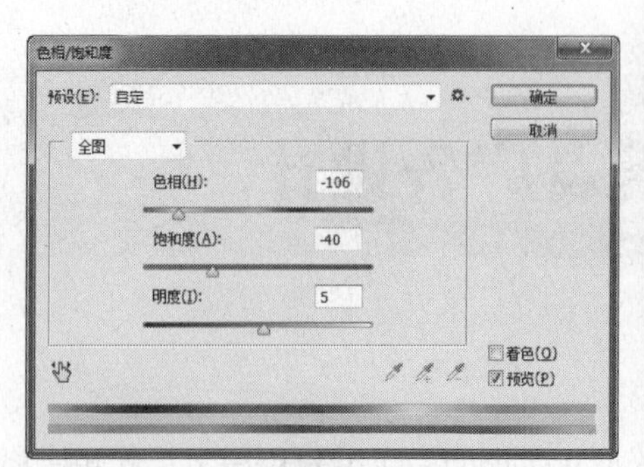

图8.47　“色相/饱和度”对话框　　图8.48　调色后的效果

4 下面来调整手臂图像的效果。显示图层“素材01”并将其重命名为“图层1”，使用移动工具调整图像的位置至如图8.49所示的状态。

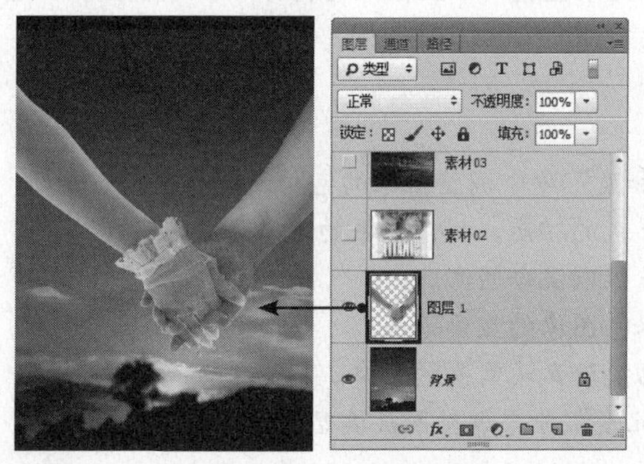

图8.49　添加手臂素材图像

5 按Ctrl+U组合键应用“色相/饱和度”命令，在弹出的对话框中设置参数，如图8.50所示，得到如图8.51所示的效果。

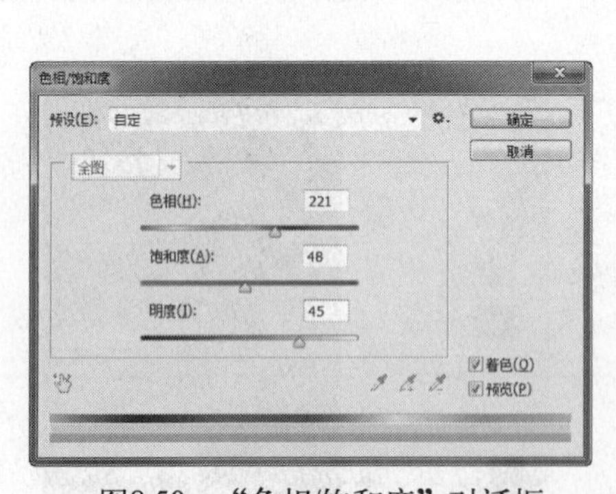

图8.50　“色相/饱和度”对话框　　图8.51　为手臂着色

6 下面使用图层样式为手臂图像增加发光效果。单击“添加图层样式”按钮fx，在弹出的菜单中选择“内发光”命令，设置弹出的对话框如图8.52所示，其中颜色块的颜色值为91abee，得到如图8.53所示的效果。

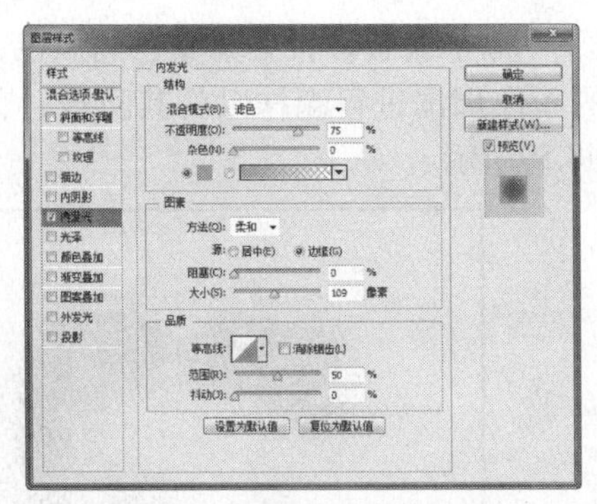

图8.52　“内发光”对话框

图8.53　添加“内发光”图层样式

7 在“图层样式”对话框中选择“外发光”选项，设置其对话框如图8.54所示，为图像添加外发光效果，效果如图8.55所示。

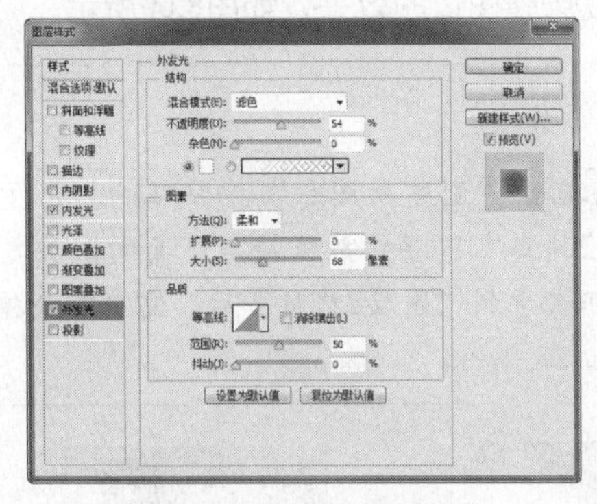

图8.54　“外发光”对话框

图8.55　添加“外发光”图层样式

8 下面为手臂叠加图像。显示图层“素材02”并将其重命名为“图层2”，按Ctrl+T组合键调出自由变换控制框，按住Shift键缩放图像并置于两手相握的图像上方，如图8.56所示，按Enter键确认变换操作。设置当前图层的混合模式为“柔光”，按Ctrl+Alt+G组合键执行“创建剪贴蒙版”操作，得到如图8.57所示的效果。

图8.56　变换图像

图8.57　混合图像

小提示

下面深入处理手臂上叠加的图像。上一步已经将一幅人物图像叠加在两手相握的区域上，但仔细观察不难看出，混合后图像的顶部存在着非常生硬的边缘，下面将利用图层蒙版隐藏该硬边。

9 单击“添加图层蒙版”按钮为“图层2”添加蒙版，设置前景色为黑色，选择画笔工具并设置适当的画笔大小，在叠加的图像周围进行涂抹以将其隐藏，直至得到如图8.58所示的效果，此时蒙版中的状态如图8.59所示。

图8.58　添加图层蒙版后的效果

图8.59　蒙版中的状态

10 复制“图层2”得到“图层2拷贝”，以增强图像的效果，如图8.60所示。

小提示

在复制“图层2”时，最好将该图层拖至“创建新图层”按钮上进行复制，如图8.61所示，这样才可以保证得到的“图层2拷贝”图层仍然保持与下面的图层之间的剪贴蒙版关系。如果按Ctrl+J组合键复制图层，那么得到“图层2拷贝”后，需要重新按Ctrl+Alt+G组合键执行“创建剪贴蒙版”操作才可以。

图8.60　增强图像效果

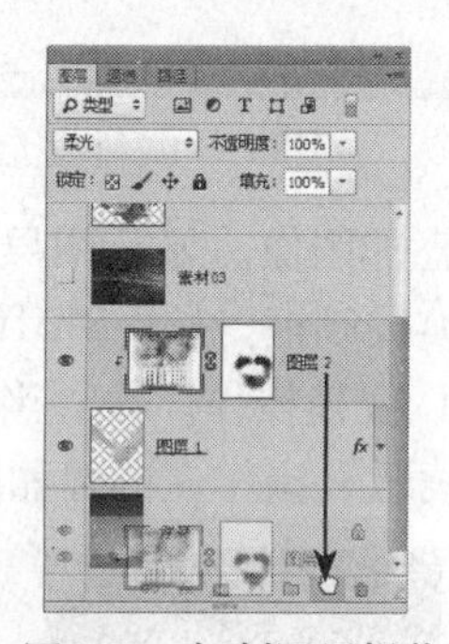

图8.61　复制图层操作

11 单击“创建新的填充或调整图层”按钮，在弹出的菜单中选择“亮度/对比度”命令，得到调整图层“亮度/对比度1”，按Ctrl+Alt+G组合键执行“创建剪贴蒙版”操作，设置面板中的参数如图8.62所示，得到如图8.63所示的效果。

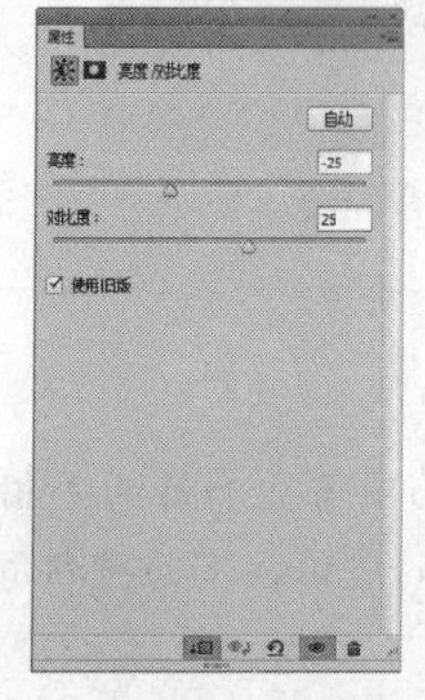

图8.62　“亮度/对比度”面板

图8.63　增强图像对比度

12 下面为手臂叠加另外一幅图像。显示图层“素材03”并将其重命名为“图层3”，按Ctrl+Alt+G组合键执行“创建剪贴蒙版”操作，并设置该图层的混合模式为“柔光”，得到如图8.64所示的效果。此时的“图层”面板如图8.65所示。

图8.64 创建剪贴蒙版后设置图层混合模式

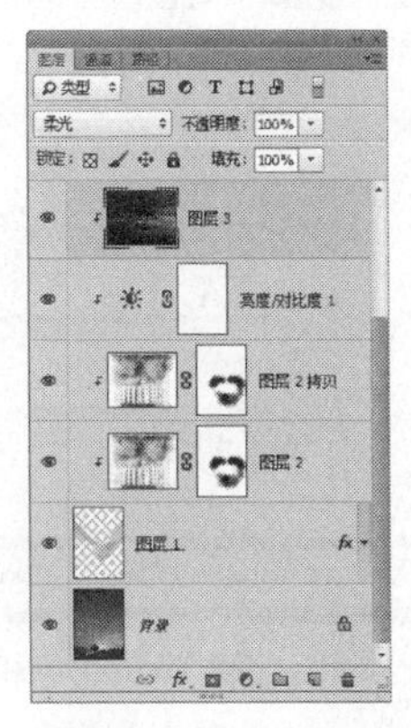

图8.65 “图层”面板

13 单击“添加图层蒙版”按钮，为“图层3”添加蒙版，设置前景色为黑色，选择画笔工具并设置适当的画笔大小，在该图像的周围进行涂抹，将手臂上半部分及与下面人物相重合的图像隐藏，得到如图8.66所示的效果。此时蒙版的状态如图8.67所示。

图8.66 隐藏图像

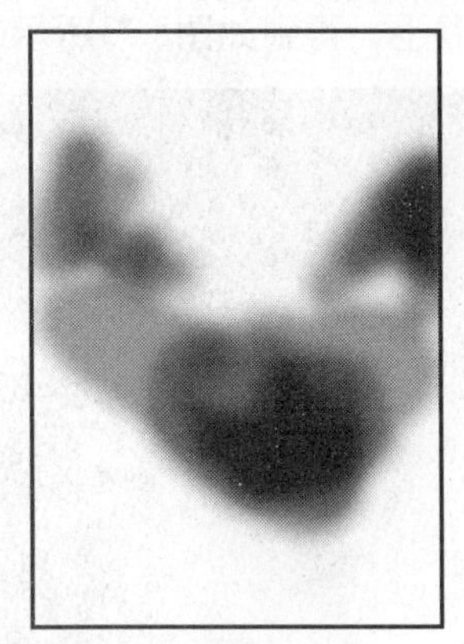

图8.67 蒙版状态

14 下面添加鲜花图像。显示图层“素材04”并将其重命名为“图层4”，使用移动工具调整图像的位置至画布的顶部，如图8.68所示。设置当前图层的混合模式为“柔光”，不透明度为60%，得到如图8.69所示的效果。

图8.68 添加鲜花图

图8.69 设置混合模式后的效果

15 下面调整一下鲜花图像的颜色，使其与整体图像更加匹配。按Ctrl+U组合键应用“色相/饱和度”命令，设置弹出的对话框如图8.70所示，得到如图8.71所示的效果。

图8.70 “色相/饱和度”对话框

图8.71 为图像调色

16 下面来添加手表图像。显示图层“素材05”并将其重命名为“图层5”，按Ctrl+T组合键调出自由变换控制框，按住Shift键缩小图像并旋转一定的角度，将其置于右侧的手臂上，如图8.72所示，按Enter键确认变换操作。

17 复制“图层5”得到“图层5拷贝”，并按照刚才的方法将该副本图层中的手表图像变换至左侧的手臂上，得到如图8.73所示的效果。

图8.72 变换手表图像

图8.73 添加另一个手表图像

18 添加文字并完成最终效果。最后结合横排文字工具T在图像中输入相关的说明文字即可。最终效果及对应的“图层”面板如图8.74所示。

小提示

本例为主题文字“WHMOA”增加了一些特效，方法是复制该文字图层然后将其栅格化，并使用“动感模糊”滤镜使其具有一定的上、下运动感。

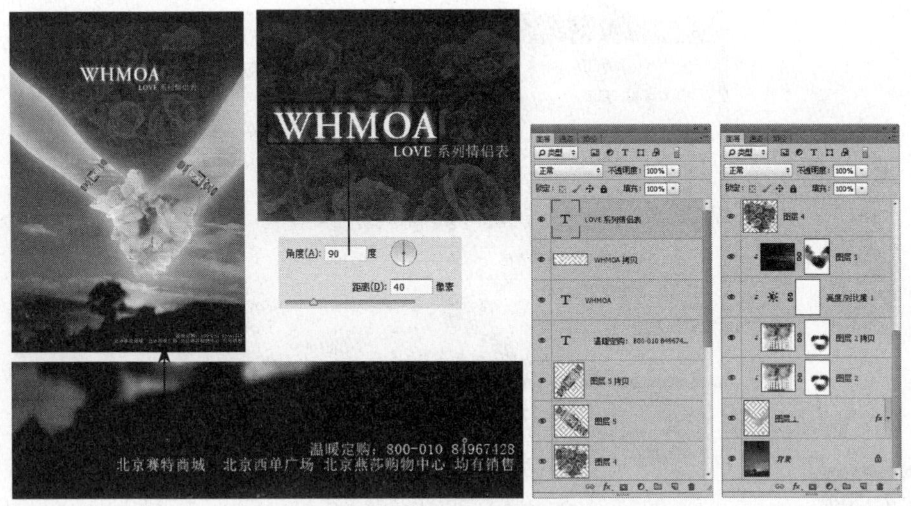

图8.74 最终效果分解图及“图层”面板的状态

8.5 方煲专家广告

例前导读

本例设计的是一款电饭煲产品的宣传页，依据产品的外观，以及宣传页的“博腾中国”这一主题，设计师采用了较为典型的中式设计元素，如红色与黄色的搭配、中式古典花纹的运用等，配合画面的精细处理，给人以中国传统与现代气息的双重视觉效果，以达到良好的宣传效果。

核心技能

- 结合标尺及辅助线划分封面中的各个区域。
- 应用画笔工具绘制图像。
- 利用图层蒙版功能隐藏不需要的图像。
- 应用“曲线”命令调整图层调整图像的亮度、对比度属性。
- 通过添加图层样式，制作图像的渐变、发光等效果。
- 结合路径以及渐变填充图层的功能制作图像的渐变效果。
- 结合画笔工具及特殊画笔素材绘制图像。

操作步骤

1 按Ctrl+N组合键新建一个文件，设置弹出的对话框如图8.75所示，单击“确定”按钮退出对话框，从而新建一个文件。设置前景色的颜色值为eb5a03，按Alt+Delete组合键用前景色填充“背景”图层。

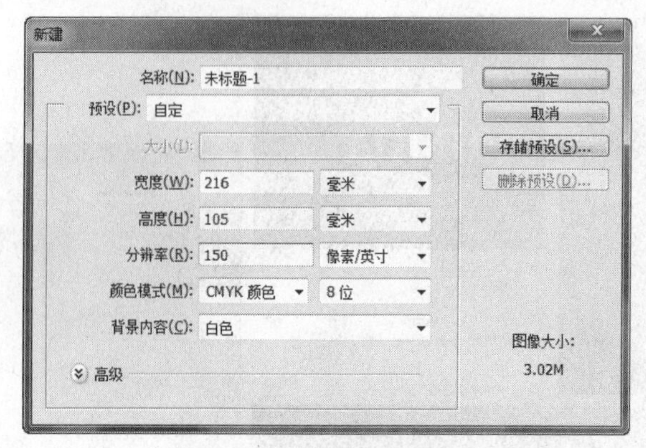

图8.75　“新建”对话框

小提示

在本例的宣传页作品中，其尺寸是按照A4纸（210mm×297mm）的1/3尺寸进行设置，所以其宽度尺寸=宣传页净宽度（210mm）+左右出血（各3mm）=216；高度尺寸=宣传页净高度（99mm）+上下出血（各3mm）=105mm。

2 按Ctrl+R组合键显示标尺，分别在距离画布四周3mm的位置添加出血辅助线，如图8.76所示。再次按Ctrl+R组合键隐藏标尺。在下面的操作中，先来制作宣传页正面中的内容。

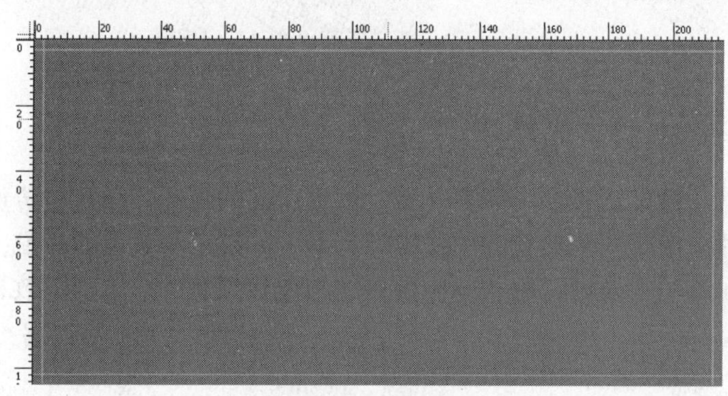

图8.76　添加辅助线

3 新建“图层1”，设置前景色的颜色值为a04107，选择画笔工具，并设置其大小为250像素，硬度为0%，在背景中进行涂抹，得到如图8.77所示的效果。

图8.77　用画笔涂抹后的效果

4 按照上一步的方法，新建多个图层并使用不同的颜色进行绘制，直至得到类似如图8.78所示的效果。在本例的最终效果源文件中，笔者已经使用“颜色值+画笔大小+画笔不透明度”的方式为各个图层做了命名，以便于读者查看其参数，如图8.79所示。

图8.78 绘制背景图像

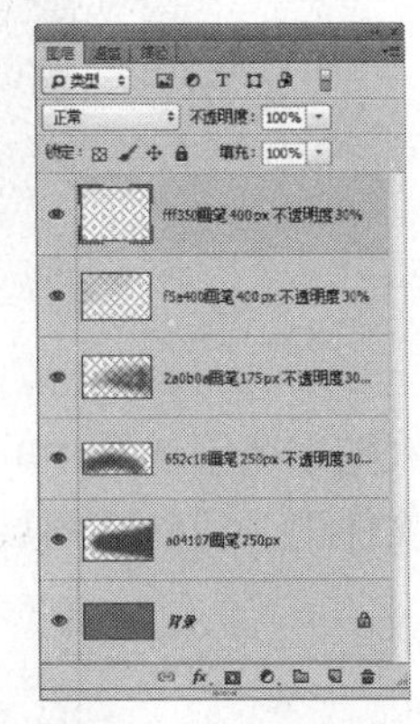

图8.79 “图层”面板

5 下面将在背景中增加一些花纹图像作为装饰。打开随书所附光盘中的文件“第8章\8.5-素材1.psd”，使用移动工具将其拖至本例操作的文件中，得到“图层1”，并将图像置于画布的底部位置，如图8.80所示。

图8.80 摆放图像位置

6 单击“添加图层蒙版”按钮为“图层1”添加图层蒙版，设置前景色为黑色，选择画笔工具并设置适当的画笔大小及不透明度，在纹理图像的周围涂抹以将其隐藏，如图8.81所示，此时蒙版中的状态如图8.82所示。

图8.81 用蒙版隐藏图像

图8.82　蒙版中的状态

7 打开随书所附光盘中的文件“第8章\8.5-素材2.psd”，使用移动工具将其拖至本例操作的文件中，得到“图层2”，并将图像置于画布的右侧位置，如图8.83所示。

图8.83　摆放图像位置

8 单击“添加图层蒙版”按钮为“图层2”添加图层蒙版，设置前景色为黑色，选择画笔工具并设置适当的画笔大小及不透明度，在花朵图像的中间位置涂抹以将其隐藏，从而露出下面的背景图像，如图8.84所示，此时蒙版中的状态如图8.85所示。

图8.84　用蒙版隐藏图像

图8.85　蒙版中的状态

9 下面来调整一下图像整体的色彩。单击“创建新的填充或调整图层”按钮，在弹出的菜单中选择“曲线”命令，得到图层“曲线1”，设置面板中的参数，如图8.86～图8.88所示，以调整图像的颜色及亮度，得到如图8.89所示的效果，此时的“图层”面板如图8.90所示。

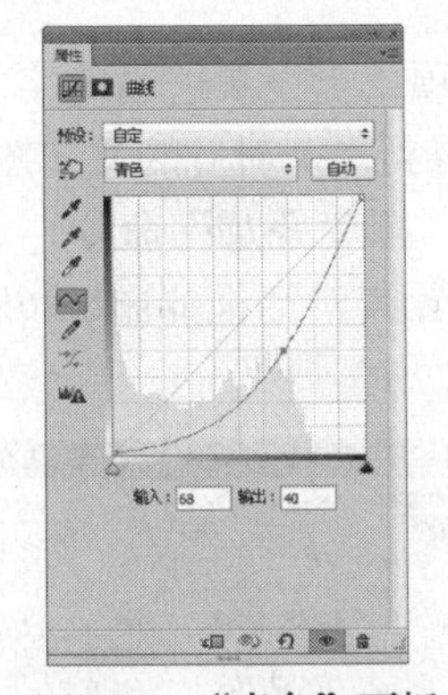

图8.86 “青色”面板

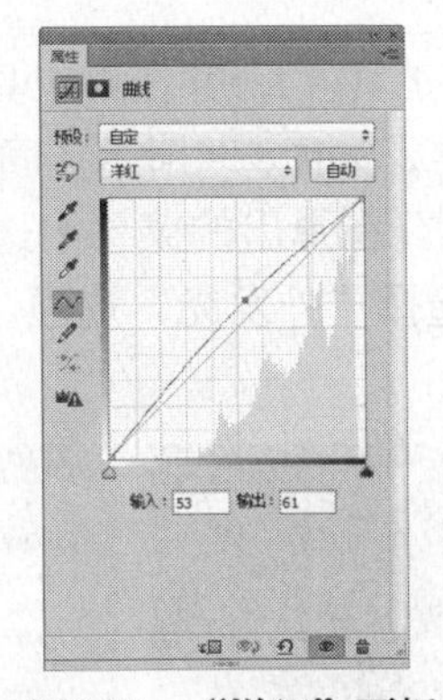

图8.87 “洋红”面板

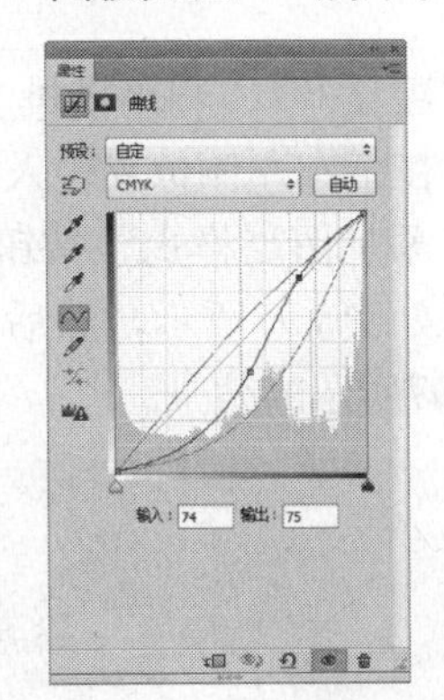

图8.88 “CMYK”面板

图8.89 调色后的效果

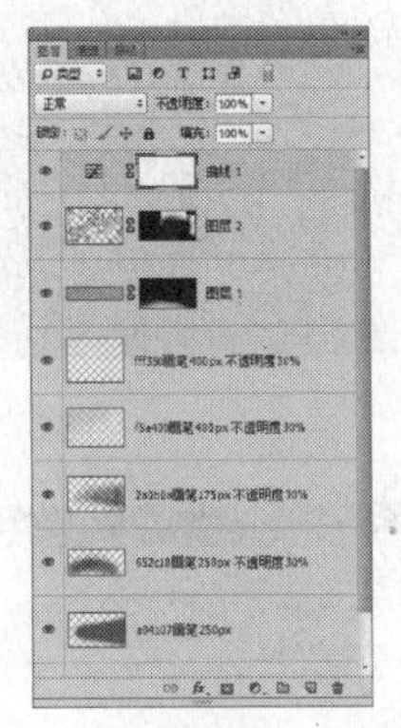

图8.90 “图层”面板

10 打开随书所附光盘中的文件“第8章\8.5-素材3.psd”，使用移动工具将其拖至本例操作的文件中，得到“图层3”，并将图像置于画布右侧的位置，如图8.91所示。

11 下面来绘制电饭煲图像的阴影。在“图层3”的下方新建“图层4”，设置前景色为黑色，选择画笔工具并设置适当画笔大小及不透明度，在电饭煲图像的底部进行涂抹，以绘制其阴影，得到如图8.92所示的效果。

12 选择“曲线1”，打开随书所附光盘中的文件“第8章\8.5-素材4.psd”，使用移动工具将其拖至本例操作的文件中，得到“图层5”，并将图像置于右侧电饭煲的左后方位置，然后按照上一步的方法，创建新图层并为其绘制阴影，得到如图8.93所示的效果。

图8.91 摆放图像

图8.92 绘制阴影

图8.93 制作另外一个图像

小提示

至此，已经基本完成了背景及主体图像的处理，下面来处理宣传页左侧的主体文字内容。

13 选择“图层3”，利用横排文字工具[T]，并在其工具选项条上设置适当的字体、字号等参数，在画布左侧位置输入文字，如图8.94所示，同时得到一个对应的文字图层。

14 单击“添加图层样式”按钮[fx]，在弹出的菜单中选择“渐变叠加”命令，设置弹出的对话框如图8.95所示，然后再选择“外发光”选项，设置其对话框如图8.96所示，得到如图8.97所示的效果。

图8.94 输入文字

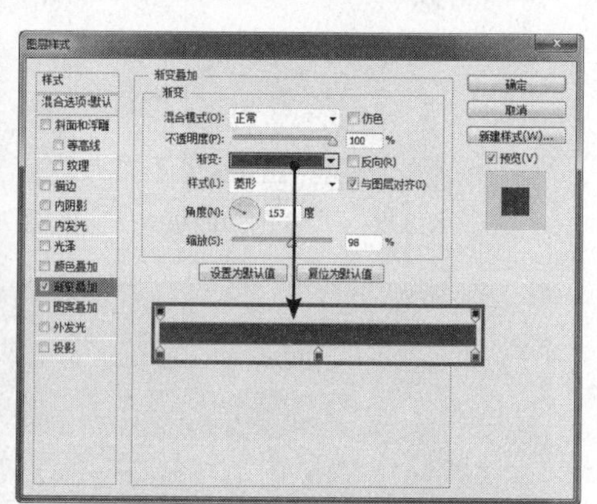
图8.95 “渐变叠加”对话框

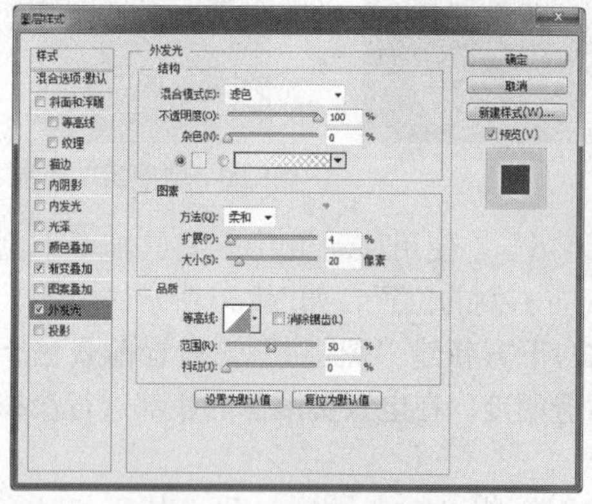
图8.96 “外发光”对话框

图8.97 添加样式后的效果

小提示

在“渐变叠加”对话框中，所使用的渐变从左至右各个色标的颜色值依次为db0511、a71316和db0511。在“外发光”对话框中，颜色块的颜色值为f9f7bd。

15 下面将在现有文字的右下方添加一个曲线装饰图形。切换至“路径”面板并新建一个路径得到“路径1”，选择钢笔工具，在其工具选项条上选择“路径”选项及“合并形状”选项，在文字专家的下方绘制一条如图8.98所示的曲线路径。

16 单击“创建新的填充或调整图层”按钮，在弹出的菜单中选择“渐变”命令，设置弹出的对话框如图8.99所示，得到如图8.100所示的效果，同时得到图层“渐变填充1”。

图8.98　绘制路径

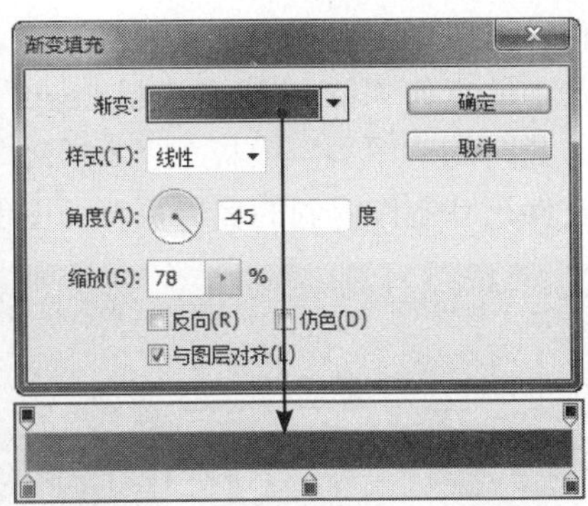

图8.99　“渐变填充”对话框

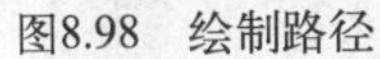

在“渐变填充”对话框中，所使用的渐变从左至右各个色标的颜色值依次为ea5712、e00914和b90f18。

17 按住Alt键将文字图层“方煲专家”中的“外发光”样式拖至“渐变填充1”上，以复制该图层样式，得到如图8.101所示的效果。

图8.100　填充渐变后的效果

图8.101　添加样式后的效果

18 在下面的操作中，可结合随书所附光盘中的文件“第8章\8.5-素材5.psd”在左侧继续输入文字并添加样式，然后打开随书所附光盘中的文件“第8章\8.5-素材6.abr和素材7.abr”，在文字的后方绘制星光图像，得到如图8.102所示的效果。“图层”面板如图8.103所示。

图8.102　制作其他文字及光点

图8.103　“图层”面板

19 最后，可以设置适当的文字属性，在画布中输入相关的说明文字即可，再结合随书所附光盘中的文件“第8章\8.5-素材8.psd”中的标志图像，制作得到如图8.104所示的最终效果，此时的“图层”面板如图8.105、图8.106所示。图8.107所示是使用与正面文件相同的文件尺寸制作得到的宣传页背面图像，由于操作方法比较简单，因此不再详述。

图8.104　最终效果

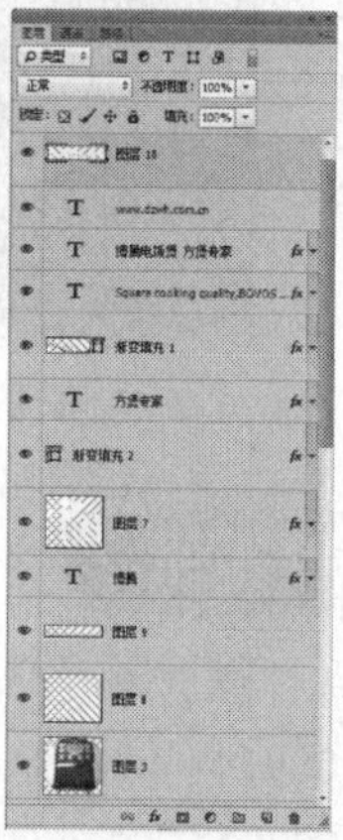

图8.105　“图层”面板1

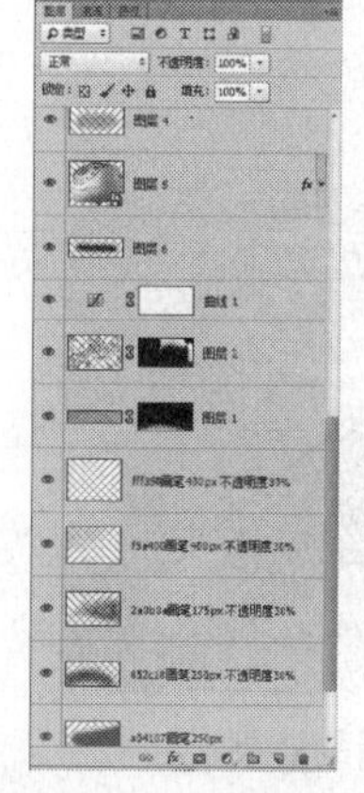

图8.106　“图层”面板2

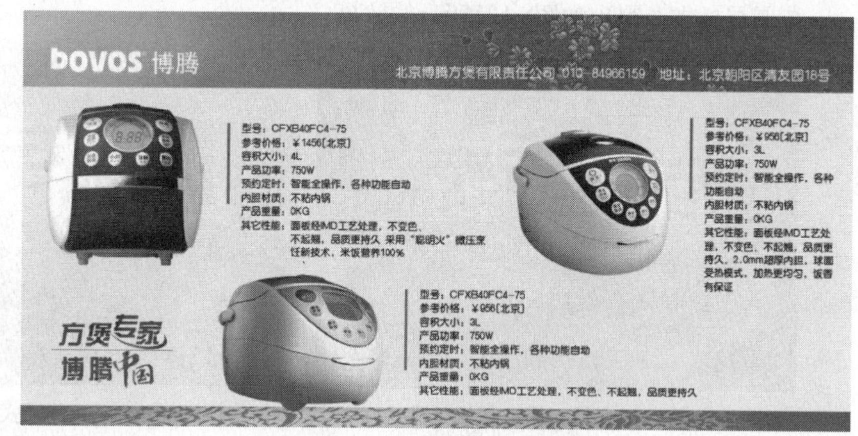

图8.107　宣传页的背面效果

8.6 练习题

1 分别指出红色、黑色、墨绿色及紫色这4种颜色，较为适合用于哪种风格的宣传页设计，并指出其中具有代表性的几类产品或对象。

2 打开随书所附光盘中的文件“第8章\8.6-2-素材1.psd”，其中包括了如图8.108所示的素材图像，再打开随书所附光盘中的文件“第8章\8.6-2-素材2.abr”，结合混合模式、图层蒙版、画笔绘图等功能，制作得到如图8.109所示的宣传单页。

(a) (b) (c)

(d) (e) (f)

图8.108 素材图像

图8.109 宣传单页效果

3 打开随书所附光盘中的文件“第8章\8.6-3-素材.psd”，如图8.110所示，结合绘制图形、图层样式、混合模式、图层蒙版及调整图层等功能，制作得到如图8.111所示的宣传页。

图8.110　素材图像

图8.111　宣传页效果